암 호 론

cryptograph

최 은 미 저

북스힐

머 리 말

정보화 시대라고 불리는 현대 사회에서 컴퓨터와 다양한 통신 기술의 발전은 수많은 편리함을 제공하고 있습니다. 인터넷뱅킹 같은 전자상거래는 물론, 화상 회의를 통한 재택근무나 이메일 등은 우리 생활의 일부분이 되었습니다. 이러한 편리함의 이면에는 통신망 상에서 벌어지는 수많은 부작용들, 예를 들어 정보의 노출이나 해킹, 도청, 위조 등 많은 위험이 도처에 있습니다. 더욱이 피싱, 팜, 웜과 같이 생소한 용어들이 하루가 다르게 각 개개인의 생활에 더욱 근접되고 있는 것도 사실입니다.

암호 기술은 이와 같은 문제를 어느 정도 해결해 주는 방법입니다. 암호는 기원전부터 시작되었지만, 컴퓨터나 인터넷이 보급되기 전에 사용되었던 고전적인 암호들은 오늘날 시각에서 보면 장난감과 비슷합니다. 그러나 고전 암호의 개념들이 꾸준한 발전을 거듭하여 오늘날의 최신 암호로 되었으며, 현재도 암호 기술은 새로운 발전을 지속하고 있습니다.

현대 암호는 수학적 이론을 바탕으로 하나의 학문 분야로 자리 잡고 있습니다. 정수론과 현대대수의 이론을 기반으로 하기 때문에, 어느 정도 어려운 것은 사실입니다. 수학이 어렵다는 이유로 많은 사람들의 기피대상이었다면, 수학이 어렵기 때문에 암호시스템을 구성하는 데 효과적으로 사용된다는 점에서 암호론은 수학의 응용이 돋보이는 분야입니다.

이 책은 암호 이론의 입문서로서, 수학적 이론을 기반으로 하는 암호시스템에 대해 다루고 있습니다. 암호는 이론으로서 뿐만 아니라 암호시스템을 실제로 구현되어야 하지만, 다른 한편으로 보면 시스템을 구현하기 위해 암호에 관한 탄탄한 기본 지식이 필수적

입니다. 이 책은 대학교에서 한 학기 분량의 암호론을 강의하는 데 적절하며, 일반인들도 쉽게 읽을 수 있다고 생각합니다. 부족함이 많은 책을 출판하면서 부끄럽기도 하지만 오류와 허점은 점차 수정 보완해 나가도록 하겠습니다.

2015년 2월

저자 최 은 미

차 례

1장 암호 개론

암호 이론(cryptology)은 크게 cryptography(암호화)와 cryptanalysis(복호화)의 두 단계로 구성되어 있다. Crypt는 감추어진 글자라는 뜻이며, logy는 사유 또는 생각이라는 뜻의 그리스어에서 유래되었다.

암호화는 암호시스템을 설계하는 기술이고, 복호화는 암호를 분석 또는 해독하는 기술이다. 이 두 가지를 합하여 암호 이론이라고 부르지만, 보통은 메시지를 감추기 위한 기술과 이론이라는 의미로 구별하지 않고 암호학이라고 한다.

〈암호이야기〉

제2차 세계대전 중에 30,000명가량의 사람들이 암호와 관련된 일을 담당했다. 미국의 암호분석가(cryptanalyst)들이 일본의 Purple machine code를 진주만 공격 바로 직전에 풀어냄으로써 태평양 전쟁의 승리를 이끌 수 있었다. 오늘날 미국 정부와 기업체는 이런 일을 담당하는 수천 명의 사람을 고용하고 있으며 엄청난 액수의 돈을 지출하고 있다. 암호론은 암호 전문가들의 영역만은 아니다. 미국의 32대 대통령 루즈벨트(F. Roosevelt)는 21살 때 일기를 쓰면서 간단한 코드를 사용하여 암호화했다. 또한 미국의 시인 포우(E. A. Poe)도 아주 숙련된 암호분석가였는데, 그는 인간의 천재성이 부술 수 없는 깨어지지 않는 코드는 결코 만들 수 없다고 말했다.

대표적인 암호시스템(cipher)에는 아핀 암호(affine), 힐 암호(hill), 지수 암호(exponentiation), RSA 암호 그리고 배낭 암호(knapsack) 등이 있다. 처음 세 개는 전통적인 고전 암호시스템이며 나머지 두 개는 1970년대 후반에 개발된 공개키 암호시스템이다.

고전 암호시스템에서 복호화 키는 암호화 키의 역연산으로부터 쉽게 알아낼 수 있으므로, 암호를 주고받는 당사자 이외의 사람들에게는 반드시 비밀로 유지되어야 한다. 그러나 공개키 암호시스템에서는 암호화 키는 모든 사람이 볼 수 있도록 공개되어 있는 반면 복호화 키는 암호의 수신자로 지정된 사람만 갖게 된다. 그러므로 여러 사람과 암호문을 주고받아야 하는 수신자, 예를 들어서 은행이나 단체 같은 곳에서 유용한 시스템이다. 각각의 암호시스템을 간단히 알아보자.

① 아핀 암호(affine cipher)

대체 암호(substitution cipher), 카이사르 암호(caesar cipher), 전이 암호(shift cipher) 등이 여기에 속한다.

② 비제네르 암호(vigenere cipher)

비제네르가 사용한 대표적인 다중문자 암호로서 문자 하나에 여러 개의 암호 문자를 대응시켜서 더욱 복잡하게 만든 것이다.

③ 힐 암호(hill cipher)

1929년에 Hunter College의 L. Hill이 고안한 블록 암호(block cipher)이다.

④ 지수 암호(exponentiation cipher)

1978년에 Stanford 대학의 S. Pohlig과 M. Hellman이 고안했다.

⑤ RSA 암호

1976년에 Stanford 대학의 W. Diffie와 M. Hellman은 새로운 암호 기법으로 공개키 암호시스템을 제안했다. 그러나 애석하게도 그들은 공개키 암호시스템의 실질적인 방법을 구상하지는 못했다. 1978년에 MIT의 세 명의 수학자 R. Rivest, A. Shamir 그리고 L. Adleman은 Diffie와 Hellman이 제안한 개념을 실제적으로 구현해내는 데 성공했는데, 이것이 RSA 암호이다. 공개키 지수 암호시스템으로서 모듈러 지수계산과 오일러 정리를 기반으로 하고 있다.

1.1 암호 시스템의 분류

암호 이론에서 사용되는 기본적인 용어를 먼저 살펴보자.

1) 기본 용어

① 평문(plain text): 보통의 문장으로서 통상 메시지라고도 부른다.

② 암호문(cipher text): 메시지를 암호화 알고리즘과 암호화 키를 이용하여 암호로 바꾼 문장이다.

③ 암호화(encryption): 암호화 키를 이용하여 메시지를 암호문으로 바꾸는 과정이다.

④ 복호화(decryption): 복호화 키를 사용하여 암호문을 원래의 메시지로 다시 변환시키는 과정이다.

⑤ 키(key): 암호화 알고리즘의 매개변수로서 열쇠라고도 부른다.

⑥ 암호시스템(cryptosystem): 암호화와 복호화의 두 과정을 모두 지칭한다.

2) 현대 암호의 구분

암호시스템은 암호화 키의 분배나 관리 방법에 따라서 크게 **비밀키 암호시스템**과 **공개키 암호시스템**으로 구분할 수 있다.

또한 암호 과정에서 변환되는 단위에 따라 **블록 암호**와 **스트림 암호**로 나눌 수 있다.

(1) 키 분배에 따른 분류

① 비밀키(secret key) 암호시스템

역사적으로도 아주 오래 전부터 사용되어 온 방식으로써 안전한 통신을 하고자 하는 두 사람이 서로 똑같은 비밀키를 갖는다. 메시지의 송신자가 비밀키를 사용하여 암호화한 암호문을 수신자가 받아서 동일한 비밀키로 복호화하는 방식이다.

예를 들어서 메시지 'I love you'를 암호문으로 만든 것이 'k nqxg aqw'이라면, 이것은 메시지의 모든 영문자들을 알파벳의 순서에서 2만큼 떨어진 위치에 있는 문자로 치환하여 생성된 암호이다. 이때 비밀키(암호화 키)는 2가 된다. 이 암호문을 수신한 사람은 비밀키의 역(복호화 키)인 −2를 사용하여 복원시킬 수 있다. 이러한 의미에서 비밀키 암호시스템은 **대칭 암호**(symmetric cipher)이다.

이러한 암호시스템에서 비밀키 2가 노출되면 더 이상 암호로서의 효력을 갖지 못하므로, 비밀키 암호시스템에서는 키를 어떻게 분배하고 관리하는지의 문제가 중요하다.

② 공개키(public key) 암호시스템

비밀키 암호(대칭 암호)에서 사용되는 암호화 키와 복호화 키는 서로 역의 관계이다. 이와는 달리 공개키 암호시스템에서는 암호화 키와 복호화 키가 서로 다르며, 이러한 의미에서 **비대칭 암호**(asymmetric cipher)이다. 특히 메시지를 암호화할 때 사용되는 키가 모든 사람에게 공개되므로 암호화 키를 공개키라고 부른다. 그러나 복호화할 때 사용되는 키는 암호문의 수신자만 비밀스럽게 간직해야 하는 비밀키가 된다.

암호화 키 = 공개키, 복호화 키 = 비밀키

계산이나 유추에 의해 하나의 키로부터 나머지 하나의 키를 쉽게 알아낼 수 없도록 알고리즘이 구성되는데, 이러한 예로는 RSA 암호나 Diffie-Hellman 알고리즘 등이 있다.

③ 비밀키와 공개키 암호시스템은 장·단점

비밀키와 공개키 암호시스템은 각각의 장점과 단점을 가지고 있다.

비밀키 암호시스템의 장점은 하나의 비밀키를 이용하여 주어진 메시지를 단순한 비트 연산의 반복을 통하여 암호화하기 때문에 비교적 암호화와 복호화 속도가 빠르다. 따라서 크기가 큰 데이터의 암호화에 적합하다. 그러나 **단점**은 보안 유지가 쉽지 않으며, 특히 여러 사람이 암호를 주고받을 때는 더욱 취약하다.

공개키 암호시스템의 장점은 사용되는 수학적 계산의 복잡도(complexity)가 비밀키 암호시스템에 비해 매우 높기 때문에 안전성이나 응용성에 있어서 매우 믿을만한 시스템이다. 또한 비밀키 방식에서 발생했던 키분배 문제가 해결된다. 그러나 **단점**은 복잡한 수학적 연산으로 암호화의 속도가 느리다. 또한 시스템 알고리즘이 어려워서 안전성이 높은 만큼, 일반인이 암호를 사용하기가 쉽지 않다. 디지털 서명(digital signature) 또는 인증(authentication)시스템을 구현하는 데 공개키 암호화시스템이 매우 적합하다.

(2) 변환되는 단위에 따른 분류

① 블록(block) 암호

암호화하는 과정에서 변환되는 단위가 블록 단위로 바뀌는 암호를 말한다.

② 스트림(stream) 암호

암호화하는 과정에서 이진 수열을 이용하여 만드는 암호를 말한다.

스트림 암호가 1비트 단위로 암호연산을 수행하는 데 비해, 블록 암호는 n비트씩 나눈 메시지와 k비트 암호키를 입력하여 n비트씩으로 된 암호문을 출력하는 암호이다.

스트림 암호(stream cipher)	블록 암호(block cipher)
- 비트열로 입력되는 데이터를 비트 단위로 암호화 하는 시스템 - 한 번에 하나의 비트씩 암호화 - RC4, SEAL, WAKE 등이 있다.	- 비트열로 입력되는 데이터를 일정한 길이의 비트 열(보통 64비트)로 잘라서 그것을 단위로 암호화를 하는 시스템 - 한 번에 하나의 블록씩 암호화 - DES, IDEA, RC2, FEAL 등이 있다.

1.2 용어 설명

앞에서 살펴본 몇 가지 용어 이외의 암호의 기본 용어들을 알아보자.

① 평문(plain text): 암호화할 대상이 되는 메시지이다.

② 암호문(cipher text): 메시지를 암호화한 문장이다.

③ 일방향(one-way) 함수: 어떤 함수 $y=f(x)$에서 x를 알면 y를 쉽게 계산할 수 있지만, 그와는 반대로 y를 알고 있더라도 x를 알아내는 것이 매우 어려운 경우에 $f(x)$를 일방향 함수라고 부른다. RSA 암호 등 여러 암호에서 종종 사용되는 일방향 함수의 예로 $y \equiv x \bmod n$이 있다. 만일 $n=10$일 때, x를 11이라고 하면 y는 1이 된다. 하지만 y가 1이라는 사실로부터 x는 1, 11, 21, 31, ⋯ 등 여러 값으로 추정할 수 있기 때문에 원래의 x값을 정확히 알기는 거의 불가능해진다.

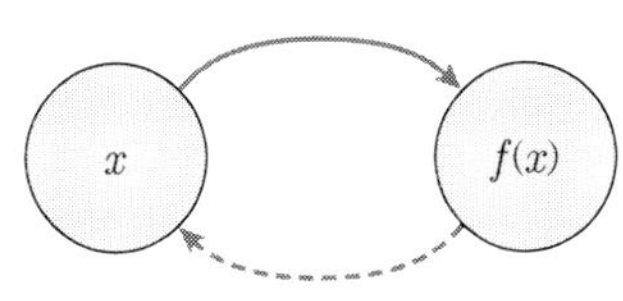

④ 해쉬(hash) 함수: 일방향 함수 $y=f(x)$가 다음의 몇 가지 성질을 갖는 함수를 말한다. 여기서 x, y는 이진수로 표시된 임의의 수이다.

- x의 길이에는 제약이 없다.
- y의 길이는 정해져 있다.
- 충돌이 없어야 한다. 즉, 서로 다른 x에 대해 y값은 서로 달라야 한다.

다시 말해서 해쉬 함수란 길이가 매우 긴 데이터를 입력 받아 이미 정해진 길이의 데이터로 만들어 내는 함수인데, 일반적으로 $y=H(x)$로 표기한다. 여기서 세 번째 조건은 함수의 기본 성질이므로 실제 응용에 있어서는 거의 문제가 되지 않는다. $y \equiv x \bmod n$는 해쉬 함수로 흔히 사용되는 예이다.

⑤ 트랩도어(trap door): 일종의 '알려지지 않은 비밀 문'을 의미한다. 예를 들어 여덟 자리의 숫자와 문자를 패스워드로 입력하여 로그인하는 과정에서 'aaaa1111'이라는 패스워드를 만들었다면, 바로 패스워드가 그 인증시스템의 일종의 trap door인 것이다.

1.3 암호의 수학적 표현

한글이나 영어 알파벳으로 작성된 메시지에서 각 문자들의 순서를 뒤섞어 암호문을 만들 수 있다. 예를 들어 'I love you'를 'u vyel ioo'로 변환하는 경우이다.

그러나 메시지에 사용된 문자들을 그에 대응하는 숫자로 바꾸어 암호문을 작성한 후 수학 이론을 적용하면 훨씬 효과적인 암호시스템이 된다. 알파벳 A, B, C, D, … Z를 순서대로 0, 1, 2, 3, …, 25로 대응시킬 수 있으며, ASCII 등과 같이 0과 1을 사용하는 이진수(binary digit, bit)를 써서 메시지를 표현할 수도 있다.

평 문	a	b	c	d	e	f	g	h	i	j	k	l	m	n	o	p	q	r	s	t	u	v	w	x	y	z
암호문	A	B	C	D	E	F	G	H	I	J	K	L	M	N	O	P	Q	R	S	T	U	V	W	X	Y	Z
숫자값	00	01	02	03	04	05	06	07	08	09	10	11	12	13	14	15	16	17	18	19	20	21	22	23	24	25

암호문에 사용하는 문자들을 숫자로 반드시 대응시켜야 하는 것은 아니다. 대응규칙만 분명하다면 숫자, 기호, 문자 등 어느 것을 사용해도 되는데, 예를 들어 다음과 같은 대응을 생각할 수 있다.

평 문	a	b	c	d	e	f	g	h	i	j	k	l	m	n	o	p	q	r	s	t	u	v	w	x	y	z
암호문	Q	W	E	R	T	Y	U	I	O	P	A	S	D	F	G	H	J	K	L	Z	X	C	V	B	N	M
평 문	a	b	c	d	e	f	g	h	i	j	k	l	m	n	o	p	q	r	s	t	u	v	w	x	y	z
암호문	※	▹	ℭ	xi	∂	∃	∗	∘	≃	∧	∨	∩	∪	◇	·	⋉	⋊	ø	⌂	^	⌄	⊼	⩞	≀	⌒	⌣

처음 두 줄은 메시지와 암호문이 동일한 문자집합을 사용하지만, 그 다음 두 줄의 메시지의 암호 문자들은 ※, ▹, ℭ, xi, ∂ 등을 사용하였다. 그러나 문장을 숫자로 대응시키면 수학적 이론으로 많은 것을 처리할 수 있으므로, 현대의 암호와 같은 안전한 암호시스템으로 발전해나갈 수가 있다.

1) 단일문자 암호와 다중문자 암호

① 단일문자 암호

위의 표처럼 메시지의 한 문자에 암호 문자가 하나씩만 대응되는 암호시스템을 **단일문자 암호**라고 한다. 단일문자 암호는 어떤 방식으로 배열하든지 문자의 출현빈도와 같은 통계적 특성을 갖게 되므로 통계와 확률의 수학적 이론을 잘 이용하면 암호를 공격해낼 수 있다.

② 다중문자 암호

그러면 각 문자에 여러 개의 암호 문자를 대응시킬 수 있을지에 대한 질문을 할 수 있다. 그렇게 하면 문자의 출현빈도가 복잡해져서 통계 분석에 의한 공격으로부터 더욱 안전하게 되는데, 이러한 암호를 **다중문자 암호**라고 한다. 비제네르 암호(vigenere cipher)가 다중문자 암호의 대표적인 예제이다.

예제 1.1

다음은 메시지와 이에 대응되는 암호문이다. 어떤 형식의 암호인지 알아보자.

① 메시지 : hello　　　　　　　　　암호문 KHOOR

② 메시지 : hello　　　　　　　　　암호문 KHNZR

풀이 메시지는 소문자로 표현하였고 암호문은 대문자로 표현하였다. 암호 (1)은 두 개의 알파벳 l을 알파벳 O로 모두 암호화하였기 때문에, 단일문자 암호일 가능성이 매우 높다. 그러나 암호 (2)는 단일문자 암호가 아니다. 두 개의 알파벳 l 중에서 첫 번째 것은 N으로, 두 번째 것은 Z로 암호화 되었다.

2) 통계적 성질의 이용

메시지에서 사용되는 문자의 통계적 성질은 암호에서 중요한 역할을 한다. 다음의 표는 문자의 출현 빈도수이다.

표 1.1 영어문장에서 문자의 출현 빈도수

문자	빈도	문자	빈도	문자	빈도	문자	빈도
E	12.7	H	6.1	W	2.3	K	0.08
T	9.1	R	6.0	F	2.2	J	0.02
A	8.2	D	4.3	G	2.0	Q	0.01
O	7.5	L	4.0	Y	2.0	X	0.01
I	7.0	C	2.8	P	1.9	Z	0.01
N	6.7	U	2.8	B	1.5		
S	6.3	M	2.4	V	1.0		

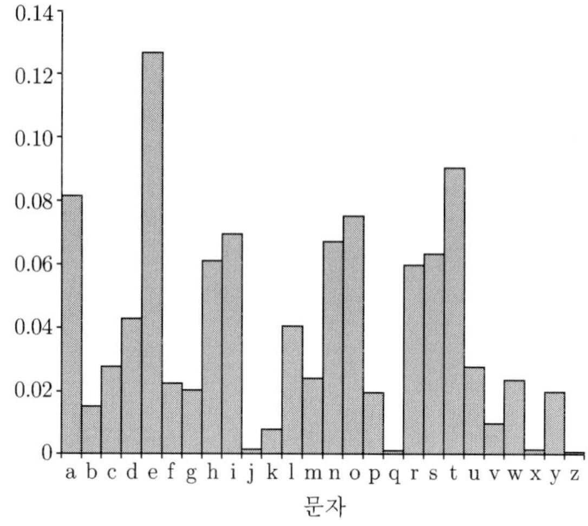

표 1.2 영어에서 출현 빈도수에 따라 구성된 두 문자열과 세 문자열

두 문자	TH, HE, IN, ER, AN, RE, ED, ON, ES, ST, EN, AT, TO, NT, HA, ND, OU, EA, NG, AS, OR, TI, IS, ET, IT, AR, TE, SE, HI, OF
세 문자	THE, ING, AND, HER, ERE, ENT, THA, NTH, WAS, ETH, FOR, DTH

예제 ▶ 1.2

다음의 암호문을 통계적 방법으로 복원하여 원래 메시지를 찾아라.

XLILSYWIMWRSAJSVWEPIJSVJSYVQMPPMSRHSPPEVWMXMWASVX
-LQSVILY-VVCFIJSVIXLIWIPPIVVIGIMZIWQSVISJJIVW

풀이 암호문을 구성하는 문자들의 출현 빈도수를 조사하면 I=14, V=13, S=12 등이 된다. 가장 큰 빈도수 14를 갖는 문자는 I이다. 이는 암호문에서 I가 확률적으로 메시지에서 e에 대응된다는 것을 보여준다. 따라서 key=4라고 추정할 수 있으며, 그러한 추정을 바탕으로 암호문을 복호하면 다음을 얻게 된다.

the house is now for sale for four million dollars

it is worth more hurry before the seller receives more offers

3) 영화에 나오는 재미있는 암호

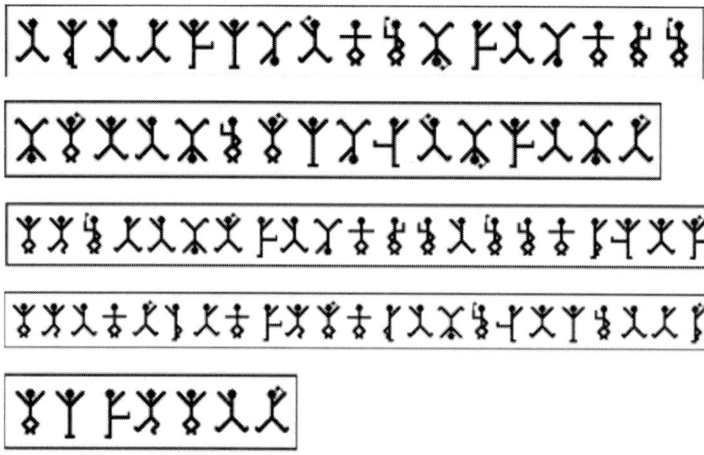

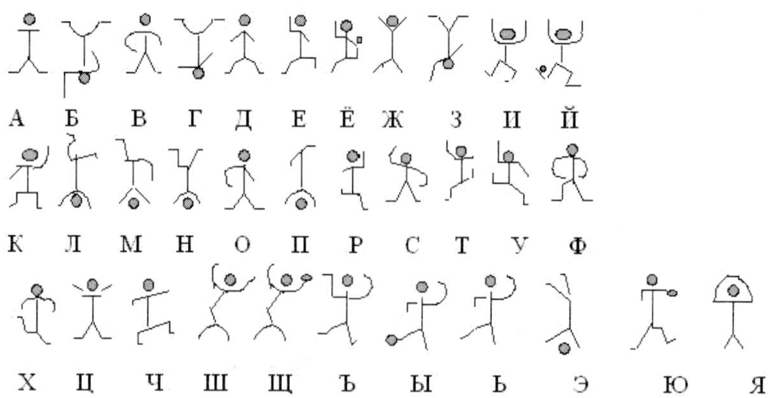

셜록 홈즈 영화 속의 춤추는 사람들 암호는 통계적 성질을 기반으로 한 추측과 분석에 의존하므로, 이러한 추정이 항상 옳다고 말할 수는 없다.

이제부터 우리가 배우고자 하는 암호 이론은 보다 더 엄밀한 수학적 이론에 근거한 암호이다. 이 경우에 얻을 수 있는 큰 장점 중 하나는 암호시스템의 속도는 물론 안전성을 계산할 수 있는 것이다. 안전성에 대한 정확한 계산은 그 암호를 풀어내는 데 필요한 시간을 예측하는 근거를 제공해준다.

2장 고전 암호

2.1 스키테일 암호

기원전 400년경에 고대 그리스의 스파르타에서는 전쟁터에 출전한 군대에 비밀메시지를 전할 때 다음과 같은 방법으로 암호를 전달했다.

① 전쟁에 나갈 군대와 본국에 남아있는 정부는 각각 스키테일이라고 부르는 동일한 굵기의 원통형 막대기를 나누어 갖는다.

② 비밀리에 보내야 할 메시지를 정부의 암호 담당자는 스키테일에 가느다란 양피지 리본을 위에서 아래로 감은 다음 옆으로 메시지를 적는다.

③ 리본을 풀어서 펼치면 메시지의 내용은 아무나 읽을 수 없게 된다.

④ 같은 굵기의 원통막대기를 가지고 전쟁터에 나간 사람만이 메시지를 읽을 수 있다.

이것을 스키테일 암호(scytale cipher)라고 부르는데, 스키테일은 '막대기'라는 뜻의 그리스어이다.

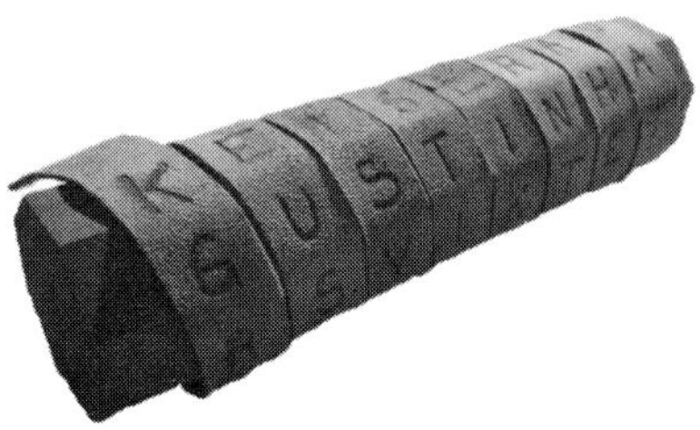

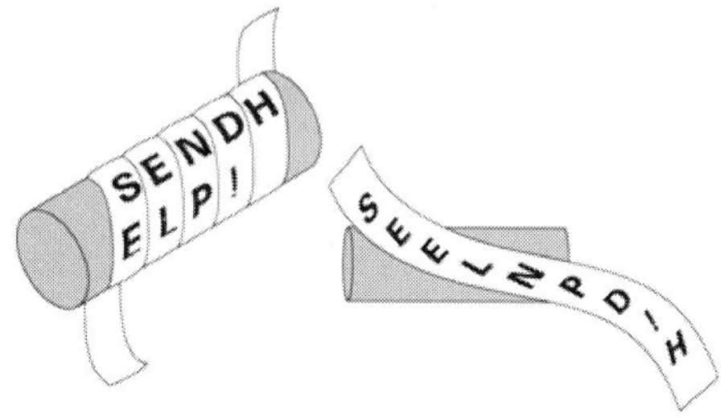

그 당시에 이러한 암호기법은 아무나 쉽게 암호문을 열어볼 수 없는 획기적인 방법이었다. 그러나 오늘날의 수준에서 보면 조금의 노력으로 쉽게 암호를 풀어낼 수 있다. 리본을 가지고 전쟁터로 가는 도중에 문서리본을 적군에게 빼앗겼다고 하자. 적군은 비록 원통형 막대기가 없지만 간단한 작업을 몇 번 거치면 암호문을 풀 수 있다. 예를 들어 다음의 문자열이 나왔다고 하자.

S Y B L C R E S E E R A C H T A Y P U O

H I P H R U E M T Y I L S O O ! T D O F G

보내는 사람이 사용한 스키테일에 리본을 위에서 아래로 감았을 때 한 바퀴에 쓸 수 있는 문자의 개수를 c라 하자. c를 알아내면 되는데, 그 값을 알지 못하므로 우선 $c=5$라고 가정해보자. 암호문에 나타나 있는 문자열을 5개씩 건너뛰어 다시 써보면 다음과 같은 아주 이상한 문자열을 얻는다.

S R R A H U I ! G
Y E A Y I E L T
B S C P P M S D
L E H U H T O O
C E T O R Y O F

내용을 알 수 없으므로 $c=6$으로 하여 재배열해보면 다음과 같은 표가 만들어져서 메시지의 내용(security should be the sole aim of cryptography)을 알 수 있다.

S	E	C	U	R	I	T
Y	S	H	O	U	L	D
B	E	T	H	E	S	O
L	E	A	I	M	O	F
C	R	Y	P	T	O	G
R	A	P	H	Y	!	

스키테일 암호는 전형적인 **전치 암호**(transposition) 체계이다. 이는 문자의 위치를 일정한 규칙에 따라 치환하는 시스템으로서 그 규칙을 모르면 본래의 메시지를 알아낼 수 없다는 가정 하에 암호문을 만드는 것이다. 예를 들어 아래와 같은 메시지를 살펴보자.

I LOVE ROSE

이 메시지에 사용한 문자들 I, L, O, V, E, R, S의 위치를 뒤바꾸어

L VRSI OEOE

와 같은 암호문을 만드는 방법이다.

2.2 카이사르 암호

전치 암호와 비슷한 형태의 암호기법으로 **치환 암호**도 있다. 치환 암호는 메시지에서 사용한 문자의 위치를 바꾸는 것이 아니라 메시지의 각 문자들을 다른 문자로 바꾸는 암호를 말한다. 예를 들어

I LOVE ROSE

를 치환 암호로 암호화하면,

θ ⌓▽⚲⌖ ρ ω& #

로 바꾸는 방식으로 암호문을 만든다. 이때 암호문에서 사용한 문자들은 메시지에서 이미 사용된 것일 수도 있고 전혀 다른 기호일 수도 있다. 카이사르 암호(caesar cipher)가 대표적인 치환 암호이다.

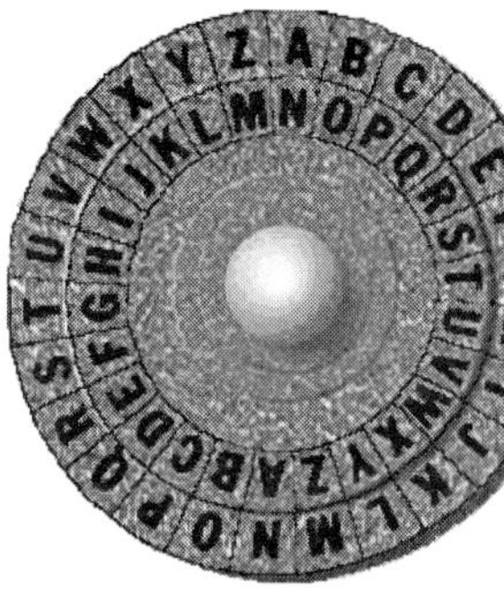

로마의 군인이며 정치가였던 줄리어스 카이사르(J. Caesar, 기원전 100~44)[1]는 암호를 아주 잘 다루었다고 한다. 기원후 2세기경에 세토니우스(Suetonius)는 저서 『카이사르의 생애(Life of Julius Caesar)』에서 '카이사르가 무언가를 비밀스럽게 하고자 할 때, 그는 항상 암호를 사용했다. 알파벳의 순서를 바꾸어서 사용한 것인데, 다른 사람들이 알아보지 못했다'라고 기술했다.

카이사르가 사용한 암호의 대응 규칙을 표로 그려보면 다음과 같다.

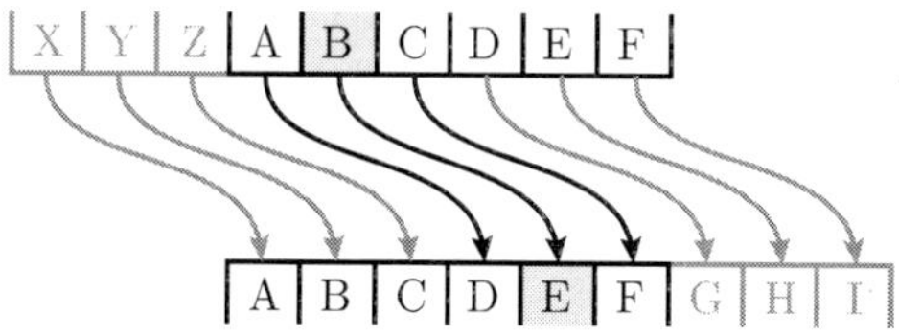

평문	a	b	c	d	e	f	g	h	i	j	k	l	m	n	o	p	q	r	s	t	u	v	w	x	y	z
암호문	D	E	F	G	H	I	J	K	L	M	N	O	P	Q	R	S	T	U	V	W	X	Y	Z	A	B	C

이 규칙에 따라

You can write a letter

를 암호문으로 만든다면

BRX FDQ ZUMWH D OHWWHU

이 된다. 암호문을 본래의 메시지로 바꾸는 작업(복호화)을 쉽게 할 수 있다. 위의 표에서 반대로 아래에서 위로 대응시키면 되므로 암호문 OHWWHU를 복호화하면 원래의 메시지가 letter이었음을 알 수 있다. 사실 오늘날 관점에서는 낮은 수준의 암호이다.

1) 카이사르는 일명 시저라고도 불린다.

〈암호이야기〉

카이사르는 왜 4칸씩 뒤로 밀어서 암호화했을까?

특별한 이유는 없다. 4칸씩이든, 10칸씩이든 몇 칸을 움직이는지는 아무 상관없다. 다만 결정한 칸 수는 다른 사람이 절대로 알지 못해야 한다. 알파벳이 26자이므로 이런 방식의 암호는 26가지가 있을 수 있다.

그렇다면 카이사르 암호와 같이 이렇게 간단한 방법도 암호로서의 역할을 할 수 있었을까? 오늘날에는 가치가 전혀 없어 보이는 암호시스템이지만 카이사르가 살았던 기원전 100년경에는 많은 사람들이, 실제로 정치가들 중에도 대다수가 문맹이었다고 할 정도였다고 한다.

2.3 아핀 암호

아핀 암호(affin cipher)는 더하기와 곱하기의 수학적 연산을 함께 사용하는 암호기법으로서 모듈러(mod)의 개념을 사용한다. 알파벳 a, b, ⋯, z를 숫자로 바꾼 후 오른쪽으로 k칸 이동한다는 것을

$$x + k \pmod{26}$$

의 수식으로 표현한다.

1) 더하기 암호

① 우선 메시지의 문자를 숫자로 바꾼다.

② 각 숫자에, 예를 들어 3을 더한다.

③ 26으로 나눈 나머지를 구한다. 다시 말해서 mod 26으로 계산한다.

평 문	a	b	c	d	e	f	g	h	i	j	k	l	m	n	o	p	q	r	s	t	u	v	w	x	y	z
숫 자	00	01	02	03	04	05	06	07	08	09	10	11	12	13	14	15	16	17	18	19	20	21	22	23	24	25

예를 들어 문자 x를 오른쪽으로 3칸 옮기는 더하기 암호를 수식화해보자.

① x는 23으로 바뀐다.

② $23+3=26$

③ 26을 26으로 나눈 나머지는 0이다.

④ 0은 암호 문자 A에 해당한다.

⑤ 그러므로 원래 메시지에서의 x는 암호화했을 때 A로 변형된다.

2) 곱하기 암호

① 우선 메시지의 문자를 숫자로 바꾼다.

② 문자에 대응하는 숫자 x에 어떤 수 t를 곱한다.

③ 26으로 나눈 나머지를 구한다. 다시 말해서 $tx \pmod{26}$를 계산한다.

④ 그 값에 대응하는 문자가 암호 문자가 된다.

예를 들어 문자에 3을 곱하는 암호방법으로 메시지 k를 암호화해보자.

① 메시지 k는 10에 해당한다.

② 3을 곱하여 mod 26으로 계산한다.

③ $3 \cdot 10 \pmod{26} = 4$이고, 4는 문자 E에 대응한다.

④ 따라서 메시지 k는 E로 암호화 된다.

그러므로 메시지의 문자에 대응하는 숫자를 x라고 하면 $3x \bmod 26$을 계산한다. 따라서 다음과 같은 암호표가 생성된다.

	00	03	06	09	12	15	18	21	24	01	04	07	10	13	16	19	22	25	02	05	08	11	14	17	20	23
암호	A	D	G	J	M	P	S	V	Y	B	E	H	K	N	Q	T	W	Z	C	F	I	L	O	R	U	X

이 표를 이용하여 메시지

Welcome to the new world

을 암호화하면 다음과 같은 암호문이 된다.

OMHGQKM FQ FVM NMO OQZHJ

곱하기 암호에서는 곱하는 수를 신중하게 선택할 필요가 있다. 예를 들어 곱하는 수가 2라고 하자. 그러면 메시지와 연산 그리고 암호표는 다음과 같다.

메시지:

a	b	c	d	e	f	g	h	i	j	k	l	m	n	o	p	q	r	s	t	u	v	w	x	y	z
00	01	02	03	04	05	06	07	08	09	10	11	12	13	14	15	16	17	18	19	20	21	22	23	24	25

연산: $2x \bmod 26$

암호표:

00	02	04	06	08	10	12	14	16	18	20	22	24	00	02	04	06	08	10	12	14	16	18	20	22	24
A	C	E	G	I	K	M	O	Q	S	U	W	Y	A	C	E	G	I	K	M	O	Q	S	U	W	Y

이 경우 암호문에는 B, D, F, … 등의 문자는 전혀 나타나지 않는 대신 A, C, E … 등이 두 번씩 반복해서 대응되고 있다. 이러한 대응은 암호로 사용하기 곤란하다.

이런 일이 발생한 것은 곱셈자로 사용된 2가 mod 26에서 역원을 갖지 않기 때문이다. 따라서 암호에 사용할 수 있는 곱셈자는 mod 26에서 곱셈에 대한 역원을 갖는 수, 다시 말해서 26과 서로소가 되는 수들인

$$1,\ 3,\ 5,\ 7,\ 9,\ 11,\ 15,\ 17,\ 19,\ 21,\ 23,\ 25$$

가 가능한 수이다.

2.4 DES 암호

스키테일 암호, 카이사르 암호, 아핀 암호 등 오래전에 사용되었던 간단한 암호들을 알아보았다. 이제 비밀키 암호기법들 중에서 대표적인 DES와 IDEA를 알아보자.

2.5 암호의 공격

완벽히 안전한 암호는 존재할 수 없다. 암호를 사용한다는 것은 허락되지 않은 사람으로부터 메시지를 보호한다는 것인데, 허락되지 않은 사람을 암호학에서는 암호공격자 또는 암호분석가라고 부른다. 암호를 공격하여 비밀을 빼내기 위해 암호공격자는 어떠한 암호 시스템으로 구성된 암호문인지를 판단해야 한다. 사실 암호방법은 그다지 많지 않으므로 암호문의 형태나 특성, 사용용도, 사용기관 등을 잘 고려해보면 어떠한 암호방법이 사용되었는지 비교적 알 수 있다. 또한 암호를 공격하기 위해서 암호문에 사용한 키를 알아내는 것이 가장 중요하다.

만일 사용된 암호시스템이 카이사르 암호, 스키테일 암호 또는 아핀 암호 등과 같은 고전 암호시스템이라면 쉽게 알아낼 수 있다.

예를 들어 암호공격자가 다음과 같은 암호문을 가로챘고, 몇 가지 관찰을 통해 암호방법은 덧셈 방식으로 구성된 암호라는 것을 알아냈다고 하자.

XOL GYMMUAY XIYM HIN LYGUCH MYWLYN

이때 암호문을 분석하는 데는 **모든 가능성 공격**(brute force)을 생각할 수 있다. 이는 암호알고리즘에 사용될 수 있는 키를 전부 조사하는 방법을 말하는데, 더하기 암호는 26가지 방법만 있으므로 암호공격자는 간단하게 모두 조사해볼 수 있다. 더구나 26가지를 전체 암호문에 적용할 필요도 없이 일부 문장에만 시험해보아도 충분하므로 공격에 필요한 작업량이 훨씬 줄어든다. 예를 들어 암호문에 있는 HIN이라는 단어를 보자. 26가지를 이 단어에 적용시켜 보면 NOT 이외에는 의미 있는 경우가 없음을 알게 된다. 그러므로 오른쪽으로 6칸 이동시킨 암호문이라는 것이 거의 분명하다. 암호공격자는 6칸 이동을 전체 암호문에 적용하여

Our message does not remain secret

으로 해독할 수 있게 된다.

현대의 암호공격은 컬초프(A. Kerckhoff, 1835~1903)의 원리에 기초를 두고 있다. 1883년에 컬초프는 암호에 관한 두 개의 논문을 발표했는데, 그 논문에서 군사 암호를 위한 6개의 원리를 다루었다. 그중 두 번째 원리가 '암호체계는 키를 제외한 모든 시스템이

공개된 경우라고 하더라고 안전해야 한다'이다. 다시 말해 키를 알아내는 것이 충분히 어렵기 때문에 암호화-복호화 알고리즘을 비공개로 할 필요가 없다는 것이다. 그 후 섀넌(C. Shannon, 1916~2001)은 이것을 'The enemy knows the system'으로 다시 표현했다. 컬초프의 원리에서 암호시스템의 안전성은 암호알고리즘의 비밀에 의존하는 것이 아니라 키의 비밀을 지킴으로써 보장된다.

안전하다고 생각되던 여러 암호시스템이 암호공격자들에 의해 깨졌던 역사가 많이 있다. 암호공격자들은 통신 채널에서 암호문을 입수하여 이것을 복호화하기 위한 키를 찾아내는 데 주력한다. 그들이 사용하는 공격방법에는 다음과 같은 것들이 있다.

암호문 단독 공격(COA) 암호문만을 가지고 평문이나 키를 찾아내는 것	알려진 메시지 공격(KPA) 암호문에 대응하는 일부 평문이 사용가능한 상황에서의 공격
암호공격의 종류	
선택 메시지 공격(CPA) 평문을 선택하면 대응하는 암호문을 얻을 수 있는 상황에서의 공격	선택 암호문 공격(CCA) 암호문을 선택하면 대응하는 평문을 얻을 수 있는 상황에서의 공격

1) 암호문 단독 공격(ciphertext only attack, COA)

여러 개의 암호문들을 입수하고 그에 해당하는 암호기법을 이용해서 비밀키를 알아내는 방법이다. 이 방법은 적어도 암호공격자가 여러 가지 정보를 이용해서 메시지가 어떤 형태의 문서인지를 유추한 후에 비로소 가능해진다.

2) 알려진 메시지 공격(known plaintext attack, KPA)

암호공격자는 비교적 짧은 부분의 메시지와 이에 대응하는 암호문을 알고 있는 상황이다. 다시 말해서 한두 쌍의 암호문과 그에 해당하는 원래의 메시지를 알고 있으며 그 외에 여러 개의 암호문을 알고 있을 때 사용하는 암호공격 방법이다. 비밀키의 길이를 유추하고 가능한 모든 경우의 비밀키를 암호알고리즘에 적용해 결과를 분석하여 비밀키를 알아내는 방법이다.

3) 선택 메시지 공격(chosen plaintext attack, CPA)

비밀키를 알아내기 위해서 암호공격자가 만든 메시지들을 암호알고리즘에 입력하여 생성된 암호문과 실제로 입수한 암호문을 비교하는 방식이다. 다시 말해서 공격자가 암호문과 그에 대응하는 메시지를 이미 여러 쌍 알고 있으며, 간단한 메시지를 선택해서 대응하는 암호문이 무엇인지 검사해볼 수 있을 정도로 많은 정보를 획득한 상황에서의 암호공격이다. 암호문과 그에 대응하는 메시지들을 많이 알고 있으므로 메시지에서 특정한 문자열들을 찾아 그에 대응하는 암호문을 집중적으로 조사함으로써 비밀키와 암호알고리즘에 관한 정보를 유추할 수 있다. 이러한 공격법은 효율적이고 위협적이 될 수 있다.

4) 선택 암호문 공격(chosen ciphertext attack, CCA)

암호공격자가 암호문을 임의로 선정한 다음 그에 대응하는 메시지가 무엇인지를 알아낼 수 있는 상황에서 암호를 공격하는 것이다. 예를 들어 주어진 암호알고리즘에 입력값으로 P_1을 넣어서 C_1이라는 값을 얻는다. 그 다음 P_1의 한 비트만을 바꾸어서 P_2를 만들고, 이것을 암호알고리즘에 입력하여 C_2를 얻는다. 이러한 작업을 반복하여 얻은 (P_i, C_i)의 쌍들을 분석하여 비밀키의 패턴을 찾는 방법이다. 공격자는 암호키를 알아내는 것이 최종 목적인데, 기본적으로 공개키 암호가 이러한 공격에 취약하지만 대칭키를 사용하는 암호알고리즘도 때로는 이러한 상황을 제공할 수 있다.

암호공격에 대한 자세한 내용은 11장에서 알아보자.

연습문제

01 어느 날 카이사르는 키케로(Cicero, 기원전 106~43)로부터 암호를 받았다. 'QHYHU WUXVWEUXWXV' 카이사르는 회의 시간에 늦었기 때문에 전달되어 온 암호를 확인하지 못한 채 서둘러 회의장으로 갔다. 거기서 자신의 부하 부르투스(Brutus, 기원전 85~42)에게 암살당하고 말았다. 비밀키 3을 알고 있었던 카이사르가 받은 메시지를 복원하여라.

02 메시지 I LOVE YOU를 K NQXG AQW로 암호화하는 아핀 암호를 알아보아라.

03 아핀 암호를 사용하여 다음의 메시지를 암호문으로 변경하여라.

KAKAO TALK, CHEESE, MATHEMATICS

04 볼펜에 가는 종이를 둘둘 말아 스키데일 암호를 직접 만들라.

05 재미있는 암호 - 다음과 같이 한글을 숫자와 대응시키자.

ㄱ	ㄴ	ㄷ	ㄹ	ㅁ	ㅂ	ㅅ	ㅇ	ㅈ	ㅊ	ㅋ	ㅌ	ㅍ	ㅎ	ㅏ	ㅑ	ㅓ	ㅕ	ㅗ	ㅛ	ㅜ	ㅠ	ㅡ	ㅣ
1	2	3	4	5	6	7	8	9	10	11	12	13	14	1	2	3	4	5	6	7	8	9	10

두 명의 학생 A와 B가 암호로 서로 대화를 나누고 있다. 암호문의 원리를 찾은 후, 대화의 내용이 무엇인지 알아보아라.

A. $7\times7+\dfrac{14\times1}{1}+\dfrac{8\times9}{2}+\dfrac{10\times1}{5}+9\times1\times10+5\times10+\dfrac{8\times10}{7\times7}+8\times3$

B. $2\times1+3\times5+1\times9+\dfrac{4\times3}{14}+1\times3\times10+\dfrac{7\times1\times10}{8}+\dfrac{1\times1}{1}+14\times1\times10$

C. $\dfrac{8\times1}{5}+14\times5+8\times3\times10+\dfrac{2\times9}{2}+7\times7+\dfrac{14\times1}{1}+8\times10$

$+\dfrac{13\times10}{4}+8\times6+14\times1\times10$

06 2차 세계대전 당시 사용되었던 암호 애니그마에 대해 조사하여라.

07 최초의 컴퓨터로 알려진 콜로서서에 대해 조사하여라.

08 현대 컴퓨터의 발명가로 불리는 튜링(A. Turing)에 대해 조사하여라.

3장 암호를 위한 기초 정수론

영국의 정수론 학자인 하디(G. Hardy, 1877~1947)는 정수론은 실용성이 전혀 없는 이론이라고 말했다. 그는 저서 『어느 수학자의 변명(A Mathematician's Apology)』에서, 예를 들어서 소수가 무한히 많다는 정리는 실제적인 가치가 없다고 썼다. 그러나 하디의 독단적인 주장과는 달리 오랜 세월동안 수많은 천재적인 수학자들은 엄청난 분량의 수학적 정리들을 발견해왔으며, 그중에서 정수론은 Divisibility test, Modular designs, Check digits, Bar code, Zip code, ISBN code 등 여러 영역에서 실질적으로 많이 응용되어 왔다. 특히 암호론에서 응용의 꽃을 피우고 있다.

암호 이론에 필요한 기초 정수 이론을 소개하며 자세한 내용은 정수론 교재를 참조하자.

3.1 정수 기초 이론

정의 3.1 최대공약수

(1) 두 정수 $a, b \in \mathbb{Z}$ 가 있을 때, $a = bq + r$가 되는 정수 q와 r이 항상 존재하며, 이때 $0 \leq r < b$이다. 특별히 $r = 0$일 때 b를 a의 약수 또는 인수라고 하며 $b \mid a$로 표시한다.

(2) $a, b, c \in \mathbb{Z}$ 에 대해 $c \mid a$이고 $c \mid b$이면 c는 a와 b의 공약수이다.

(3) 가장 큰 공약수를 최대공약수라 하고 $\gcd(a,b)$로 표시한다.

정의 3.2 소수와 합성수

2보다 큰 어떤 정수 p가 1과 p, 단 두 개의 약수만 가질 때 p를 소수(prime)라고 부른다. 그렇지 않을 때 p를 합성수(composite)라고 부른다.

정리 3.1

정수 a,b,c가 있을 때 다음이 성립한다.

(1) $a \mid b$, $b \mid c$이면 $a \mid c$이다.

(2) $a \mid b$이고 $a \mid c$이면 $a \mid (bx + cy)$ $(x, y \in \mathbb{Z})$이다.

(3) p가 소수이다. $\Leftrightarrow$ 만일 $p \mid ab$이면 $p \mid a$ 또는 $p \mid b$이다.

1) 유클리드 알고리즘(euclidean algorithm)

두 자연수 a와 b의 최대공약수 $\gcd(a,b)$를 구하고자 할 때, 유클리드 알고리즘을 사용하면 아주 큰 수들의 최대공약수를 쉽게 구할 수 있다. 유클리드 알고리즘은 공개키와 비밀키를 만들 때 사용된다.

예제 3.1

$a=252$, $b=198$일 때, gcd(252, 198)을 구하여라.

풀이

$$\begin{aligned} a = 252 &= (198 \cdot 1) + 54 \\ 198 &= (54 \cdot 3) + 36 \\ 54 &= (36 \cdot 1) + 18 \\ 36 &= (18 \cdot 2) + 0 \end{aligned}$$

그러므로 $\gcd(252, 198) = 18$이다.

2) 확장된 유클리드 알고리즘

$\gcd(252, 198) = 18$을 두 수 $a=252$와 $b=198$의 일차 결합으로 표시할 수 있다.

$$\begin{aligned} 18 &= 54 - 1 \cdot 36 \\ &= 54 - (198 - (3 \cdot 54)) \\ &= 4 \cdot 54 - 198 \\ &= 4(252 - 198) - 198 \\ &= 4 \cdot 252 - 5 \cdot 198 \end{aligned}$$

현대 암호학의 거장인 Diffie는 오늘날 비대칭 암호의 대표격인 RSA 암호에 대해 다음과 같이 말했다.

"1977년에 R. Rivest와 A. Shamir 그리고 L. Adleman은 공개키 암호시스템의 구현에 착수하였다. Rivest가 암호 알고리즘을 제안하였고, Adleman은 공격을 했고 Shamir는 각각의 문제점을 지적하는 방식으로 개발을 진행했다. 그들은 간단한 고전적 정수이론 몇 개를 사용하여 수개월에 걸친 노력 끝에 1977년 5월에 드디어 RSA 시스템을 완성하였다."

다른 비대칭 암호들도 개발되었지만, 어느 것도 RSA 암호시스템만큼 큰 주목을 받지는 못했다. 그만큼 RSA 암호가 실용적이면서 안전하다고 할 수 있다. Diffie가 언급한 것처럼 RSA를 이해하려면 수학이 필요하며, 특히 스위스 수학자인 오일러(L. Euler, 1707~1783) 정리는 아주 중요하다.

정리 3.2

> 오일러 함수 $\phi(n)$는 1부터 n 사이에서 n과 서로소인 정수들의 개수를 말한다. 그러면 다음이 성립한다.
> (1) p가 소수이면 $\phi(p)=p-1$이다.
> (2) 임의의 $k \in \mathbb{Z}$에 대해 $\phi(p^k)=p^{k-1}(p-1)$이다.
> (3) p와 q가 서로 다른 소수이면 $\phi(pq)=(p-1)(q-1)$이다.

예를 들어 $\phi(2)=2$, $\phi(3)=2$, $\phi(4)=2$, $\phi(5)=4$, $\phi(6)=2$, $\phi(10)=4$, $\phi(11)=10$ $\phi(15)=\phi(3\cdot 5)=\phi(3)\phi(5)=2\cdot 4=8$이다.

정리 3.3 오일러의 정리

> a와 n이 서로소인 양의 정수이면 $a^{\phi(n)} \equiv 1 (\text{mod } n)$이다.

RSA 암호시스템에서는 서로 다른 두 소수 p, q를 사용하는데, 만일 $\gcd(a,\ pq)=1$이면 오일러의 정리에 의해 $a^{\phi(pq)} \equiv 1\ (\text{mod } pq)$, 즉 $a^{(p-1)(q-1)} \equiv 1\ (\text{mod } pq)$이 된다. 다시 말하면 큰 수 $a^{(p-1)(q-1)}$을 pq로 나누면 나머지가 1이 된다.

예제 3.2

$$5^{\phi(6)} \equiv 5^2 \equiv 25 \equiv 1 (\text{mod } 6)$$

또한 $31^{\phi(851)} \equiv 31^{\phi(23\cdot 37)} \equiv 31^{22\cdot 36} \equiv 31^{792} \equiv 1(\text{mod } 851)$

유클리드 알고리즘은 RSA 암호시스템에서

$$(\text{공개키} \times \text{비밀키})\ \text{mod}((p-1)(q-1)) \equiv 1$$

에서 공개키를 구할 때 주로 사용된다. 이것은 $n=pq$ (두 소수의 곱)일 때 오일러 함수 $\phi(n)=(p-1)(q-1)$이므로

$$(\text{공개키} \times \text{비밀키})\ \text{mod}(\phi(n)) \equiv 1$$

으로 표현된다.

암호시스템에서는 키 수열의 길이가 보통 56, 64 또는 128인데, 이러한 수를 우연으로 맞추기는 큰 행운을 필요로 한다. 실제로 64비트인 키를 맞출 확률은 $\frac{1}{2^{64}}$인데, $2^{64} \approx 1.84 \times 10^{19}$이므로 $\frac{1}{2^{64}}$는 10^{19}의 원소 중에서 하나를 찾아내는 정도이다.

〈암호이야기〉

2^{64}는 얼마나 큰 수일까? 복권에 1등으로 당첨될 확률은 약 $\frac{1}{10^7}$라고 한다. 64비트 키를 정확히 맞출 확률은 3주 연속해서 1등에 당첨될 확률과 같다.

3.2 소수판정법

소수에 대해 잘 알려진 정리들이다. 증명은 정리를 이해하는 데 필요한 것만 하고, 나머지 것들은 정수론 교재를 참고하도록 한다.

정리 3.4 유클리드

소수는 무한히 많이 존재한다.

정리 3.5 소수 개수 정리(prime number theorem)

1부터 임의의 실수 $x \in \mathbb{R}$ 사이에는 대략 $\frac{x}{\ln x}$개의 소수가 존재한다.

예를 들어서 1부터 백만 (10^6) 사이에는 대략 $\frac{10^6}{\ln(10^6)} \fallingdotseq 72382$개의 소수가 존재한다. 이는 1부터 백만 ($10^6$) 사이 소수의 정확한 개수인 78498과 상당히 유사하며, 실제로 두 값의 비율 $\frac{78498}{72382}$는 1.0844 정도인 것을 확인할 수 있다.

정수가 소수인지 아닌지 판정하는 방법은 크게 **결정적 판정법**(deterministic method)과 **확률적 판정법**(probabilistic method)으로 나눌 수 있다.

결정적 방법은 홀수가 소수인지 아닌지를 완벽히 판정할 수 있는 반면에 속도가 느리다는 단점이 있다. 그러나 확률적 방법은 100% 보장을 하지 못하지만 속도가 빠른 장점이 있다.

1) 결정적 소수판정법

결정적 판정법에는 에라토스테네스(Eratosthenes)방법, 소수성판정법(primality test), 소인수분해법(prime factorization), 타원곡선(elliptic curve)방법 등이 있다.

(1) 임의의 나눗셈 방법

주어진 수를 1보다 크고 자신보다 작은 수로 연속적으로 나눈다. 모든 경우에 나누어지지 않으면 그 수는 소수이다. 설명하기는 쉽지만 시간과 노력이 많이 소모되는 비실용적인 방법이다.

(2) 에라토스테네스 방법

다음과 같은 합성수의 성질을 이용한다.

정리 3.6

정수 $a>1$가 합성수이면 a는 $p \le \sqrt{a}$인 소인수 p를 갖는다.

증명 합성수 a는 $a=bc$ $(1<b, c<a)$로 표현된다. $b \le c$라 하면 $b^2 \le bc = a$이고 $b \le \sqrt{a}$이다. $b>1$이므로 b는 소인수 p를 갖는다. 따라서 $p \le b \le \sqrt{a}$이며, p는 b의 소인수, 즉 a의 소인수이다. ∎

그러므로 대우명제에 의해 정수 a가 $p \le \sqrt{a}$인 모든 p로 나누어지지 않으면 a는 소수이다.

에라토스테네스(Eratosthenes, 기원전 276~194)는 그리스 Cyrene의 수학자이다. 알렉산드리아 도시의 도서관장이었으며, 그가 모든 방면에 적어도 2인자는 되기 때문에 'Beta'는 별명으로 불렸다. 소수를 가려내는 체(sieve)를 발명한 것으로 유명하며, 유클리드 기하이론을 이용하여 지구의 지름을 측정한 업적으로 잘 알려졌다.

예제 3.3

$a=509$는 소수인지 합성수인지 판정하여라.

풀이 $22<\sqrt{509}<23$이므로, $p\le\sqrt{509}$인 소수 p는 모두 2, 3, 5, 7, 11, 13, 17, 19이다. 509는 이것들 중 어느 것으로도 나누어지지 않으므로 소수이다.

(3) 소인수분해법

모든 자연수는 소수들의 곱으로 표현된다. 소수의 성질은 고대 그리스 수학자들에 의해 광범위하게 연구되었는데, 특히 피타고라스학파는 신비주의적 수의 성질에 관심을 갖고 소수를 연구했다. 최근에는 현대 암호 체계의 안정성 문제에 소수의 문제가 대두되어, 쉽게 소수를 판별하는 방법이나 큰 수의 소인수분해에 대한 연구로 활용범위가 넓어졌다. 어떤 수를 소인수분해하면 당연히 소수 판정을 한 것이지만, 소인수분해는 소수 판정과 더불어 소인수까지 구해야 하므로 대체적으로 더 어렵다.

RSA 암호시스템을 생성하려면 두 개의 큰 소수가 필요하며, 이를 위해 소수 판정이 필요하다. 한편 $n=pq$에서 n을 알고 p, q를 알지 못할 때, p, q를 알기 위하여 소인수분해법이 필요하다.

(4) 페르마의 분해 방법

n은 홀수라고 하자.

① 만일 n이 합성수이면 방정식 $n=x^2-y^2$을 만족하는 근 x, y가 존재한다. 실제로 $n=ab$, $a\ge b\ge 1$인 합성수이면

$$n=\left(\frac{a+b}{2}\right)^2-\left(\frac{a-b}{2}\right)^2$$

가 된다. 그런데 n 이 홀수이므로, a 와 b 도 홀수가 되어 $\frac{a+b}{2}$, $\frac{a-b}{2} \in \mathbb{Z}$ 이다.

그러므로 방정식 $x^2 - y^2 = n$을 만족하는 정수근이 있다.

② 만일 차가 1이 아닌 두 수의 제곱의 차로 n 이 표현되면 n은 합성수이다. 실제로

$$n = x^2 - y^2 \text{이며 } x - y \neq 1$$

라고 하면

$$n = x^2 - y^2 = (x+y)(x-y) \text{이며 } x - y \neq 1$$

가 되어 n은 합성수이다.

이것을 다음의 정리로 표현할 수 있다.

정리 3.7

만일 n 이 홀수이며 $n = x^2 - y^2$(이때 $x - y \neq 1$)으로 표현되면 n은 합성수이다. 역으로 만일 $n = ab$인 합성수이면 n은 $n = x^2 - y^2$의 형태로 표현된다.

이 성질을 사용하여 합성수 n 을 소인수분해하려면

$$x^2 - n = y^2$$

을 만족하는 정수해 x, y 를 구하면 된다. 여기서 $x^2 \geq n$ 이다. 따라서 $k^2 \geq n$ 인 최소 정수 k 에 대하여

$$k^2 - n,\ (k+1)^2 - n,\ (k+2)^2 - n,\ (k+3)^2 - n,\ \cdots$$

이 제곱수가 될 때까지 한다. 이 과정은 무한히 반복되지 않는데,

$$\left(\frac{n+1}{2}\right)^2 - n = \left(\frac{n-1}{2}\right)^2$$

은 $n = n \cdot 1$을 의미하기 때문이다. 제곱수가 되지 않으면 n은 소수이다.

예제 3.4

$n=119143$이라 하자.

풀이 $345^2 < 119143 < 346^2$이므로

$$346^2-119143=573$$
$$347^2-119143=1266$$
$$348^2-119143=1961$$
$$349^2-119143=2658$$
$$350^2-119143=3357$$
$$351^2-119143=4058$$
$$352^2-119143=4761=69^2$$

이다. 따라서 다음과 같이 인수분해 할 수 있다.

$$119143=352^2-69^2=(352+69)(352-69)=421\cdot 283$$

정리 3.8

n은 합성수이며 p는 n의 소인수이고, 소인수분해 $p-1=q_1^{a_1}\cdots q_r^{a_r}$라고 하자. 그러면 다음이 성립한다.

(1) 페르마의 정리 $a^{p-1}\equiv 1 \pmod p$

(2) $\gcd(c, n)=1$이면 $\gcd(c, p)=1$, $c^{p-1}\equiv 1 \pmod p$이며

$c^n=c^{q_1^{a_1}\cdots q_r^{a_r}}\equiv 1 \pmod p$이다.

(3) $q_1^{a_1}\cdots q_r^{a_r} \mid t$ (t: 큰 수)이면 $c^t\equiv 1 \pmod p$, $p \mid c^t-1$이며

$\gcd(c^t-1, n)\geq p$이다.

(4) $\gcd(a, b)=\gcd(a+tb, b)$

증명 (3)은 $p \mid n$라는 사실로부터 쉽게 볼 수 있다. ■

〈암호이야기〉

가장 큰 소수(Prime)발견. 2003년 11월에 $2^{20996011}-1$이 발견된지 얼마 지나지 않아서 $2^{24036583}-1$이 소수로 판명되었다. 723만 5733자리 소수는 http://mersenne.org/prime7.htm 에서 볼 수 있다. 2^n-1 꼴의 소수를 메르센 소수라고 부르는데, 그 소수 판정법이 다른 소수들보다 상대적으로 간단하고, 쉬운 편이어서 큰 소수 리스트에 자주 나오는 소수이다.

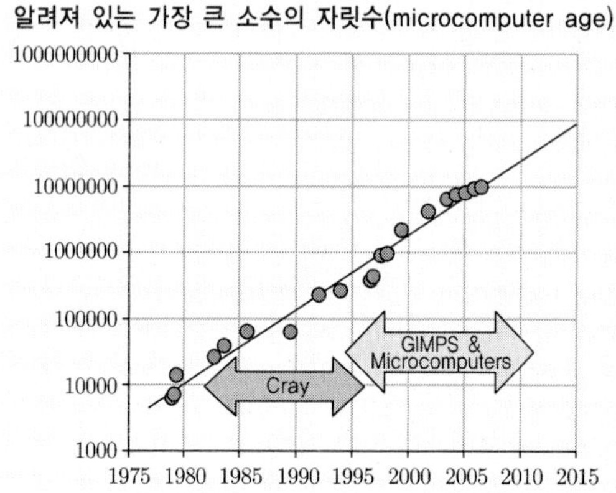

그래프는 알려져 있는 가장 큰 소수의 자릿수와 그 발견 연도(http://primes.utm.edu)를 나타낸다.

3.3 확률적 소수판정법

상당히 큰 정수 n이 소수인지 아닌지를 결정하는 방법은 결코 쉽지 않으며 실제로 완벽한 판정법이 존재하지도 않는다. 그러므로 n이 소수인지를 확률적으로 판정하는 방법을 취하게 된다. 이것은 확률로 볼 때 n이 거의 소수(또는 합성수)일 것이라고 판정하는 방법일 뿐이지 n이 소수인지 아닌지를 결정적으로 판정하는 것은 아니다. 확률적으로 판정하는 알고리즘으로 다음의 것들이 있다.

① 밀러-라빈(Miler-Rabin) 알고리즘

② 아주 작은 소수를 찾는 법 - 에라토스테네스 체

③ 유사소수(pseudo prime)를 위한 간단한 테스트

  - Fermat 판정법, probable-primality, strong probable-primality 테스트

④ $N-1$ 테스트 (페르마 소수를 위한 Pepin 테스트)

⑤ $N+1$ 테스트 (메르센 소수를 위한 Lucas-Lehmer 테스트)

⑥ 타원곡선 테스트 - 최신의 이론으로 타원곡선 이론을 사용하여 소수를 판정

3.4 페르마의 정리를 사용한 소수 판정

소수 판정을 위한 여러 가지 방법은 수학적 표현에서 다양하지만 그것들의 기본적인 발상은 17세기에 페르마가 고안한 것과 유사하다.

1) 페르마의 작은 정리

p가 홀수 소수이면 $2^{p-1}-1$은 p로 나누어진다.

따라서 2^p-2가 p로 나누어지지 않으면 p는 소수가 될 수 없다. 그러나 2^p-2가 p로 나누어지면 p가 소수인지 아닌지 확신할 수는 없다. p가 소수이면 2^p-2는 항상 p로 나누어지지만 이런 성질을 가진 합성수도 있다.

정리 3.9 페르마의 작은 정리

p가 소수이면 모든 $a \in \mathbb{Z}$에 대하여 $a^p \equiv a \pmod p$이다. 특히 $\gcd(a, p)=1$이면 $a^{p-1} \equiv 1 \pmod p$이다. 그러므로 $n \geq 2$에 대하여 $a^n \not\equiv a \pmod n$인 정수 a가 존재하면, n은 합성수이다.

페르마의 작은 정리의 역 '정수 n과 서로소인 모든 a에 대해 $a^{n-1} \equiv 1 \pmod n$이 성립하면 n은 소수이다'가 성립하는지 알아보자.

예제 3.5

$a=2$, $q=341$이라고 하자.

$$a^{q-1} \pmod q = 2^{340} \pmod{341} \equiv 1 \pmod{341}$$

참고 $2^{340} \pmod{341}$을 계산하는 방법은 무엇인가? $2^{340} \equiv 1 \pmod{341}$이 되는가?

예제 3.6

$2^{340}-1$이 $341=11 \cdot 31$로 나누어지는지를 살펴보자. 2의 거듭제곱을 11로 나눈 나머지는 다음과 같다.

2의 거듭제곱	1	2	4	8	16	32	64	128	256	512	1024	…
11로 나눈 나머지	1	2	4	8	5	10	9	7	3	6	1	…

$2^{10}=1024$부터 나머지는 반복되므로 $2^{340}-1=(2^{10})^{34}-1$은 11로 나누어진다. 또한 2의 거듭제곱을 31로 나눈 나머지는 다음과 같다.

2의 거듭제곱	1	2	4	8	16	32	64	…
31로 나눈 나머지	1	2	4	8	16	1	2	…

그러므로 $2^{340}-1=(2^5)^{68}-1$은 역시 31로 나누어진다. 따라서 $2^{340}-1$은 341로 나누어져서 $2^{340} \equiv 1 \pmod{341}$이다.

참고 $2^{340} \pmod{341}$을 빠른 지수법을 사용하여 계산하자. 340을 이진법으로

$$340=(101010100)_2=2^8+2^6+2^4+2^2$$

나타낸다. 그러면

$$2^{340}=2^{2^8+2^6+2^4+2^2}=2^{2^8}\,2^{2^6}\,2^{2^4}\,2^{2^2}$$

이다. 표를 만들어보면

a	2	2^2	2^{2^2}	2^{2^3}	2^{2^4}	2^{2^5}	2^{2^6}	2^{2^7}	2^{2^8}
$a \pmod{341}$	2	4	16	$16^2=256$	$256^2=(-85)^2=7225=64$	4	16	256	64

이다. 여기서 $a=2^{2^5}$일 때 $a \pmod{341}$은 바로 전 단계의 값인 64의 거듭제곱인

$$64^2=4096=12(341)+4 \equiv 4 \pmod{341}$$

로 계산되었다. 그러므로

$$2^{340} = 2^{2^8}\, 2^{2^6}\, 2^{2^4}\, 2^{2^2} = 64 \cdot 16 \cdot 64 \cdot 16 = 1024 \cdot 1024 \equiv 1 \cdot 1 \equiv 1 \pmod{341}$$

이다.

위의 예제 3.5, 예제 3.6은 페르마의 작은 정리의 역이 성립하지 않음을 보여준다. 341과 같이 자신이 소수는 아니면서 소수와 상당히 유사한 성질을 가진 정수들이 존재한다. 페르마의 작은 정리에서 $a = 2, \cdots, 10$일 때, 소수일 가능성이 있는 500보다 작은 홀수인 합성수는 아래와 같다.

a	500보다 작은 소수일 가능성이 있는 홀수인 합성수	확률
2	341	0.6 %
3	91, 121	1.2 %
4	15, 85, 91, 341, 435, 451	3.8 %
5	217	0.6 %
6	35, 185, 217, 301, 481	3.2 %
7	25, 325	1.2 %
8	9, 21, 45, 63, 65, 105, 117, 133, 153, 231, 273, 341, 481	8.3 %
9	91, 121, 205	1.9 %
10	9, 33, 91, 99, 259, 451, 481	4.4 %

3.5 유사소수

정의 3.3

정수 $a > 0$에 대하여 $a^n \equiv a \pmod{n}$을 만족하는 합성수 n을 **밑수 a에 대한 유사소수**(pseudoprime)라고 하고, psp(a)로 표시한다. 유사소수의 가장 중요한 특징이 페르마의 작은 정리로부터 나타나므로 그것을 **페르마 유사소수**라고 부르기도 한다.

예제 3.7

91과 15는 각각 밑수 3과 4의 유사소수임을 보이자.

풀이 $3^{91} \equiv 3(\text{mod } 91)$이 성립하는지 알아보자. $91 = 7 \cdot 13$ 은 소인수분해 되므로 우선 인수 7과 13을 법으로 각각 계산하면

$$\begin{cases} 3^{91} \equiv (3^6)^{15}(3) \equiv 1^{15}(3) \equiv 3(\text{mod } 7) \\ 3^{91} \equiv (3^3)^{30}(3) \equiv 1^{30}(3) \equiv 3(\text{mod } 13) \end{cases}$$

이 된다. 그러므로 $3^{91} \equiv 3(\text{mod } 7 \cdot 13)$가 성립함을 알 수 있다. 더욱이 91은 밑수 3에 대한 가장 작은 유사소수이다.

마찬가지로 $4^{15}(\text{mod } 15)$을 계산하기 위해 $4^{15}(\text{mod } 3)$과 $4^{15}(\text{mod } 5)$을 먼저 계산하면

$$\begin{cases} 4^{15} \equiv (4^2)^7(4) \equiv 1^7(4) \equiv 4(\text{mod } 3) \\ 4^{15} \equiv (4^4)^3 4^2 4 \equiv 1^3(1)(4) \equiv 4(\text{mod } 5) \end{cases}$$

가 된다. 그러므로 $4^{15} \equiv 4(\text{mod } 3 \cdot 5)$가 성립하여, 합성수 $15 = 3 \cdot 5$는 밑수 4에 대한 유사소수임을 알 수 있다. 더욱이 15는 밑수 4에 대한 최소의 유사소수이다.

밑수 2, 3, 4에 대한 가장 작은 유사소수인 341, 91, 15를 보았다. 밑수 $a < 30$에 대한 가장 작은 유사소수는 다음의 표와 같다.

a		a		a		a	
2	$341 = 11 \cdot 13$	9	$28 = 2^2 \cdot 7$	16	$51 = 3 \cdot 17$	23	$33 = 3 \cdot 11$
3	$91 = 7 \cdot 13$	10	$33 = 3 \cdot 11$	17	$45 = 3^2 \cdot 5$	24	$25 = 5^2$
4	$15 = 3 \cdot 5$	11	$15 = 3 \cdot 5$	18	$25 = 5^2$	25	$28 = 2^2 \cdot 7$
5	$124 = 2^2 \cdot 31$	12	$65 = 5 \cdot 13$	19	$45 = 3^2 \cdot 5$	26	$27 = 3^3$
6	$35 = 5 \cdot 7$	13	$21 = 3 \cdot 7$	20	$21 = 3 \cdot 7$	27	$65 = 5 \cdot 13$
7	$25 = 5^2$	14	$15 = 3 \cdot 5$	21	$55 = 5 \cdot 11$	28	$45 = 3^2 \cdot 5$
8	$9 = 3^2$	15	$341 = 11 \cdot 13$	22	$69 = 3 \cdot 23$	29	$35 = 5 \cdot 7$

1) 유사소수를 이용한 소수 판정

정수 n이 $2^{n-1} - 1$을 나눈다면 n 은 소수이거나 유사소수라고 판정할 수 있다. 이

경우에 실제로 소수일 가능성이 매우 높은데, 왜냐하면 무한히 많은 유사소수가 존재하지만 유사소수는 진짜 소수보다 훨씬 적기 때문이다. n이 어떤 a에 관한 유사소수일 확률은 $\frac{1}{2}$ 보다 작다. 그러므로 페르마의 결과에서 나온 유사소수를 이용하면 소수를 판정하는 데에 훨씬 더 유용하다.

정리 3.10

n은 홀수인 합성수라고 하자. 그러면 다음이 성립한다.

(1) n이 a에 관한 유사소수일 동치조건은 군 $\mathbb{Z}_n{}^*$의 원소 a 의 위수가 $n-1$의 약수이다(즉, $n = psp(a) \Leftrightarrow a \in \mathbb{Z}_n{}^*$이며 $|a| \mid (n-1)$이다).

(2) n이 a_1과 a_2에 관한 유사소수이면, n 은 $a_1 a_2$와 $(a_1 a_2)^{-1}$에 관한 유사소수이다(즉, $n = psp(a_1)$, $n = psp(a_2) \Rightarrow n = psp(a_1 a_2)$, $n = psp\big((a_1 a_2)^{-1}\big)$이다. 그러므로 n이 $psp(a)$가 아니면 n이 $psp(b)$이더라도 n은 $psp(ab)$가 아니다).

증명 (1) n이 a에 관한 유사소수이면, $\gcd(n, a) = 1$이고 $a^{n-1} \equiv 1 \pmod n$이다. 따라서 a는 군 $\mathbb{Z}_n{}^*$ 의 원소이며 a의 위수는 $n-1$의 약수이다. 역으로 군 $\mathbb{Z}_n{}^*$의 원소 a의 위수가 $n-1$의 약수이면, $\gcd(n, a) = 1$이고 $a^{n-1} \equiv 1 \pmod n$이므로 n은 a의 유사소수이다.[2)]

(2) n이 a_1, a_2 의 유사소수이면 $\gcd(n, a_1) = \gcd(n, a_2) = 1$이고,

$$a_1{}^{n-1} \equiv 1 \pmod n, \quad a_2{}^{n-1} \equiv 1 \pmod n$$

이므로 $\gcd(n, a_1 a_2) = 1$이고,

$$(a_1 a_2)^{n-1} \equiv a_1{}^{n-1} a_2{}^{n-1} \equiv 1 \pmod n$$

이다. 따라서 n은 $a_1 a_2$에 관한 유사소수이다. 한편 $1^{-1} \equiv 1 \pmod n$이므로 n은 $(a_1 a_2)^{-1}$에 관한 유사소수이다. ■

2) 이 정리는 현대대수의 군 이론을 필요로 한다. 현대대수를 배우지 않은 경우 그냥 지나가도 된다.

정의 3.4 페르마 수(Fermat number)

정수 $n > 0$에 대하여 $F_n = 2^{2^n} + 1$ 형태의 수를 **페르마 수**라고 부른다.

그러므로 $F_0 = 2^{2^0} + 1 = 3$, $F_1 = 2^{2^1} + 1 = 5$, $F_2 = 2^{2^2} + 1 = 17$, $F_3 = 257$, $F_4 = 65537$ 그리고 $F_5 = 4294967297$, $\cdots$ 등이다.

정리 3.11

정수 $n \geq 1$이라고 하자. 그러면 $F_n = F_0 \cdots F_{n-1} + 2$이다. 또한 만일 $m \leq 2^n - 1$이면 $F_m \mid 2^{F_n} - 2$이다.

증명 $n=1$이면 $F_0 + 2 = 3 + 2 = 5 = F_1$이다. $F_n = F_0 \cdots F_{n-1} + 2$ 라고 하자. 그러면

$$\begin{aligned} F_0 \cdots F_n + 2 &= F_0 \cdots F_{n-1} \cdot F_n + 2 \\ &= (F_n - 2)F_n + 2 \\ &= (2^{2^n} - 1)(2^{2^n} + 1) + 2 = 2^{2^{n+1}} + 1 = F_{n+1} \end{aligned}$$

이다. 그러므로

$$2^{F_n} - 2 = 2(2^{F_n - 1} - 1) = 2(2^{2^{2^n}} + 1 - 2) = 2(F_{2^n} - 2) = 2F_0 \cdots F_{2^n - 1}$$

이다. ∎

정리 3.12

모든 페르마 수는 소수이거나 2에 대한 유사소수이다. 또한 만일 $2^n + 1$이 2에 대한 유사소수라면 n은 2의 거듭제곱이다.

정리 3.13

페르마 수 $F_n = 2^{2^n} + 1$의 이진 수열 표현은 처음과 마지막의 1 사이에 2^n-1개의 0들이 있다.

실제로 $F_1 = 5 = (101)$, $F_2 = 17 = (10001)$ 그리고 $F_3 = 257 = (100000001)$이다.

그러므로 페르마 수는 빠른 지수법을 사용하여 계산하기에 좋은 성질을 갖고 있어서 암호시스템을 만들 때 자주 사용되는 수이다.

정의 3.5 메르센 수(Mersenne number)

정수 $n > 0$에 대하여 $M_n = 2^n - 1$의 형태의 정수를 메르센 수라 한다. 특별히 $M_n = 2^n - 1$이 소수일 때 메르센 소수(Mersenne prime)라고 부른다.

정리 3.14

메르센 수 $M_n = 2^n - 1$이 소수이면 n은 소수이다.

증명 만일 $n = ab$이면

$$M_n = 2^{ab} - 1 = (2^a - 1)(2^{a(b-1)} + 2^{a(b-2)} + \cdots + 2^a + 1)$$

이므로 M_n은 $2^a - 1(\neq 1)$의 배수이다. ■

정리 3.15

p가 소수이면 $M_p = 2^p - 1$는 소수이거나 밑수 2에 대한 유사소수이다.

증명 p가 소수이므로 만일 $M_p = 2^p - 1$가 합성수이면 p는 홀수이다. 페르마의 작은 정리에 의해

$$\frac{M_p - 1}{2} = 2^{p-1} - 1 \equiv 0 \pmod{p}$$

가 되어 적당한 정수 $k > 0$에 대해 $(M_p - 1)/2 = kp$이다. 그러므로

$$M_p = 2^p - 1 \mid 2^{kp} - 1 = 2^{(M_p - 1)/2} - 1$$

이다. 즉 $2^{(M_p-1)/2} \equiv 1 \pmod{M_p}$이며, 따라서 $2^{M_p - 1} \equiv 1 \pmod{M_p}$이다. ■

1) 이론적 배경

소수 개수 정리(정리 3.4)에 의하면 1과 n 사이 소수의 개수 $\pi(n)$는 $\lim\pi(n)$ $= \lim\frac{n}{\ln(n)}$이다. 따라서 n이 커지면 소수의 밀도는 어느 정도 감소하는 것은 사실이다.

페르마의 정리로부터 합성수 n이 어떤 $1 < a < n$에 대해서 $a^{(n-1)} \equiv 1(\mathrm{mod}\ n)$을 만족할 때 n을 a에 대한 유사소수라고 불렀다. 이때 n이 a에 대해 유사소수일 확률은 1/2보다 작거나 같다. 이 개념이 발전되어 강한 유사소수가 정의되었다.

정의 3.7 강한 유사소수(strong pseudoprime)

홀수 n은 b에 관한 유사소수이며 $n-1=2^s t$ $(2 \nmid t)$라고 하자. 만일

$$b^t \equiv 1(\mathrm{mod}\ n) \text{ 또는 } b^{t(2^r)} \equiv -1(\mathrm{mod}\ n) \quad (1 \le r \le s)$$

을 만족할 때, n을 b에 대한 강한 유사소수라고 한다.

이러한 정의는 다음과 같은 근거에서 생각해볼 수 있다. n이 b에 관한 유사소수이므로 $b^{n-1} \equiv 1(\mathrm{mod}\ n)$이다. n은 홀수인 합성수이므로

$$n = 2^s t + 1 \quad (t\text{: 홀수})$$

로 표현하면 $b^{n-1} - 1 \equiv 0(\mathrm{mod}\ n)$가 될 필요충분조건은

$$\begin{aligned}
0 &\equiv b^{2^s t} - 1 \\
&\equiv ((b^t)^{2^{s-1}}+1)((b^t)^{2^{s-1}}-1) \\
&\equiv ((b^t)^{2^{s-1}}+1)((b^t)^{2^{s-2}}+1)((b^t)^{2^{s-2}}-1) \\
&\equiv ((b^t)^{2^{s-1}}+1)((b^t)^{2^{s-2}}+1)((b^t)^{2^{s-3}}+1)((b^t)^{2^{s-3}}-1) \\
&\equiv ((b^t)^{2^{s-1}}+1)((b^t)^{2^{s-2}}+1)((b^t)^{2^{s-3}}+1)((b^t)^{2^{s-4}}+1)\cdots(b^t+1)(b^t-1)
\end{aligned}$$

이 성립하는 것이다. 만일 n이 소수이면

$$((b^t)^{2^{s-1}}+1)((b^t)^{2^{s-2}}+1)((b^t)^{2^{s-3}}+1)((b^t)^{2^{s-4}}+1)\cdots(b^t+1)(b^t-1) \equiv 0$$

이므로

$$b^t - 1 \equiv 0 \pmod{n}$$

이거나, 적당한 $1 \le r \le s$에 대해

$$(b^t)^{2^{s-r}} + 1 \equiv 0 \pmod{n}, \text{ 즉 } b^{t(2^r)} + 1 \equiv 0 \pmod{n}$$

이다. 따라서 강한 유사소수란 합성수로서 위의 관계를 만족하는 것이다.

정리 3.17

n이 b에 대해 강한 유사소수일 확률은 1/4보다 작거나 같다.

페르마 판정법과 마찬가지로 밀러-라빈 소수 판별법은 소수의 특별한 성질을 이용한다. n이 홀수인 소수라고 할 때, $n-1$은 $2^s t$라고 할 수 있다. 이때 s는 정수이고 t는 홀수이다. 그러면 어떤 $a \in (\mathbb{Z}/n\mathbb{Z})^* = \mathbb{Z}_n{}^*$에 대해 다음 중 하나가 성립한다.

① $a^t \equiv 1 \pmod{n}$

② $a^{2^r \cdot t} \equiv -1 \pmod{n}$ (적당한 $0 \le r \le s-1$)

① 또는 ② 중에서 하나가 성립한다는 것은 페르마의 정리 $a^{n-1} \equiv 1 \pmod{n}$에서 유도할 수 있다. 즉 a^{n-1}의 제곱근을 계속 구해나가면, 1이거나 -1을 얻게 된다. 만약 -1이 나오면 ②가 성립하는 것이 되어 더 이상 검사하지 않아도 된다.

제곱근을 계속 구해나가도 ②가 성립하지 않으면, 마찬가지로 1 또는 -1의 값을 갖는 ①을 검사해야 한다. 그런데 ②가 성립하지 않는다면, $r=0$일 때 성립할 수 없고 결과적으로 다음 식이 성립한다.

$$a^{2^0 \cdot t} = a^t \not\equiv -1 \pmod{n}$$

그러므로 ②가 성립하지 않게 되어, 반드시 ①이 성립한다.

밀러-라빈 소수 판별법으로 n이 소수인지 아닌지 검사하려고 할 때, 다음 두 식이 성립하면 a는 n이 합성수일거라는 강한 증거(strong witness)가 된다.

$$\begin{cases} a^t \not\equiv 1 \pmod n \\ a^{2^r \cdot t} \not\equiv -1 \pmod n \quad (\text{모든 } 0 \le r \le s-1 \text{에 대해}) \end{cases}$$

만약 위의 식이 성립하지 않으면 a는 강한 **거짓증거**(strong liar)라 하고, n은 **소수일 것 같은 수**(probable prime)라고 한다.

2) 밀러-라빈(Miller-Rabin) 알고리즘

강한 유사소수를 구하는 알고리즘이다.

① 입력: 홀수 n(소수 판별을 할 숫자), k(반복 실행할 숫자)를 입력한다.

② 출력: n이 합성수이면 '합성수', 아니면 '소수일 것 같은 수'라고 출력한다.

$n-1$을 $2^s t$의 형태로 바꾸고, 다음의 과정을 k번 반복한다.

- 구간 $[1, n-1]$에서 임의의 a를 선택한다.
- 구간 $[0, s-1]$의 모든 r에 대해 $a^t \not\equiv 1 \pmod n$, $a^{2^r \cdot t} \not\equiv -1 \pmod n$이면 합성수이다.
- 위 조건을 만족하지 않으면 소수일 것 같은 수이다.

참고 다른 확률적 소수 판별 알고리즘과 마찬가지로, n이 소수가 아닌데도 알고리즘 실행 결과 언제나 거짓증거가 나와서 n이 소수라고 잘못 판별할 수 있다. 이런 n을 **강한 유사난수**라고 한다. 소수 판별에 필요한 검사를 여러 번하면 할수록 정확도는 높아진다. 밀러-라빈 소수 판별법의 강력한 거짓증거 집합은 강력한 소수 판별법이다. n이 합성수일 때, 밀러-라빈 소수 판별법에서 n이 아마도 소수일 것이라고 판별할 확률은 최대 4^{-k}이다. 어떤 합성수가 아마도 소수일 것 같은 수라고 판별될 확률은 평균적으로 4^{-k}보다 현저히 낮다.

3.8 폴라드(Pollard) 방법에 의한 인수분해

RSA 암호체계에서와 같이 어떤 정수 n이 합성수라는 사실은 알고 있는데, 그것을 인수분해 하여 소인수를 알아내려고 한다고 가정하자. 연분수(continued fraction)분해 방법과 이차 체(quadratic sieve) 방법이 이러한 문제를 해결하는 현대적인 강력한 도구가 된다. 예를 들어서 $n = 1888129$라고 하면 단순히 나눗셈으로 인수를 찾아내기에는 너무 큰 수이지만 이차 체 방법에 의하면 $\sqrt{1888129} \approx 1374$ 정도의 수를 다루면 된다. 그러나 이러한 방법 역시, 예를 들어 크기 10^5와 10^{10} 사이의 인수를 찾아내려면 시간이 오래 걸린다는 단점이 있다.

큰 수를 소인수분해 하는 현대적인 방법으로 폴라드 $p-1$ 방법과 폴라드 ρ 방법이 있다. 소인수가 아주 큰 (10^{12} 이상인) 경우에는 다소 문제가 발생하지만, 이 알고리즘은 간단히 프로그램화할 수 있어서 타원곡선법(elliptic curve method)이나 이차 체 알고리즘(quadratic sieve algorithm)과 함께 실제적으로 사용된다.

1) 폴라드 $p-1$ 방법(1975년)

n은 임의의 정수이다.

(1) 정수들의 수열 $\{s_i\} = \{s_1, s_2, s_3, \ldots\}$을 만들어 각 s_i와의 최대공약수 $\gcd(s_i, n)$를 계산한다. 적당한 i번째 값 s_i에서 $1 < \gcd(s_i, n) < n$에 도달하기를 기대한다. 그러면 $\gcd(s_i, n)$는 n의 진 약수가 되어 n을 인수분해 하게 된다.

정리 3.18

n과 s_i를 위와 같이 가정할 때, 다음이 성립한다.

$$\gcd(s_i, n) = \gcd(s_i \pmod n, n)$$

증명 $s_i \pmod n \equiv t_i$라고 하면, $t_i = kn + s_i$ $(k \in \mathbb{Z})$가 된다. 따라서 다음이 성립한다.

$$\gcd(s_i, n) = \gcd(s_i + kn, n) = \gcd(t_i, n)$$ ■

(2) n으로부터 $\gcd(c, n) = 1$이 되는 임의의 c를 택하여

$$s_i = c^{i!} - 1$$

로 정의한다. 정리 3.18을 이용하여 각각 i에 대해

$$\gcd(s_i, n) = \gcd(s_i \pmod n), n)$$

를 계산한다. $\gcd(s_i,\ n)$은 매우 빠르게 계산할 수 있다.

(3) n으로부터 수열 $\{r_i\}$를

$$r_1 \equiv c \pmod n,\ \ r_i \equiv r_{i-1}^i \pmod n\ \ (i > 1)$$

로 정의한다. 그러면

$$r_1 \equiv c \pmod n$$

$$r_2 \equiv r_1^2 \pmod n \equiv c^2 \pmod n$$

$$r_3 \equiv r_2^3 \pmod n \equiv c^{3!} \pmod n,\ \cdots$$

$$r_k \equiv r_{k-1}^k \equiv c^{k!} \pmod n$$

이므로, $s_i \equiv r_i - 1 \pmod n$이 된다. 이때 s_i는 빨리 계산할 수 있다.

정리 3.19

만일 $\gcd(s_k, n) = n$이면 모든 $v \geq k$에 대해 $\gcd(s_v,\ n) = n$이다.

증명 $\gcd(s_k,\ n) = n$이면 $n \mid s_k = c^{k!} - 1$이고 $c^{k!} \equiv 1 \pmod n$이다. 따라서

$$c^{(k+1)!} \equiv (c^{k!})^{k+1} \equiv 1 \pmod n \text{이며 } n \mid c^{(k+1)!} - 1 = s_{k+1}$$

이다. 그러므로 $\gcd(s_{k+1},\ n) = n$이고

$$\gcd(s_{k+w},\ n) = \gcd(s_v,\ n) = n \quad (\text{모든 } v \geq k)$$

이 성립한다. ■

예제 3.10

폴라드 $p-1$ 방법으로 $n=77$이 몇 단계 만에 인수분해가 되는지 조사하여라.

풀이 임의로 $c=2$를 선택하여 위의 알고리즘을 따라가자.

$$k=1:\ \gcd(2-1,\ 77)=1$$

$$k=2:\ \gcd(2^{2!}-1,\ 77)=1$$

$$k=3:\ \gcd(2^{3!}-1,\ 77)=\gcd(63,\ 77)=7$$

가 되어 단지 3단계 만에 n을 인수분해 할 수 있다.

예제 3.11

$n=3053$일 때, $c=2$를 선택하여 폴라드 $p-1$ 방법을 적용하여라.

풀이 위의 알고리즘에 의해

$$k=1:\gcd(2-1,3053)=1; \qquad k=2:\gcd(2^{2!}-1,3053)=1$$

$$k=3:\gcd(2^{3!}-1,3053)=1; \qquad k=4:\gcd(2^{4!}-1,3053)=1$$

$$k=5:\gcd(2^{5!}-1,3053)=1; \qquad k=6:\gcd(2^{6!}-1,3053)=1$$

$$k=7:\gcd(2^{7!}-1,3053)=3053; \qquad k=8:\gcd(2^{8!}-1,3053)=3053$$

이므로 더 이상 인수분해가 되지 않는다.

예제 3.12

$n=3053$일 때, $c=7$을 선택하여 폴라드 $p-1$ 방법을 적용하여라.

풀이

$$k=1:\gcd(7-1,3053)=1$$

$$k=2:\gcd(7^{2!}-1,3053)=1$$

$$k=3:\gcd(7^{3!}-1,3053)=\gcd(117648,3053)=\gcd(1634,3054)=43$$

이 경우 3단계 만에 인수분해 된다.

예제에서 보듯이 c의 선택이 인수분해의 성공 여부에 큰 영향을 미친다. n이 아주 큰 수이면 c도 역시 큰 수가 될 것인데, 그런 경우에 c를 신중하게 택해야 한다. 따라서 n을 잘 살펴보아서 c가 어떤 역할을 할 것인지를 선택해야 한다. 그러면 아주 빨리 인수분해 할 수 있다(Once it works, it is very fast).

기호 $b^r \equiv 1 \pmod{n}$이 되는 최소의 양의 정수 r을 법 n에 대한 b의 **위수**라 부르고 $O_n(b)$로 나타낸다.

정리 3.20

$n = p_1^{n_1}, \cdots, p_t^{n_t}$이며 $\gcd(c,n) = 1$라고 하자. 그러면 $\gcd(c^{k!} - 1, n) = 1$일 동치조건은 $O_{p_i^{n_i}}(c) \mid k!$이다.

따름정리

$n = p_1^{n_1}, \cdots, p_t^{n_t}$이며 $\gcd(c,n) = 1$라고 하자. 그러면 $1 < \gcd(c^{k!} - 1, n) < n$일 동치조건은 $1 \le i, j \le t$가 존재하여 $O_{p_i}(c) \mid k!$이며 $O_{p_j^{n_j}}(c) \nmid k!$이다.

정리와 따름정리를 증명하기 이전에 예제를 통해 이해하자.

예제 3.13

$n = 77$이고 임의로 $c = 2$를 선택하자. 그러면

$$O_7(2) = 3,\ O_{11}(2) = 10\text{이고 } O_7(2) \mid 3!,\ O_{11}(2) \nmid 3!$$

이다. $c = 2$로 택함으로써 $1 < \gcd(c^{k!} - 1, n) < n$이 되어 인수분해를 할 수 있다.

예제 3.14

$n = 3053$일 때 $c = 2$는 인수분해에 역할을 하지 못함을 확인하여라.

풀이 $O_{43}(2) = 14,\ O_{71}(2) = 35$이고 $14 \nmid 5!,\ 35 \nmid 5!$이다.
$14 \nmid 6!,\ 35 \nmid 6!$
$14 \mid 7!,\ 35 \mid 7!$

그러므로 $c = 2$는 인수분해를 하는 데 아무런 역할을 하지 못한다.

예제 3.15

$n=3053$일 때 $c=7$로 인수분해 할 수 있음을 확인하여라.

풀이 $O_{43}(7)=6$, $O_{71}(7)=70$이고 $6 \mid 3!$, $70 \nmid 3!$이다.
그러므로 $c=7$은 인수분해를 하는 데 역할을 한다.

정리 3.20과 따름정리를 증명해보자.

증명 **(정리 3.20)** $n=p_1^{n_1}, \cdots, p_t^{n_t}$이므로 다음이 성립한다.

$$\gcd(c^{k!}-1,\ n)=n \iff n \mid c^{k!}-1 \iff c^{k!}\equiv 1 \pmod n$$

$$\iff \begin{cases} c^{k!}\equiv 1 \pmod{p_1^{n_1}} \\ \cdots \\ c^{k!}\equiv 1 \pmod{p_t^{n_t}} \end{cases} \iff \begin{cases} O_{p_1^{n_1}}(c) \mid k! \\ \cdots \\ O_{p_t^{n_t}}(c) \mid k! \end{cases}$$

증명 **(따름정리)**

$\gcd(c^{k!}-1,\ n)<n \iff$ 적당한 $1\le j\le t$가 존재하여 $O_{p_j^{n_j}}(c) \nmid k!$이다. 그러므로

$\gcd(c^{k!}-1,\ n)>1 \iff$ 적당한 $p_i \mid n$에 대해 $p_i \mid c^{k!}-1$이다.

$\iff c^{k!}\equiv 1 \pmod{p_i}$, 즉 $O_{p_i}(c) \mid k!$이다.

2) 폴라드 $p-1$ 알고리즘

어떤 합성수 n을 인수분해 하려고 한다.

(1) $\gcd(c,n)=1$인 임의의 c를 선택한 후, 다음과 같은 수열을 생성한다.

$$\gcd(c^{1!}-1,\ n),\ \gcd(c^{2!}-1,\ n),\ \gcd(c^{3!}-1,\ n),\ \cdots$$

만일 다음의 경우가 발생하면 수열의 생성을 멈춘다.

- $\gcd(c^{k!}-1,\ n)=d\ (1<d<n)$인 어떤 k에 도달한다.
- $\gcd(c^{k!}-1,\ n)=n$ (이 경우가 발생하면 그 다음의 모든 항은 항상 n이 된다.)

위에서 말한 k는 반복하는 회수를 나타내며, 이 값은 알고리즘 초기에 미리 결정된다.

질문 $n=pq$ (p, q 서로 다른 소수)라고 하자. 폴라드 $p-1$ 방법을 사용하여 합리적인 시간 안에 n을 소인수분해를 할 수 있는 경우는 언제일까?

정리 3.21

만일 $(p-1)(q-1)$을 나누는 소수가 없다면, $\gcd(c^{k!}-1,\ n)>1(k\in\mathbb{Z})$이다.

증명 $p-1=z_1^{a_1}, \cdots, z_v^{a_v}$ (z_i: 소수)이라고 하자. $a=\max(a_1, \cdots, a_v)$, $z=\max(z_1, \cdots, z_v)$라 하자. 그러면

$$k\geq az\text{일 때, } p-1\mid k!$$

를 보이자. 실제로 $k\geq az$이므로 $k\geq a_iz_i$(모든 $i=1, \cdots, v$)가 되어

$$k\neq 1\cdot 2\cdot z_i(z_i+1)(z_i+2)\cdots 2z_i\cdots a_iz_i\cdots (k-1)$$

이다. 따라서 $z_i^{a_i}\mid k!$(모든 i)이며 $p-1\mid k!$이다.

페르마의 정리에 의해 $O_p(c)\mid p-1$이므로 $O_p(c)\mid k!$이며, 따름정리에 의해 $\gcd(c^{k!}-1,n)>1$가 된다. ■

(2) 어떤 k에 대해 $\gcd(c^{k!}-1,n)=d\ (1<d<n)$이면 n은 소인수분해 된다.

(3) $n=pq$라고 하자.

만일 $O_p(c)\mid k!$이고 $O_q(c)\nmid k!$이면 n의 인수분해에 도달한다.

만일 $O_p(c)\mid k!$이고 $O_q(c)\mid k!$이면 $\gcd(c^{k!}-1,\ n)=1$가 된다.

두 번째 경우가 RSA 암호에서 상당히 유용하다. 그러나 $O_p(c)\mid k!$, $O_q(c)\mid k!$의 계산은 쉬운 일이 아니다. 기본 성질들을 몇 가지 알아보자.

정리 3.22

p는 소수이다. 그러면 다음이 성립한다.

(1) $p\mid k!$일 필요충분조건은 $p\leq k$이다.

(2) $O_p(c) \mid p-1$이다.

(3) $d \mid p-1$이면 $O_p(c) \mid d$를 만족하는 c $(1 \le c < p)$가 정확히 d개 존재한다.

(4) 특히 q가 소수이고 $q \mid p-1$일 때, 만일 $O_p(c) \mid q$이면 $O_p(c)=1$ 또는 $O_p(c)=q$이다. 만일 $O_p(c)=1$ $(1 \le c < p)$이면 $c=1$이므로 $O_p(c)=q$인 c는 $q-1$개 있다.

증명 (1) p가 소수이므로 $p \mid k!$이면 p는 1부터 k 사이의 정수 중 하나를 반드시 나눈다. 따라서 $p \le k$이다. 반대로 $p \le k$이면 $p \mid k!$는 당연하다.

(2) 페르마의 정리로부터 쉽게 나온다. (3), (4)는 생략한다. ■

(1)과 (3)으로부터 만일 $p-1$이 큰 소인수 q를 갖는다면 $O_p(c) \mid k!$를 만족하는 c가 상당히 많이(실제로 $q-1$개) 존재한다.

RSA 암호시스템에서 두 소수 p, q로부터 $n=pq$을 만드는데, 이때 소수 p와 q에 조금 특별한 성질을 주면 폴라드 $p-1$ 방법을 효과적으로 사용할 수 있다.

정의 3.8

$p-1=2p_0$ (p_0: 소수)인 형태의 소수 p를 **안전소수**(safeprime)라고 한다.

예제 3.16

5, 7, 11, ⋯는 안전소수이지만, 13은 안전소수가 아니다.

Maple에서 〉safeprime(i)는 i보다 큰 최소의 안전소수를 찾는 명령어이다.

정리 3.23

p, q는 100자리 정도 ($p, q \ge 10^{98}$)의 안전소수이며 $n=pq$라고 하자. 그러면 폴라드 $p-1$ 방법에 의해 10^{97}반복 이내에 n을 인수분해를 할 수 있는 c를 선택할 확률은 $\frac{4}{10^{100}}$보다 작다.

여기서

$$y_6 = 30^2 + 1 = 901 = 15 \cdot 59 + 16$$

$$y_9 = 29^2 + 1 = 842 = 14 \cdot 59 + 16$$

이므로 $y_6 \equiv y_9 \pmod{59}$이며 $59 \mid y_9 - y_6$이다.

함수 $f(x) = x^2 + 1$를 생각하고, 다음과 같이 반복(iteration) 함수를 정의하자.

$$f_1(x) = f(x)\text{이며, } f_{i+1}(x) = f(f_i(x)) \ \ (i > 0)$$

그러면

$$x_0 = 2$$

$$x_1 = x_0^2 + 1 = f_1(2) = 2^2 + 1 \pmod{n}$$

$$x_2 = x_1^2 + 1 \pmod{n} = f(f_1(2)) = f_2(2) \pmod{n}$$

$$\cdots$$

$$x_i = f_i(2) \pmod{n} \ \ (\text{여기서 } n = 6077)$$

이다.

$$y_i = f_i(2) \pmod{59}$$

라고 하자. 예제 3.19에서 $\gcd(y_9 - y_6,\ 6077) = 59$를 알았으므로

$$59 \mid y_9 - y_6\text{이고 } 59 \mid f_9(2) - f_6(2)$$

이 된다. 이제 $x_9 - x_6$를 생각해보자.

$$x_9 \equiv f_9(2) \pmod{6077}\text{이며 } x_6 \equiv f_6(2) \pmod{6077}$$

이므로

$$x_9 - x_6 = f_9(2) - f_6(2) + k \cdot 6077$$

가 된다. 그러나

$$59 \mid f_9(2) - f_6(2)\text{이며 } 59 \mid 6077$$

이므로

$$59 \mid x_9 - x_6 \text{이고 } \gcd(x_9 - x_6,\ 6077) \geq 59 \text{이다.}$$

4) 폴라드 ρ-알고리즘

n은 합성수라고 하자.

(1) 정수 계수 다항식 $f(x)$를 택한다. 또한 적당한 정수 b를 택한다(예를 들어 $f(x) = x^2 + 1$ 또는 $f(x) = x^2 - 5$, 또한 $b = 2$). 수열 $\{f_i(x)\}$을 다음과 같이 만든다.

$$f_1(x) = f(x) \text{이며, } f_{i+1}(x) = f(f_i(x))$$

(2) 아이디어 : 여러 i, j에 대해 $\gcd(f_j(b) - f_i(b),\ n)$을 계산하여, $1 < \gcd(f_j(b) - f_i(b),\ n) < n$이 되는 적당한 i, j가 존재하기를 기대한다. 만일 이런 일이 벌어지지 않는다면 새로운 $f(x)$와 b를 선택해야 하는데, $f(x)$와 b를 선택하는 좋은 방법은 알려지지 않았다.

정리 3.24

다음은 서로 동치이다.

(1) $1 < \gcd(f_j(b) - f_i(b),\ n) < n$

(2) $f_j(b) \not\equiv f_i(b) \pmod{n}$이나 적당한 소수 $p \mid n$에 대해 $f_j(b) \equiv f_i(b) \pmod{p}$ 이다.

m은 양의 정수라고 하자. 보통 m은 n 또는 p이다. $f_j(b) \pmod{m}$는 집합 $\{0, 1, \cdots, m-1\}$의 원소이므로 수열

$$f_1(b) \pmod{m},\ f_2(b) \pmod{m},\ \cdots$$

는 궁극적으로는 반복되는 원소가 될 것이다. 그러므로 적당한 $u < v$에 대해

$$f_u(b)(\text{mod } m) \equiv f_v(b)(\text{mod } m)$$

이다. 이것이 $u < v$에서 첫 번째 반복이 된다.

정의 3.9

위의 수열 $\{f_i(x)(\text{mod } m)\}$에서 $f_u(b)(\text{mod } m) \equiv f_v(b)(\text{mod } m)$ $(u < v)$일 때, u는 수열의 **꼬리 길이**(tail length)라고 부른다. 또한 $v-u$는 수열의 **순환 길이**(cycle length)라고 부르며, $v-u = cl(m)$로 표시한다.

정리 3.25

위의 수열 $\{f_i(x)(\text{mod } m)\}$에서 $f_u(b)(\text{mod } m) \equiv f_v(b)(\text{mod } m)$ $(u < v)$일 때, 다음이 성립한다.

(1) 만일 $i < u$이면 모든 $i < j$에 대해 $f_j(b) \not\equiv f_i(b)(\text{mod } m)$이다.

(2) 만일 $i > u$이면, $f_j(b) \equiv f_i(b)(\text{mod } m)$일 동치조건은 $cl(m) \mid j-i$이다.

(3) $f_{2i}(b) \equiv f_i(b)(\text{mod } m)$를 만족하는 적당한 i가 존재한다.

따라서 n을 인수분해 하기 위한 폴라드 ρ 방법은 다음과 같이 정리할 수 있다.

① 적당한 다항식 $f(x)$와 정수 b를 택한다.

② 수열 $\{f_i(x)\}$를 $f_1(x) = f(x)$이고 $f_{i+1}(x) = f(f_i(x))$ $(i > 1)$로 정의한다.

③ 수열 $\{\gcd(f_{2i}(b) - f_i(b), n)\} = \{\gcd(f_{2i}(b) - f_i(b)(\text{mod } n), n)\}$를 계산한다.

④ 어떤 i에서 $\gcd(f_{2i}(b) - f_i(b), n) \neq 1$가 되기를 희망한다.

[분석]

① $f_{i+1}(b) \equiv f(f_i(b))(\text{mod } n)$이므로 수열을 생성하는 것은 빨리 할 수 있다.

② 어떤 $p \mid n$에 대해 $cl(n) \neq cl(p)$이면 n의 소인수를 발견할 수 있게 된다.

③ $f_{2i}(b) - f_i(b)$로부터 $i = cl(p)$가 된다.

④ $f(x)$와 b를 택하는 효과적인 방법이 알려지지 않은 단점이 있다.

⑤ 그러나 만일 n이 적당한 크기의 소인수를 갖고 있다면 n을 인수분해 하는 훌륭한 방법이 된다.

4장 암호를 위한 기초 현대대수

이번 장에서는 암호 이론에 필요한 현대대수 기초 이론을 배운다. 현대대수적 성질을 활용한 대표적인 암호는 오늘날 많은 사람들이 주목하는 타원곡선암호(ECC)이다. 이 암호는 안전성이 뛰어나다는 장점과 함께 암호를 설계하기가 상당히 어렵다는 단점을 갖고 있다. 이것은 현대대수적 기법에 바탕을 두고 암호를 생성하기 때문이다. 여기서는 암호 이론과 부호 이론을 이해하기 위해 꼭 필요한 정의와 정리만 다루며, 대부분의 정의나 증명은 현대대수 교재를 참고하도록 한다.

4.1 군의 기본 정리

정의 4.1

S는 공집합이 아닌 집합이라고 하자. S 위에서 정의된 연산 $*$ 가 다음의 4가지 성질을 만족할 때, $(S, *)$는 **군**(group)이라고 부른다.

(1) S는 연산 $*$에서 **닫혀** 있다. 다시 말해서

$$\forall a, b \in S\text{에 대해 } a * b \in S\text{이다.}$$

(2) S는 연산 $*$에 의해 **결합법칙**이 성립한다. 다시 말해서

$$\forall a, b, c \in S\text{에 대해, } a * (b * c) = (a * b) * c\text{가 성립한다.}$$

(3) 연산 $*$에 의한 **항등원** e가 S에 속한다. 다시 말해서

$$\forall a \in S\text{에 대해, } a * e = e * a = a\text{가 되는 } e \in S\text{가 존재한다.}$$

(4) S의 임의의 원소 a에 대해, $*$에 의한 **역원** a^{-1}이 S에 존재한다. 다시 말해서

$$\forall a \in S\text{에 대해 } a * a^{-1} = a^{-1} * a = e\text{가 되는 } a^{-1} \in S\text{가 존재한다.}$$

군은 보통 $(G, *)$로 표시한다. 더욱이 연산 $*$이 혼돈되지 않을 때, 간단히 G로 표시한다. 더 나아가 원소들 사이의 연산 $a * b$을 말할 때도, 연산 $*$을 생략하고 흔히 ab라고 표현한다.

정의 4.2

군 $(G, *)$에 속한 원소의 개수를 G의 **위수**(order)라고 부르며, $|G|$로 표시한다. 그러므로 G에 유한개의 원소가 속해 있으면 G는 **유한군**이 되며, G에 무한히 많은 원소가 속해 있으면 G는 **무한군**이 된다.

정의 4.3

군 $(G, *)$에서 교환법칙이 성립할 때 G는 **아벨군**(abel group)이라고 부른다. 다시 말해서 G에 속하는 임의의 두 원소 a, b에 대해 $ab = ba$일 때 G는 아벨군이라고 한다.

정의 4.4

어떤 군 $(G, *)$에 속하는 임의의 모든 원소가 G에 속하는 단 하나의 원소 x의 거듭제곱의 형태로 표현될 때, G는 **순환군**(cyclic group)이라고 부른다. 다시 말해서 G에 어떤 원소 x가 존재하여, G에 속하는 임의의 모든 원소 $a \in G$가 $a = x^i$ $(i > 0)$으로 표현될 때 G는 순환군이라고 하며, $G = < x >$로 표시한다. 이러한 원소 x는 G의 모든 원소를 생성하는 원소라는 뜻에서 x를 G의 **생성원**이라고 부른다.

아벨군과 순환군 사이에는 다음의 관계가 성립한다.

정리 4.1

모든 순환군은 아벨군이다. 그러나 역은 성립하지 않는다.

정의 4.5

군 $(G, *)$의 **부분군**(subgroup)이란 G의 부분집합으로서 G의 연산 $*$에 의해 군이 되는 것을 말한다.

라그랑주 정리는 현대대수군 이론에서 가장 중요한 정리 중의 하나이며 암호 이론에서도 사용된다.

정리 4.2 라그랑주 정의(J.L. Lagrange, 1736~1813)

G가 유한군이며 H가 G이 부분군이면 H의 위수는 G의 위수를 나눈다. 다시 말해서

$$H < G \Rightarrow |H| \mid |G|$$

라그랑주 정리는 G가 무한군일 때도 성립하는데, 그때는 위수 $|G|$나 $|H|$는 의미가

없으므로 지수(index) $(G: H)$를 사용하여 표현된다. 그러나 이 교재에서는 특별히 무한군을 가정하지 않는 한 유한군인 경우만 다룬다. 라그랑주 정리로부터 다음의 정리를 말할 수 있다.

정리 4.3

G가 위수 n인 유한군이면 G에 속하는 모든 원소의 n거듭제곱은 항등원이 된다. 다시 말해서

$$|G| = n \Rightarrow \quad g^n = e \ (\text{모든 } g \in G)$$

라그랑주 정리의 역이 성립하는지의 물음, 즉 '만일 정수 $m \mid |G|$이면 m을 위수로 하는 부분군이 존재하는가?'는 라그랑주 정리 이후로 오랫동안 풀리지 않은 채로 이어져 왔다. 그 과정에서 어떤 특별한 경우에 성립함이 밝혀졌다. 그러나 결론으로 말하면 라그랑주 정리의 역은 성립하지 않음이 반례 A_4군으로 증명되었다.

정리 4.4

G가 순환군이거나 아벨군이라고 하자. 그러면 $|G|$를 나누는 임의의 정수 m에 대해, G는 위수 m인 부분군을 갖는다.

정리 4.5 코시 정리(Cauchy)

(1) G가 아벨군이며 소수 $p \mid |G|$이면 G는 위수 p인 부분군을 갖는다.

(2) G가 임의의 군이며 소수 $p \mid |G|$이면 G는 위수 p인 부분군을 갖는다.

정리 4.6

아벨군 G의 위수가 서로 다른 소수들의 곱이면 G는 순환군이다.

4.2 환의 기본 정리

정의 4.6

S는 공집합이 아닌 집합이라고 하자. S 위에서 정의된 두 개의 연산 $+$, $\cdot$ 이 다음 7가지 성질을 모두 만족할 때 $(S, +, \cdot)$는 **환**(ring)이라고 부른다.

(1) S는 연산 +에서 **닫혀** 있다. 다시 말해서

$\forall a, b \in S$에 대해 $a+b \in S$이다.

(2) S는 연산 +에 의해 **결합법칙**이 성립한다. 다시 말해서

$\forall a, b, c \in S$에 대해 $a+(b+c)=(a+b)+c$이다.

(3) 연산 +에 의한 **항등원**이 S에 속한다. 이때 항등원을 0으로 표시하며,

$\forall a \in S$에 대해 $a+0=0+a=a$이다.

(4) 연산 +에 의해 임의의 $a \in S$의 **역원**이 S에 존재한다. 역원을 $-a$로 표시하며,

$\forall a \in S$에 대해 $a+(-a)=(-a)+a=0$이다.

(5) S는 연산 +에 의해 **교환법칙**이 성립한다. 다시 말해서

$\forall a, b \in S$에 대해 $a+b=b+a$이다.

(6) S는 연산 $\cdot$ 에서 **닫혀** 있다. 다시 말해서

$\forall a, b \in S$에 대해 $a \cdot b \in S$이다.

(7) S는 연산 $\cdot$ 에 의해 **결합법칙**이 성립한다. 다시 말해서

$\forall a, b, c \in S$에 대해 $a(bc)=(ab)c$이다.

(8) S는 연산 $+, \cdot$ 에 의해 **분배법칙**이 성립한다. 다시 말해서

$\forall a, b, c \in S$에 대해 $(a+b)c=ac+bc$이며 $a(b+c)=ab+ac$이다.

환은 보통 $(R, +, \cdot)$ 또는 간단히 R로 표시한다. 두 개의 연산 $+$과 $\cdot$ 를 각각 덧셈과 곱셈연산이라고 부른다. 또한 연산 $\cdot$ 이 혼돈되지 않을 때, 연산 $a \cdot b$ 대신 ab로 표현한다.

정의 4.7

환 $(R, +, \cdot)$의 임의의 원소 a에 대해, $a1 = 1a = a$가 성립하는 원소 1을 R의 **단위원**(unity)이라고 부른다. 단위원 1은 곱셈 연산 $\cdot$에 대한 항등원이 된다.

정의 4.8

환 $(R, +, \cdot)$의 0이 아닌 모든 원소에 대해 역원이 존재할 때, R은 **나눗셈환**(division ring)이라고 부른다. 다시 말해서

$\forall 0 \neq a \in R$에 대해 $a^{-1} \in R$이 존재하여 $aa^{-1} = 1 \in R$ 이 된다.

정의 4.9

환 $(R, +, \cdot)$에서 연산 $\cdot$에 대해 교환법칙이 성립할 때 R은 **가환환**(commutative ring)이라고 부른다. 다시 말해서

$\forall a, b \in R$에 대해 $ab = ba$가 성립한다.

정의 4.10

단위원을 갖는 환 R이 가환이며 나눗셈환일 때, R을 **체**(field)라고 부른다.

정리 4.7

(1) 체의 0이 아닌 원소들의 모임은 곱셈 연산 아래 아벨군이 된다.
(2) 유한체의 0이 아닌 원소들의 모임은 곱셈 연산 아래 순환군이 된다.

위의 정리를 다음과 같이 말할 수 있다.

정리 4.8

F는 환이고 $H=F-\{0\}$라고 하자. 그러면

(1) F가 체가 될 필요충분조건은 $(H, \cdot)$가 아벨군인 것이다.

(2) F가 유한체가 될 필요충분조건은 $(H, \cdot)$가 순환군인 것이다.

체의 여러 가지 성질 등은 현대대수 교재를 참고하기로 한다.

연습문제

01 R은 환이라고 하자. 다음의 빈 칸을 채워 정의를 완성하라.

(a) R에서 __________ 이 성립할 때 가환환(commutative ring)이라고 부른다.

(b) R의 단위원(identity 또는 unity)이란 __________ 을 만족하는 원소이다.

(c) R의 단원(unit)이란 ____________________ 을 만족하는 원소이다.

(d) R의 영인자(zero divisor)란 ______________ 을 만족하는 원소이다.

5장 공개키 암호시스템

전달하려는 메시지의 모든 문자를 $A = 10$, $B = 11$, $\cdots$, $\mathbb{Z} = 35$, 빈칸 $= 99$와 같이 숫자로 대응시키자. 예를 들어 CAB는 121011로 코드화 된다. 암호문으로 만들기 위해 1을 더해 121012를 전송한다고 가정하자. 이 암호의 수신자가 암호화 키(이 경우 +1)를 알고 있다면, 암호화 키의 반대 연산(−1)로 원래의 메시지 문장을 쉽게 복호할 수 있다. 이와 같은 비밀키 암호시스템이 1970년대까지 사용되었다. 이 암호체계에서는 어떤 사람이 전송문을 가로채고 또한 암호화 비밀키를 알고 있다면 큰 어려움 없이 메시지를 복호할 수 있다. 1970년대 이후에 새로운 키 암호체계가 개발되었고, 그 대표적인 것으로 1979년에 RSA 암호체계가 발표되었다.

5.1 공개키 암호시스템

비밀키 암호시스템의 가장 큰 문제점은 메시지의 송신자 A와 수신자 B가 동일한 비밀키를 다른 사람들이 모르게 공유해야 한다는 점이다. 만일 A와 B가 먼 거리에 떨어져 있다면 두 사람은 안전한 통신 수단을 이용하여 비밀키를 전달하여야 하는데, 완벽히 안전한 통신 수단을 생각하기 어렵다. 이것은 A와 B가 메시지를 암호화했더라도, 만일 도청자가 A와 B 사이의 통신 경로 상에서 비밀키를 획득한다면 그 비밀키를 사용하여 A와 B 사이의 모든 메시지를 복원하여 내용을 알 수 있게 된다는 것을 말한다. 또한 비밀키 암호시스템에 있어서 모든 키들은 그것을 사용하는 두 사람 이외에는 비밀리에 보관되어야 하므로 만약 많은 사람들이 동시에 메시지를 주고받고자 할 때는 여러 개의 비밀키를 관리해야 하는 어려운 문제가 생긴다. 이와 같이 암호를 위한 키의 생성과 전달 그리고 보관하는 문제, 즉 키 관리 문제는 암호의 정보보안에 있어서 중요한 사안이다.

비밀키 암호시스템이 갖는 키 관리의 문제를 해결하기 위해서 1976년에 디피(W. Diffie)와 헬만(M. Hellman)은 공개키(public key) 암호시스템을 제안했다.

메시지의 송신자와 수신자는 각각 두 개의 키를 할당받는데, 그중에 하나는 비밀키이고 나머지 하나는 공개키이다. 송신자가 메시지를 보내기 위해 먼저 공개키 목록에서 메시지 수신자의 공개키를 알아낸다. 그리고 보내고자 하는 메시지를 수신자의 공개키를 이용하여 암호화한 후 발송한다. 암호화된 메시지를 받은 수신자는 자신만이 갖고 있는 비밀키를 이용하여 그 메시지를 복호하여 메시지를 얻는다. 여기에서 주목할 사실은 바로 비밀키와 공개키는 키의 길이만 동일하고 서로 다른 값을 갖는 키라는 것이다. 이러한 의미에서 공개키는 암호화 키, 비밀키는 복호화 키라고 부른다.

이러한 쌍의 키를 생성하기 위해 사용되는 알고리즘에는 여러 종류가 있다. 현재까지 다양한 공개키 암호시스템이 제안되고 실용화되었는데, 1972년 Diffie-Hellman, 1978년 Merkle-Hellman 그리고 1978년 RSA 공개키 암호시스템 등이 있다.

공개키 암호시스템은 키생성 단계와 암호화 단계 그리고 복호화 단계로 구성되는 것이 일반적이다. 이 절에서는 여러 공개키 암호시스템에 대해 간략히 알아보자.

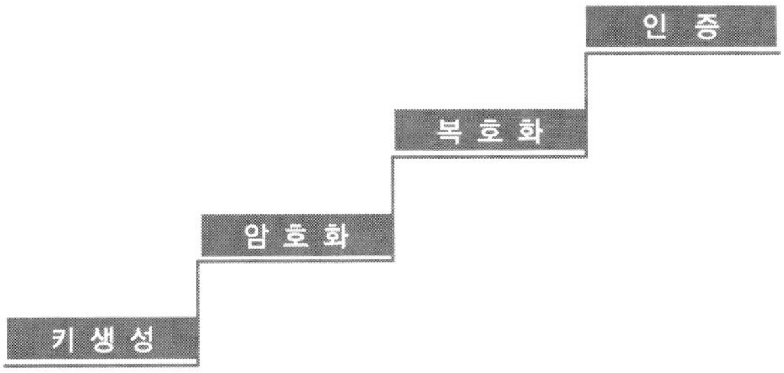

1) RSA 암호시스템

1978년 MIT 대학의 세 명의 수학자 Rivest, Shamir, Adleman이 매우 큰 정수의 소인수분해가 어렵다는 점에 착안하여 공동으로 개발한 것이 RSA 암호시스템이다.

Shamir, Rivest, Adleman

Rivest, Shamir, Adleman (2003)

① 키생성

- 서로 다른 두 개의 큰 소수 p와 q를 선택한다.
- $n = pq$를 계산한다.
- 오일러 $\phi(n) = (p-1)(q-1)$와 서로소가 되는 정수 e, 즉 $\gcd(e, \phi(n)) = 1$을 택한다.
- $\phi(n)$과 e로부터 $ed = 1 (\bmod\ \phi(n))$가 되는 d를 계산한다.
- 이제 n과 e는 암호화 공개키이며, p, q, d는 복호화 비밀키이다.

$$\text{메시지 공간} = \{M \in \mathbb{Z} \mid 0 \le M < n-1\}$$

② 암호화

$$C = E(M) \equiv M^e \ (\bmod\ n)$$

③ 복호화

$$D(C) = D(E(M)) \equiv C^d \equiv M^{ed} \equiv M (\bmod\ n)$$

2) 라빈 암호시스템

라빈(Rabin) 암호시스템은 RSA 시스템의 암호화 공개키(n, e)에서 $e=2$로 정한 것과 유사하다. 그러나 RSA에서는 $\phi(n)=(p-1)(q-1)$이 짝수이며 $\gcd(e, \phi(n))=1$이어야 하므로 $e=2$는 실제로 불가능하다. 그렇지만 메시지를 제곱하여 암호화한다는 점에서 $e=2$로 정한 암호시스템으로 이해할 수 있다.

① **키생성**

- 두 개의 다른 큰 소수 p와 q를 선택한다.
- $n=pq$를 계산한다.
- 임의로 $0 \le b < n$을 선택한다.
- (n, b)를 암호화 공개키로, (p, q)를 복호화 비밀키로 하여 암호시스템을 구성한다.

$$\text{메시지 공간 } = \{M \mid 0 \le M < n\}$$

② **암호화**

$$E_{(n,b)}(M) = M(M+b) \pmod n$$

③ **복호화**

$f(x) = M^2 + bM = E_{(n,b)}(M)$의 근을 $\mathbb{Z}_p$와 $\mathbb{Z}_q$에서 구한 후 중국인의 나머지 정리를 이용하여 메시지를 계산한다.

특별히 $b=0$이면 암호문은 $E_{(n,b)}(M) = M^2 \pmod n$이 된다. 따라서 암호를 푼다는 것은 M^2의 제곱근인 M을 찾는 문제와 같다.

라빈 암호계의 문제점은 다음과 같다.

암호문 $C = E_{(n,b)}(M)$가 메시지 M의 이차식으로 표현되므로 복호할 때 $\bmod p$에 대해 두 개의 근과 $\bmod q$에 대해 두 개의 근이 구해지므로 모두 네 개의 복호문이 생성된다. 네 가지 가능성 중에서 원래 메시지가 무엇이었는지를 판정해야 하는 결점이 있다.

3) 디피-헬만의 키교환 방식

디피-헬만(Diffie-Hellman)의 키교환 방식은 암호알고리즘이라기보다는 비밀키 암호 통신을 수행하기 위해 키를 안전하게 보유하기 위한 방법이다. 디피와 헬만이 공개키 암호의 개념을 제안한 것과는 독립적으로 머겔(Merkle)은 키교환 방식의 개념을 제안하였으며, 이것은 도청의 가능성이 있는 통신로를 통해서 A와 B가 암호화 키를 비밀로 공유할 수 있는 방식이다.

디피-헬만의 키교환은 이산대수 문제에 기반을 둔다.

p를 소수, g를 갈루아 체 F_p의 하나의 생성원이라고 하자. 그러면 임의의 원소 $y \neq 0 \pmod p$에 대해

$$y \equiv g^x \pmod p$$

를 만족하는 원소 $x \in \mathbb{Z}_{p-1}$가 항상 존재한다.

여기에서 만일 p, g와 x를 알고 있다면 아주 쉽게 y의 값을 계산할 수 있다. 그러나 반대로 p, g 와 y가 주어졌을 때 x를 구하기는 매우 어렵다. 따라서 일방향 함수의 문제가 되는데, 이것을 **이산로그 문제**라고 부른다($y = g^x$이면 $x = \frac{\ln g}{\ln y} = \ln_y g$이기 때문이다).

두 사람 A와 B가 비밀의 키 $K_{A,B}$를 공유하는 방식은 다음과 같다.

① **키생성**

비밀키 생성

- p는 소수이며, 갈루아 체 F_p의 생성원 g를 택한다.
- A의 비밀키 x_A와 B의 비밀키 x_B를 각각 정한다.

공개키 생성

- A는 비밀키 x_A를 사용하여 $g^{x_A} \bmod p \equiv y_A$를 계산하여 y_A를 B에게 보낸다.
- 또한 B는 비밀키 x_B를 사용하여 $g^{x_B} \bmod p \equiv y_B$를 계산하여 y_B를 A에게 보낸다.
- 따라서 A와 B는 다음과 같은 키를 생성하게 된다.

A의 비밀키 x_A, 공개키 $g^{x_A} \bmod p$; B의 비밀키 x_B, 공개키 $g^{x_B} \bmod p$

② **키분배**

- 그러면 A와 B는 상대방의 공개키를 보면서 각각 자신의 비밀키를 사용하여

$$g^{x_A x_B} \bmod p \equiv (y_A)^{x_B} \equiv (y_B)^{x_A} \bmod p$$

를 계산할 수 있다. 이 값을 K_{AB}라고 하면 A와 B는 모두 K_{AB}를 얻을 수 있다. K_{AB}가 두 사람이 공유할 수 있는 비밀키가 된다.

도청자 입장에서는 K_{AB}를 계산하는 것이 어려운 일이다. 그러나 그 어려운 정도가 이산대수 문제의 어려움과 동등한지는 알려져 있지 않았다.

4) 엘가말 암호시스템

엘가말(Elgamal) 암호시스템은 키분배와 공개키 암호를 구현한 알고리즘이다. 실제로 엘가말 시스템은 디피-헬만의 키분배 방식을 이용한 것으로 디피-헬만 시스템에서는 갈루아 체 F_p에서의 생성원 g를 시스템의 공개키로 사용하는 반면, 엘가말 시스템에서는 큰 위수를 갖는 임의의 원소 g를 공개키로 사용한다.

B가 A에게 메시지 M $(0 < M < p-1)$을 보내는 경우를 알아보자.

① **키생성**

- A는 갈루아 체 F_p에서 큰 위수를 갖는 임의의 원소 g를 선택하여 공개한다.
- a $(0 \le a \le p-1)$를 택하여 비밀키로 하고, 대신 $g^a \pmod p$ 값을 공개한다.
- 따라서 공개키는 g, $g^a \pmod p$이며, 비밀키는 a이다.

② **암호화**

B는 임의의 k를 선택한다. A가 공개한 $g^a \pmod p$를 사용하여 메시지 M으로부터

$$M(g^a)^k \pmod p$$

을 계산한다. 메시지 M을 순서쌍$(g^k,\ M g^{ak} \pmod p)$으로 암호화하여 A에게 보낸다.

③ **복호화**

$(g^k,\ M g^{ak} \pmod p)$을 수신한 A는 두 단계의 복호화 과정을 거친다.

- 자신의 비밀키 a를 사용하여

$$(g^k)^a \equiv g^{ka} \pmod{p}$$

를 계산한다. a를 알고 있으면 쉽게 계산할 수 있다.

- 위에서 계산한 값 $g^{ka} \pmod{p}$로 $Mg^{ak} \pmod{p}$을 나누면 원래의 메시지 M을 복원할 수 있다.

이 시스템의 안전성은 디피-헬만의 키분배 방식과 동일한 수준이라고 증명되었다.

5) 머켈-헬만의 공개키 암호시스템

머켈-헬만(Merkle-Hellman)의 암호시스템은 배낭(knapsack) 문제(13장 참고)에 기초하고 있다. 일반적인 배낭 문제를 풀려면 엄청난 계산이 요구된다. 그러나 암호시스템에 사용하기 위해서는 배낭 문제에 트랩 도어를 설치해야 하는데, 이렇게 하면 암호시스템이 취약해져서 적절한 시간 내에 배낭 문제를 풀 수 있다. 이러한 이유로 인해 머켈-헬만의 공개키 암호시스템은 1982년과 1984년에 각각 Shamir와 Brickell에 깨어졌다.

5.2 RSA 공개키 암호시스템

Rivest, Shamir 그리고 Adleman에 의해 제안된 RSA 공개키 암호시스템을 알기 위해 우선 몇 가지 수학 내용을 기억하자.

예제 5.1

$5x \equiv 1 \pmod{23}$에서 5의 역원을 유클리드 알고리즘으로 구하여라.

$$23 = (5 \cdot 4) + 3$$
$$5 = (3 \cdot 1) + 2$$
$$3 = (2 \cdot 1) + 1$$
$$2 = (1 \cdot 2) + 0$$

따라서 $1 = 3 - 2 = 3 - (5 - 3) = 2(23 - (5 \cdot 4)) - 5 = 2 \cdot 23 - 9 \cdot 5$이므로, $5^{-1} \equiv -9 \equiv 14 \pmod{23}$이다.

예제 5.2

유클리드 알고리즘으로 법(module)에 관한 곱셈의 역원을 찾을 수 있다. 예를 들어 $3x \equiv 4 (\mathrm{mod}\ 5)$에서 $3^{-1} \equiv 2 (\mathrm{mod}\ 5)$이므로 양변에 3^{-1}를 곱하면 $x = 4 \cdot 2 \equiv 3\ (\mathrm{mod}\ 5)$이다. 그러나 모든 정수 $b(\neq 0)$의 곱셈에 관한 역원이 언제나 존재하는 것이 아니라 $\gcd(n, b) = 1$일 때만 b의 곱셈의 역원이 존재한다.

〈오일러의 정리〉

n이 소수이면 $\phi(n) = n - 1$이다. n이 소수 p와 q의 곱이면

$$\phi(n) = pq - [(p-1) + (q-1) + 1] = (p-1)(q-1)$$

이며, 따라서 $a^{\phi(n)} \equiv 1 (\mathrm{mod}\ n)$이다.

〈페르마의 정리〉

p가 소수이고, a와 p가 서로소이면 $a^{(p-1)} \equiv 1\ (\mathrm{mod}\ p)$이다.

1) RSA(Rivest, Shamir, Adleman, 1979)

A는 여러 명이 자신에게 비밀메시지를 보낼 수 있도록 암호시스템을 구축한다.

① 매우 큰 소수 p와 q를 택한다.
② $n = pq$를 계산한다.
③ $\gcd(e, (p-1)(q-1)) = 1$를 만족하는 $e \geq 5$를 택한다.
④ 법 $(p-1)(q-1)$에 대한 e의 역원 d, 즉 $ed \equiv 1 \mod (p-1)(q-1)$을 계산한다.
⑤ A는 n과 e를 공개하고, p, q, d는 비밀로 한다. 여기서 e는 encryption이며 d는 decryption을 의미한다.
⑥ A는 자신에게 메시지를 보내려는 사람들에게 다음의 단계를 따라 암호문을 작성하라고 공개한다.
  - 메시지의 각 글자를 $A = 10$, $B = 11$, $\cdots$, $Z = 35$, 빈칸= 99로 숫자로 바꾼다.
  - 숫자로 바뀐 메시지 M을 (예를 들어) 50자리 블록으로 만들어 m_1, $\cdots$, m_k라고

한다. 만일 50자리 수가 되지 않는 블록이 있으면 98로 채운다.

- 공개키 e를 사용하여 $m_1^e, \cdots, m_k^e$를 계산한다.
- 법 n에 대해 m_i^e이 값을 r_i라고 한다. 즉 $r_i \equiv m_i^e \pmod{n}$이다.
- $r_1, \cdots, r_k$을 전송한다(암호화).

⑦ 이제 A는 암호문 $r_1, \cdots, r_k$를 수신했다. 그러면 비밀키 d를 사용하여 $r_i^d \pmod{n}$를 계산할 수 있다(복호화).

⑧ 실제로

$$r_1^d = (m_1^e)^d = m_1^{ed} = m_1^{(p-1)(q-1)t+1} \equiv (m_1^{\phi(pq)})^t m_1 = m_1$$

이며, 이와 유사하게 $r_i^d = m_i$ (모든 i)가 되므로, 원래의 메시지 블록 $m_1, \cdots, m_k$을 다 복원하게 된다.

A(은행, 학교 등 여러 사람과 통신하는 곳)는 메시지를 보내려고 하는 각 고객들과 다음과 같은 방법으로 통신한다.

① A는 위와 같은 방법으로 정수 p, q, e 그리고 d를 선택한다.
그리고 p, q, d는 비밀로 보관하고 그 대신 n과 e는 공개한다.

② A는 고객들에게 다음 방법을 이용하라고 한다.

메시지를 그대로 보내면 다른 사람들이 볼 수 있음

- 메시지의 각 글자를 숫자로 바꾼다.
- 메시지가 길면, 50자리 수로 나누어서(block), 각각 $m_1, \cdots, m_k$라고 한다.
- 게시판의 n과 e를 사용하여, r_i 값을 $r_i \equiv m_i^e \pmod{n}$로 만들어 $r_1, \cdots, r_k$의 code 값들을 전송한다.

③ A는 $r_1, \cdots, r_k$를 받게 된다. 그 후 A는 $r_1, \cdots, r_k$ 값들을 가지고 원래의 메시지인 $m_1, \cdots, m_k$를 복원하기 위해 $r_i^d \pmod{n}$을 계산한다. 그러면 이 값이 $r_i^d = m_i$가 되어 원래의 메시지를 알게 된다.

예제 5.3

A는 다음과 같이 암호시스템을 구축한다.

① $p=41$, $q=53$를 택하자.

② $n=pq=2173$을 계산한다.

③ $\gcd(e, (p-1)(q-1))=1$인 e를 택한다. 여기서 $(p-1)(q-1)=2080$이므로, $\gcd(e, 2080)=1$인 값으로 $e=623$을 택하자(참고: $623=7 \cdot 89$).

④ 법 2080에 관한 623^{-1}을 계산하자. 유클리드 알고리즘에 의해

$$2080=3 \cdot 623+211$$
$$623=2 \cdot 211+201$$
$$211=1 \cdot 201+10$$
$$201=20 \cdot 10+1$$

이므로,

$$\begin{aligned} 1 &= 201-201 \cdot 10=201-20(211-201)=201(21)+211(-20) \\ &=(623-2 \cdot 211)(21)+211(-20)=623(21)+211(-62) \\ &=623(21)+(2080-3 \cdot 623)(-62)=623(207)+2080(-62) \end{aligned}$$

따라서 $623 \cdot 207 \equiv 1 \pmod{2080}$, 즉 $d=207$로 택한다.

⑤ 공개: $n=2173$, $e=623$; 비밀: $p=41$, $q=53$, $d=207$

예제 5.4

B는 공개된 키를 보면서, 자신의 메시지 'See you there'을 암호화한다.

① See you there 2814149934243099291714271 4

a	b	c	d	e	f	g	h	i	j	k	l	m	n	o	p	q	r	s	t	u	v	w	x	y	z	
10	11	12	13	14	15	16	17	18	19	20	21	22	23	24	25	26	27	28	29	30	31	32	33	34	35	99

② 위의 숫자를 세 자릿수의 블록으로 나눈다.

$$m_1=281,\ m_2=414,\ m_3=993,\ m_4=424,\ m_5=309$$
$$m_6=929,\ m_7=171,\ m_8=427,\ m_9=149$$

③ $m_1^e=281^{623}$, $\cdots$, $m_9^e=149^{623}$

④ $r_1 \equiv m_1^e=281^{623} \pmod{2173}$, $\cdots$, $r_9 \equiv m_9^e=149^{623} \pmod{2173}$

공개키 $e=623$을 사용하여 m_i^e을 계산하고 다시 $r_i \equiv m_i^e \pmod{n}$을 생성한다.

$r_1 \equiv m_1^e = 281^{623} \pmod{2173} \equiv 1282$, $r_2 \equiv m_2^e = 414^{623} \pmod{2173} = 1786$,

$r_3 \equiv m_3^e = 993^{623} \pmod{2173} = 1836$이며 이와 같이 계산하면

$r_4 = 1643$, $r_5 = 1160$, $r_6 = 407$, $r_7 = 190$, $r_8 = 1237$, $r_9 = 2104$가 된다.

☞ $b^n \pmod{m}$의 효과적인 계산법이 요구된다.

⑤ 통신망을 통해 암호문

1282 1786 1836 1643 1160 0407 0190 1237 2104

를 A에서 송신한다.

〈복호화〉

A는 수신한 암호문 1282 1786 1836 1643 1160 0407 0190 1237 2104를 복호하기 위해, 비밀키 $d = 207$을 사용하여 $r_i^d \pmod{n}$, 즉 $1282^{207} \pmod{2173}$, …를 계산한다.

$$1282^{207} \pmod{2173} = 281, \quad 1786^{207} \pmod{2173} = 414, \ \cdots,$$

$$1237^{207} \pmod{2173} = 427, \quad 2104^{207} \pmod{2173} = 149$$

가 되어 원래 메시지 코드 281 414 993 424 309 929 171 427 149를 복원하게 된다.

5.3 빠른 지수법

메이플을 활용할 때, b^k은 >b^k으로 입력한다. 또한 $b^k \pmod{n}$은 >b^k mod n으로 입력하거나 >b &^ k mod n으로 입력한다. 전자의 경우, 메이플은 b^k를 먼저 계산한 후 mod n으로 줄이는데, 이 경우 종종 용량이 초과되어 메이플 계산이 멈춘다. 후자의 경우 b^k를 계산하는 것이 아니라 n보다 값이 커지면 반복적으로 mod n을 계산하므로 항상 n보다 작은 값만 다루게 된다.

예제 5.5

$17^{644} \pmod{37}$를 빠른 지수법을 사용하여 계산하라.

① 우선 주어진 수를 이진법으로 바꾼다.

$$644 = (1010000100)_2 = 2^9 + 2^7 + 2^2$$

② $17^{644} = 17^{2^9} \cdot 17^{2^7} \cdot 17^{2^2}$

③ 다음의 계산을 순차적으로 한다.

$17^2 \pmod{37}$

$17^{2^2} \pmod{37} = (17^2 \pmod{37})^2$ (성질: $a \equiv b \pmod{m} \Rightarrow a^2 \equiv b^2 \pmod{m}$이다.)

$17^{2^3} \pmod{37} = (17^{2^2} \pmod{37})^2$

$17^{2^4} \pmod{37} = (17^{2^3} \pmod{37})^2$, $\cdots$

$17^{2^9} \pmod{37} = (17^{2^8} \pmod{37})^2$

다시 말해서 앞의 계산의 결과를 사용하여 계속 반복한다.

④ 위의 표를 사용하면 $17^{644} \equiv 33 \cdot 7 \cdot 12 \equiv 34 \pmod{37}$가 된다.

이 방법은 어느 정도로 빠른가?

$b^k \pmod{n}$를 계산하기 위해 '$k = 2^s +$ 낮은 차수'로 표시한다. 빠른 지수법은 s를 먼저 선택하고, s를 제곱하고 s를 법 n으로 줄인다. 이 경우 k이 아주 크더라도 s는 작다. 가령 $k = 1000$이어도 $s = 10$정도로 줄어든다. $2^{s+1} > k \geq 2^s$이므로 s는 k과 비교하여 상대적으로 작은 수이다.

더욱이 페르마(또는 오일러)의 정리를 빠른 지수법과 함께 사용하면 더욱 효과적이다.

$$17^{644} = 17^{36 \cdot 17 + 32} = (17^{36})^{17} \cdot 17^{32} \equiv 17^{32} = 17^{2^5} = 34 \pmod{37}$$

예제 5.6

'See you there' 281 414 993 424 309 929 171 427 14를 다시 살펴보자.

$$r_1 \equiv m_1^e = 281^{623} \pmod{2173},\quad r_2 \equiv m_2^e = 414^{623} \pmod{2173}$$

$$r_3 \equiv m_3^e = 993^{623} \pmod{2173},\ \cdots,\ r_9 \equiv m_9^e = 149^{623} \pmod{2173}$$

증명 p, q를 알고 있다면 $\phi(n)$은 쉽게 계산할 수 있다. 반대로 n과 $\phi(n)$을 알고 있다고 하자. n의 소인수 p와 q를 어떻게 찾을 수 있을까?

$$n = pq\text{이므로 } \phi(n) = (p-1)(q-1) = n+1-(p+q)\text{이다.}$$

그러므로

$$pq = n\text{과 } p+q = n+1-\phi(n)$$

을 사용하여 p와 q를 근으로 하는 이차방정식

$$x^2 - (n+1-\phi(n))x + n = 0$$

이 나온다. 그런데 n과 $\phi(n)$을 알고 있으므로, 방정식의 근 p와 q를 알 수 있다. ■

임의의 정수 n을 소인수분해하는 원론적인 방법은 n보다 작은 정수들인 2, 3, 5, ⋯로 나누어 보는 것이다. 그러나 4자리 수인 1763나 8633 조차도 인수분해가 쉽지는 않다. 한편 $\sqrt{n}$보다 작은 소수들로 나누어 보는 방법(페르마의 정리)도 있지만, 이것 역시 많은 시간이 소요된다. 예컨대 200자리 정수를 소인수분해하려면 2부터 10^{100} 사이에 있는 모든 소수를 생각해야 하는데, 보통의 컴퓨터를 사용하더라도 엄청난 시간이 걸리는 작업이 된다.

〈소인수분해〉

1983년에 69자리의 10진수를
1989년에 106자리의 10진수를
1994년에 RSA-129로 알려진 129자리의 10진수를
1996년에 130자리의 10진수 RSA-130을 각각 인수분해 할 수 있었다.

RSA에서 사용하는 정수 n은 약 200자리 이상인 숫자이다. 이러한 수들의 크기를 상상하기도 어렵지만 소인수분해는 더욱 어려워서 오늘날에도 완전한 해법이 알려지지 않았다. RSA 암호는 인수분해의 어려움에 기반을 두고 있으므로 만일 인수분해 문제가 해결된다면 RSA는 쉽게 공격당한다. 따라서 안정성을 확보하기 위해서는 1024비트(256자리 수) 이상의 큰 정수가 권장된다.

[문제점]

도청자가 비밀 메시지를 가로챌 수 있는 경우를 항상 대비해야 한다.

① 두 소수 p와 q를 대략 100자리 수 이상의 아주 큰 수로 택한다. 그러면 100자리가 넘는 수가 소수인지 아닌지를 어떻게 판정할 수 있을까?

② p와 q가 아무리 큰 수라고 하더라도 그것들의 곱셈 연산 $n=pq$은 크게 어렵지 않다. 그러나 n으로부터 p와 q를 찾아내는 일은 쉽지 않다.

③ $p-1$와 $q-1$는 짝수이므로 $e \geq 5$의 선택 가능성은 무척 많다.

④ $ed \equiv 1$인 정수 d는 e의 역원이다. 이때 d는 가장 비밀이 요구되는 값이다. 역원은 존재할까? 몇 개나 있을까? 어떻게 찾을까?

⑤ d를 찾는 어려운 정도는 소인수 p와 q를 찾는 어려운 정도와 같다. 컴퓨터의 성능이 훌륭하면 p, q를 찾을 수 있다. 그러면 조금 더 큰 소수를 택하면 되지만, 그 경우 다른 어려움에 직면하게 된다.

- 그 수들은 소수인가?
- 더 큰 소수를 택하면 ③, ④ 단계를 수행하는 데 더 오랜 시간이 걸린다. 만일 p가 30자리 정도의 수라면 ③, ④ 단계는 비교적 쉽게 해결된다.

RSA 암호는 p, q 그리고 d가 몇 가지 조건을 만족할수록 더욱 안전하다.

① p와 q는 같지 않고 거의 같은 크기의 자리 수일수록 좋다.

② $p-1$과 $q-1$은 커다란 소인수를 각각 가질수록 좋다.

③ $p-1$과 $q-1$의 최대 공약수는 작은 수일수록 좋다.

④ $\max(p,\ q)+1 < d < n-1$이 되도록 d를 선택한다.

①, ②, ③은 인수분해의 어려움에 관한 조건이며, ④는 d가 큰 수여야 함을 의미한다. 실제로 RSA에서 일반적으로 이용하는 p와 q는 대개 100자리 이상으로 거의 같은 크기의 자리 수의 소수로 선택한다.

2) RSA 암호를 공격하는 방법들

RSA 암호의 공격은 일반적으로 인수분해에 의존한다. 그러나 큰 정수의 인수분해가 몹시 어려우므로 다른 공격방법도 존재한다.

(1) 소인수분해 공격

- Trial Division 공격, 폴라드 ρ 공격 또는 폴라드 $p-1$ 공격
- 타원곡선을 이용한 공격
- Dixon의 random square 공격
- 이차 체(Quadratic sieve) 공격, Number field sieve 공격

(2) Protocol 공격

- 작은 e 또는 작은 d를 사용하는 경우
- 곱셈의 특성을 이용한 공격
- 순환 공격, 부분 키 노출 공격

(3) 공유법 공격

A, B는 n을 공개키로 공유하여, A의 공개키는 $\{e_A, n\}$, B의 공개키는 $\{e_B, n\}$이라고 하자. 또한 e_A와 e_B가 서로소라고 하자. 만약 A와 B가 각기 자신의 공개키를 사용하여 어떤 메시지 M을 암호화한 암호문 C_A와 C_B를 각각 만들었다면, 통신 경로상에서 암호문 C_A와 C_B를 입수한 암호공격자는 이미 공개되어 있는 A와 B의 공개키를 이용하여 메시지 M을 알아낼 수 있다. 실제로

$$C_A \equiv M^{e_A} (\text{mod } n), \quad C_B \equiv M^{e_B} (\text{mod } n)$$

이며, 공개키 e_A와 e_B가 서로소이기 때문에

$$re_A + se_B = 1$$

인 정수 r과 s를 계산할 수 있다. 이때 두 개의 수 가운데 하나는 반드시 음수이어야 하므로 $r < 0$이라고 하자.

$$se_B = 1 + (-r)e_A$$

이므로

$$C_B^s = M^{se_B} \equiv M^{1+(-r)e_A} \equiv M(M^{e_A})^{-r} \equiv MC_A^{-r} (\text{mod } n)$$

이다. 따라서 $C_B^s\, C_A^r \equiv M (\text{mod } n)$으로부터 원래의 메시지 M을 얻을 수 있다.

물론 이 밖에도 다양한 알고리즘과 공격 방법이 존재할 수 있다. 이러한 공격으로부터 안전한 RSA를 구현하기 위해 매우 큰 소수(1024 비트 또는 2048 비트 정도)를 권장하며, 소수를 선택할 때 앞서 본 것처럼 몇 가지 조건을 만족하도록 한다.

- 두 소수 p, q의 크기가 거의 같아야 한다.
- $p-q$가 너무 작으면 안 된다.
- $p-1$과 $p+1$이 큰 수를 인수로 가져야 한다.

5.6 인증

모든 암호체계는 그 알고리즘 이외의 문제점도 갖고 있다.

암호화 단계를 잘 거쳐서 암호화코드 $r_1, \cdots, r_k$를 전송했다고 하자. 그러면 수신자는 항상 $r_1, \cdots, r_k$를 받을 수 있을까? 통신상의 오류로 인해 수신자가 $r_1, \cdots, r_k$를 받지 못하고 잘못된 정보를 수신할 가능성도 배재할 수 없다. 바로 여기서 **부호 이론**(15장 참조)이 나오게 된다.

한편 A는 발신자 B로 되어 있는 메시지를 받았다. 이때 A는 이 메시지가 정말 B로부터 온 것인지를 확신할 수 있어야 한다. 다시 말해서 B를 가장한 도청자가 거짓 메시지를 보낸 것은 아닌가를 의심하고 확인하는 **인증작업**(16장 참조)이 필요하다. A는 받은 코드의 원래 메시지를 복원해야 할 뿐만 아니라, 그 메시지가 정말 B가 보낸 것임을 확신할 수 있어야 한다. 다른 사람이 B인척 하고 거짓된 메시지를 보냈을 가능성을 대비할 수 있을까?

① A와 B는 각각 자신의 RSA 암호시스템을 만든다.

$$A:\ n_A, e_A;\ p_A, q_A, d_A \qquad B:\ n_B, e_B;\ p_B, q_B, d_B$$

각자 처음 두 값은 공개하고, 나머지 세 값은 비밀로 한다.

A의 비밀키 p_A, q_A, d_A	공개 게시판 n_A, e_A, n_B, e_B	B의 비밀키 p_B, q_B, d_B

② B가 50자리 수인 메시지 M을 전송한다고 가정하자.

- B는 $M^{d_B}\ (\mathrm{mod}\ n_B)$를 계산하여 r로 한다(이 작업은 B만 할 수 있다).
- n_A, e_A를 사용하여 B는 $r^{e_A}\ (\mathrm{mod}\ n_A)$(이 값을 t라 하자)를 A에게 전송한다.

③ A는 코드 t를 수신했다.

- A는 비밀키 d_A를 사용하여 $t^{d_A}\ (\mathrm{mod}\ n_A)$를 계산한다. 이 값이 바로 r이다. 즉

$$t^{d_A}(\mathrm{mod}\ n_A) = r(\mathrm{mod}\ n_A)$$

인데 이 작업은 A만이 할 수 있다.

- B가 공개한 n_B, e_B를 사용하여 $r^{e_B}(\mathrm{mod}\ n_B)$를 계산한다. 이 값이 M이다. 즉

$$r^{e_B}(\mathrm{mod}\ n_B) \equiv M(\mathrm{mod}\ n_B)$$

인데 이것이 원래의 메시지이다.

- 더욱이 이 코드는 d_B의 값을 아는 어떤 사람이 보낸 메시지인데, d_B를 아는 유일한 사람은 B이므로 이 메시지가 B의 것임을 확신할 수 있다.

예제 5.8

$p = 11$, $q = 3$이라 하자.
33을 공개하고 $\phi(33) = (11-1)(3-1) = 20$과 서로소인 정수로, 임의로 $e = 3$을 선택하여 공개한다. $3 \cdot 7 \equiv 1\ (\mathrm{mod}\ 20)$이므로 $d = 7$이다. (이 예제는 쉽게 7을 구할 수 있지만 실제로 이렇게 간단하지 않으며, 이것은 두 소수를 알고 있는 사람만이 할 수 있다.) 비밀키는 $p = 11$, $q = 3$, $d = 7$ 이며, 공개키는 $n = 33$ 과 $e = 3$이다.
자신의 공개키 $n = 33$ 과 $e = 3$ 을 마치 전화번호부에서 찾아내듯이 하여 메시지 $M = 5$를 암호화하면 암호문은 $C = 5^3 = 125 \equiv 26\ (\mathrm{mod}\ 33)$이다.
이러한 암호문 $C = 26$을 받았다면 자신은 자신만의 비밀키 $d = 7$ 을 이용하여 26^7을 법 33에서 계산하여 메시지 $M = 5$ 를 얻을 수 있다.

5.7 비밀키 암호시스템과 공개키 암호시스템의 문제점 비교

비밀키 암호시스템과 공개키 암호시스템을 비교해보자.

1) 비밀키 암호시스템의 비교

비밀키 암호시스템은 다음의 두 성질을 모두 만족한다.

① 암호화할 수 있는 사람은 누구나 복호화도 할 수 있다.

② 송신자와 수신자는 암호화를 시작하기 전에 서로 같은 비밀키를 공유한다.

암호화 키를 알면 그와 대칭되도록 복호화 키를 만들 수 있으므로, 비밀키 암호시스템을 **대칭키 암호시스템**이라고도 부른다. ②는 분명히 단점이지만, ①은 하나의 컴퓨터로 암호화와 복호화를 함께 수행할 수 있으므로 장점으로 볼 수도 있다.

한편 공개키 암호시스템이란 ①이 성립하지 않는 암호시스템을 말한다. 다시 말해 암호화 키와 복호화 키가 아무 상관이 없으므로, **비대칭키 암호시스템**이라고도 부른다. ②의 성질이 성립하지 않으며, 키 관리도 매우 간단하다는 장점이 있다. 1976년에 Stanford 대학의 디피(W. Diffie)와 헬만(M. Hellman)은 논문 'New directions in cryptography(암호학의 새로운 방향)'에서 다음과 같은 제안을 했다.

> 공개키 암호는 1975년에 두 가지의 문제-키분배 문제와 서명문제-를 해결하기 위해 만들었다. 공개키 암호가 이러한 문제의 완전한 해결책은 아니었지만 근본적으로 해결할 수 없어 보이던 문제가 결국에는 풀릴 수 있고, 그 해결책이 나올 것이라는 인식을 사람들에게 심어주었다.

암호시스템의 사용자 A가 다음과 같은 키를 한 쌍씩 갖는다고 하자.

$$\text{공개키 } e = e_A; \quad \text{비밀키 } d = d_A$$

공개키 e_A는 암호문을 만드는 데 사용되므로 암호화 키이며, 비밀키 d_A는 암호문을 다시 메시지로 복원하는 데 필요하므로 복호화 키가 된다. 여기서 e_A로부터 d_A를 계산할 수 없어야 하는데, 이것이 바로 **공개키 암호시스템**(public key cryptosystem)으로 모든 사용자들이 공개키를 자유롭게 사용할 수 있다.

2) 비밀키 암호시스템 – DES 암호

DES는 송신자와 수신자만이 알고 있는 동일한 대칭키를 이용하여 메시지를 암호화하고 복호화하고 있다.

[문제점]

① 키의 사전분배 문제-단체와 기업의 내부 사용자들 사이에서는 가능하지만 인터넷 같은 개방형 시스템에서는 동일한 대칭키를 사용하는 것은 위험하다.

② n명의 사용자가 사용하려면 $\frac{n(n-1)}{2}$개의 많은 수의 대칭키가 필요하므로 대칭키의 생성과 분배, 그리고 유지와 관리가 시스템의 효율성을 저하시킨다.

3) 공개키 암호시스템

메시지 M에 대해

$$d(e(M)) = M$$

이고, 암호화 알고리즘인 e와 복호화 알고리즘인 d가 서로 다른 키를 사용하는 암호시스템을 **공개키 암호화 도식**(public key encryption scheme)이라고 부른다. 또 공개키 암호시스템이 공개키를 이용해 어떤 메시지 M과 암호문 $d(M)$의 관계를 확인할 수 있으면, **공개키 서명 도식**(public key signature scheme)이라고 한다.

- 공개된 암호화 키를 e로 쓰며, M으로부터 얻은 암호문을 $e(M)$이라고 쓰자.
- $e(M)$은 복호화 키 d를 이용하여 정확하게 복호된다는 것이 전제되어 있다.

① 암호화

A가 메시지 M을 암호화하여 B에게 전달하고자 한다.

- A는 공개키 목록에서 B의 공개키 e_B를 알아낸다.
- e_B를 이용하여 메시지 M을 암호화한 다음, $e_B(M)$을 B에게 보낸다.

② 복호화

B는 자신의 비밀키 d_B를 사용하여 암호문 $e_B(M)$을 복호한다.

$$d_B(e_B(M)) = M$$

또한 가정에 의해 다른 사람은 e_B와 $e_B(M)$으로부터 d_B를 알아낼 수 없기 때문에, $e_B(M)$을 복호화할 수 없다.

공개키 암호시스템의 장점 중 하나는 새로운 사용자들이 원래 사용자들에게 아무런 영향을 주지 않고 암호시스템을 사용할 수 있다는 것이다. 다시 말해서 비밀키 암호시스템에서는, 만일 새로운 사용자 C가 들어오면 기존의 사용자들은 C와 각자 한 개씩 비밀키를 주고받아야 한다. 그러나 공개키 암호시스템에서는 기존 사용자들이 키를 바꿀 필요가 없이 새로운 사용자의 공개키만 알면 된다.

물론 공개키 암호시스템 역시 단점이 있다.

- 안전하면서도 빠른 공개키 암호알고리즘이 현재까지 없다.
- 공개키 알고리즘도 어느 정도의 키 관리가 필요하다.

새로운 사용자는 자신의 키를 스스로 선택하거나 센터로부터 부여받아 사용할 수 있다. 현재 비대칭 암호시스템의 선두는 RSA 시스템(1977년)이다.

4) 공개키 암호시스템에서의 일방향 함수

① x가 주어지면 $y = f(x)$의 계산이 수월한 반면, y가 주어졌을 때 x를 구하기 위한 $f(x)$의 역함수를 찾는 것이 어려운 함수 $f(x)$가 바로 **일방향 함수**이다. 큰 소수의 곱셈 문제가 여기에 속한다. p와 q가 매우 큰 소수일 경우에 $n = pq$의 계산은 용이한 반면, 합성수 n에서 p와 q를 구하는 것은 아주 어려운 작업이다. 이러한 어려움에 근거를 둔 암호시스템이 RSA 암호이다.

② 공개키 암호시스템은 이러한 일방향 함수를 이용한다. 즉 공개키로 암호화하는 것은 $f(x)$는 용이하고, 수신자만이 알고 있는 비밀키는 $f(x)$의 역함수를 구하는 비밀통로의 역할을 한다.

연습문제

01 $n = 4757$이며 $\phi(4757) = 4620$일 때, n을 소인수분해하라.

02 RSA 시스템에서 $n = pq = 280171$가 공개되었다. n의 약수들의 합이 $\sigma(n) = 281232$일 때, 암호의 비밀키인 p와 q를 구하여라.

03 어떤 은행은 세 자릿수의 핀(pin)을 사용하며, $e = 835$와 $n = pq = 1411 = 17 \cdot 83$을 공개키로 하는 RSA 시스템을 사용한다. 만일 A의 핀 번호 M이 002로 암호화되었다면, A의 세 자릿수 핀은 무엇인가?

04 $n = pq = 51809$가 RSA 시스템에서 사용된다. $\sigma(n) = 52416$라고 하자. 두 소수 p와 q를 찾아라.

6장 정수 성질과 메이플 프로그램

메르센(M. Mersenne, 1588~1648)은 '20자리 수가 소수인지 아닌지를 결정하기 위해 우리가 가진 모든 지식을 총 동원하여 한 평생 연구한다고 하여도 결코 충분하지 않다'고 말했다. 그러나 오늘날에는 컴퓨터 프로그램을 사용하여 소수와 정수 이론에 쉽게 접근할 수 있으며, 이는 특별히 암호론에서 더욱 유용하다. 암호론에서 사용되는 정수들은 매우 큰 자릿수이므로 사람의 손으로 계산하는 것은 여러 면에서 한계가 있다. 이 장에서는 메이플 프로그램의 정수와 관련된 명령어를 배워 암호 문제를 해결하고자 한다. 메이플에 관한 기본 성질은 관련 도서를 참고하도록 하자.

6.1 정수의 기본 성질과 메이플 명령어

명령어 〉 ?integer를 입력하여 사용법을 확인할 수 있다.

1) 기본 연산들

```
〉 (8 + 7) mod 13;          2
```

```
> (5 * 4) mod 13;          7
> floor(7 / 2);            3                 (# 7을 2로 나눈 결과의 정수부분)
> 3^2;                     9
> ifactor(123456);         (2^6)(3)(643)     (소인수분해)
> isprime(643);            true              (소수 판정)
> gcd(15, 6);              3                 (최대공약수)
> igcdex(23, 7, 's','t');  1, -3, 10         (# 23과 7의 최대공약수를 찾은 후,
```

일차결합 $23*(-3)+7*10=1$으로 표현하는 s와 t의 값)

효과적인 모듈러 지수 계산(Efficient modular exponentiation)

```
> Power(2, 1236) mod 1237;        1
```

예제 6.1

다음을 실행하여 결과를 확인하여라.

```
>2744280 = ifactor(2744280);
>2744280 * 267300 = ifactor(2744280 * 267300);
>gcd(2744280, 267300) = ifactor(gcd(2744280, 267300));
>lcm(2744280, 267300) = ifactor(lcm(2744280, 267300));
>lcm(2744280, 267300) * gcd(2744280,267300)
   = ifactor(lcm(2744280, 267300)*gcd(2744280,267300));
```

2) 다항식의 인수분해

다음을 실행하여라.

> factor(x^5-1); $(x-1)(x^4+x^3+x^2+x+1)$

> simplify((x^12-1)/(x-1)); $x^{11}+x^{10}+x^9+x^8+x^7+x^6+x^5+x^4+x^3+x^2+x+1$

> normal((x^12-1)/(x-1)); $x^{11}+x^{10}+x^9+x^8+x^7+x^6+x^5+x^4+x^3+x^2+x+1$

명령어 normal은 최고차항으로부터 내림차순으로 전개한다. 명령어 factor는 유리수 계수를 갖는 다항식을 기약다항식의 곱으로 분해한다. 그러므로

〉 factor(x^12-1); $(x-1)(x+1)(x^2+x+1)(x^2-x+1)(x^2+1)(x^4-x^2+1)$

(# $(x-1)(x^{11}+x^{10}+\cdots+x+1)$대신 인수분해의 값으로 답함)

〉 factor(x^28-1);

$$(x-1)(x^6+x^5+x^4+x^3+x^2+x+1)(x+1)(1-x+x^2-x^3+x^4-x^5+x^6)$$

$$(x^2+1)(x^{12}-x^{10}+x^8-x^6+x^4-x^2+1)$$

3) 메르센 수와 페르마 수

〉 ?mersenne   (# 메르센 수에 관한 정보를 볼 수 있다.)

〉 with(numtheory):   (# numtheory 패키지에 속해 있다.)

〉 numtheory[mersenne](7);   127

〉 2^7-1;   127

〉 numtheory[mersenne](11);   false

〉 ifactor(2^11-1);   (23)(89)

〉 numtheory[mersenne](224737);   false

〉 isprime(224737);   true

〉 ?fermat   (# 페르마 소수에 관한 정보를 알 수 있다.)

〉 numtheory[fermat](8,'w'); (# numtheory 패키지에 속해 있으며, 8번째 페르마 수)

115792089237316195423570985008687908532699846656405640394575840079131296399 37

〉 w; $(2)^{11}(157)(3853149761)+1$

〉 numtheory[fermat](n); $2^{(2^n)}+1$

〉 numtheory[fermat](5,'w');   4294967297

〉 w; $((2)^7(5)+1)((2)^7(3)(17449)+1)$

4) 간단한 프로그램

명령어들 ?iquo, ?irem, ?igcd, ?igcdex, ?isolve를 알아보자.

```
> iquo(275, 61, 'r'); r;                4    31
> iquo(-275, 61, 'r'); r;               -4   -31
> igcd(679, 210);                       7
> igcdex(679, 210, 's', 't'); s; t;     7,  13,  -42
> r:=isolve(8*x+5*y=100);               r := {x = 5_NI, y = 20 - 8_NI}
```

5) 소수들

Number theory package 안에 있는 함수 목록을 알아보자.

```
> with(numtheory);
> s:=NULL: for i to 100 do s:=s, ithprime(i) od: s;
2,3,5,7,11,13,17,19,23,29,31,37,41,43,47,53,59,61,67,71,73,79,83,89,97,
101,103,1097,109,113,127,131,137,139,149,151,157,163,167,173,179,181,191,193,197,199,
211,223,227,229,233,239,241,251,257,263,269,271,277,281,283,293,
307,311,313,317,331,337,347,349,353,359,367,373,379,383,389,397,
401,409,419,421,431,433,439,443,449,457,461,463,467,479,487,491,499,
503,509,521,523,541
```

```
> prevprime(10000);                     9973
> divisors(28);                         {1,2,4,7,14,28}
> d:=[op(%)];                           d := [1,2,4,7,14,28]
> sum(d['i'], 'i'=1..5);                28
```

메이플에 기호 %는 바로 전 단계의 결과를 지칭한다.

```
> Li(10000.);                           1246.137216
> nops(select(isprime,[$1..10000]));    1229
        (# 정확한 소수의 개수를 계산. help에서 &nops를 찾아보자.)
> f:=x->x/ln(x);                        f := x -> x/ln(x)
> f(10000.);                            1085.736205
```

6) 합동

?mod를 입력하여 합동에 관한 메이플 명령어를 알아보자.

〉12 mod 7;	5
〉modp(12, 7);	5
〉mods(12, 7);	-2
〉2^18+1;	262145
〉% mod 37;	0
〉7^(-1) mod 9;	4
〉1/7 mod 9;	4
〉1/289 mod 326;	185
〉phi(12);	4
〉'phi'(12)=phi(12);	$\phi(12)=4$
〉2 &^ 561 mod 561;	2
〉2 &^ 161038 mod 161038;	2
〉(13-1)! mod 13;	12
〉mods((4001-1)!,4001);	-1
〉msolve(x^2=-1, 17);	$\{x=13\}, \{x=4\}$
〉mods(13^2, 17); mods(4^2, 17);	$-1 \quad -1$
〉mods(sum(j^(101-1), j=1..100), 101);	-1

7) 일차합동과 중국인의 나머지 정리

다음의 입력을 수행해 보자.

〉msolve(14*x=5, 33);	$\{x=31\}$
〉msolve(596*x=107, 1001);	$\{x=499\}$
〉msolve(33*x=15, 45);	$\{x=40\}, \{x=25\}, \{x=10\}$
〉chrem([2,4,5], [7,11,13]);	499

8) 다항식 연산

다항식 $2x^3+5x^2-x+2$은 2*x^3+5*x^2-x+2로 입력한다. 명령어 expand(), quo(), rem() 등이 자주 사용되며, 〉 ?polynomial를 실행하여 사용법을 확인할 수 있다.

〉 (x^2+2*x+1)+(x+5); (x^2+2*x+1)*(x+5); x^2+3x+6, $(x^2+2x+1)*(x+5)$

〉 expand((x^2+2*x+1)*(x+5)); $x^3+7x^2+11x+5$

〉 expand((x+1)^2); x^2+2x+1

〉 quo(x^2+3, x+1, x); $x-1$ (# x를 변수로 하는 다항식을 나눈 몫)

〉 rem(x^2+3, x+1, x); 4 (# x를 변수로 하는 다항식을 나눈 나머지)

9) 유클리드 알고리즘과 확장된 유클리드 알고리즘

gcd()와 gcdex()를 사용한다. 또한 factor()과 irreduc()도 사용된다.

〉 gcd(x^3+2*x^2+x+2, x^2+5*x+6); $x+2$

〉 factor(x^3+2*x^2+x+2); $(x+2)(x^2+1)$

〉 irreduc(x^3+2*x^2+x+2); false

인수분해를 정수나 유리수가 아닌 모듈러로 계산할 수 있다.

〉 Factor(x^2+3*x+3) mod 7; (# 법 7의 계수를 갖는 다항식의 인수분해)

〉 Irreduc(x^8+x^5+1) mod 2;

〉 Powmod(x^12, x^8+x^5+1, x) mod 2; (# $x^{12}(\mathrm{mod}\, x^8+x^5+1)$ (mod 2)의 계산)

10) 그 외에 다음과 같은 명령어도 있다.

factorial: (팩토리알 계산)

ifactor (또는 ifactors): (정수 인수분해)

isolve: 정수근을 찾기

isprime: 소수성 판정

ithprime: i번째 소수를 찾기

nextprime: 바로 다음의 큰 소수 찾기

numtheory/bigomega: multiplicity를 고려한 소수 약수의 개수

numtheory/cfrac: regular 또는 단순 연분수 확장의 계산

numtheory/cfracpol: 유리수 다항식의 실근의 단순 연분수 확장의 계산

numtheory/cyclotomic: 원시다항식 계산

numtheory/divisors: 양의 약수들의 집합

numtheory/factorset: 정수의 소인수들

numtheory/fermat: n번째 페르마 수

numtheory/imagunit: 법 n에서 -1의 제곱근

numtheory/invcfrac: 단순 순환연분수 확장을 quadratic surd로 변환

numtheory/iscyclotomic: 다항식이 원시다항식인지 판정

numtheory/issqrfree: 정수가 square free인지 판정

numtheory/ithrational: i번째 유리수

numtheory/mcombine: 중국인의 나머지 정리 Chinese remaindering

6.2 메이플 프로그램으로 정수 기초 이론

소수는 오랫동안 연구되어 왔지만, 전통적인 방법으로 판정하기는 쉽지 않다. 이때 메이플을 사용하면 쉽게 판정할 수 있다. 이 장에서는 앞서 배운 소수의 기본성질과 여러 이론들을 사용하여 메이플 프로그램으로 활용할 수 있는 방법을 알아보자.

1) 소수

정의 6.1

정수 $p>1$가 1과 자신만을 약수로 가질 때 p를 소수라고 한다.

정리 6.1

모든 정수는 유한개의 소수들의 곱으로 유일하게 표현된다.

메이플 프로그램에서 인수분해 하는 명령을 수행하여라.

```
> ifactor(123456789012345678901234567890);
> ifactor(2*3*5*7*11*13*17+1);
```

정리 6.2

n이 소인수 $p < n$를 갖는다면 n은 소인수 $p \le [\sqrt{n}]$를 갖는다.

이 결과는 n이 소수인지 아닌지를 판정하는 데 중요하게 사용된다.

에라토스테네스(Eratosthenes)의 체가 알려진 이후, 7세기가 될 때까지 소수 판정에 관한 연구는 거의 없었다. 지난 4세기 동안에 만들어진 중요한 결과들을 정리해 보자.

[소수의 개수]

실수 $x > 0$보다 작은 소수들의 개수를 $\pi(x)$라고 하자. 유클리드는 $x \to \infty$이면 $\pi(x) \to \infty$을 증명하였으며, 더 나아가 $\lim_{x\to\infty} \frac{\pi(x)}{x} = 0$임을 예측했다.

그러나 $\lim_{x\to\infty} \frac{\pi(x)}{x} = 0$을 처음으로 증명한 사람은 르장드르(A.M. Legendre, 1752~1833)이다.

1790년대 후반에 르장드르와 가우스(K.F. Gauss, 1777~1855)는 소수 정리를 예측했다. 그러나 거의 100년이 지난 1896년에 아다마르(J. Hadamard, 1865~1963)와 포아송(S. Poisson, 1781~1840)은 대단히 복잡한 수식을 사용하여 그 결과를 증명해냈다. 다시 50년이 지난 1948년에 에어디시(P. Erdös)와 셀버그(A. Seelberg)는 훨씬 간단한 형태로 증명하였다.

정리 6.3 소수 정리

$\pi(x) \approx \frac{x}{\ln x}$, 즉 $\lim_{x\to\infty} \frac{\pi(x)}{x/\ln x} = 1$이다. 더 나아가 $\pi(x) \approx \int_2^x \frac{du}{\ln n}$이다. 여기서 기호 $\approx$은 근삿값을 말한다.

n번째 소수를 p_n이라고 하면 정리 6.3에 의해 $p_n \approx n \ln n$이 된다.

메이플로 설명해 보자. 함수 $\pi(x)$와 그것의 근삿값인 $\frac{x}{\ln x}$를 비교해 보자.

```
> a[2]:=0:
> for i from 3 to 10000 do a[i]:=a[i-1]:
> if isprime(i-1) then a[i]:=a[i]+1 fi:
> od:
> pi: = x -> if x=trunc(x) then a[x] else a[trunc(x+1)] fi:
> with(plots):
> loglogplot( {x/ln(x), pi(x)}, x=1.2 .. 500, y=1 .. 200);
```

$\pi(x)$는 계단 함수와 거의 유사한 그래프가 된다. 그러나 근삿값은 사실 큰 차이가 있음을 알 수 있다.

```
> pi(10000);  evalf(10000/ln(10000));
> " "/";
```

ithprime이라는 명령어를 사용하여 다음을 비교해 보자.

```
> ithprime(1000),  evalf(1000*ln(1000));
```

정리 6.4 오일러

소수들의 역의 합은 무한이다. 즉 $\sum \frac{1}{p} = \infty$ 이다.

정수의 제곱의 역수들의 합과 소수의 역수들의 합을 비교하면

$$\frac{\pi^2}{6} = \sum \frac{1}{n^2} < \sum \frac{1}{p} = \infty$$

이므로, 소수들이 정수의 제곱들보다 훨씬 조밀하게 나온다. 또한

$$\sum_{p \le n} \frac{1}{p} \approx n \ln n$$

도 증명되었다.

위와 유사하게 두 함수 $\sum\frac{1}{n^2}$와 $\sum\frac{1}{p}$를 메이플을 사용하여 비교해 보자.

```
> sumsquare :=x -> sum(1/n^2, n=1 .. x);
> sumprime :=x -> sum(1/ithprime(p), p=1 .. x);
> evalf(sumsquare(1000)),  evalf(sumprime(1000));
```

함수 $\ln\ln x$는 상당히 천천히 증가됨을 알 수 있다.

```
> evalf(ln(ln(1000))),  evalf(ln(ln(1000000)));
```

예제 6.2

다음을 실행하여 결과를 확인하여라.

```
> b:=12345678901234567890:
> prevprime(b),  nextprime(b);
```

2) 페르마 수와 메르센 수

1640년에 페르마(Fermat)는 $2^{2^n}+1$이 항상 소수일 것이라고 추측했다. 그는 작은 수들 2^1+1, 2^2+1, 2^4+1, 2^8+1 또한 $2^{16}+1$이 소수임을 확인했다. 그러나 $2^{32}+1$에 대해서는 그는 물론 그와 동시대 사람들은 아무런 결론도 낼 수 없었고, 거의 100년이 지나서야 오일러(Euler)는 641이 $2^{3^2}+1=2^{2^5}+1$의 약수임을 증명했다. 오늘날에 $n=6, 7, \cdots, 19$일 때의 페르마 수, 그리고 n의 값이 더 큰 경우에 소수가 아님을 알고 있다. 그런데 사실은 페르마 소수가 더 있는지의 여부는 알려주지는 못한다.

numtheory 패키지에서 fermat 함수를 사용하여 페르마 수를 생성한다.

```
> with(numtheory):
> 2^(2^'5')=F(5), ifactor(fermat(5));
> F(8);
> isprime(fermat(8));
```

정의 6.2

2^s-1 형태의 수를 메르센 수라 하고, 이 수가 소수일 때 메르센 소수라고 한다.

메르센(Mersenne)은 2^s-1가 소수일 동치조건은 $s \in \{2, 3, 5, 7, 13, 17, 19, 31, 67, 127, 257\}$라고 주장했다. 만일 $k \mid s$이면 $2^k-1 \mid 2^s-1$임은 그 당시에 이미 알려져 있었다. 그러므로 s가 소수인 경우에만 2^s-1는 소수가 될 수 있다고 알고 있었다. 메르센의 주장은 전혀 옳지 않았지만, 첫 번째 반례가 나오기까지 무려 200년이나 걸렸다. 1870년경에 루카스(E. Lucus, 1842~1891)가 $2^{67}-1$이 소수가 아님을 증명한 것이다.

오늘날 30여 개의 메르센 소수가 알려져 있다. 메이플을 사용하여 메르센 수를 생성하기 위해 함수 M이나 numtheory 패키지를 사용할 수 있다. i번째 메르센 소수를 찾기 위해 이중 괄호 ([i])를 사용한다.

```
> mersenne([9]);
> 2^9-1, M(9);
> M(127);
```

위에서 메르센이 소수라고 말했었던 2, 3, 5, 7, 13, 17, 19, 31, 67, 127, 257 중에서 어떤 것이 메르센 소수인지 아닌지를 알아보자.

```
> 2^^67-1, mersenne(67);
> M(89);
```

현재까지 알려진 가장 큰 소수들은 대부분 메르센 소수이다. 예를 들어서 1772년부터 거의 100년 동안 $2^{31}-1$(오일러 증명)이 가장 큰 소수였으며, 1950년대까지 루카스(E. Lucas)가 증명했던 $2^{127}-1$이 가장 큰 소수였다. 그 후 컴퓨터를 활용하여 더 많은 메르센 소수가 발견되었다. 1985년 이후로 지난 몇 년 전까지 가장 큰 소수는 $2^{216091}-1$이며, 1994년 12월 이후로 가장 큰 소수는 $2^{895433}-1$이었다.

6.3 소수 판정 정리

주어진 정수 n을 어떻게 완전히 인수분해 할 수 있는가는 매우 중요한 질문이다. 1950년대까지 그러한 과정은 상당히 피상적이며 우연에 따른 일이었다. 특별히 큰 수일 때는 거의 성공하지 못했다. 중요한 결과를 간단히 살펴보자.

[기본 알고리즘]

인수분해를 하는 전통적인 방법은 소수들 2, 3, 5, 7, 11, …로 나누어 보는 것이다. 이것을 프로그램으로 만들기는 쉽지만 알고리즘의 속도는 상당히 느릴 것이다.

다음 예제에서 홀수의 소인수를 찾는 것을 trial division으로 해보자. 그러나 이것을 명령어 ifactor을 사용하면 쉽게 할 수 있다.

```
> basic:=proc(n, limit)
> local i, s, a;
> s:=NULL; a:=n;
> for i from 3 by 2 to limit do
> if a mod i = 0 then a:=a/i; s:=s,i;
> while a mod i = 0 do a:=a/i; s:=s, i od
> fi
> od; print(s,a)
> end:

> b:=1234567890123456789:
> basic(b, 4001);
> ifactor(b, 'easy');
```

n이 100자릿수 정도의 큰 수라고하면, 기본 알고리즘을 사용하여 작은 인수들로 나누려고 한다면 대략 10^9정도까지 해보아야 한다. 그러므로 다음의 방법을 알아보자.

1) 소수판정법

정리 6.5 페르마의 작은 정리

p가 소수이며 a를 나누지 않으면 $a^{p-1} \equiv 1 \pmod{p}$이다.

이것은 오일러 정리의 특별한 경우로 서로소인 정수들 a와 m이 있을 때, $a^{\phi(m)} \equiv 1 \pmod{p}$이다. 여기서 $\phi(n)$은 오일러 함수이다.

페르마 정리는 대부분의 합성수를 걸러내는 아주 효과적인 도구가 된다. 다시 말해서 만일 $2^{n-1} \not\equiv 1 \pmod{n}$이면 n은 합성수이다.

```
> 2^(118) mod 119;
```

거듭제곱의 계산이 상당히 어려운 것처럼 보이지만, 아주 효과적이고 빠른 알고리즘도 존재한다. 메이플에서는 전통적인 거듭제곱의 연산이 아닌 더욱 효과적인 mod p과 power functions를 사용한다.

```
> 3^(2^(32)) mod (2^(32)+1);     (# 정수가 너무 크기 때문에 오류가 발생한다.)
> modp(power(3, 2^(32)), 2^(32)+1);
```

그러나 페르마 정리의 역은 성립하지 않는다. 그러므로 만일 $2^{n-1} \equiv 1 \pmod{n}$가 성립한다면 n은 여전히 합성수일 가능성이 있다. 그러한 n이 (기저 2에 대한) **유사소수**이다. 유사소수는 소수와 비교하여 발생할 빈도가 상대적으로 희박하다.

```
> pseudo:=proc(n)
> local i,s;
>  s:=NULL;
>  for i from 3 by 2 to n do
>     if not(isprime(i)) and (2^(i-1) mod i)=1 then s:=s, i
>     fi
>  od;
>  RETURN(s)
> end:
```

```
> s1:=pseudo(3001)
```

그 뿐만 아니라 3, 5, 7, ⋯ 등을 기저로 하는 더 많은 유사소수들을 찾아낼 수 있다.

```
> 3^(1386) mod 1387, 1387 = ifactor(1387);
```

그러나 아주 좋은 경우로 모든 수를 기저로 하는 유사소수도 생각할 수 있는데, 이것이 바로 **카마이클 수**(Carmichael numbers)이다. 그러나 이러한 수는 극히 드물며, 가장 작은 예로 561이 있다. 카마이클 수는 적어도 3개의 서로 다른 소인수를 갖는다. 그러므로 인수 중 하나는 $\sqrt[3]{n}$ 보다 작게 된다.

2) 강한 유사소수 판정

홀수 $n=2i+1$이며 $\gcd(a, n)=1$일 때 $a^{n-1}(\bmod n)=1$라고 가정하자. 그러면

$$n \mid a^{2i}-1=(a^i-1)(a^i+1)$$

이다. 만일 n이 소수이면 그것은 이러한 약수들 중의 꼭 하나를 나눈다. (그렇지 않으면 그 약수들의 차(difference)를 나누게 된다.) 그러므로

$$a^i(\bmod n)\equiv 1 \text{ 또는 } a^i(\bmod n)\equiv -1$$

이다. 그러나 만일 n이 소수가 아니면 n의 어떤 약수들이 a^i-1를 나눌 가능성이 많아지며 다른 것은 a^i+1를 나눈다. 따라서 나머지 $a^i(\bmod n)\not\equiv 1$를 갖는데, 이는 n이 어떠한 인수도 나누지 않기 때문이다. 이러한 방법을 $i=2j$에 대해서도 반복할 수 있어서, 결과적으로 대부분의 유사소수를 분별해낼 수 있다.

```
> n:=1387:
> 2^(1386) - 1 = (2^(693)-1)*(2^(693)+1);
> mod p(power(2, 693), n);
```

3) 밀러-라빈 판정법

1970년대 후반에 밀러(Miller)와 라빈(Rabin)에 의해 제안된 소수판정법이다.

$n = 1 + 2^k j$는 소수이며 정수 $1 < x < n$에 대해 $x^j \pmod n \not\equiv 1$이라 하자. 그러면 $x^{2^k j} \pmod n \equiv 1$이다. n이 소수이므로

$$n \mid (x^{2^{k-1} j} - 1) \text{ 또는 } n \mid (x^{2^{k-1} j} + 1)$$

이다. 즉, 법 n에 대해 $x^{2^{k-1} j}$는 1이거나 -1이다. 그러면 나머지들의 수열은

$$r_1 \equiv x^j \bmod n, \ r_2 \equiv x^{2j} \bmod n, \ r_3 \equiv x^{4j} \bmod n, \ \cdots, \ r_i \equiv x^{2^k j} \bmod n$$

이며 결국 1이 되는데, 그 바로 직전에 $n-1$이 된다. 만일 n이 합성수이면 이것은 성립하지 않는다.

그러므로 다음의 알고리즘을 만들 수 있다.

- $1 < x < n$인 임의의 x를 택한다.
- 위와 같이 나머지들의 수열을 만든다.
- 수열이 $r_{i-1} = n-1$이고 $r_i = 1$로 끝나면 이 정수는 거의 소수일 것이다.
- 만일 $r_i = 1$이고 $r_{i-1} \neq n-1$이면 이 정수는 결코 소수가 아니다.

이러한 방법으로 카마이클 수를 발견할 수 있다.

```
> n:=1729:
> ifactor(n-1);
> j:=3^3:
> seq(2^(2^i*j) mod n, i=0..6);
```

알고리즘이 그 수가 소수가 아니라고 말한다면, 그것은 분명히 사실이다. 그러나 소수라고 말한다면, 사실인지 아닌지 확실하지 않다. 라빈은 임의의 n에 대해 최대 1/4만큼의 확률로 오답이 된다고 했다. 그러므로 만일 새로운 임의의 기저 x를 선택하면서(예를 들어 20번 실행 후에), 알고리즘이 소수라고 답을 하면서 실제로 그 수가 합성수일 확률은 $(1/4)^{20}$보다 작아진다. 따라서 답이 실질적으로 사실이라고 말할 수 있다. 이 방법의 가치는 수백 자리의 큰 수에 대해서 비교적 단시간에 신뢰할 수 있는 답을 얻을 수 있다는 것이다. 메이플의 isprime 함수는 이 방법을 사용한다. 그러므로 소수인 것처럼 보이는 수라는 뜻이다.

6.4 인수분해 방법

소수판정과 비교하여 소인수분해 알고리즘은 더 많은 노력이 필요하다.

1) 폴라드 ρ(rho) 방법

폴라드(J.M. Pollard, 1941~)가 제안한 방법이다. 이것은 어떤 규칙을 따르는 것이 아니라 임의성(random nature)에 의존하기 때문에 폴라드 자신은 이것을 Monte Carlo method이라고도 불렀다. 알고리즘의 임의성에도 불구하고 성공적으로 알고리즘을 수행하면 프로그램화할 수 있다.

- x_0는 정수이며 $f(x)$는 정수계수를 갖는 다항식이라고 하자.
- 수열 $x_{i+1} \equiv f(x_i) \bmod n$을 생각하자.
- 이 수열이 random-like와 같이 되어야 할 필요가 있다.
- 이 성질은 다항식 $f(x)$의 선택에 달려 있다.

1차 다항식 $ax+b$은 $f(x)$의 선택으로 적절하지 않다고 이미 증명되었다. 그 다음의 간단한 경우는 x^2+1이다. 이 경우는 아주 훌륭한 역할을 하지만 이것이 역할을 하는 이유는 정확히 증명되지 못했다.

```
> x[0]:=2: n:=1387: s:=NULL:
> for i from 1 to 8 do x[i] := x[i-1]^2 +1; s :=s, x[i] mod n
> od:
> print(s);
```

정수 n이 진약수 d를 갖는다고 가정하자. 수열 $y_i \equiv x_i \pmod d$을 생각하자. 그러면 법 d에 대해 단지 유한 개의 잉여만이 존재하므로, 이 수열은 결과적으로 주기성이 있다. 이것을 ρ 방법이라고 부르는 이유는 어느 정도의 꼬리가 있은 후에 계속 주기적으로 순환을 하기 때문이다.

주기성에 의해, 적당한 첨자 $j \neq k$에 대해

$$y_j \equiv y_k, \ y_{j+1} \equiv y_{k+1}, \ \cdots$$

이므로,

$$x_j \equiv x_k (\mathrm{mod}\ d) \ \text{즉}\ d \mid x_j - x_k$$

이다. 그러므로 $\gcd(n, x_j - x_k)$는 n의 진약수가 된다. 여기서 d의 값을 구체적으로 알지는 못한다. 그러나 순서쌍 (j,k)를 아주 많이 택하고 $\gcd(n, x_j - x_k)$들을 계산한다면, n의 약수를 짧은 시간 내에 발견하게 될 것이다. 이와 함께 수열에 나온 어떤 항들의 최대공약수 gcd(가령 $x_j - x_k$와 n의 10개 정도의 쌍)를 계산한다면 이 알고리즘의 효율성을 더욱 높일 수 있다.

예를 들어 1387을 인수분해 하는 알고리즘을 살펴보자. 약수를 발견한 후에 y_j의 값과 ρ의 성질을 알 수 있다.

```
> l:=[s]: prod:=1:
> for i from 2 to 8 do prod:=prod*(l[i]-l[i-1]) od:
> prod, igcd(prod, n);
> for i from 1 to 8 do l[i]:=l[i] mod 19 od: l;
> ifactor(1387);
```

약수 d를 얻은 후, d와 n/d를 확인해 보자. 만일 이 숫자들이 소수가 아니라면 동일한 방법이나 기본 알고리즘을 더 사용하여 인수분해 해본다. 이 알고리즘이 정확한 답을 주었는지는 확신할 수 없다. gcd가 n이 될 수도 있는데, 이 경우에 $f(x)$의 선택은 잘못된 것으로 판단하여, 다른 다항식 $f(x) = x^2 + c$, $(c \neq 0, 1, -2)$을 선택한다. 오랜 시간 후에도 답이 없을 때는, 다른 인수분해 알고리즘을 시도하게 된다. 메이플에서는 폴라드와 함께 ifactor 명령을 해볼 수 있다.

2) 폴라드 $p-1$ 방법

폴라드가 제안한 또 다른 방법은, 정수 n은 소인수 p를 가지며 그때 $p-1$은 작은 소수들의 곱셈이라는 가정에 기초를 두고 있다. 만약 이렇게 된다면 $\gcd(a, p) = 1$인

임의의 a에 대해 방정식 $a^{p-1} \equiv 1 \pmod p$가 만족된다. 그러므로

$$p \mid \gcd(a^{p-1}-1,\ n)$$

이다. 그럼에도 불구하고 이러한 약수 p를 발견하려면 상당한 행운이 필요하다.

정수 $i = 2^{c_2} \cdot 3^{c_3} \cdot 5^{c_5} \cdot \cdots \cdot k^{c_k}$의 인수분해라고 하자. 여기서 밑수들은 처음 몇 개의 소수들이며 지수들은 작은 양의 정수들이다. 그 후에 $\gcd(a^i - 1, n) = d$를 계산하자.

다음의 몇 가지 경우로 나누어 생각할 수 있다.

- 만일 $n > d > 1$라면 n의 진약수 d와 n/d를 발견하게 된다.
- 만일 $d = 1$이면 더 큰 수 i를 선택해야 한다.
- 만일 $d = n$이면 다른 기저 a가 필요하다.

이것이 폴라드 $p-1$ 방법인데, 상당히 빠른 속도로 진약수를 찾을 수 있으나 이 방법이 작용하지 않는 많은 예도 있다. 기본 알고리즘에 폴라드 방법을 함께 사용함으로써 대부분의 경우에 30 ~ 40자릿수(종종 50자릿수)를 인수분해 할 수 있다.

```
> n:=973: i:=2^*3^*5*7:
> igcd(2^i -1, n);
> ifactor(n);
```

3) 체 알고리즘

페르마의 원래의 개념을 발전시켜 체 알고리즘(sieving algorithms)을 얻을 수 있다. 이러한 방법이 처음 만들어질 때는 50자릿수 이상에서는 그다지 좋은 발전이 이루어지지 않았다. 그러나 1980년대 초기에 이차 체(quadratic sieve)가 발견되었으며, 몇 년 후에 더 훌륭한 발전이 있었는데 여기에 크게 공헌한 사람이 포머런스(C. Pomerance, 1944~)이다. 큰 수를 인수분해 하는 가장 좋은 방법 중의 하나라고 인정되고 있다.

4) 타원곡선 방법

타원곡선 이론을 이용하는 인수분해 알고리즘으로 렌스트라(H. Lenstra, 1949~)에 의해 제안되었다. 타원곡선 이론을 먼저 배워야 하지만, 기본 아이디어는 폴라드

$p-1$ 방법과 유사하다.

간단한 형태의 타원곡선 $y^2 = x^3 + bx + c$를 선택한다. 폴라드 $p-1$ 알고리즘과 유사하게 하나의 수 p를 선택한다. 타원곡선 위에서 p에 의해 생성된 점들로 구성된 유한군을 만들고 최대공약수 gcd를 계산한다. 그러나 폴라드 방법과 비교할 때, 만일 gcd가 1이면 다른 타원곡선을 선택할 수 있는 가능성을 갖는다. 서로 다른 타원곡선 위에서 동일한 p에 의해 생성되는 이러한 군들 사이의 중요한 차이 때문에, 진약수를 발견할 수 있는 상당히 좋은 가능성을 갖게 된다. 메이플 프로그램에서 'lenstra' 패키지에서 ifactor 함수를 이 방법에 적용할 수 있다.

〈암호이야기〉

큰 수의 인수분해는 거의 필요 없거나 혹은 단지 이론적으로만 흥미로운 일이라고 여겨 왔다. 그러나 이 분야의 실제적 응용은 1970년대에 공개키 암호시스템으로 인해 중요한 주제로 부각되었다. 암호화된 메시지와 키는 공개되지만, 제3자는 메시지를 읽을 수 없는데, 메시지를 읽기 위해서는 아주 큰 수의 인수분해가 필요하기 때문이다. 가령 250자릿수 키로 만든 암호문을 제3자가 읽으려면 슈퍼컴퓨터나 알고리즘을 사용한다고 하더라도 엄청난 시간이 소요된다.

6.5 소수성 판정법

합성수가 있다고 하더라고 그것을 정확히 인수분해 하는 일은 가장 좋다고 알려진 방법인 Miller-Rabin 판정법을 사용하더라도 결코 쉬운 일이 아니다. 비교적 쉽게 프로그램화할 수 있는 효과적인 방법을 알아보자.

정의 6.3

$g^{p-1} \pmod{p} \equiv 1$이며 $g^k \pmod{p} \not\equiv 1$ $(1 \le k < p-1)$인 정수 g를 법 p에 대한 원시근이라고 부른다.

정리 6.6

만일 법 p에 대한 원시근이 존재한다면 p는 소수이다.

증명 임의의 $1 \le k < p-1$에 대해 $g^k \pmod p$가 모두 다른 값들이므로 $1, 2, \cdots, n-1$를 모두 생성하게 된다.
다시 말해서 p는 진약수를 가질 수 없으므로 p는 소수이다. ■

정리 6.7

법 p에 대한 원시근의 개수는 $\phi(p-1)$이다. 여기서 ϕ는 오일러 함수이다.

그러므로 원시근을 찾는 일은 비교적 쉽게 할 수 있다. 예를 들어서 2는 법 11에 대한 원시근이다.

```
> seq(2^i mod 11, i=1..10);
```

$x^{n-1} \pmod n \equiv 1$이 되는 x를 발견했다고 가정하자. 그러면 x의 위수는 $n-1$의 약수이다. 만일 위수가 정확히 $n-1$이라면 n은 소수이다. 그러므로 지수를 살펴보아야 하는데, 그것들은 $n-1$의 소인수들이 되므로 지수들은 $(n-1)/p$의 형태가 될 것이다. 따라서 다음의 두 경우를 확인함으로써 소수의 정확한 성질을 증명할 수 있는 좋은 방법을 볼 수 있다.

① $x^{n-1} \pmod n \equiv 1$이다.

② $n-1$의 모든 소인수 p에 대해 $x^{(n-1)/p} \pmod n \not\equiv 1$이다.

n의 소수성을 증명하기 위해, $n-1$을 완전히 인수분해 하면 된다. 그러나 n이 아주 큰 수라면 $n-1$을 인수분해 하는 것은 거의 불가능하다. 다시 말해서 $n-1$이나 $n+1$의 부분 인수분해만을 사용하여 문제를 해결할 수 있다.

①일 때, $n = d_1 d_2 + 1 \ (0 < d_2 \le d_1 + 1)$라고 하자. d_1의 모든 소인수 p에 대해 만일

$$x^{n-1} \pmod n \equiv \gcd(x^{(n-1)/p} - 1,\ n) \equiv 1$$

을 만족하는 x가 존재한다면, n은 소수이다(Pocklington, 1914). 이 성질을 사용하여 큰 수의 소수성을 증명할 것이다.

페르마 수나 메르센 수처럼 아주 특정한 형태의 수가 소수인지 아닌지를 알 수 있는 소수판정법도 있다. 이러한 방법들은 $n-1$이나 $n+1$의 인수분해로부터 출발한다. 다음의 테스트는 메르센 수에 대한 소수판정법으로써 루카스(Lucas)와 레머(D. Lehmer, 1905~1991)에 의해 연구되었다.

정리 6.8

p는 홀수인 소수일 때, 수열 $\{L_i\}$을 다음과 같이 생성한다.

$$L_0 = 4, \qquad L_{i+1} = (L_i^2 - 2) \bmod (2^p - 1) \qquad (i > 0)$$

그러면 $2^p - 1$이 소수일 동치조건은 $L_{p-2} = 0$이다.

이 방법으로 아주 큰 메르센 수의 소수성을 증명할 수 있다. 예를 들어서 13번째 메르센 수를 생각해보자.

```
> L:=4: l:=4: m:=13:
> for i from 1 to m-2 do
> L:=(L*L - 2) mod (2^m -1): l:=l, L
> od: l;
```

6.6 메이플의 기본 명령어들

1. 일반 명령어와 상황	
f(a)	값 a에서 함수 f를 계산함. 예) sin(Pi)
;	모든 명령은 세미콜론 ;으로 끝냄
:	명령은 수행하지만 결과는 표시하지 않음
%	전 단계의 출력과 동일한 것
a := 표현;	a를 어떤 것으로 대응시킴
a^n; sqrt(a);	a의 n 거듭제곱, a의 제곱근
evalf(expression; n);	n자릿수까지 정확히 계산함
evalb(a = b);	a=b인지의 논리 비교(T/F)
a[n];	a의 n번째 원소
plot(expression, x=a..b);	a와 b 사이의 x에 대한 표현의 2차원
plot3d(expr, x=a..b; y =c..d);	$a \le x \le b$, $c \le y \le d$에 대해 3차원 그래프
f := x-> expr	1변수 함수 f(x)의 정의
f :=[x, y, ...]-> expr	다변수함수 f(x, y, …)의 정의
2. 기본적인 정수 이론	
iquo(a,b); or floor(a/b);	분수 a/b의 정수부분
irem(a,b); or modp(a,b);	분수 a/b의 나머지
frac(x);	x의 fractional 부분
igcd(a,b); igcdex(a,b,'x','y');	a,b의 gcd, 확장된 gcd
x; y;	확장된 gcd에서 x, y의 값을 찾음
ithprime(n);	n번째 소수
isprime(n);	n이 소수인지 아닌지 판정(T/F)
ifactor(n);	n을 소인수분해
a&^n mod m; 또는 Power(a, n) modm;	a^n mod m을 효과적으로 계산
3. 집합의 기본 구조	
s := {1,2,3,4,5};	집합 s를 정의함. 원소의 순서에 상관없음
a := [1,2,3,4,5];	리스트 a를 정의함. 원소의 순서를 정함
s :={seq(f, i=1..5)};	f(1),…,f(5)를 포함하는 집합 s를 만듦
a :=[seq(f, i=1..5)];	f(1),…,f(5)를 포함하는 리스트 a를 만듦
nops(a);	리스트 a에 속한 원소의 개수
a[i]	리스트 a의 i번째 원소

4. 집합과 리스트의 연산	
s := convert(a, set);	리스트를 집합으로 바꿈
a := convert(s, list);	집합을 리스트로 바꿈
s union t; s intersect t; s minus t	집합 s와 t의 합집합. 교집합, 차집합
[op(a), op(b), …]	리스트 a와 리스트 b를 함께 나타냄
a := [e, op(a)];	리스트 a의 시작부분에 원소 e를 더함
a := [op(a), e];	리스트 a의 끝부분에 원소 e를 더함
a := subsop(i = e, a);	리스트 a의 i번째 원소를 e로 바꿈
a := subsop(i = NULL, a);	리스트 a의 i번째 원소를 없앰
[a[1.. n−1], e, a[n.. nops(a)]];	리스트 a의 n번째 위치에 e를 끼어 넣음
sort(a);	리스트 a의 원소들을 sort함(기본 순서대로)
map(f, a);	함수 f를 리스트 a의 각 원소로 대응함
5. 문자 스트링	
str := "This is a string";	문자 스트링을 정의함
length(str);	스트링에 속한 문자의 개수
substring(str; m::n);	스트링 str로부터 부분 스트링을 없앰 m번째 문자로부터 시작하여 n번째 문자로 끝냄
[seq(substring(str, k..k) k=1..length(str)]	스트링에 속한 문자의 리스트를 만듦
searchtext(st, str)	스트링 str에서 st가 나타나는 위치를 검색
s1.s2... or cat(s1, s2, …)	스트링 s1과 s2를 함께 나타냄
convert(expr, string);	expression을 스트링으로 바꿈
type(str, string)	str이 스트링인지 아닌지 판정(T/F)
6. 부울 표현(Boolean expressions)	
b := true b := false	변수 b에 T/F 값을 지정함
= <>; <; <= >; >=	등호, 부등호, 부울대수 표현을 함
and, or, not	논리 연산
evalb(bool)	부울 대수표현 bool을 계산함(T/F)
type(b, boolean)	b가 부울 대수표현인지 검사함
7. 루프(Looping control)	
for i to m do; expr; od;	i를 1부터 m까지 1씩 증가시켜 expr을 반복 계산
for i from n to m by s do; expr; od;	i를 n부터 m까지 s씩 증가시켜 expr을 반복 계산
while test do; expr; od;	expr이 False가 될 때까지 계산함
for i from n to m by s while test do; expr; od;	i를 n부터 m까지 s씩 증가시켜 검사함
RETURN(expr)	expression의 값을 출력

8. Polynomials	
f:= x^n +a1 x^(n−1) +...:	다항식을 정의
type(f, polynom(integer, x))	f가 정수 다항식인지 확인
degree(f, x)	미지수 x에 관한 f의 차수
coeff(f, x, n)	f에서 x^n의 계수
coeffs(f, x)	$f(x)$의 계수들의 리스트
lcoeff(f, x)	$f(x)$의 선도 계수
tcoeff(f, x)	$f(x)$의 상수항
collect(f, x)	f에서 x의 동일한 멱을 갖는 모든 계수들을 모음
expand(expr)	전개
sort(f)	낮은 차순으로 나열
subs(x = a, f)	x=a에서 $f(x)$를 계산
Eval(f, x = a) mod p;	x=a에서 법 p에 의해 $f(x)$를 계산
f mod n;	f의 계수를 법 n으로 계산
quo(f, g, x); rem(f, g, x);	f를 g로 나눈 몫과 나머지
gcd(f, g, x)	f(x)와 g(x)의 gcd
gcd(f, g, x, 's', 't')	알고리즘으로 f*s+g*t =gcd(f,g)가 되는 s와 t
factor(f)	f를 기약다항식으로 인수분해
Factor(f) mod p	법 p에 의해 f를 인수분해
roots(f)	f의 유리수 근
interp(x, y, t)	라그랑주(Lagrange) Interpolation polynomial

7장 정수방정식 풀이

암호시스템을 만들거나 암호를 해독할 때 정수방정식을 푸는 일은 매우 중요하다. 앞으로 배우게 될 라빈 암호나 루카스 암호는 물론 배낭 암호 등 거의 대부분 암호시스템에 방정식을 풀어야 하는 과정이 있다. 이 장에서는 암호에 필요한 정수방정식 풀이에 관한 내용을 간단히 알아보자. 자세한 내용은 정수론 교재를 참고하면 된다.

7.1 일차방정식

정리 7.1

방정식 $ax+by=c$ ($a \neq 0$ 또는 $b \neq 0$)에 대해 $\gcd(a,b)=d$라고 하자.

(1) 방정식이 근을 갖기 위한 동치조건은 $d \mid c$이다.

(2) 만일 (x_0, y_0)를 하나의 정수해라고 하면, 모든 정수해 (x', y')는 다음과 같다.

$$x' = x_0 + \frac{b}{d}t\ , \quad y' = y_0 - \frac{a}{d}t \qquad (t \in \mathbb{Z})$$

n개의 미지수를 갖는 방정식 m개의 연립방정식 계로 확장될 수 있다.

예제 7.4

$2x+3y+4z=5$의 정수해를 구하여라.

7.2 합동방정식

x에 관한 일차합동식은 $ax \equiv b \pmod{m}$, $a \not\equiv 0 \pmod{m}$의 형태로 나타내어진다.

예제 7.5

① $3x \equiv 2 \pmod{7}$을 풀어라. ② $3x \equiv 2 \pmod{6}$을 풀어라.

풀이 ① $3^{-1} = 5 \pmod{7}$이므로, 양변에 $5 \pmod{7}$을 곱하면 $x \equiv 10 \pmod{7}$이다. 즉 $x \equiv 10 \equiv 3 \pmod{7}$이다. 그런데 ②에서는 $3^{-1} \pmod{6}$이 존재하지 않으며, 근도 없다.

정리 7.4

$\gcd(a, m)=1$일 때 일차합동식 $ax \equiv b \pmod{m}$은 단 하나의 해를 가진다.

증명 $\gcd(a, m)=1$이므로 $as+mt=1$인 정수 s, t가 존재한다. 이 식을 법 m으로 표현하면 $as \equiv 1 \pmod{m}$으로 $a^{-1} \equiv s \pmod{m}$이다. 따라서 주어진 방정식 $ax \equiv b \pmod{m}$의 양변에 s를 곱하면 $x \equiv a^{-1}b \equiv sb \pmod{m}$이다. ■

예제 7.6

일차합동식 $7x \equiv 9 \pmod{23}$의 해를 구하라.

풀이 $\gcd(7,\ 23) = 1$이므로 한 개의 해를 가진다. 실제로 $70x \equiv 90 \pmod{23}$이며

$$[(23 \cdot 3) + 1]x \equiv [(23 \cdot 3) + 21] \pmod{23}$$

이므로, $x \equiv 21 \pmod{23}$이다.

정리 7.5

일차합동식 $ax \equiv b \pmod{m}$, $a \not\equiv 0 \pmod{m}$에서 $d = \gcd(a, m)$라 하자.

(1) 합동식 $ax \equiv b \pmod{m}$이 해를 가질 필요충분조건은 $d \mid b$이다.

(2) $d \mid b$일 때 $x \equiv x_0 \pmod{m}$이 하나의 해라면 모두 d개의 해를 가진다.

$$x \equiv x_0 + \frac{m}{d}t \pmod{m},\ (0 \le t \le d-1)$$

즉 $x_0,\ x_0 + \dfrac{m}{d},\ \cdots,\ x_0 + \dfrac{(d-1)m}{d}$은 서로 다른 근들이다.

(3) 특별히 $\gcd(a,\ m) = 1$이면, $ax \equiv b \pmod{m}$는 유일한 근을 갖는다.

예제 7.7

일차합동식 $9x \equiv 21 \pmod{30}$의 해를 구하여라.

풀이 $\gcd(9,\ 30) = 3$이며 $3 \mid 21$이므로 세 개의 해를 가진다. 양변을 3으로 나누면 $3x \equiv 7 \pmod{10}$이 된다. $\gcd(3,\ 10) = 1$이므로 $3^{-1} \equiv 7 \pmod{10}$을 양변에 곱하면

$$3x \equiv 7 \pmod{10},\ (3 \cdot 7)x \equiv 7 \cdot 7 \pmod{10},\ x \equiv 9 \pmod{10}$$

따라서

$$x \equiv 9 + \frac{30}{3}t \pmod{30}, \quad t = 0,\ 1,\ 2$$

즉, $x \equiv 9 \pmod{30}$, $x \equiv 19 \pmod{30}$, $x \equiv 29 \pmod{30}$이 세 근이다.

정리 7.6 중국인의 나머지 정리

$m_1, m_2, \cdots, m_r\ (r \geq 2)$이 쌍마다 서로소일 때, 임의의 정수 $a_1, a_2, \cdots, a_r$에 대하여 연립 일차합동식

$$\begin{cases} x \equiv a_1 & (\text{mod } m_1) \\ x \equiv a_2 & (\text{mod } m_2) \\ \quad\vdots & \\ x \equiv a_r & (\text{mod } m_r) \end{cases}$$

은 법 $m_1 m_2 \cdots m_r$에 관하여 꼭 한 개의 해를 가진다.

쉽게 이해하기 위해 합동식 3개로 만들어진 연립방정식을 생각해보자.

정리 7.7

임의의 정수 a_1, a_2, a_3이며 $\gcd(n_i, n_j) = 1\ (1 \leq i \neq j \leq 3)$일 때, 연립합동식

$$\begin{cases} x \equiv a_1 & (\text{mod } n_1) \\ x \equiv a_2 & (\text{mod } n_2) \\ x \equiv a_3 & (\text{mod } n_3) \end{cases}$$

은 법 $n_1n_2n_3$에 대해 다음과 같이 단 하나의 해를 갖는다.

$$a_1(n_2n_3)((n_2n_3)^{-1}\text{mod } n_1) + a_2(n_1n_3)((n_1n_3)^{-1}\text{mod } n_2) + a_3(n_1n_2)((n_1n_2)^{-1}\text{mod } n_3)$$
$$(\text{mod}(n_1n_2n_3))$$

예제 7.8

다음 일차 연립합동식의 해를 구하여라.

$$x \equiv 2(\text{mod } 3),\ x \equiv 3\ (\text{mod } 5),\ x \equiv 2\ (\text{mod } 7)$$

풀이 근은 법 $3 \cdot 5 \cdot 7 = 105$에 대해
$2(5)(7)(5 \cdot 7)^{-1}\text{mod } 3 + 3(3)(7)(3 \cdot 7)^{-1}\text{mod } 5 + 2(3)(5)(3 \cdot 5)^{-1}\text{mod } 7$이다.
$(5 \cdot 7)^{-1}\text{mod } 3 \equiv 2$, $(3 \cdot 7)^{-1}\text{mod } 5 \equiv 1$, $(3 \cdot 5)^{-1}\text{mod } 7 \equiv 1$이므로, 연립방정식의 근은 $2 \cdot 35 \cdot 2 + 3 \cdot 21 \cdot 1 + 2 \cdot 15 \cdot 1 = 233 \equiv 23\ (\text{mod } 105)$이다.

예제 7.9

$17x \equiv 9 \pmod{276}$의 근을 구하라.

예제 7.10

연립합동식 $8x \equiv 4 \pmod{14}$, $5x \equiv 3 \pmod{11}$을 법 154에 대해 풀어라.

한편 미지수 n개인 일차 연립합동식을 풀기 위해, 선형행렬방정식 $AX = B$를 만든다.

예제 7.11

다음의 연립방정식을 풀어라.

$$\begin{cases} 2x_1 + 5x_2 + 6x_3 \equiv 3 \pmod{7} \\ 2x_1 \qquad\quad + x_3 \equiv 4 \pmod{7} \\ x_1 \ + 2x_2 + 3x_3 \equiv 1 \pmod{7} \end{cases}$$

풀이 행렬방정식 $AX = B$으로 표현하자.

$$\begin{bmatrix} 2 & 5 & 6 \\ 2 & 0 & 1 \\ 1 & 2 & 3 \end{bmatrix} \begin{bmatrix} x_1 \\ x_2 \\ x_3 \end{bmatrix} \equiv \begin{bmatrix} 3 \\ 4 \\ 1 \end{bmatrix} \pmod{7}$$

$\det A = -5$, $\gcd(-5,7) = 1$이므로, 법 7에 대해 $(\det A)^{-1} \equiv 4 \pmod{7}$이다. 따라서

$$A^{-1} = 4(\operatorname{adj} A) = 4\begin{bmatrix} -2 & -3 & 5 \\ -5 & 0 & 10 \\ 4 & 1 & -10 \end{bmatrix} = \begin{bmatrix} -8 & -12 & 20 \\ -20 & 0 & 40 \\ 16 & 4 & -40 \end{bmatrix} = \begin{bmatrix} 6 & 2 & 6 \\ 1 & 0 & 5 \\ 2 & 4 & 2 \end{bmatrix}$$

가 되어서, 근은 $X = \begin{bmatrix} x_1 \\ x_2 \\ x_3 \end{bmatrix} = \begin{bmatrix} 6 & 2 & 6 \\ 1 & 0 & 5 \\ 2 & 4 & 2 \end{bmatrix} \begin{bmatrix} 3 \\ 4 \\ 1 \end{bmatrix} = \begin{bmatrix} 32 \\ 8 \\ 24 \end{bmatrix} \equiv \begin{bmatrix} 4 \\ 1 \\ 3 \end{bmatrix} \pmod{7}$이다.

7.3 이차 합동방정식

정수 계수 다항식 $f(x) \equiv a_n x^n + \cdots + a_1 x + a_0 \equiv 0 \pmod{m}$을 x에 관한 **n차 합동식**이라고 한다. 암호는 보통 이차 합동방정식(quadratic congruence equation)의 풀이에 기반을 두고 있다.

예제 7.12

이차 합동방정식 $5x^2 - 6x + 2 \equiv 0 \pmod{13}$의 정수근을 구하라.

풀이 법 13에 대해 $5^{-1} \pmod{13} \equiv 8$이므로 양변에 $8 \pmod{13}$을 곱한다.

$$x^2 - 48x + 16 \equiv 0\ ;\ x^2 - 9x + 3 \equiv 0,\ \text{즉}\ x^2 + 4x + 3 \equiv 0$$

완전제곱의 형태로 고치면 $(x+2)^2 \equiv 1 \pmod{13}$이 되어서

$$x \equiv -1 \equiv 12 \pmod{13}\text{과 } x \equiv -3 \equiv 10 \pmod{13}$$

의 두 개의 근을 갖는다.

예제 7.13

이차 합동방정식 $3x^2 + 7x + 5 \equiv 0 \pmod{13}$의 정수근을 찾아라.

1) 방정식 근의 존재

주어진 이차 합동방정식의 근은 존재할 수도 있고 그렇지 않을 수도 있다.

정리 7.8

소수 $p > 2$이며 $\gcd(a, p) = 1$이다. 이차 합동방정식 $ax^2 + bx + c \equiv 0 \pmod{p}$은 항상 $X^2 \equiv r \pmod{p}$의 형태로 변형된다.

증명 이차 합동방정식 $ax^2+bx+c\equiv 0 \pmod p$를 완전제곱의 형태로 바꾸기 위해 양변에 $4a$를 곱하면 $4a(ax^2+bx+c)\equiv 0$이 된다. 그러면

$$(2ax+b)^2-(b^2-4ac)\equiv 0 \text{ 즉, } (2ax+b)^2\equiv(b^2-4ac)$$

이다. 이제 $2ax+b=X$이며 $b^2-4ac=r$이라고 치환하면

$$X^2\equiv r \pmod p$$

의 형태로 표현된다. ■

이러한 방법으로 예제 7.12에서 나온 방정식을 다시 풀어보자.

예제 7.14

이차 합동방정식 $5x^2-6x+2\equiv 0 \pmod{13}$의 정수근을 찾아라.

풀이 $(2\cdot 5x-6)^2-(6^2-4\cdot 5\cdot 2)\equiv 0$,

즉 $(10x-6)^2\equiv -4\equiv 9 \pmod{13}$이므로 $10x-3\equiv X \pmod{13}$으로 치환하면

$$X^2\equiv 9 \pmod{13}$$

가 되어서 $X=3$ 또는 -3이다. 그러므로

만약 $10x-6=3$이면 $10x=9 \Rightarrow -3x=9 \Rightarrow x=-3=10$이며,

만약 $10x-6=-3$이면 $10x=3 \Rightarrow -3x=3 \Rightarrow x=-1=12$이다.

이제부터 $x^2\equiv a \pmod p$ $(p>2)$를 푸는 방법을 알아보자. 만약 a가 완전제곱의 수이면 $x^2\equiv a \pmod p$을 쉽게 풀 수 있지만, 그렇지 않은 경우는 쉽지 않다. 1, 4, 9, 16, ⋯는 완전제곱수이다. 그런데 6은 완전제곱수처럼 보이지는 않지만, $4^2\equiv 6 \pmod{10}$이므로 법 10에 대해 완전제곱수이다. 또한 5도 완전제곱수처럼 보이지는 않지만 $4^2\equiv 5 \pmod{11}$이므로 법 11에 대해 완전제곱수이다.

정리 7.9 오일러의 판정법(Euler's criterion)

소수 $p>2$이며 $\gcd(a, p)=1$이다. 그러면 다음이 성립한다.

이차합동식 $x^2 \equiv a \pmod p$이 근을 갖는다 $\Leftrightarrow$ $a^{\frac{p-1}{2}} \equiv 1 \pmod p$이다.

이차합동식 $x^2 \equiv a \pmod p$이 근을 갖지 않는다 $\Leftrightarrow$ $a^{\frac{p-1}{2}} \equiv -1 \pmod p$이다.

증명 ($\Rightarrow$) x_1을 $x^2 \equiv a \pmod p$는 근이라고 하자. 그러면 $x_1^2 \equiv a \pmod p$이며, 페르마의 정리에 의해 $a^{\frac{p-1}{2}} \equiv x_1^{2\frac{p-1}{2}} = x_1^{p-1} \equiv 1 \pmod p$이다.

($\Leftarrow$) 반대 방향의 증명은 생략하고, 정수론 교재를 참고하자. ■

정리 7.10

소수 $p>2$일 때, $x^2 \equiv a \pmod p$이 근을 갖는다면 $x^2 \equiv a \pmod p$는 두 개의 해 $x \equiv x_0 \pmod p$과 $x \equiv -x_0 \pmod p$을 갖는다.

예제 7.15

이차합동식 $x^2 \equiv 6 \pmod{11}$의 해의 존재성을 판단하라.

풀이 $6^{\frac{11-1}{2}} \equiv 6^5 \equiv 6^2 6^2 6 \equiv 3 \cdot 3 \cdot 6 \equiv -1 \pmod{11}$ 이므로 $x^2 \equiv 6 \pmod{11}$를 만족하는 해가 존재하지 않는다.

합동식의 근의 존재 여부를 오일러의 판정법으로 쉽게 분별할 수 있다. 그러나 소수 $p>2$를 법으로 하는 합동식 $x^2 \equiv a \pmod p$에서 p의 값이 큰 경우에는 $a^{\frac{p-1}{2}} \pmod p$의 계산이 복잡해져서 오일러의 판정법이 그다지 유용하지 못하다.

예제 7.16

$a=51$, $p=73$라고 하자. $51^{36} \pmod{73}$을 어떻게 계산할 수 있을까?

참고 51^2, 51^3, … 를 차례로 계산하여 51^{36}까지 만들기에는 많은 시간이 걸린다. 그러나 빠른 지수법(fast exponentian method)으로 쉽게 해결할 수 있다. 오일러의 판정법이 갖는 실제적인 어려움은 르장드르 기호 (a/p)를 사용하여 해결할 수 있다.

2) 르장드르 기호

정의 7.1

$p>2$인 소수와 $\gcd(a, p)=1$이다. 르장드르 기호 $\left(\frac{a}{p}\right)$는 다음과 같다.

$$\left(\frac{a}{p}\right)=\begin{cases} 1 & (\text{만일 } x^2\equiv a \pmod p)\text{가 근을 가질 때}) \\ -1 & (\text{만일 } x^2\equiv a \pmod p)\text{가 근을 갖지 않을 때}) \end{cases}$$

오일러의 판정법과 더불어 다음과 같은 관계를 알 수 있다.

정리 7.11

$p>2$인 소수와 $\gcd(a, p)=1$인 정수 a에 대해 방정식 $x^2\equiv a \pmod p$은

(1) 근이 있다 $\Leftrightarrow a^{\frac{p-1}{2}}\equiv 1 \pmod p \Leftrightarrow (a/p)=1$

(2) 근이 없다 $\Leftrightarrow a^{\frac{p-1}{2}}\equiv -1 \pmod p \Leftrightarrow (a/p)=-1$

그러므로 $\left(\frac{a}{p}\right)=1$이면 이차합동식 $x^2\equiv a \pmod p$는 두 개의 해를 가지며, $\left(\frac{a}{p}\right)=-1$이면 이차합동식 $x^2\equiv a \pmod p$의 해는 없다. $x^2\equiv a \pmod p$의 근의 존재성에 대한 오일러의 판정법은 르장드르 기호(Legendre symbol)를 사용하여 다음과 같이 쓸 수 있다.

정리 7.12

소수 $p>2$와 $\gcd(p, a)=1$인 정수 a에 대하여 $\left(\frac{a}{p}\right)\equiv a^{\frac{p-1}{2}} \pmod p$이다.

증명 $\left(\frac{a}{p}\right)=\pm 1$이다. $\left(\frac{a}{p}\right)=1$이면 $x^2 \equiv a \pmod p$가 근을 갖는다. 오일러의 판정에 의해 $a^{\frac{p-1}{2}} \equiv 1 \pmod p$이며, 따라서 $\left(\frac{a}{p}\right)=1 \equiv a^{\frac{p-1}{2}} \pmod p$이다. 유사하게 $\left(\frac{a}{p}\right)=-1$일 때 $\left(\frac{a}{p}\right)=-1 \equiv a^{\frac{p-1}{2}} \pmod p$이다. ■

르장드르(A.M. Legendre, 1752~1833)는 프랑스의 수학자로서 타원적분 · 오일러 적분 등의 적분학과 유클리드기하학의 기초 및 최소제곱법, 측지학 등에 걸쳐 많은 업적을 남겼다.

정리 7.13 르장드르 기호의 기본 성질

소수 $p>2$이고 a, b가 p와 서로소인 정수일 때 다음을 만족한다.

(1) $a \equiv b \pmod p$이면 $\left(\frac{a}{p}\right)=\left(\frac{b}{p}\right)$이다.
(2) $\left(\frac{ab}{p}\right)=\left(\frac{a}{p}\right)\left(\frac{b}{p}\right)$

(3) $\left(\frac{1}{p}\right)=1$
(4) $\left(\frac{a^2}{p}\right)=1$
(5) $\left(\frac{a^2 b}{p}\right)=\left(\frac{b}{p}\right)$

정리 7.14

소수 $p>2$일 때 다음이 성립한다.

(1) $\left(\frac{-1}{p}\right)=(-1)^{\frac{p-1}{2}}$

(2) $p \equiv 1 \pmod 4$일 필요충분조건은 $\left(\frac{-1}{p}\right)=1$이다.

$p \equiv -1 \pmod 4$일 필요충분조건은 $\left(\frac{-1}{p}\right)=-1$이다.

예제 7.17

① $\left(\frac{30}{13}\right)=\left(\frac{4}{13}\right)=\left(\frac{2^2}{13}\right)=1$
② $\left(\frac{12}{13}\right)=\left(\frac{-1}{13}\right)=(-1)^{\frac{13-1}{2}}=1$

②에서 $\left(\frac{12}{13}\right)$는 다음과 같이 계산할 수도 있다. $\left(\frac{12}{13}\right)=\left(\frac{25}{13}\right)=\left(\frac{5^2}{13}\right)=1$

또한 $13 \equiv 1 \pmod 4$이므로 $\left(\frac{-1}{13}\right)=1$이다.

예제 7.18

$x^2 \equiv -38 \pmod{13}$는 근을 갖는지 그렇지 않은지를 판단하라.

예제 7.19

$x^2 \equiv -46 \pmod{17}$를 풀어라.

르장드르 기호에 관한 다음의 질문을 생각해보자.

① $x^2 \equiv 1951 \pmod{1949}$는 근을 갖는가, 즉 $(1951/1949)$의 값은 무엇인가?

② $x^2 \equiv 1949 \pmod{1951}$는 근을 갖는가, 즉 $(1949/1951)$의 값은 무엇인가?

서로 다른 홀수 소수 p, q에 대해 르장드르 기호 (p/q)와 (q/p)는 어떤 관계가 있을까? 가우스의 이차상반법칙(Reciprocity law)은 이와 관련된 내용이다.

3) 이차방정식의 상반법칙

1783년 오일러가 처음 제기한 이후 르장드르가 오늘날 상반법칙으로 알려진 정리로 재구성하여 증명하였다. 상반법칙은 정수론에서 가장 아름다운 정리 가운데 하나이다.

정리 7.15 가우스의 이차상반법칙(Gauss's quadratic reciprocity, 1795)

소수 $p \neq q > 2$일 때, $\left(\frac{p}{q}\right)\left(\frac{q}{p}\right) = (-1)^{\frac{p-1}{2} \cdot \frac{q-1}{2}}$, 즉 $\left(\frac{q}{p}\right) = (-1)^{\frac{p-1}{2}\frac{q-1}{2}}\left(\frac{p}{q}\right)$ 이다.

가우스는 그 후에 다섯 가지 다른 방법으로 이것을 증명하려고 하면서, 스스로 'the gem of higher arithmetic'라고 불렀다. 다른 증명 역시 복잡하기는 하지만, 그 내재된 아이디어는 무척 간단하다.

예제 7.20

이차합동식 $x^2 \equiv 13 \pmod{19}$의 해의 존재성을 판단하라.

풀이

$$\left(\frac{13}{19}\right) = (-1)^{\frac{13-1}{2}\frac{19-1}{2}}\left(\frac{19}{13}\right) = \left(\frac{19}{13}\right) = \left(\frac{6}{13}\right)$$
$$= \left(\frac{2}{13}\right)\left(\frac{3}{13}\right) = (-1)^{\frac{13^2-1}{8}}(1) = -1$$

이므로 이차합동식 $x^2 \equiv 13 \pmod{19}$는 해를 갖지 않는다.

참고 $\left(\frac{3}{13}\right) \equiv 3^{\frac{13-1}{2}} \equiv 1 \pmod{13}$이다.

정리 7.16

소수 $p > 2$에 대해 다음이 성립한다.

(1) $\left(\frac{2}{p}\right) = 1 \Leftrightarrow p \equiv 1 \pmod 8$ 또는 $p \equiv -1 \pmod 8$

(2) $\left(\frac{2}{p}\right) = -1 \Leftrightarrow p \equiv 3 \pmod 8$ 또는 $p \equiv -3 \pmod 8$

예제 7.21

이차합동식 $x^2 \equiv -42 \pmod{61}$의 해의 존재성에 대해 판단하여라.

풀이 $\left(\frac{-42}{61}\right) = \left(\frac{-1}{61}\right)\left(\frac{2}{61}\right)\left(\frac{3}{61}\right)\left(\frac{7}{61}\right)$인데,

$\left(\frac{-1}{61}\right) = (-1)^{\frac{60}{2}} = 1$, $\left(\frac{2}{61}\right) = (-1)^{\frac{61^2-1}{8}} = -1$,

$\left(\frac{3}{61}\right) = (-1)^{\frac{60}{2}\cdot\frac{2}{2}}\left(\frac{61}{3}\right) = \left(\frac{61}{3}\right) = \left(\frac{1}{3}\right) = 1$,

$\left(\frac{7}{61}\right) = (-1)^{\frac{60}{2}\cdot\frac{6}{2}}\left(\frac{61}{7}\right) = \left(\frac{5}{7}\right) = (-1)^{\frac{6}{2}\cdot\frac{4}{2}}\left(\frac{7}{5}\right) = \left(\frac{2}{5}\right) = (-1)^{\frac{24}{8}} = -1$이므로

$\left(\frac{-42}{61}\right) = \left(\frac{-1}{61}\right)\left(\frac{2}{61}\right)\left(\frac{3}{61}\right)\left(\frac{7}{61}\right) = (1)(-1)(1)(-1) = 1$이다.

따라서 근을 갖는다.

참고 한편 $\left(\frac{-42}{61}\right)=\left(\frac{19}{61}\right)=(-1)^{\frac{60}{2}\cdot\frac{18}{2}}\left(\frac{61}{19}\right)=\left(\frac{4}{19}\right)=1$처럼 계산할 수 있다.
따라서 이차합동식 $x^2\equiv-42\pmod{61}$는 두 개의 해를 가진다.

그렇다면 $x^2\equiv a\pmod{n}$이며 n이 소수가 아닌 경우에는 어떻게 할 수 있는가?

예제 7.22

$x^2\equiv 196\pmod{1357}$를 풀어라.

풀이 $36<\sqrt{1357}<37$이므로 페르마의 인수분해 방법에 의해

$$\begin{aligned}
37^2-1357&=12\\
38^2-1357&=87\\
39^2-1357&=164\\
40^2-1357&=243\\
41^2-1357&=324=18^2
\end{aligned}$$

따라서 $1357=(41+18)(41-18)=59\cdot 23$이다. 그러므로

$$x^2\equiv 196\pmod{1357}$$

$$\Leftrightarrow\quad\begin{cases}x^2\equiv 196\pmod{23}\\ x^2\equiv 196\pmod{59}\end{cases}$$

$$\Leftrightarrow\quad (196/23)=(12/23)=(4/23)(3/23)=(3/23)=-(23/3)$$

$$=-(2/3)=-2^{\frac{3-1}{2}}\pmod{3}=1$$

$$(196/59)=(19/59)=-(59/19)=-(2/19)$$

$$=-2^{\frac{19-1}{2}}\pmod{19}=-2^9=-18=1$$

그러므로 $x^2\equiv 196\pmod{23}$; $x^2\equiv 196\pmod{59}$는 모두 근을 갖는다.

$$x^2\equiv 196\pmod{23}\Rightarrow x^2\equiv 12\pmod{23}\Rightarrow x=9,14\pmod{23}$$

$$x^2\equiv 196\pmod{59}\Rightarrow x^2\equiv 19\pmod{59}\Rightarrow x=14,45\pmod{59}$$

이제 네 가지 형태의 근을 갖는다.

$$\begin{cases} x \equiv 9 (\text{mod } 23) \\ x \equiv 14 (\text{mod } 59) \end{cases}; \quad \begin{cases} x \equiv 9 (\text{mod } 23) \\ x \equiv 45 (\text{mod } 59) \end{cases};$$

$$\begin{cases} x \equiv 14 (\text{mod } 23) \\ x \equiv 14 (\text{mod } 59) \end{cases}; \quad \begin{cases} x \equiv 14 (\text{mod } 23) \\ x \equiv 45 (\text{mod } 59) \end{cases}$$

중국인의 나머지 정리를 적용하여 4개의 근을 찾자.

첫 번째 연립방정식계:

$$x \equiv (9(59)59^{-1} \text{mod } 23 + 14(23)23^{-1} (\text{mod } 59))(\text{mod } 1357)$$

$$\equiv (9(59)16 + 14(23)18 = 8496 + 5796 \equiv 14292 \equiv 10 \cdot 1357 + 722 (\text{mod } 1357)$$

(계산: $59 = 2(23) + 13$

$23 = 1(13) + 10$

$13 = 1(10) + 3$

$10 = 3(3) + 1$

따라서 $1 = 10 - 3(3) = 10 - 3(13 - 10) = 4(10) - 3(13) = 4(23) - 7(13)$

$= 4(23) - 7(59 - 2(23)) = 18(23) - 7(59)$

그러므로 $59(-1) \equiv 1 (\text{mod } 23)$; $59(16) \equiv 1$이다.)

두 번째 연립방정식계: $x \equiv (9(59)59^{-1} \text{mod } 23 + 45(23)23^{-1} (\text{mod } 59))(\text{mod } 1357)$

$\equiv 9(59)16 + 45(23)18 = 27126 = 19 \cdot 1357 + 1343$

세 번째 연립방정식계: $x = (14(59)59^{-1} \text{mod } 23 + 14(23)23^{-1} (\text{mod } 59))(\text{mod } 1357)$

$= 14(59)16 + 14(23)18 = 19012 = 14 \cdot 1357 + 14$

네 번째 연립방정식계: $x = (14(59)59^{-1} \text{mod } 23 + 45(23)23^{-1} (\text{mod } 59))(\text{mod } 1357)$

$= 14(59)16 + 45(23)18 = 31846 = 23 \cdot 1357 + 635$

따라서 722, 1343, 14, 635가 근이다(이때 $1343 + 14 = 1357$, $722 + 635 = 1357$).

4) 야코비 기호

야코비 기호 (a/n)는 르장드르 기호 (a/p)의 확장이다. 르장드르에서는 $\gcd(a, p) = 1$인 소수 p이지만, 야코비에서는 $\gcd(a, n) = 1$인 임의의 홀수 n이다. 르장드르와 야코비 기호(Jacobi symbol)의 모양이 유사하기는 하지만, 이들을 반드시 구분해야 한다.

정의 7.2

$\gcd(a,n)=1$인 홀수 $n=p_1p_2\cdots p_r$의 소인수분해이다. 야코비 기호(a/n)은 르장드르 기호(a/p_i)에 의해 다음과 같이 정의된다.

$$\left(\frac{a}{n}\right)=\left(\frac{a}{p_1}\right)\left(\frac{a}{p_2}\right)\cdots\left(\frac{a}{p_r}\right)$$

다시 말하면 홀수 $n=p_1^{e_1}p_2^{e_2}\cdots p_r^{e_r}\geq 3$일 때 $\left(\frac{a}{n}\right)=\left(\frac{a}{p_1}\right)^{e_1}\left(\frac{a}{p_2}\right)^{e_2}\cdots\left(\frac{a}{p_r}\right)^{e_r}$이다.

정리 7.17

$\gcd(a, n)=1$인 홀수 $n=p_1p_2\cdots p_r$의 소인수분해라고 하자. 다음이 성립한다.

(1) $(a/n)=\pm 1$이다.

(2) 만일 $n=p$ 소수이면 야코비 기호는 르장드르 기호와 동일하다.

정리 7.18

홀수 $n=p_1p_2\cdots p_m>1$ ($p_1, \cdots, p_m$은 중복된 소수)이라고 하자.

(1) $x^2\equiv a(\mathrm{mod}\ n)$이 근을 가질 동치조건은 $\left(\frac{a}{p_1}\right)=\left(\frac{a}{p_2}\right)=\cdots=\left(\frac{a}{p_m}\right)=1$ 이다.

(2) $x^2\equiv a(\mathrm{mod}\ n)$이 근을 가지면 $\left(\frac{a}{n}\right)=1$이다.

$\left(\frac{a}{n}\right)=-1$이면 $x^2\equiv a(\mathrm{mod}\ n)$의 근은 없다.

n이 소수가 아니면 야코비 기호 $\left(\frac{a}{n}\right)$가 1이더라도 이차합동식 $x^2\equiv a(\mathrm{mod}\ n)$의 해가 존재하지 않을 수 있다.

예제 7.23

홀수인 소수 317과 홀수 105에 대하여

$$\left(\frac{105}{317}\right)=(-1)^{\left(\frac{105-1}{2}\right)\left(\frac{317-1}{2}\right)}\left(\frac{317}{105}\right)=\left(\frac{317}{105}\right)=\left(\frac{2}{105}\right)=(-1)^{\frac{105^2-1}{8}}=1$$

이므로 이차합동식 $x^2 \equiv 105 \pmod{317}$은 두 개의 해를 가진다.

예제 7.24

다음의 방정식들의 근의 존재성을 판정하라.

① $x^2 \equiv 21 \pmod{221}$ ② $x^2 \equiv 215 \pmod{253}$

풀이

$$(21/221)=(21/13)(21/17)=(8/13)(4/17)$$
$$=(2/13)=2^{\frac{13-1}{2}} \pmod{13}=12=-1$$

또한

$$(215/253)=(215/11)(215/23)=(6/11)(8/23)$$
$$=(2/11)(3/11)(2/13)(4/23)$$
$$=(2/11)(-(11/3))(2/23)=-(2/11)(2/3)(2/23)=-1$$

(여기서 $2^{11}=2^5 2^5 2=(-9)(-9)2=162=7(23)+1$이다.)

정리 7.19

홀수 $n \geq 3$이며 $\gcd(a,n)=\gcd(b,n)=1$이다. 다음이 성립한다.

(1) $a \equiv b \pmod{n}$이면 $\left(\frac{a}{n}\right)=\left(\frac{b}{n}\right)$이다.

(2) $\left(\frac{ab}{n}\right)=\left(\frac{a}{n}\right)\left(\frac{b}{n}\right)$, $\left(\frac{1}{n}\right)=1$, $\left(\frac{a^2}{n}\right)=1$, $\left(\frac{a^2b}{n}\right)=\left(\frac{b}{n}\right)$

르장드르 기호에 대한 정의는 야코비 기호에 대해서도 그대로 성립한다.

정리 7.20

홀수인 $n \geq 3$에 대하여 $\left(-\frac{1}{n}\right) = (-1)^{\frac{n-1}{2}}$ 이다.

증명 홀수 n의 소인수분해 $n = p_1 p_2 \cdots p_k$ ($p_1, \cdots, p_k$는 중복된 소수)일 때, 정의에 의하여 $\left(\frac{a}{n}\right) = \left(\frac{a}{p_1}\right)\left(\frac{a}{p_2}\right)\cdots\left(\frac{a}{p_k}\right)$ 이므로 다음이 성립한다.

$$\left(-\frac{1}{n}\right) = \left(\frac{-1}{p_1}\right)\left(\frac{-1}{p_2}\right)\cdots\left(\frac{-1}{p_k}\right)$$
$$= (-1)^{\frac{p_1-1}{2}+\frac{p_2-1}{2}+\cdots+\frac{p_k-1}{2}} = (-1)^{\frac{p_1 p_2 \cdots p_k - 1}{2}} = (-1)^{\frac{n-1}{2}}$$

정리 7.21

다음의 성질들이 성립한다.

(1) $a \equiv b \pmod{m} \Rightarrow (a/m) = (b/m)$

(2) $(ab/m) = (a/m)(b/m)$, $(a^2/m) = 1$, $(a^2 b/m) = (b/m)$

(3) $(1/m) = 1$, $(-1/m) = (-1)^{\frac{p^2-1}{8}}$

(4) 상반법칙의 일반화: $(m/n)(n/m) = (-1)^{\frac{m-1}{2}\cdot\frac{n-1}{2}}$ (이때 $\gcd(m, n) = 1$)

(5) $(n/m) = \begin{cases} (m/n), & \text{만일 } n \equiv 1 \pmod{4} \text{ 또는 } m \equiv 1 \pmod{4} \\ -(m/n), & \text{만일 } n \equiv m \equiv 3 \pmod{4} \end{cases}$

야코비 기호에서도 상반법칙이 성립한다.

정리 7.22

두 홀수 $n, m \geq 3$에 대하여 $\gcd(n, m) = 1$일 때, 다음이 성립한다.

$$\left(\frac{m}{n}\right) = (-1)^{\frac{n-1}{2}\cdot\frac{m-1}{2}}\left(\frac{n}{m}\right), \text{ 즉 } \left(\frac{m}{n}\right)\left(\frac{n}{m}\right) = (-1)^{\frac{n-1}{2}\cdot\frac{m-1}{2}}$$

8장 라빈 암호와 루카스 암호

8.1 라빈 암호

독일의 컴퓨터 과학자이며 튜링(Turing)상 수상자인 라빈(M. Rabin)은 1979년에 공개키 암호방식의 라빈 암호를 발명했다. 라빈 암호체계는 RSA 암호시스템과 유사하므로, 라빈 암호문으로부터 메시지를 복원하는 안전성은 소인수분해의 어려움에 기초한다.

6장에서 잠시 언급했듯이 라빈 암호시스템은 RSA 시스템의 암호화 공개키 (n, e)에서 $e = 2$로 정한 것이다. 실제로 두 개의 큰 소수 p, q를 선택하여 곱 $n = pq$를 계산한다. n은 공개키이며 p와 q는 비밀키가 된다. 암호화는 메시지를 **제곱**해서 법 n으로 계산하며, 복호화는 p와 q를 법으로 하여 제곱근을 계산한 후 법 n으로 제곱근을 구한다. 그러므로 암호문을 복원하면 네 개의 가능성 있는 메시지가 생성되어서 그것들 중에 어느 것이 진짜 메시지였는지를 판정해야 하는 점이 라빈 암호가 갖는 단점이다. 이러한 결점을 보완한 윌리엄스(Williams) 암호가 있다. 이러한 암호들은 모두 소인수분해의 어려움에 안전성의 근거를 둔 것이다.

라빈(M.O. Rabin, 1931~)은 이스라엘의 컴퓨터 과학자로서, 독일에서 태어나 미국 프린스턴 대학에서 1956년에 학회를 받았으며, 그 후 이스라엘의 대학에서 가르쳤다. 1976년에 그는 라빈 암호시스템을 개발하였는데, 이것은 소인수분해의 어려움과 동일한 수준의 난이도를 갖는 최초의 비대칭 암호시스템이다. 1976년에 그의 동료 Scott와 함께 튜링상을 수상했다.

1) 기본 개념

(1) 이산로그 문제

이산로그 문제(Discrete logarithm problem)는 지수 연산에 관련된 것으로 유한체와 군 개념을 바탕으로 한다. 유한체 $\mathbb{Z}_p$의 부분집합 $\mathbb{Z}_p{}^* = \{1, 2, \cdots, p-1\}$는 위수 $p-1$인 순환군이므로 생성원 $g \in \mathbb{Z}_p^*$가 존재하여

$$\mathbb{Z}_p{}^* = \langle g \rangle = \{g^i (\text{mod } p) \mid 1 \leq i \leq p-1\}$$

가 된다. 따라서 $\mathbb{Z}_p{}^*$의 임의의 원소 r은

$$r \equiv g^k (\text{mod } p) \quad (1 \leq k \leq p-1)$$

이다. $r \equiv g^k (\text{mod } p)$의 양변에 로그함수를 취하면

$$k \log g = \log r, \text{ 즉 } k = \frac{\log r}{\log g} = \log_g r$$

이 된다. 그러므로 k는 g를 밑으로 하는 이산로그라고 한다.

예제 8.1

$p=7$일 때 $\mathbb{Z}_7{}^*$의 생성원을 구하여라.

풀이 법 7에 의해 $3^1 \equiv 3,\ 3^2 \equiv 2,\ 3^3 \equiv 6,\ 3^4 \equiv 4,\ 3^5 \equiv 5,\ 3^6 \equiv 1$이므로 3은 생성원이다. 따라서 $\mathbb{Z}_7{}^* = \{3^1, 3^2, 3^3, 3^4, 3^5, 3^6\}$이 된다.

튜링(A. Turing, 1912~1966)은 영국의 천재 암호 해독가이자 세계 최초로 컴퓨터를 개발한 사람이다. '튜링머신'이라는 컴퓨터 모델을 창안해 '컴퓨터 과학의 아버지'로 불린다. 1943년에 진공관으로 '콜로서스'라는 해독기를 만든 후 엄청난 양의 독일군 암호를 풀어내 제2차 세계대전을 연합군의 승리로 이끄는 데 큰 공헌을 했다. 당시 독일군은 세계에서 가장 난해하다는 암호체계인 애니그마(그리스어로 수수께끼라는 뜻)를 사용하고 있었는데, 튜링의 콜로서스가 그것을 풀어낸 것이다. 전쟁 후에 영국의 처칠 수상은 소련으로부터 비밀을 보호한다는 이유로 '콜로서스' 해독기를 모두 파괴하도록 지시했다. 튜링은 자신의 놀라운 업적에도 불구하고 1952년에 동성애자라는 설이 퍼지면서 호르몬 요법을 강요받아 화학적 거세를 당하였다. 그 후 암울한 시기를 보내다가 1954년 42세의 나이로 자살로 생을 마감했다. 백설공주처럼 청산가리를 넣은 사과를 먹었다고 하는데, 애플사는 컴퓨터의 로고로 '한 입 먹은 사과'를 선택하면서 그의 죽음을 애도했다는 설도 있다.

소수 p에 대하여 $\mathbb{Z}_p{}^*$의 하나의 생성원을 g라고 하자. $y \equiv g^x \pmod{p}$라고 할 때, 주어진 순서쌍 (p, g, y)로부터 $x = \log_g y$를 구하는 것이 이산대수 문제이다. 일반적으로 g와 x를 알고 g^x를 구하는 것은 x를 2진법으로 전개하여 제곱을 계속 반복하는 지수계산(빠른 지수법) 알고리즘으로 쉽게 계산을 할 수 있다. 그러나 반대로 g와 y를 알고 $x = \log_g y$를 계산하는 문제는 상당히 어려운 것으로 알려져 있다. 이것은 일방향 함수가 갖는 성질이 되어서, 인수분해 문제와 함께 공개키 암호 또는 키교환 프로토콜에 이용된다.

(2) 이차 제곱근

정리 8.1

p, q는 소수, $n = pq$이며 $\gcd(a,n) = 1$라고 하자. 만일 $x^2 \equiv a \pmod{n}$가 근을 갖는다면 $x^2 \equiv a \pmod{p}$와 $x^2 \equiv a \pmod{q}$는 모두 근을 갖는다. 그러므로 $x^2 \equiv a \pmod{n}$는 모두 4개의 제곱근을 갖는다.

증명 $x^2 \equiv a \pmod{n}$의 근을 $w \in \mathbb{Z}_n{}^*$라고 하자. 그러면 $n = pq$로부터 연립방정식

$$\begin{cases} w^2 \equiv a \pmod{p} \\ w^2 \equiv a \pmod{q} \end{cases}$$

이 생긴다. 따라서 각각의 방정식은 2개씩의 근 (x_1, x_2)과 (y_1, y_2)을 갖는다. 그러므로 중국인의 나머지 정리에 의해 법 n에 대해서 다음의 쌍을 만족하는 w가 존재한다.

$$\begin{cases} w \equiv x_1 \pmod p \\ w \equiv y_1 \pmod q \end{cases}, \begin{cases} w \equiv x_1 \pmod p \\ w \equiv y_2 \pmod q \end{cases}, \begin{cases} w \equiv x_2 \pmod p \\ w \equiv y_1 \pmod q \end{cases}, \begin{cases} w \equiv x_2 \pmod p \\ w \equiv y_2 \pmod q \end{cases}$$

따라서 $x^2 \equiv a \pmod n$는 모두 4개의 제곱근을 가진다. ▒

위의 정리에 의해 n의 소인수 p와 q를 알 수 있다면, 법 n에 대한 이차 제곱근을 쉽게 구할 수 있음을 보여준다.

예제 8.2

$a=4$, $p=17$, $q=13$일 때, 법 $n=pq=221$에 대한 $x^2 \equiv a \pmod n$를 풀어라.

풀이

$$x^2 \equiv 4 \pmod{221} \Leftrightarrow \begin{cases} x^2 \equiv 4 \pmod{17} \\ x^2 \equiv 4 \pmod{13} \end{cases} \Leftrightarrow \begin{cases} x \equiv \pm 2 \pmod{17} \\ x \equiv \pm 2 \pmod{13} \end{cases}$$

그러므로 근 w는 네 가지 가능성을 갖는다.

$$\begin{cases} w \equiv 2 \pmod{17} \\ w \equiv 2 \pmod{13} \end{cases}, \begin{cases} w \equiv 2 \pmod{17} \\ w \equiv 11 \pmod{13} \end{cases}, \begin{cases} w \equiv 15 \pmod{17} \\ w \equiv 2 \pmod{13} \end{cases}, \begin{cases} w \equiv 15 \pmod{17} \\ w \equiv 11 \pmod{13} \end{cases}$$

여기에 중국인의 나머지 정리를 적용하면

$$\begin{cases} w_1 = 2 \cdot 13(13^{-1} \pmod{17}) + 2 \cdot 17(17^{-1} \pmod{13}) \\ w_2 = 2 \cdot 13(13^{-1} \pmod{17}) + 11 \cdot 17(17^{-1} \pmod{13}) \\ w_3 = 15 \cdot 13(13^{-1} \pmod{17}) + 2 \cdot 17(17^{-1} \pmod{13}) \\ w_4 = 15 \cdot 13(13^{-1} \pmod{17}) + 11 \cdot 17(17^{-1} \pmod{13}) \end{cases}$$

여기서 $13^{-1} \pmod{17} \equiv 4$이며 $17^{-1} \pmod{13} = 4^{-1} \pmod{13} = 10$이므로

$$\begin{cases} w_1 = 2 \cdot 13 \cdot 4 + 2 \cdot 17 \cdot 10 = 2 \pmod{221} \\ w_2 = 2 \cdot 13 \cdot 4 + 11 \cdot 17 \cdot 10 = 206 \pmod{221} \\ w_3 = 15 \cdot 13 \cdot 4 + 2 \cdot 17 \cdot 10 = 15 \pmod{221} \\ w_4 = 15 \cdot 13 \cdot 4 + 11 \cdot 17 \cdot 10 = 219 \pmod{221} \end{cases}$$

가 되어 2, 206, 15, 219 $\pmod{221}$가 4개의 근이 된다. 참고로 $219 \equiv -2 \pmod{221}$이며 $206 \equiv -15 \pmod{221}$이므로 4개의 근은 $\pm 2, \pm 15 \pmod{221}$이다.

만일 $p \equiv q \equiv 3 \pmod 4$로 선택하면 다음 성질을 효과적으로 사용할 수 있다.

정리 8.2

소수 $p \equiv 3 \pmod 4$에 대해 이차방정식 $x^2 \equiv C \pmod p$가 근을 가지면, 그 근은 $x \equiv \pm C^{(p+1)/4} \pmod p$이다.

증명 이차방정식 $x^2 \equiv C \pmod p$가 근을 가지므로 오일러의 정리와 르장드르 기호 $\left(\frac{C}{p}\right)$에 의해 다음의 동치관계를 얻을 수 있다.

$$x^2 \equiv C \pmod p \text{는 근을 갖는다.} \Leftrightarrow C^{\frac{p-1}{2}} = 1 \pmod p \Leftrightarrow \left(\frac{C}{p}\right) = 1$$

가정에서 $p \equiv 3 \pmod 4$이므로 $p = 4k+3 \ (k \in \mathbb{Z})$이며

$$p+1 = 4k+4 \text{ 즉, } \frac{p+1}{4} = k+1$$

은 정수이다. 그러므로

$$\left(\pm C^{\frac{p+1}{4}}\right)^2 = C^{\frac{p+1}{2}} = C^{\frac{p-1}{2}+1} = C^{\frac{p-1}{2}} \cdot C \equiv \left(\frac{C}{p}\right) \cdot C = C = x^2$$

따라서 $\left(\pm C^{\frac{p+1}{4}}\right)^2 \equiv x^2 \pmod p$로부터 $x \equiv \pm C^{(p+1)/4} \pmod p$가 해이다. ■

2) 라빈 암호시스템

라빈 암호는 소인수분해의 어려움에 기초한 최초의 비대칭 암호시스템이다. 라빈 암호는 RSA 암호와 같은 원리를 이용하면서 암호화 과정이 RSA 암호계보다 빠른 장점이 있으며, 소수 p와 q의 곱으로 된 법 $n = pq$에 대해서 제곱근 계산의 어려움에 그 기반을 두고 있다. 그러나 법 n의 소인수 p와 q를 알고 있다면 제곱근을 쉽게 계산할 수 있기 때문에, 결국 라빈 암호의 안전성 역시 소인수분해의 어려움에 근거한다. 실제로 법 n에서의 제곱근 계산은 소인수분해와 동일한 계산 복잡도를 가지는 것으로 알려져 있다. 두 소수 p와 q의 곱인 합성수 $n = pq$이 주어졌을 때 임의의 $a \in \mathbb{Z}_n^*$가 법 n에 대한 이차 제곱근을 갖는지 그렇지 않는지를 결정하는 문제는 법 n의 소인수 p와 q를 모를 때는 매우 어려운 문제이다. 복호화할 때는 의미 있는 근을 고르면 그것이 메시지가 된다.

(1) 라빈 암호의 암호화와 복호화

비대칭 암호체계의 라빈 암호는 공개키과 비밀키를 갖는다.

① **키생성**

큰 소수 $p \neq q$를 택한다. 임의의 소수를 택해도 되지만, 만일 $p \equiv q \equiv 3 \pmod 4$인 p, q를 택한다면 정리 8.2에 의해 제곱근을 쉽게 풀 수 있다. $n = pq$ 은 공개키이고 p, q는 비밀키이다. 메시지를 암호화하기 위해 공개키 n을 사용하고 다시 복호하기 위해 p와 q를 사용한다.

② **암호화**

$\{0,\cdots,n-1\}$는 메시지 공간이며 $M \in \{0, \cdots, n-1\}$은 메시지라 하자.

$$C \equiv M^2 \pmod n$$

즉, 메시지의 제곱을 법 n으로 계산한 값을 암호문 C로 하여 메시지를 보낸다.

③ **복호화**

암호문 C를 수신했을 때, 메시지는 $0 \leq M \leq n-1$이며 공개키 n에 대해 관계식 $M^2 \equiv C \pmod n$이 된다. M을 찾는 효과적인 방법은 알려지지 않았으나 만일 비밀키 p와 q를 알고 있다면 근

$$M_p \equiv \sqrt{C} \pmod p)\text{와 } M_q \equiv \sqrt{C} \pmod q$$

를 계산할 수 있으며, 다시 중국인의 나머지 정리를 사용하여 법 n에 대한 값을 얻을 수 있다. 그것이 메시지 M이다.

예제 8.3

비밀키를 $p=7$, $q=11$로 선택하자. 그러면 $n=77$은 공개키가 된다. 메시지 공간 $\{0, 1, \cdots, 76\}$에서 $M=20$을 메시지라고 할 때 암호문을 만들어라.

풀이 공개키 $n=77$를 사용하여 암호문 C를 계산할 수 있다.

$$C \equiv M^2 \bmod n \equiv 400 \equiv 15 \pmod{77}$$

이며 나머지 연립방정식도 계산하면 4개의 근은(순서대로)

$$(2M+9) = X = 57, 64, 13, 20 \pmod{77}$$

가 된다.

$$2M = 48, 55, 4, 11 \pmod{77} \pmod{77}$$

이며 $2^{-1} \equiv 39 \pmod{77}$ 이므로

$$M = 24, 66, 2, 44 \pmod{77} \pmod{77}$$

이다. 바로 첫 번째 값 24가 메시지 $M=24$로 복원될 수 있다.

메이플 활용

중국인의 나머지 정리를 메이플 프로그램으로 계산할 수 있다.

```
>chrem([1,2],[7,11]);  chrem([1,-2],[7,11]);
 chrem([-1,2],[7,11]); chrem([-1,-2],[7,11]);
```

물론 처음부터 이차방정식 $M^2+9M-22 \equiv 0 \pmod{77}$도 계산할 수 있다.

```
>msolve(M^2+9*M-22=0, 77);
```

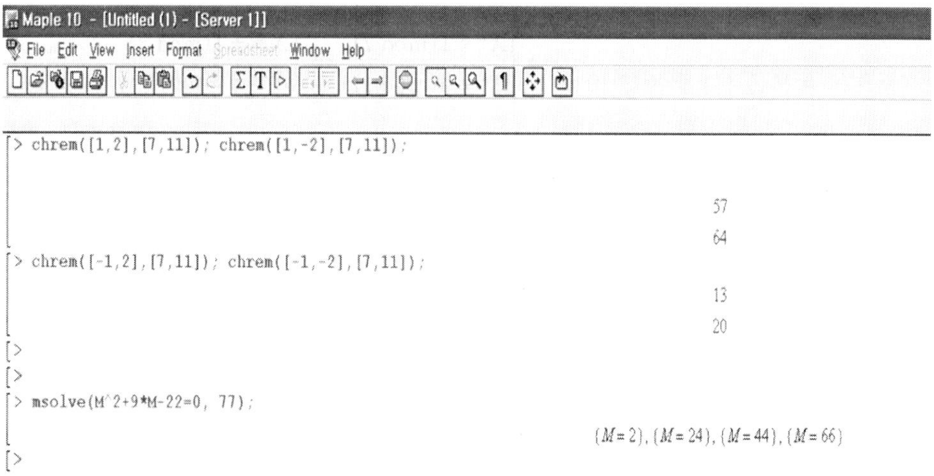

이차 제곱근을 이용한 라빈 암호는 암호화 과정에서 제곱 연산만 하므로 RSA 암호보다 계산이 훨씬 빠르다. 복호화는 근을 잘 고르면 된다.

단계	행위	라빈 암호 알고리즘
키생성	수신자	두 소수 p, q를 선택하여 곱 $n=pq$를 계산한다. n를 공개키로 한다. $\{p, q\}$를 비밀키로 한다.
암호화	송신자	n보다 작은 숫자인 메시지 M을 법 n에 관해 제곱하여 암호문 $C=M^2 \pmod n$를 수신자에게 보낸다.
복호화	수신자	비밀키 $\{p, q\}$를 이용하여 법 n에 관해 암호문 C의 이차 제곱근을 계산하면 메시지 M을 얻는다. C는 법 n에 관해 이차 제곱근을 가지므로 법 p와 q에 관해서도 연립방정식 $\begin{cases} x^2 \equiv C \pmod p \\ x^2 \equiv C \pmod q \end{cases}$의 근이 존재한다. 그 각각의 근을 $\begin{cases} x \equiv \pm M_1 \pmod p \\ x \equiv \pm M_2 \pmod q \end{cases}$이라 하면 중국인의 나머지 정리에 의해 네 쌍의 연립합동식의 근을 구할 수 있다. 법 n에 관한 네 쌍의 해들 중 의미 있는 것이 메시지 M이 된다.
단계	**행위**	**$p, q \equiv 3 \pmod 4$인 경우 라빈 암호 알고리즘**
키생성	수신자	두 소수 $p, q \equiv 3 \pmod 4$를 선택하여 곱 $n=pq$를 계산한다. n을 공개키로 한다. $\{p, q\}$를 비밀키로 한다.
암호화	송신자	메시지 $M<n$을 제곱하여 암호문 $C=M^2 \pmod n$를 보낸다.
복호화	수신자	비밀키 p, q를 이용하여 암호문 C의 법 n에 관한 이차 제곱근을 계산하여 메시지 M을 얻는다. $\begin{cases} x^2 \equiv C \pmod p \\ x^2 \equiv C \pmod q \end{cases}$의 근을 구한다. ① 유클리드 알고리즘으로 $ap+bq=1$인 정수 a, b를 구한다. ② $x \equiv \pm C^{\frac{p+1}{4}} \pmod p$와 $x \equiv \pm C^{\frac{q+1}{4}} \pmod q$을 구한다. ③ $\begin{cases} M_1 \equiv (ap)s + (bq)r \pmod n \\ M_2 \equiv (ap)s - (bq)r \pmod n \end{cases}$에서 $\pm M_1 \pmod n$, $\pm M_2 \pmod n$이 구하는 4개의 제곱근이다. 이 중에 의미 있는 것이 메시지 M이다.

(3) 라빈 암호 공격

라빈 암호는 선택된 메시지 공격이 가능하다. 즉, 도청자가 거짓정보를 보내어 수신자로부터 복호화한 값을 얻어 $\frac{1}{2}$의 확률로 소인수 p, q를 구할 수 있다.

[방법]

① 도청자가 하나의 (거짓) 메시지 M을 선택하여 제곱한 암호문 $C \equiv M^2 (\mathrm{mod}\ n)$을 수신자에게 보낸다.

② 수신자는 (이것이 공격인줄 모르는 상태에서) 암호문 C를 복호화한 x를 도청자에게 보내준다.

③ 도청자는 복호문 x와 메시지 M을 비교한다. 수신자는 자신의 비밀키 p, q를 이용하여 복호한 근 4개 중 1개를 보내므로 $M = \pm x (\mathrm{mod}\ n)$일 확률은 $\frac{1}{2}$이다.

④ 만약 $M \neq \pm x (\mathrm{mod}\ n)$이면, $\gcd(M \pm x,\ n)$은 소인수이다.

⑤ 만약 $M = \pm x (\mathrm{mod}\ n)$이면, 다른 메시지 M'을 암호화하여 다시 수신자에게 보내어 n의 소인수를 구할 수 있을 때까지 시도한다.

(4) 라빈 암호 알고리즘의 분석

효능성(effectiveness)

복호화 과정에서 하나의 옳은 답과 세 개의 잘못된 결과를 생성하므로 어떤 것이 옳은 답인지 추측해야 한다. 이것은 라빈 암호의 단점이며, 이 암호체계가 실용화되기 위해 반드시 보완되어야 할 요인이다. 만일 메시지가 문장이라면 어느 정도 추측할 수 있지만, 메시지가 숫자라면 치명적 단점이 된다. 이러한 문제를 제거하기 위해 메시지에 특별한 구조를 주는 정도로 보완할 수 있다. 이에 대해 Blum과 Williams는 사용되는 두 개의 소수는 $3 (\mathrm{mod}\ 4)$가 되는 것으로 제한하고, 제곱의 영역(domain of the squaring)은 이차 제곱근을 갖는 집합으로 제한한다. 이러한 제한으로 인해 제곱함수는 trapdoor permutation이 되어 암호체계의 모호성을 제거할 수 있다.

안정성(security)

라빈 암호의 최대 장점은 만일 공개키 n의 효과적인 인수분해가 가능한 경우에만 임의의 메시지가 암호문으로부터 완전히 복원될 수 있다는 것이다. 라빈 암호의 확장은 보완에서 아주 강력한 효과가 있다. 라빈 암호를 복원하는 것은 소인수분해의 문제를 푸는 것과 동일함이 증명되었지만, 소인수분해는 RSA에서의 것과는 많이 다르다. 그러므로 라빈 암호는 RSA 암호보다 더 안전하다고 볼 수 있다.

(5) 변형된 라빈 암호시스템

라빈 암호의 안정성은 서로 다른 두 소수의 곱을 소인수분해 할 수 있는가의 여부에 의존한다. 라빈 암호를 사용하는 수신자는 메시지를 얻기 위하여 두 소수의 곱으로 이루어진 합성수를 소인수분해 해야 한다. 이러한 라빈 암호는 알려진 메시지 공격에 대하여 RSA 암호보다 강하다. 그러나 라빈 암호는 암호문을 메시지로 복호화할 때 얻게 되는 네 개의 메시지로부터 송신자가 암호화한 원래의 메시지를 유일하게 결정할 수 없는 메시지 비결정성을 가진다. 라빈 암호의 비결정성을 해결하기 위하여 여러 종류의 변형된 라빈 암호시스템들이 제안되었다.

Williams는 RSA와 라빈 암호를 일반화시킨 암호시스템과 전자서명을 제안하였다. William 시스템은 공개키 $e=1$일 때 라빈 암호가 된다. 라빈과는 달리 일단 공개키 e와 비밀키 d를 생성하면 n의 소인수분해에 대한 정보는 필요가 없으며 암호키 d를 이용하여 암호문 C의 네 제곱근 $\sqrt{C}$를 얻는다.

8.2 루카스 암호

이제 새로운 암호시스템으로서, 루카스 수열에 기초한 루카스(Lucas) 암호를 알아보자. 여기서 루카스 수열이란 잘 알려진 피보나치 수열의 변형이므로 우선 피보나치 수열을 간단히 살펴보자.

(1) 피보나치 수열

피보나치는 1202년에 토끼가 이상적인 환경에서 어떻게 번식하는가를 연구했다. '태어난 암수 두 마리의 토끼가 들판에 놓였다. 토끼들은 한 달 후에 성숙하여 두 달이 끝날 때쯤 암컷이 한 쌍의 토끼를 낳는다. 토끼들은 결코 죽지 않고, 암컷은 항상 암수 한 쌍의 새끼를 둘째 달부터 계속해서 낳는다고 하면 1년 후에는 얼마나 많은 토끼가 들판에 있을까'를 생각한 것이 피보나치 수열(Fibonacci sequence)의 시초이다.

달의 시작		쌍의 수
0	ⓐ	1
1	ⓐ	1
2	ⓐ–ⓑ	2
3	ⓐ–ⓒ, ⓑ	3
4	ⓐ–ⓓ, ⓒ, ⓑ–ⓔ	5
5	ⓐ–ⓕ, ⓓ, ⓒ–ⓖ, ⓑ–ⓗ, ⓔ	8
6	ⓐ–ⓘ, ⓕ, ⓓ–ⓙ, ⓒ–ⓚ, ⓖ, ⓑ–ⓛ, ⓗ, ⓔ–ⓜ	13

위의 그림을 통하여 매달 토끼가 자손을 낳는 패턴을 볼 수 있다. 그 패턴이 첫 번째 0달부터 시작된다고 할 때, 규칙에 의해

0달 : 갓 태어난 토끼 쌍 ⓐ가 있다.

1달째: 가정에 의해 토끼 쌍 ⓐ가 있다.

2달째: 원래의 토끼 쌍 ⓐ와 그의 자손 ⓑ를 얻는다.

3달째: 원래의 토끼 쌍 ⓐ와 자손 ⓑ 그리고 이번에 ⓐ가 또 낳은 자손 ⓒ를 얻는다.

4달째: 원래의 토끼 쌍 ⓐ, 자손 ⓑ, 자손 ⓒ 그리고 생후 1달이 지난 자손 ⓑ가 낳은 자손 ⓓ를 얻을 수 있다.

u_n을 n째 달에 시작되는 토끼의 쌍이라 하자. 그러면 다음을 알 수 있다.

$$u_0 = 1,\ u_1 = 1,\ u_2 = 2,\ u_3 = 3,\ u_4 = 5,\ u_5 = 8,\ u_6 = 13,\ \cdots$$

n달에 토끼 쌍의 수 u_n은 이전의 $n-1$달과 $n-2$달의 토끼 쌍의 수의 합이다.

$$u_n = u_{n-1} + u_{n-2}$$

이런 결과를 갖는 수의 수열을 **피보나치 수열**이라고 한다.

이 문제는 다음의 몇 가지 전제 조건이 있어야 한다.

- 한 쌍의 토끼는 한 달 후에는 반드시 번식해야 하며 중간에 죽어서는 안 된다.
- 매번 암수 한 쌍을 출산해야 한다.
- 앞의 두 항을 더하여 만드는 피보나치 수열은 0이 아닌 수로부터 시작해야 한다.

토끼는 절대로 죽지 않는다는 점과 각 세대가 정확히 암수 한 마리씩 두 마리라는 점, 그리고 남매가 짝짓는 것은 유전학적으로 여러 문제를 일으킬 수 있다는 점에서 비현실적이기는 하지만, 이것은 수학적 단순화 작업이다.

피보나치(Fibonacci, 1175~1250)는 이탈리아의 상인이며 중세 유럽의 대수학자이다. 피사의 상업 중심지에서 태어났으며, Leonardo of Pisa라 불리었다. 당시 이탈리아의 큰 상인들은 지중해 연안 여러 곳에 상점을 두고 있었는데, 그의 아버지를 따라 여러 지역을 여행하면서 동양과 아라비아의 수학을 접하였다. 인도-아라비아의 계산술의 실용적 우수성에 완전한 확신을 갖고 고향으로 돌아와 유명한 저서 『산반서, Liber abaci』를 1202년에 출간하였다. 이 저작은 산술과 초등대수에 관하여 쓴 것으로 독립적인 연구이긴 하지만 알-콰리즈미와 아부-카밀의 대수로부터 많은 영향을 받았다. 인도-아라비아 숫자를 유럽으로 소개하는 데 큰 역할을 하였고, 새로운 숫자를 읽고 쓰는 법, 정수와 분수의 계산법, 제곱근과 세제곱근을 구하는 법, 대수적 과정에 의한 일, 이차방정식의 해법 등을 설명하고 있다. 이 책에는 많은 문제가 실려 있는데 이 책의 영향으로 인도-아라비아의 수 체계가 급속하게 보급되었다.

정리 8.4

피보나치 수열의 n번째 항은 $u_n = \frac{1}{\sqrt{5}}\left[\left(\frac{1+\sqrt{5}}{2}\right)^{n+1} - \left(\frac{1-\sqrt{5}}{2}\right)^{n+1}\right]$이다.

증명 $\alpha = \frac{1+\sqrt{5}}{2}$, $\beta = \frac{1-\sqrt{5}}{2}$라 하고 귀납법을 사용하여 $u_n = \frac{1}{\sqrt{5}}(\alpha^n - \beta^n)$를 증명하자. $n=1$이면

$$\frac{1}{\sqrt{5}}(\alpha^1 - \beta^1) = \frac{1}{\sqrt{5}}\left(\frac{1+\sqrt{5}}{2} - \frac{1-\sqrt{5}}{2}\right) = \frac{1}{\sqrt{5}}\frac{2\sqrt{5}}{2} = 1 = u_1$$

이다. 모든 $1 \le k \le n-1$에 대해 $u_k = \frac{1}{\sqrt{5}}(\alpha^k - \beta^k)$라고 가정하자. 그러면

$$\begin{aligned} u_n &= u_{n-1} + u_{n-2} \\ &= \frac{1}{\sqrt{5}}(\alpha^{n-1} - \beta^{n-1}) + \frac{1}{\sqrt{5}}(\alpha^{n-2} - \beta^{n-2}) \end{aligned}$$

$$= \frac{1}{\sqrt{5}}(\alpha^{n-1}+\alpha^{n-2}) - \frac{1}{\sqrt{5}}(\beta^{n-1}+\beta^{n-2})$$

$$= \frac{1}{\sqrt{5}}[\alpha^{n-1}(1+\frac{1}{\alpha}) - \beta^{n-1}(1+\frac{1}{\beta})]$$

이다. 그런데 α가 $x^2-x-1=0$의 근이므로

$$1+\frac{1}{\alpha}=1+\frac{2}{1+\sqrt{5}}=\frac{1+\sqrt{5}}{2}=\alpha \text{ 이며 } 1+\frac{1}{\beta}=\beta$$

이 되어,

$$u_n = \frac{1}{\sqrt{5}}[\alpha^{n-1}(\alpha) - \beta^{n-1}(\beta)] = \frac{1}{\sqrt{5}}(\alpha^n - \beta^n)$$

이 된다. ∎

참고 일반항은 $u_n = \frac{1}{\sqrt{5}}(\alpha^n - \beta^n) = \frac{\alpha^n - \beta^n}{\alpha - \beta}$로 표현된다.

(2) 피보나치 수열의 정수론적 성질

정리 8.5

$\{F_n\}=\{F_1, F_2, \cdots, F_n\}$을 피보나치 수열이라고 하자. 다음이 성립한다.

(1) 서로 인접한 두 피보나치 수는 서로소이다. 즉, $\gcd(F_n, F_{n+1})=1$

(2) $\sum_{i=1}^{n} F_i = F_1 + F_2 + \cdots + F_n = F_{n+2} - 1 \quad (n \geq 1)$

(3) $\sum_{i=1}^{n} F_i^2 = F_1^2 + F_2^2 + \cdots + F_n^2 = F_n F_{n+1} \quad (n \geq 1)$

(4) $\begin{bmatrix} 1 & 1 \\ 1 & 0 \end{bmatrix}^n = \begin{bmatrix} F_{n+1} & F_n \\ F_n & F_{n-1} \end{bmatrix} \quad (n \geq 2)$

(5) $F_{n+1}F_{n-1} - F_n^2 = (-1)^n \quad (n \geq 2)$ (Cassini 항등식)

증명 (1) $d \mid F_n$이며 $d \mid F_{n+1}$인 d를 생각해보자. 그러면 $d \mid F_{n+1} - F_n$, 즉 $d \mid F_{n-1}$이다. 한편 $d \mid F_{n-1}$이고 $d \mid F_n$이므로 $d \mid F_{n-2}$이다. 이 과정을 반복하면 $d \mid F_0$가 되어 $d=1$이다.

(2)를 증명하기 위해

$$F_1+F_2=1+1=2$$

$$F_1+F_2+F_3=2+2=4$$

$$F_1+F_2+F_3+F_4=4+3=7$$

$$F_1+F_2+F_3+F_4+F_5=7+5=12$$

$$F_1+F_2+F_3+F_4+F_5+F_6=12+8=20$$

이므로 다음 패턴을 볼 수 있다.

$$F_1+F_2-2-F_4-1$$

$$F_1+F_2+F_3=4=F_5-1$$

$$F_1+F_2+F_3+F_4=7=F_6-1$$

$$F_1+F_2+F_3+F_4+F_5=12=F_7-1$$

$$F_1+F_2+F_3+F_4+F_5+F_6=20=F_8-1$$

나머지 성질들도 대부분 수학적 귀납법으로 증명된다(정수론 교재 참고).

(3) 피보나치 수열과 황금비

피보나치 수열의 각 항들은

$$\frac{F_{n+1}}{F_n}=\frac{F_n+F_{n-1}}{F_n}=1+\frac{F_{n-1}}{F_n}$$

을 만족한다. $X_n=\frac{F_{n+1}}{F_n}$라고 하면 $X_n=1+\frac{1}{X_{n-1}}$이 된다. X_n은 수렴하므로, $\lim_{n\to\infty}X_n=X$라고 하면 $X=1+\frac{1}{X}$가 되어 $X^2-X-1=0$이다. 이 식을 풀면

$$X=\frac{1\pm\sqrt{5}}{2}\approx 1.618$$

이 되는데, 이것이 **황금비**이다. (식에서 $\frac{F_{n-1}}{F_n}=Y_n$로 치환하면 $\frac{1}{Y_{n+1}}=1+Y_n$이다. 역시 극한으로 생각하면 $Y^2+Y-1=0$인 이차식을 만들 수 있다).

황금비는 옛날부터 아름다움과 조화를 나타내는 것으로 미술, 공예, 건축 등에서 많이

활용되고 있다. 한 점이 선분을 황금분할(golden section)로 나눈다는 것은 분할된 것 중 긴 선분이 짧은 선분과 원래 선분의 비례중앙이 됨을 의미한다. 이때 짧은 선분과 긴 선분의 비를 **황금비**(golden ratio)라고 한다. 이것을 수직선상에 아래와 같이 나타낼 수 있다.

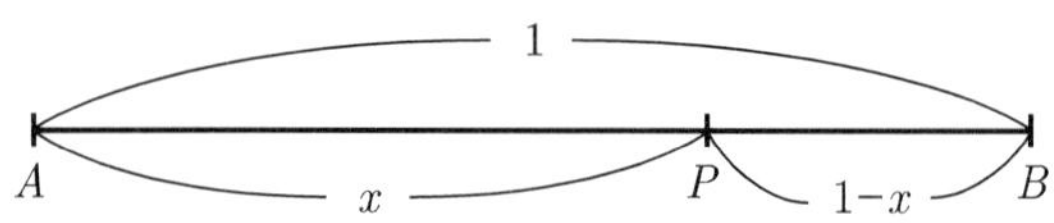

이때 $\overline{AB}=1$이고 $\overline{AP}=x$라면, $\overline{PB}=1-x$이다. 만일 비율

$$\overline{AB}:\overline{AP}=\overline{AP}:\overline{PB}$$

즉, $\dfrac{\overline{AB}}{\overline{AP}}=\dfrac{\overline{AP}}{\overline{PB}}$을 만족시킨다고 할 때 이 비의 값이 황금비이다. 그러면 위의 비율로 인해 비례식 $1:x=x:1-x$을 만족한다. $x^2=1-x$, 즉

$$x^2+x-1=0$$

이다. 따라서 $\overline{AP}=x=\dfrac{-1\pm\sqrt{5}}{2}$이고 $\overline{PB}$의 길이 $1-x$ 역시 구할 수 있다.

$$1-x=1-\frac{-1\pm\sqrt{5}}{2}=\frac{3-\sqrt{5}}{2}, \quad (x>0, 1-x>0)$$

따라서 황금비는

$$\frac{x}{1-x}=\frac{(-1+\sqrt{5})/2}{(3-\sqrt{5})/2}=\frac{1+\sqrt{5}}{2}$$

이다.

실생활에서는 대략 $\overline{AB}:\overline{AP}=8:5$인 경우를 황금분할이라고 한다. 또한, 황금비는 보통 ϕ(파이)로 표시된다. 이는 그리스의 수학자 에우독소스(Eudoxus of Cnidus, 그리스, BC 400경 소아시아 크니도스)에 의해 붙여졌는데, 이 비율은 조각에 이용하였던 피디아스의 그리스 머리글자에서 따왔다고 한다.

(4) 피보나치 수열의 성질

피보나치 수열 $\{F_n\}$에는 여러 가지 재미있는 특징들이 숨어 있다.

① 황금비 ϕ는 $x^2-x-1=0$의 근으로써 근삿값 1.618이 된다. 또한 ϕ는 방정식 $x+x^{-2}=2$을 만족한다.

$$(\text{계산: } x+\frac{1}{x^2}=x+\frac{1}{x+1}=\frac{x^2+x+1}{x+1}=\frac{x+1+x+1}{x+1}=2)$$

② 피보나치 수열의 비넷(Binet) 공식

ϕ_1과 ϕ_2를 방정식 $x^2-x-1=0$의 근이라고 할 때

$$F_n=\frac{\phi_1^n-(-\phi_2)^n}{\phi_1+\phi_2}=\frac{\phi_1^n-(-\phi_2)^n}{\sqrt{5}}=\frac{1}{\sqrt{5}}\left(\left(\frac{1+\sqrt{5}}{2}\right)^n-\left(\frac{1-\sqrt{5}}{2}\right)^n\right)$$

③ 피보나치 수의 성질을 다음과 같이 볼 수 있다.

- $\gcd(F_{qn+r}, F_n)=\gcd(F_r, F_n)$
- $F_{m+n}=F_{m-1}F_n+F_mF_{n+1}$
- $F_m \mid F_{mn}$
- $\lim_{n\to\infty}\frac{F_{n+1}}{F_n}=\frac{1+\sqrt{5}}{2}$
- $F_{2n-1}=F_n^2+F_{n-1}^2 \quad (n\ge 2)$
- $F_{2n}=F_{n+1}^2+F_{n-1}^2 \quad (n\ge 2)$

(5) 피보나치 수열의 발전과 확장

① 음의 피보나치 수열(nega-Fibonacci)

피보나치 수열 F_n의 n을 음수로 확장한 수열로

$$F_{-1}=1,\ F_{-2}=-1,\ F_n=F_{(n+2)}-F_{(n+1)}$$

을 음의 피보나치 수열이라고 한다. 즉 $F_{-3}=F_{-1}-F_{-2}=1-(-1)=2$이다.

	F_{-10}	F_{-9}	F_{-8}	F_{-7}	F_{-6}	F_{-5}	F_{-4}	F_{-3}	F_{-2}	F_{-1}
…	−55	34	−21	13	−8	5	−3	2	−1	1

임의의 모든 정수는 연속하지 않은 두 개의 음의 피보나치 수의 합으로 유일하게 표현된다. 예를 들어

$$-11 = F_{-4} + F_{-6} = (-3) + (-8)$$

$$12 = F_{-2} + F_{-7} = (-1) + 13$$

$$24 = F_{-1} + F_{-4} + F_{-6} + F_{-9} = 1 + (-3) + (-8) + 34$$

$$-43 = F_{-2} + F_{-7} + F_{-10} = (-1) + 13 + (-55)$$

특별히 0은 $0 = F_{-1} + F_{-2}$로 표현된다. 또한

$$F_{-n} = (-1)^{n+1} F_n \qquad (n \geq 0)$$

이다. 그러므로 원래의 피보나치 수열과 함께 다음의 표로 표현할 수 있다.

F_{-8}	F_{-7}	F_{-6}	F_{-5}	F_{-4}	F_{-3}	F_{-2}	F_{-1}	F_0	F_1	F_2	F_3	F_4	F_5	F_6	F_7	F_8
	13	−8	5	−3	2	−1	1	0	1	1	2	3	5	8	13	21

② 삼 피보나치 수열

두 항의 합으로 정의된 피보나치 수열을 발전시켜, 앞의 세 항의 합으로 표현되는 수열을 **삼 피보나치**(tribonacci) **수열**이라고 부른다. 초깃값을 0, 0, 1로 정한 삼 피보나치 수열의 처음 몇 개의 항은 다음과 같다.

$$\{0,0,1,1,2,4,7,13,24,44,81,149,274,504,927,1705,3136,5768,10609,19513,\cdots\}$$

삼 피보나치 수열의 두 인접한 항의 비율은

$$T = \frac{1 + \sqrt[3]{19 + 3\sqrt{3 \cdot 11}} + \sqrt[3]{19 - 3\sqrt{3 \cdot 11}}}{3} = 1.8392867552$$

가 되며 이를 **삼 피보나치 상수**(tribonacci constant)라고 부른다. 이는 피보나치 수열의 인접한 두 항의 비를 황금비율로 했던 것과 성격이 유사하다.

실제로 T는 다항식 $x^3 - x^2 - x - 1 = 0$의 근으로 근삿값 1.83929이 된다. 또한 T는 방정식 $x + x^{-3} = 2$을 만족한다.

(계산: $x+\dfrac{1}{x^3}=x+\dfrac{1}{x^2+x+1}=\dfrac{x^3+x^2+x+1}{x^2+x+1}=\dfrac{x^2+x+1+x^2+x+1}{x^2+x+1}=2$)

8.3 루카스 수열

루카스는 피보나치 수열을 변형하여 규칙

$$L_1=1,\ L_2=3,\ L_n=L_{n-1}+L_{n-2}$$

을 만족하도록 $\{L_n\}_{n=1}^{\infty}$을 정의했다. 이와 같은 수열 $\{1,3,4,7,11,18,29,47,76,123,\cdots\}$ 이 **루카스 수열**(Lucas sequence)이며 각 성분들은 **루카스 수**라고 부른다.

루카스 수열과 피보나치 수열의 항은 다음과 같이 비교할 수 있다.

n	0	1	2	3	4	5	6	7	8	9	10	11	12	13	14	15	$\cdots$
F_n	0	1	1	2	3	5	8	13	21	34	55						$\cdots$
L_n	2	1	3	4	7	11	18	29	47	76	123						$\cdots$

예제 8.6

위의 표의 빈칸을 채워 넣어라.

정리 8.6

루카스 수열에서 다음의 성립한다.

(1) $L_n=\left(\dfrac{1+\sqrt{5}}{2}\right)^n+\left(\dfrac{1-\sqrt{5}}{2}\right)^n$ (Binet 공식)

(2) $L_n=F_{n-1}+F_{n+1}$

(3) $L_{-n}=(-1)^nL_n$

(4) $L_{n+1}=\dfrac{1}{2}(5F_n+L_n)$

(5) $L_{m+n}=\dfrac{1}{2}(5F_mF_n+L_mL_n)$

(6) $L_n^2-5F_n^2=4(-1)^n$

(7) $L_{m-n} = \frac{(-1)^n}{2}(L_m L_n - 5F_m F_n)$　　　(8) $L_n^2 = L_{2n} + 2(-1)^n$

증명 피보나치 수열의 경우와 유사하게 증명할 수 있다. 증명은 생략한다. ■

위에서 비넷의 공식 $L_n = \left(\frac{1+\sqrt{5}}{2}\right)^n + \left(\frac{1-\sqrt{5}}{2}\right)^n$는 루카스 수열의 일반항이다. 방정식 $x^2 - x - 1$의 근을 α와 β라고 했을 때,

$$F_n = \frac{1}{\sqrt{5}}\left[\left(\frac{1+\sqrt{5}}{2}\right)^n - \left(\frac{1-\sqrt{5}}{2}\right)^n\right] = \frac{\alpha^n - \beta^n}{\alpha - \beta}$$

이 피보나치 수열의 일반항인 것처럼,

$$L_n = \left(\frac{1+\sqrt{5}}{2}\right)^n + \left(\frac{1-\sqrt{5}}{2}\right)^n = \frac{\alpha^n + \beta^n}{\alpha + \beta}$$

은 루카스 수열의 일반항이다(물론 여기서 $\alpha + \beta = 1$이다).

루카스(F. Lucas, 1842~1891)는 하노이 탑의 전설을 수학 알고리즘으로 발전시킨 프랑스의 수학자이다. 인도의 한 사원에는 세상의 중심을 나타내는 큰 돔이 있고 그 안에 세 개의 기둥이 있다. 하나의 기둥에 가장 큰 원판이 바닥에 놓여 있고, 나머지 원판들이 점점 작아지며 꼭대기까지 쌓여 있다. 승려들은 모든 원판을 다른 기둥으로 옮기기 위해 밤낮 없이 차례로 제단에 올라 규칙에 따라 하나씩 옮긴다. 전설에 의하면 이 일이 끝날 때, 탑은 무너지고 세상은 종말을 맞게 된다고 한다. 이것을 일종의 퍼즐로 만든 것이 하노이의 탑(Tower of Hanoi) 문제이다. 세 개의 기둥과 이 기둥에 꽂을 수 있는 다양한 크기의 원판이 있다. 한 기둥에 원판들이 작은 것이 위에 있도록 순서대로 쌓여 있다. 모든 원판들을 그 순서 그대로 다른 기둥으로 옮겨서 다시 쌓는데, 다음 두 가지 조건을 만족시킨다.

- 한 번에 하나의 원판만 옮길 수 있다.
- 큰 원판이 작은 원판 위에 있어서는 안 된다.

루카스가 하노이의 탑이라는 이름을 붙인 이유는 명확하지 않으나, 당시 프랑스의 식민지였던 베트남 하노이를 상징하는 것으로 추정된다.

정리 8.7

n이 소수이면 $L_n \equiv 1 \pmod n$이다. 그러나 그 역은 성립하지 않는다.

정리 8.7을 페르마의 작은 정리와 유사한 성질로 이해할 수 있다. 페르마 작은 정리에 의하면 n이 소수이면 $n \nmid a$인 정수 a에 대해 $a^{n-1} \equiv 1 \pmod n$이 성립한다. 이 정리의 역의 질문

$n \nmid a$인 정수 a에 대해 $a^{n-1} \equiv 1 \pmod n$이면 n은 소수인가?

는 성립하지 않는다(3장 참고). 이 결과로부터 **(페르마) 유사소수**의 정의가 되었다. 다시 말해서 합성수 n이 $n \nmid a$인 정수 a에 대해 $a^{n-1} \equiv 1 \pmod n$일 때 n을 **유사소수**라고 부른다. 이와 비슷한 형태로 루카스 유사소수가 정의된다.

정의 8.1

$L_n \equiv 1 \pmod n$을 만족하는 합성수 n을 **루카스 유사소수**라고 부른다.

이 성질을 probable 소수 판정법(primality test)으로 사용할 수 있다. 이 판정법과 밑수 2에 대한 강한 probable 소수 판정법은 상당히 빠르고 또한 안정적이다. 실제로 이 두 판정법을 통과한 합성수는 아직까지 알려지지 않았다.

1) 일반화된 루카스 수열

임의의 정수 P와 Q에 대해 다음의 수열을 **일반화된 루카스 수열**이라고 한다.

$$U_0 = \alpha,\ U_1 = \beta,\ U_n = PU_{n-1} - QU_{n-2}\ (\alpha, \beta\text{는 임의의 정수})$$

특별히 $P=1$, $Q=-1$이며 $U_0=0$, $U_1=1$인 경우가 피보나치 수열이며, $U_0=2$, $U_1=1$인 경우가 루카스 수열이다.

8.4 루카스 함수와 루카스 암호

디피(Diffee)와 헬만(Hellman)이 고안한 공개키 암호시스템에서 트랩도어(trapdoor) 함수는 암호화를 하는 데 필수적으로 사용된다. 트랩도어 함수란 부가적인 정보를 알고 있는 바로 그 경우에만 그것의 역함수가 계산될 수 있는 함수를 말한다. 그런 함수와 역함수를 찾기 위해 필요한 부수적인 정보는 암호시스템에서 수신된 메시지와는 아무 관계가 없다. 공개키는 누구에게나 공개되기 때문에 메시지를 암호화해서 송신하고자 하는 모든 사람은 비밀키를 가진 사람에게 보낼 수 있다. 이 메시지는 도청자에 의해 복호될 수도 없고 변경될 수도 없다. 단지 비밀키를 가진 사람만 할 수 있다.

공개키 암호시스템으로 만들어진 RSA 암호는 훌륭한 암호체계이지만 시스템에 약점이 없는 것은 아니다. 여기서 말하는 약점이란 암호 계산이 너무 복잡하거나 암호가 공격을 받아 깨지는 경우를 말한다. RSA 암호 이후로 유사한 암호시스템들이 다수 개발되었는데, 그중에 루카스 암호가 있다.

우선 RSA 암호를 다시 기억하여 그 약점이 무엇인지 알아보고, 새로운 암호 체계인 루카스 암호와 비교해보자.

1) RSA 공개키 시스템

RSA 암호는 e와 n으로 만들어지고 메시지 M를

$$f(M) = M^e \bmod n$$

로 암호화하는데, 이 값을 $f(M) = M'$라고 하자. f의 역함수를 계산하기가 어렵기 때문에 f는 트랩도어 함수이다. n은 큰 소수 p와 q의 곱이며 비밀키 d는

$$ed \equiv 1 \ (\text{mod}(p-1)(q-1))$$

로 생성된다. 만일 $\gcd(e, (p-1)(q-1)) = 1$이면 d는 항상 존재하는데, p와 q를 알고 있다면 쉽게 계산될 수 있다. 다시 말해서 원래의 메시지는

$$M = (M')^d \ (\text{mod } n)$$

으로 복원된다. 그러므로 비밀키는 공개키 암호에서 가장 중요한 키이다.

그러나 $M^e \bmod n$와 $(M')^d \bmod n$를 실제로 계산하는 것은 쉬운 일이 아니다. n은 수백 자릿수가 될 수 있으므로, 만일 e를 445537로 택하면 d는 대략 $\frac{n}{e}$부터 n 사이의 값으로 아주 긴 계산을 필요로 한다. 다행히 지수법칙은 반복적으로 제곱을 하는 빠른 지수법으로 비교적 빨리 계산할 수 있다. 그러나 비밀키 과정은 공개키의 과정만큼 많은 단계를 요한다.

(1) RSA 암호에 필요한 수학

n에 대한 오일리 phi 함수 (오일러 totient 함수) $\phi(n)$은 n보다 작은 자연수들 중에서 n과 서로소인 수들의 개수이다. 만일 $n = pq$ $(p \neq q$ 소수들)이면

$$\phi(n) = (p-1)(q-1)$$

이다. 만일 $\gcd(e,\ \phi(n)) = 1$이면 d는

$$ed = k\phi(n) + 1 \ \ (\text{적당한 정수 } k),$$

즉

$$ed \equiv 1 \bmod \phi(n)$$

이다. 공개키 암호시스템과 비밀키 성질에 의해

$$(M^e \bmod n)^d \bmod n \equiv M^{ed} \bmod n,$$

$$M^{ed} = M^{k\phi(n)+1} = (M^{\phi(n)})^k M$$

이다. RSA 암호는 오일러의 정리 '$\gcd(M,\ n) = 1$이면 $M^{\phi(n)} \equiv 1 \bmod n$'에 의해 성립한다. n이 될 수 있는 수들 중에서 M와 서로소가 되지 않을 확률은 대략 10^{-50} 정도로, 상당히 많은 수가 $\gcd(M,\ n) = 1$를 만족한다. 그러므로 만일 $M < n$이면

$$M^{ed} = (M^{\phi(n)})^k M \equiv 1^k M \equiv M \pmod n$$

이다. 여기서 $\phi(n)$는 $\mathrm{lcm}((p-1),\ (q-1))$로 바꿀 수 있다. 그런데 실제로는 $p-1$과 $q-1$이 큰 공통 인수를 갖지 않는데, 만약 큰 공통 인수를 갖는다면 n은 쉽게 인수분해되기 때문이다. 그러나 이것이 암호나 복호의 안전성을 향상시키지는 못한다. 또 하나의

흥미로운 점은 d와 e의 대칭성으로, 이는 p와 q를 아는 경우에 하나는 나머지 것으로부터 알아낼 수 있다. 만일 비밀키의 과정을 빨리 하기를 원한다면, d를 짧게(너무 짧지 않게) 선택하고 e를 공개하면 된다.

(2) RSA 암호의 약점

RSA 암호의 단점 중 하나는 서명이 위조될 수 있다는 것이다. 다시 말해서 만일 특별한 메시지 M를 위조하기 위해 의도적으로 선택하여 희생자의 서명을 받았다면 이 서명을 위조할 수 있다. 이런 상황이 제2장에서 배운 선택 암호문 공격인데 트랩도어 함수의 곱셈 성질때문에 가능하다.

만일 M, $M^d \bmod n$, L, $L^d \bmod n$을 알고 있다면, 곱셈 성질

$$M^d L^d = (ML)^d$$

에 의해 d를 모르면서도 ML과 $(ML)^d \bmod n$을 계산할 수 있다. $M^d \bmod n$은 비밀키 과정에 의해 M에 덧붙은 서명이다. 만일 M과 L이 신중히 선택되어서 ML이 위조자가 서명하기를 원하는 메시지라면 ML의 서명은 M와 L의 서명을 곱함으로써 생성해낼 수 있다. 그러나 이러한 약점이 LUC에서는 드러나지 않았다.

2) LUC 공개키 시스템

LUC 공개키 암호시스템은 트랩도어 함수로 루카스 함수를 사용한다. 루카스 함수는 지수함수와 관계가 있기 때문에 공개키와 비밀키 생성 과정이 RSA 암호와 거의 유사하다. LUC 시스템을 성공적으로 공격하는 것은 RSA 암호를 성공적으로 공격할 수 있다는 것이다. 그러나 RSA의 약점이 LUC에서는 발생하지 않기 때문에 LUC가 RSA 보다 비교적 안전한 암호체계라고 볼 수 있다.

(1) 선형순환식

정수 $P_1, P_2, \cdots, P_m$에 대해 정수열 $\{T_n\}$을

$$T_n = P_1 T_{n-1} + P_2 T_{n-2} + \cdots + P_m T_{n-m}$$

로 정의한다. $T_0, T_1, \cdots, T_{m-1}$는 독립적으로 선택하며, 이러한 방정식을 m**차 선형순환식**

이라고 부른다. 특별히 $P_1 = \cdots = P_m = 1$일 때가 일반화된 피보나치의 수열이다. 일차 선형순환식은 P_1와 T_0의 곱셈으로 시작한다. 암호시스템에서 사용되는 루카스의 수열은 **이차 선형순환식**(second order linear recurrence)

$$T_n = PT_{n-1} - QT_{n-2}$$

이다. 보통 P와 Q는 소수로 택하거나 적어도 $\gcd(P, Q) = 1$로 한다. 특별히 $P = 1 = -Q$이고 $T_0 = 0$, $T_1 = 1$일 때가 피보나치의 수열이다.

$T_n = PT_{n-1} - QT_{n-2}$을 나타내는 이차 다항식을 찾아보자.

$$\frac{T_n}{T_{n-1}} = \frac{PT_{n-1} - QT_{n-2}}{T_{n-1}} = P - Q\frac{T_{n-2}}{T_{n-1}}$$

인데 $\frac{T_n}{T_{n-1}} = X_n$으로 치환하면 $X_n = P - Q\frac{1}{X_{n-1}}$이다. $\lim_{n\to\infty} X_n = X$라고 하면 방정식

$$X^2 - PX + Q = 0$$

를 얻을 수 있다.

참고 피보나치 수열 $\{F_n\}$에서 방정식 $x^2 - x - 1 = 0$은 아주 중요한 역할을 했으며 이 방정식의 근이 황금비였다. 이 방정식은 행렬식으로 계산할 수 있으며 혹은

$$\frac{F_{n+1}}{F_n} = \frac{F_n + F_{n-1}}{F_n} = 1 + \frac{F_{n-1}}{F_n}$$

로부터

$$x^2 - x - 1 = 0 \text{ 또는 } x^2 + x - 1 = 0$$

을 만들 수 있다. 피보나치 수열에서 했던 것처럼,

$$\begin{cases} T_n &= PT_{n-1} - QT_{n-2} \\ T_{n-1} &= T_{n-1} \end{cases}$$

로부터 행렬 $\begin{bmatrix} P & -Q \\ 1 & 0 \end{bmatrix}$를 만들자. 이것의 특성방정식은

$$\begin{vmatrix} \lambda - P & Q \\ -1 & \lambda \end{vmatrix} = \lambda^2 - P\lambda + Q = 0$$

이 된다. 특성방정식 $x^2-Px+Q=0$의 두 근을 a, b라고 하자. 그러면 $a+b=P$이고 $ab=Q$이다. 또한

$$Pa-Q=a^2 \text{이며 } Pb-Q=b^2$$

이므로, 임의의 수 c_1과 c_2에 대해 수열 $\{c_1a^n+c_2b^n\}$은

$$\begin{aligned} P(c_1a^{n-1}+c_2b^{n-1})-Q(c_1a^{n-2}+c_2b^{n-2}) &= c_1a^{n-2}(Pa-Q)+c_2b^{n-2}(Pb-Q) \\ &= c_1a^{n-2}(a^2)+c_2b^{n-2}(b^2) \\ &= c_1a^n+c_2b^n \end{aligned}$$

을 만족한다. 그러므로 $T_n=PT_{n-1}-QT_{n-2}$를 만족하는 수열 $\{T_n\}$은 이차 선형순환식을 만족한다. 또한 $\{T_n\}$은

$$T_0=c_1+c_2 \text{이고 } T_1=c_1a+c_2b$$

일 때 $T_n=\{c_1a^n+c_2b^n\}$으로 생각할 수 있다. T_0과 T_1이 정수이면 a, b, c_1, c_2가 정수가 아니라고 하더라도, 수열의 모든 항이 전부 정수들이다.

이차 선형순환식의 두 개의 특별한 근을 $\{U_n\}$과 $\{V_n\}$

$$U_n=\frac{a^n-b^n}{a-b} \quad (\text{그러면 } c_1=\frac{1}{a-b}=-c_2 \text{이다.})$$

$$V_n=a^n+b^n \quad (\text{그러면 } c_1=1=c_2 \text{이다.})$$

라고 정의하자. 그러면

$$U_0=0,\ U_1=1,\ V_0=2,\ V_1=P$$

이므로 이 두 수열은 모두 정수열이다. 이 수열들은 정수들 P와 Q에만 종속되므로, P와 Q에 대한 **루카스 함수**라고 부르고 그것을 강조하기 위해

$$U_n=U_n(P,Q) \text{와 } V_n=V_n(P,Q)$$

로 쓴다. 이것은 Lucas가 고안했고 Lehmer가 발전시켰으며, Ribenboim (1988)이 좋은 결과를 발표했다.

(2) 루카스 함수

이차 선형순환식 $x^2 - Px + Q = 0$의 두 근을 a와 b라 할 때, 수열 $U_n(P, Q)$와 $V_n(P,Q)$을 다음과 같이 정의한다.

$$U_n(P, Q) = \frac{a^n - b^n}{a - b}, \quad V_n(P, Q) = a^n + b^n$$

$U_n(P, Q)$과 $V_n(P, Q)$은 정수열로 P와 Q에 의존하게 되며 P와 Q의 **루카스 함수**라고 부른다.

방정식 $x^2 - x - 1 = 0$의 근을 ϕ_i $(i = 1, 2)$라고 할 때, 피보나치 수열의 일반항 F_n과 루카스 수열의 일반항 L_n은 다음과 같다(Binet 공식).

$$\begin{cases} F_n = \dfrac{1}{\sqrt{5}}\left(\left(\dfrac{1+\sqrt{5}}{2}\right)^n - \left(\dfrac{1-\sqrt{5}}{2}\right)^n\right) = \dfrac{\phi_1^n - \phi_2^n}{\phi_1 - \phi_2}, \\ L_n = \phi_1^n + \phi_2^n \end{cases}$$

그러므로 $P = 1$, $Q = -1$일 때 루카스 함수는 다음과 같다.

$$U_n(P, Q) = U_n(1, -1) = F_n, \quad V_n(P, Q) = V_n(1, -1) = L_n$$

실제로 $x^2 - Px + Q = 0$의 두 근은 $a = \dfrac{P + \sqrt{P^2 - 4Q}}{2}$와 $b = \dfrac{P - \sqrt{P^2 - 4Q}}{2}$이므로 루카스 함수는

$$U_n(P,Q) = \frac{\left(\dfrac{P+\sqrt{P^2-4Q}}{2}\right)^n - \left(\dfrac{P-\sqrt{P^2-4Q}}{2}\right)^n}{\sqrt{P^2-4Q}},$$

$$V_n(P,Q) = \left(\frac{P+\sqrt{P^2-4Q}}{2}\right)^n + \left(\frac{P-\sqrt{P^2-4Q}}{2}\right)^n$$

로서 P와 Q를 변수로 하는 함수이다.

(3) 루카스 함수의 관계식

a와 b가 방정식 $x^2 - Px + Q = 0$의 근이므로

$$a+b=P,\ ab=Q$$

이며 또한 판별식은 $D=P^2-4Q=(a-b)^2$이다.

정리 8.8

$x^2-Px+Q=0$의 두 근을 a와 b라 할 때, 다음이 성립한다.

$$U_n(P,\ Q)=U_n(a+b,\ ab)=\frac{a^n-b^n}{a-b},\quad V_n(P,\ Q)=V_n(a+b,\ ab)=a^n+b^n$$

정리 8.9

$U_n(P,\ Q)$과 $V_n(P,\ Q)$을 간단히 U_n과 V_n라고 하자. 그러면 다음이 성립한다.

(1) $U_0=0,\ U_1=1,\ U_2=a+b=P$

(2) $V_0=2,\ V_1=a+b=P$

(3) $U_{n+1}(P,\ Q)=PU_n-QU_{n-1}$. 즉 $U_{n+1}=PU_n-QU_{n-1}$이다.

(4) $V_{n+1}(P,\ Q)=PV_n-QV_{n-1}$. 즉 $V_{n+1}=PV_n-QV_{n-1}$이다.

(5) $U_{2n}=U_nV_n,\ V_{2n}=V_n^2-2Q^n$

(6) $U_{2n+1}=\dfrac{(PU_{2n}+V_{2n})}{2},\ V_{2n+1}=\dfrac{(DU_{2n}+PV_{2n})}{2}$

(7) $V_{2n+1}=PV_n^2-QV_nV_{n-1}-PQ^n,\ V_{2n-1}=V_nV_{n-1}-PQ^{n-1}$

(8) $V_n^2=DU_n^2+4Q^n$

(9) $U_{k+n}=U_kU_{n+1}-QU_{k-1}U_n,\ V_{k+n}=V_kV_n-Q^nV_{k-n}\ (k\geq n\geq 0)$

(10) $2V_{n+m}=V_nV_m+DU_nU_m,\ 2Q^nV_{k-n}=V_kV_n-DU_nU_k$

증명 $x^2-Px+Q=0$의 두 근이 a와 b이므로

$$x^2-Px+Q=(x-a)(x-b)=x^2-(a+b)x+ab$$

이다. 정의로부터 $V_0=2,\ V_1=a+b=P$은 분명하고 수학적 귀납법에 의하여

$$PV_n - QV_{n-1} = (a+b)(a^n + b^n) - ab(a^{n-1} + b^{n-1})$$
$$= a^{n+1} + b^{n+1} = V_{n+1}$$

이다. (1), (2), (3)은 이와 유사하게 증명할 수 있다. 또한 (8)은

$$D = P^2 - 4Q = (a+b)^2 - 4ab = (a-b)^2$$

이므로

$$DU_n^2 + 4Q^n = (a^n - b^n)^2 + 4(ab)^n = (a^n + b^n)^2 = V_n^2$$

이다. 나머지 성질들은 주로 정의로부터 증명할 수 있거나 귀납법으로 증명할 수 있다. 연습문제로 남긴다. ■

정리 8.10

$D = P^2 - 4Q = (a-b)^2$는 다항식 $x^2 - Px + Q = 0$의 판별식이다. 그러면 다음이 성립한다.

(1) $V_{nk}(P,\ Q) = V_n(V_k(P,\ Q),\ Q^k)$

(2) $U_{nk}(P,\ Q) = U_n(V_k(P,\ Q),\ Q^k) \cdot U_k(P,\ Q)$

(3) $2V_{n+m} = V_n V_m + DU_n U_m = 2(a^{n+m} + b^{n+m})$

(4) $U_{2n} = U_n V_n$이며 $U_{2n+1} = U_{n+1} V_n - Q^n$

(5) $V_{2n} = V_n^2 - 2Q^n$이며 $V_{2n+1} = V_{n+1} V_n - PQ^n$

증명 $x^2 - Px + Q = 0$의 판별식이 $D = P^2 - 4Q = (a-b)^2$이므로 a, b는 이 방정식의 근으로, $ab = Q$이고 $a + b = P$이다. 이차 선형순환식 $T_n = PT_{n-1} - QT_{n-2}$에서 P 대신 $V_k(P,\ Q)$로, Q 대신 Q^k를 사용하여 생성된 선형순환식

$$T_n = V_k(P,\ Q)\, T_{n-1} - Q^k T_{n-2}$$

를 생각해보자(정의에서 $V_n(P,\ Q) = a^n + b^n$임을 기억하자). 이차방정식

$$x^2 - V_k(P,\ Q)x + Q^k = 0$$

이 되므로, 이 방정식의 근을 a'과 b'이라고 하면

$$a' + b' = V_k(P,\ Q) = a^k + b^k \text{이며 } a'b' = Q^k = a^k b^k$$

이 되므로

$$a' = a^k \text{이며 } b' = b^k$$

이 된다. 그러므로

$$\begin{aligned} V_n(V_k(P, Q), Q^k) &= V_n(a^k + b^k, a^k b^k) \\ &= (a^k)^n + (b^k)^n = V_{nk}(P, Q) \end{aligned}$$

이다(여기서 $V_n(P, Q) = V_n(a+b, ab) = a^n + b^n$를 사용했다). 또한

$$\begin{aligned} U_n(V_k(P, Q), Q^k) \cdot U_k(P, Q) &= \frac{(a^k)^n - (b^k)^n}{a^k - b^k} \frac{a^k - b^k}{a - b} \\ &= \frac{(a^k)^n - (b^k)^n}{a - b} = U_{nk}(P, Q) \end{aligned}$$

이다(여기서 $U_n(P, Q) = U_n(a+b, ab) = \dfrac{a^n - b^n}{a - b}$를 사용했다).

(다른 증명: 방정식 $x^2 - Px + Q = 0$의 하나의 근 $a = \dfrac{P + \sqrt{P^2 - 4Q}}{2}$이므로

$$a^m = \frac{V_m + U_m\sqrt{D}}{2} = \frac{V_m + \sqrt{U_m^2 D}}{2} = \frac{V_m + \sqrt{V_m^2 - 4Q^m}}{2}$$

그러므로 $V_m(P, Q) = P'$이고 $Q' = Q^m$이라고 하면

$$a^m = \frac{P' + \sqrt{P'^2 - 4Q'}}{2}$$

이며, 따라서 다음과 같다.

$$\begin{aligned} (a^m)^k &= \frac{V_k(P', Q') + U_k(P', Q')\sqrt{P'^2 - 4Q'}}{2} \\ &= \frac{V_k(P', Q') + U_k(P', Q')U_m(P, Q)\sqrt{D}}{2} \end{aligned}$$

그런데

$$a^{km} = \frac{V_{km}(P, Q) + U_{km}(P, Q)\sqrt{D}}{2}$$

이므로 계수를 비교하면 결과를 얻을 수 있다.)

(3) $$V_n V_m = (a^n + b^n)(a^m + b^m) = a^{n+m} + b^{n+m} + a^n b^m + a^m b^n$$

이며

$$DU_nU_m = \frac{(a^n - b^n)(a^m - b^m)(a-b)^2}{(a-b)(a-b)} = a^{n+m} + b^{n+m} - a^nb^m - a^mb^n$$

이므로 다음이 성립한다.

$$2V_{n+m} = V_nV_m + DU_nU_m = 2(a^{n+m} + b^{n+m})$$

(4) 또한

$$\begin{aligned} U_{m+n} &= \frac{a^{m+n} - b^{m+n}}{a-b} \\ &= \frac{(a^m - b^m)(a^n + b^n)}{a-b} - \frac{a^nb^n(a^{m-n} - b^{m-n})}{a-b} \\ &= U_mV_n - a^nb^nU_{m-n} \end{aligned}$$

$$\begin{aligned} V_{m+n} &= a^{m+n} + b^{m+n} \\ &= (a^m + b^m)(a^n + b^n) - a^nb^n(a^{m-n} + b^{m-n}) \\ &= V_mV_n - a^nb^nV_{m-n} \end{aligned}$$

이므로

$$U_{2n} = \frac{(a^n - b^n)(a^n + b^n)}{a-b} = U_nV_n$$

이다. 한편

$$\begin{aligned} U_{2n+1} &= \frac{a^{(n+1)+n} - b^{(n+1)+n}}{a-b} \\ &= \frac{(a^{n+1} - b^{n+1})(a^n + b^n)}{a-b} - a^nb^n = U_{n+1}V_n - Q^n \end{aligned}$$

이다. 이와 유사하게 다음의 관계식을 얻을 수 있다.

$$\begin{cases} V_{2n} = V_nV_n - a^nb^nV_0 = V_n^2 - 2Q^n \\ V_{2n+1} = V_{n+1}V_n - a^nb^n(a+b) = V_{n+1}V_n - PQ^n \end{cases}$$

참고 관계식 $\begin{cases} V_{nk}(P,\ Q) = V_n(V_k(P,\ Q),\ Q^k) \\ U_{nk}(P,\ Q) = U_n(V_k(P,\ Q),\ Q^k) \cdot U_k(P,\ Q) \end{cases}$ 는 루카스 암호를 만드는 데 아주 중요한 역할을 하므로 잘 알아두자.

정리 8.11

임의의 $N>0$에 대해 다음이 성립한다.

(1) $V_n(P \bmod N, Q \bmod N) = V_n(P, Q) \bmod N$

(2) $U_n(P \bmod N, Q \bmod N) = U_n(P, Q) \bmod N$

(3) $V_n(P \bmod N, Q \bmod N) = (P \bmod N)(V_{n-1}(P, Q) \bmod N) - (Q \bmod N)(V_{n-2}(P, Q) \bmod N)$

(4) $U_n(P, Q) \bmod N \equiv (P \bmod N)(U_{n-1}(P, Q) \bmod N) - (Q \bmod N)(U_{n-2}(P, Q) \bmod N)$

정리 8.12

만일 $Q=1$이면 $V_{nk}(P,\ 1) = V_n(V_k(P,\ 1),\ 1)$이며
$U_{nk}(P,\ 1) = U_n(V_k(P,\ 1),\ 1)U_k(P,\ 1)$이다.

위의 정리에서 $V_k(P,\ Q)$, P, Q^k, Q로 생성되는 순환식

$$T_n = V_k(P,\ Q)T_{n-1} - Q^k T_{n-2}$$

에 대응하는 이차방정식의 근을 a'와 b'라고 하면

$$a' + b' = V_k(P,\ Q) = a^k + b^k \text{이며 } a'b' = Q^k = a^k b^k$$

이므로 $a' = a^k$이고 $b' = b^k$(또는 그 역의 관계)가 성립한다. 그러므로

$$V_n(V_k(P,\ Q),\ Q^k) = (a^k)^n + (b^k)^n = a^{nk} + b^{nk} = V_{nk}(P,\ Q)$$

이다. 이 결과는 LUC 시스템을 만드는 데 중요한 역할을 하는데, 일종의 거듭제곱의 합성 규칙을 일반화한 것이기 때문이다.

(4) Lehmer totient 함수

르장드르 기호를 다음과 같이 정의하자.

$$\left(\frac{D}{p}\right)=\begin{cases} 0 & \text{만일 } p \mid D \\ 1 & \text{만일 } D \equiv x^2 \bmod p \text{ 를 만족하는 } x\text{가 존재한다.} \\ -1 & \text{만일 } D \equiv x^2 \bmod p \text{ 를 만족하는 } x \text{ 가 존재하지 않는다.} \end{cases}$$

p가 홀수 소수로 $p \nmid Q$, $p \nmid D$이며 $\delta=\left(\frac{D}{p}\right)$라면, 임의의 정수 k에 대해

$$U_{k(p-\delta)}(P,\ Q) \equiv 0 \pmod p \text{이며 } V_{k(p-\delta)}(P,\ Q) \equiv 2Q^{k(1-\delta)/2} \pmod p$$

이다(Lehmer(1930), Williams(1982)). 귀납법을 사용하여 일반화할 수 있다.

$$\begin{aligned} V_{(k+1)(p-\delta)} &= \frac{1}{2}(V_{k(p-\delta)}V_{p-\delta}+DU_{k(p-\delta)}U_{p-\delta}) \\ &\equiv V_{k(p-\delta)}Q^{(1-\delta)/2} \pmod p \end{aligned}$$

Lucas에 의해 만들어진 수열은 Lehmer에 의하여 확장되었다. 오일러 totient 함수(ϕ-함수)는 RSA 암호에서 중요한 역할을 하는데, Lucas 암호시스템에서 이러한 역할을 대신할 함수로 Lehmer totient 함수가 정의되었다.

르메(D. Lehmer, 1905~1991)는 미국의 수학자로서 1930년경에 메르센 소수를 찾는 방법으로 Lucas-Lehmer test를 고안해냈다.

정의 8.2

$D=P^2-4Q=(a-b)^2$는 방정식 $x^2-Px+Q=0$의 판별식이다. 임의의 자연수 n을 다음과 같이 정의한 함수 r을 D에 관한 르메(Lehmer) totient 함수라고 부른다.

$$r(n)=\prod_{p^e \| n} p^{e-1}\left(p-\left(\frac{D}{p}\right)\right)$$

여기서 $p^e \| n$의 e는 n을 나누는 p의 최대 지수이며 $\left(\frac{D}{p}\right)$는 Jacobi 기호이다. 특별히 $p>2$이면 오일러 판정법에 의해 $\left(\frac{D}{p}\right) \equiv D^{(p-1)/2} \pmod p$이다.

예제 8.7

$n=3^5 5^2 7^{11}$ 이라고 할 때, 오일러 $\phi(n)$과 르메 $r(n)$을 구하여라.

풀이 $\phi(3^5 5^4 7^{11}) = \phi(3^5)\phi(5^4)\phi(7^{11}) = 3^4 5^3 7^{10} \cdot (3-1)(5-1)(7-1)$이다.

한편

$$r(3^5 5^4 7^{11}) = 3^4 5^4 7^{10}(3-\left(\frac{D}{3}\right))(5-\left(\frac{D}{5}\right))(7-\left(\frac{D}{7}\right))$$

이다.

예제 8.8

p와 q는 소수이다. 다음을 확인하여라.

① $n=p$이면 $r(n)=p-\left(\frac{D}{p}\right)$이다.

② $n=pq$ $(p \neq q)$이면 $r(n)=(p-\left(\frac{D}{p}\right))(q-\left(\frac{D}{q}\right))$이다. $\left(\frac{D}{p}\right)=\pm 1$이므로 $r(n)$은 네 가지 값을 갖는다.

③ $n=p^i q^j$이면 $r(n)=p^{i-1}(p-\left(\frac{D}{p}\right))\, q^{j-1}(q-\left(\frac{D}{q}\right)) = \frac{n}{pq}(p-\left(\frac{D}{p}\right))(q-\left(\frac{D}{q}\right))$이다.

그런데 $\left(\frac{D}{p}\right)=\pm 1$이므로

$$r(n)=p^{i-1}(p-\left(\frac{D}{p}\right))\, q^{j-1}(q-\left(\frac{D}{q}\right)) = \frac{n}{pq}(p\pm 1)(q\pm 1)$$

이다.

Totient 함수

수학에서 'Totient 함수'는 중요한 역할을 한다. Totient는 quotient와 유사하게 발음한다. 여기서 Totient는 라틴어로부터 왔는데, Tot은 '대단히 많은'이라는 뜻이다. 오일러는 '양의 정수 n이 있을 때, n과 서로소인 n보다 작은 양의 정수는 몇 개인가?'를 물어보면서 Totient 함수를 연구했다. 그러나 Totient라는 이름은 Sylvester가 자신의 논문 'On Certain Ternary Cubic-Form Equations', Amer. J. Math 2(1879) 280-285에서 사용했다.

정리 8.13

$x^2 - Px + Q = 0$에서 $p > 2$이며 $\left(\frac{P^2 - 4Q}{p}\right) = -1$이면 근 $a = \frac{P \pm \sqrt{P^2 - 4Q}}{2}$는 $a^{p+1} \equiv Q \pmod p$가 된다.

정리 8.14

n이 홀수이며 $\gcd(P^2 - 4, n) = 1$이라고 하자. $r(n)$이 D에 관한 n의 Lehmer totient 함수라면 임의의 $k > 0$에 대하여

$$V_{kr(n)+1}(P,\ 1) \equiv P \pmod n$$

이다.

$\gcd(P, Q) = 1$인 P, Q로 정의된 루카스 함수에 대해, 오일러 Totient 함수를 루카스 함수로 일반화하여 Lehmer totient 함수를 정의할 수 있다. 여기서는 $n = pq$ ($p \neq q$ 소수)일 때만 논의하는데, 그런 경우에 Lehmer totient 함수는

$$r(n) = (p - \left(\frac{D}{p}\right))(q - \left(\frac{D}{q}\right))$$

가 된다.

(5) LUC 암호와 Lehmer 함수

RSA 암호에서 오일러 Totient 함수의 경우처럼, $(p - \left(\frac{D}{p}\right))$와 $(q - \left(\frac{D}{q}\right))$를 전부 곱하는 대신에 최소공배수(lcm)만 필요하다. 즉 $n = pq$ ($p \neq q$ 홀수 소수)일 때

$$S(n) = \mathrm{lcm}(\, p - \left(\frac{D}{p}\right),\ q - \left(\frac{D}{q}\right)\,)$$

라고 하자. $S(n)$이 $(p - \left(\frac{D}{p}\right))$와 $(q - \left(\frac{D}{q}\right))$의 곱이므로 $p, q \nmid D$ $(= P^2 - 4)$일 때, 임의의 k에 대해 다음이 성립한다.

$$\begin{cases} U_{kS(n)}(P,\ 1) \equiv 0 \pmod{n} \\ V_{kS(n)}(P,\ 1) \equiv 2 \pmod{n} \end{cases}$$

$n = pq$이고 $P < n$일 때, 만일

$$\gcd(P,\ n) = 1,\ \gcd(P^2 - 4,\ n) = 1,\ \gcd(e,\ S(n)) = 1$$

또한

$$ed = kS(n) + 1 \ (k:\text{ 정수})$$

이면 다음이 성립한다.

$$\begin{aligned} V_d(V_e(P,1),1) &= V_{de}(P,1) \\ &\equiv V_{kS(n)+1}(P,\ 1) \\ &\equiv PV_{kS(n)}(P,\ 1) - V_{kS(n)-1}(P,\ 1) \\ &\equiv PV_{kS(n)}(P,\ 1) - \frac{1}{2}(V_{kS(n)}(P,\ 1)V_1(P,\ 1) - DU_{kS(n)}(P,\ 1)U_1(P,\ 1)) \\ &\equiv (2P - \frac{1}{2}(2P - 0)) \bmod n \ \equiv \ P \end{aligned}$$

이것은 RSA와 같은 결과로써 루카스 함수를 트랩도어로 사용할 수 있는 근거가 된다. 그러나 차이점은 함수 $V_e(P,1)$와 그 역함수 $V_d(R,1)$의 대칭성이 결여된다는 것이다. d와 e는 함수 $S(n)$에 의해 관계하며, 이 함수는 P로 표현되는 D의 이차 제곱근에 관련되어 있다. 대칭성에 의해 P 또는 $V_e(P,1)$ 중 어느 것이 사용되는지에 상관없이 $S(n)$은 동일한 값을 갖도록 기대된다.

$$V_e^2(P,\ 1) - 4 = DU_e^2(P,\ 1)$$

가 된다. 또한 르장드르 기호의 성질에 의해 $\left(\frac{D}{p}\right) = \left(\frac{DU_e^2}{p}\right)$이다. 따라서

$$\left(\frac{D}{p}\right) = \left(\frac{P^2 - 4}{p}\right) = \left(\frac{V_e^2(P,1) - 4}{p}\right)$$

이며, 이는 함수를 사용하든지 또는 역함수를 사용하든지 $S(n)$은 동일함을 말한다.

8.5 새로운 공개키 암호시스템, LUC

RSA의 지수를 대신하여 다양한 치환다항식을 사용하는 연구가 수행되었다. 기약이항 다항식을 사용한 Kravitz-Reed의 변형은 안전하지 못한 것으로 판명되었다. 이어 W. Muller와 W. Nobauer는 Dickson 다항식을 사용하는 연구를 하였고, R. Lidl과 W. Muller는 이 방식을 일반화시켰으며, W. Nobauer는 안전성 분석을 연구했다.

그중에서 1993년 뉴질랜드의 암호학자들은 루카스 수열을 사용한 암호를 구성하여 LUC이라고 명명하였다. P. Smith는 1993년 1월호 Dr. Doo's Journal에 루카스 수열을 사용하는 RSA 방식의 공개키 암호 LUC를 제안하였다. 이 공개키 암호는 RSA 방식의 확장이다. 실제로 응용되는 루카스 수열은 두 개의 변수 P와 Q에 의해 정의되는 수열인데, 보통 Q는 1로 택하며 수열은 큰 정수의 모듈러 값으로 택한다. 루카스 수의 계산은 지수법과 상당히 유사하다. 법 n에 대한 e번째 루카스 수 $L_e(P,1)$를 계산할 때, P를 base로 생각하고 index를 지수(exponent)로 생각할 수 있다. LUC 암호는 루카스 수열의 점화식과 소인수분해의 어려움을 이용한 공개키 암호로써, 메시지의 암호화와 복호는 Lucas 함수를 이용하여 수행된다.

(1) LUC 암호시스템

RSA 암호와 유사하게 공개키 암호시스템을 만든다.

① 키생성

- 두 개의 큰 소수 p, q를 선택하고 (비밀키), $n = pq$를 공개한다.
- e는 $(p-1)(p+1)(q-1)(q+1)$와 서로소가 되도록 택한다. 즉,

$$\gcd(e,\ (p-1)(p+1)(q-1)(q+1)) = 1$$

- d는 $de \equiv 1 \bmod (p^2-1)(q^2-1)$이 되도록 생성하여 비밀키로 한다.

메시지 M는 $1 \le M < n$이며 $\gcd(M,\ n) = 1$로 한다.

② 암호화

공개키 n과 e를 사용하여

$$f(M) \equiv V_e(M,1) \bmod n$$

을 계산하여 암호문 M'를 만든다. 즉

$$f(M) \equiv V_e(M,1) \bmod n \equiv M'$$

이 LUC 공개키 암호의 암호문이다.

③ **복호화**

복호하기 위해

$$V_d(M', 1) \equiv V_d(V_e(M, 1), 1) \equiv V_{de}(M, 1) \equiv M \bmod n$$

(마지막 등식은 $a^{de} \equiv a(\bmod p)$이며 $a^{de} \equiv a(\bmod q)$이므로 성립한다.) 앞에서처럼

$$S(n) = \mathrm{lcm}\left(p - \left(\frac{D}{p}\right), q - \left(\frac{D}{q}\right)\right) \quad (\text{여기서 } D = M'^2 - 4)$$

라고 할 때 비밀키 d는

$$de \equiv 1(\bmod S(n))$$

이다. $\gcd(D,n) = 1$이라고 하자. (이것은 큰 제약조건이 아니다.) 그러면 르장드르 기호는 ± 1이다. 따라서 e는 $S(n)$과 서로소이므로, d는 유클리드 알고리즘에 의해 쉽게 계산할 수 있다.

$$M < n\text{이므로 } V_d(V_e(M,1) \bmod n, 1) \bmod n \equiv M$$

④ **인증**

LUC에서 인증을 할 수 있다. 메시지 $M \equiv V_d(M', 1) (\bmod n)$인데, 이것은

$$V_e(V_d(M', 1), 1) \equiv M (\bmod n)$$

으로 확인할 수 있다.

이 방법을 사용할 때 몇 가지 어려움이 발생할 수 있다.

- e 또는 d가 큰 값일 때, V_e와 V_d의 계산은 무척 길 수 있다.
- 비밀키 d는 각각의 메시지에 따라 다시 계산되어야 한다.

이러한 문제점은 그렇게 심각한 것은 아니다. Williams는 연속적으로 제곱하는 방법으로 루카스 함수가 계산될 수 있음을 밝혔다. 법 n에 대해, $Q=1$일 때 루카스 함수가 사용되므로,

$$V_{2k}(M,\ 1) \bmod n \equiv ((V_k(M,\ 1) \bmod n)^2 - 2) \bmod n$$

라고 쓸 수 있다. 만일 e의 이진전개가

$$e = \sum_{i=0}^{t} x_i 2^{t-i} \qquad (x_0 = 1,\ x_i = 0 \text{ 또는 } 1\ (i > 0))$$

일 때 부분합 $e_k = \sum_{i=0}^{k} x_i 2^{t-i}$라고 하면 $e_t = e$이며 $e_0 = 1$이다.

$$\begin{cases} R_k = V_{2e_k - 1}(M,\ 1) & \bmod n \\ S_k = V_{2e_k}(M,\ 1) & \bmod n \\ T_k = V_{2e_k + 1}(M,\ 1) & \bmod n \end{cases}$$

라고 정의하자. 그러면 R_k, S_k와 T_k는

$$V_{e_k}(M,\ 1) \bmod n \text{와 } V_{e_k - 1}(M,\ 1) \bmod n$$

로부터 계산할 수 있다. 따라서 R_k, S_k와 T_k의 값과 그리고 관계식

$$\begin{cases} e_{k+1} = 2e_k, & e_{k+1} - 1 = 2e_k - 1 & \text{만일 } x_{k+1} = 0 \\ e_{k+1} = 2e_k + 1, & e_{k+1} - 1 = 2e_k & \text{만일 } x_{k+1} = 1 \end{cases}$$

로부터

$$V_{e_{k+1}}(M,\ 1) \bmod n \text{와 } V_{e_{k+1} - 1}(M,\ 1) \bmod n$$

를 계산할 수 있다. 이 방법은 RSA 방법에서 e와 d를 계산하기 위해 소요되는 시간과 거의 동일한 시간 내에 V_e와 V_d를 계산할 수 있음을 시사한다.

각각의 복호를 하기 위해 정확한 비밀키가 필요하다. 그런데 LUC의 비밀키 d는 4개 중에 하나이기 때문에, RSA 암호에서 보다 LUC 시스템에서는 조금 더 많은 일을 해야 한다. $S(n)$의 값도 다음의 4개 중의 하나이다.

$V_d(C+C^{-1}, 1) \bmod n$을 계산할 수 있다면 C^d를 알 수 있다. 이것은 LUC 메시지가 $C+C^{-1} \bmod n$에 대하여 해독되면 RSA 암호는 해독될 수 있음을 의미한다. 그러나 이러한 이유로 LUC가 RSA보다 안전하다고 말할 수는 없다. 왜냐하면 LUC은 RSA 암호에서는 안전한 어떤 특정한 메시지에 대하여 해독될 수 있기 때문이다. 예를 들면 C, e, n(조건 $\left(\frac{C^2-4}{p}\right)=\left(\frac{C^2-4}{q}\right)=-1$을 만족하고, $n=pq$일 때)로부터 $V_d(C,1)$를 효과적으로 계산할 수 있는 경우가 있다. 이 방법은 LUC 시스템의 25 %를 해독할 수 있지만, RSA에는 적용될 수 없음이 알려져 있다.

③ 인증

RSA 암호를 이용하여 A가 B에게 메시지 M을 보낼 때 메시지의 내용과 함께 그 메시지를 보낸 사람이 A인지 확인할 필요가 있다. A는 자신의 비밀키 d_A를 이용하여 $M^{d_A}=C$를 계산한 값 C를 보내면 B는 A의 공개키 e_A를 이용하여

$$C^{e_A}=(M^{d_A})^{e_A}=M$$

를 구하여 A가 M을 보낸 것을 확인할 수 있다. 그러나 지수법칙에 의하여

$$(M_1M_2)^{d_A}=M_1^{d_A}M_2^{d_A}$$

이 성립하므로, 암호도청자 X가 A와 B의 통신을 지켜보다가 두 개의 암호문 C_1, C_2를 이용하여 C_1C_2 또는 C_1^2 등을 B에게 보내면, B는 e_A를 이용하여 M_1M_2 또는 M_1^2을 구하므로 M_1M_2 또는 M_1^2 등을 보낸 것으로 생각한다. 즉, 암호 도청자 X가 두 개 이상의 암호문을 이용하여 내용을 몰라도 A를 위조하여 보낼 수 있다. 한편, LUC 암호계를 이용할 때는 지수법칙이 바로 이용되지 않기 때문에 안전하다고 보일 수도 있으나, 메시지 $M=\alpha+\beta$에 대하여 $C=V_e(M)=\alpha^e+\beta^e$으로 암호화됨을 이용하여 위조가 가능하다. 즉, $M^2-2=\alpha^e+\beta^e$에 대한 암호 변환은

$$\begin{aligned}V_e(M^2-2)&=(\alpha^2)^e+(\beta^2)^e\\&=\alpha^{2e}+\beta^{2e}=(\alpha^e+\beta^e)^2-2=C^2-2\end{aligned}$$

이므로 M^2-2에 대한 암호문, 즉 A를 위조하여 전문을 보낼 수 있다. 따라서, RSA나 LUC은 특정한 메시지에 관해서는 위조가 가능하다.

(4) LUC에 대한 분석

Bleichenbacher, Bosma, Lenstra는 논문 'Some Remarks on Lucas-Based Cryptosystems'에서 LUC 암호시스템을 사용한 메시지 위조 방법을 제시했다. 메시지 M에 대한 사용자의 서명을 위조하기 위해 도청자는

$$bs - ct = 1, \quad bs + ct = ae$$

를 만족하는 정수 a, b, c, s, t를 선택한다. 그러면

$$\begin{cases} bs + ct = (bs - ct) + 2ct = 1 + 2ct \\ bs + ct = ae = (1 + 2h)e \quad (\text{이때 } a = 1 + 2h\text{로 택함}) \end{cases}$$

가 되어

$$1 + 2ct = e(1 + 2h)$$

이므로

$$ct = \frac{e(1 + 2h) - 1}{2} \text{이며 } bs = 1 + ct$$

를 만족하는 c, h, t와 b, s를 선택함으로써 해결될 수 있다.

도청자는 다시 메시지를

$$M_s = V_s(M, 1) \bmod n\text{과 } M_t = V_t(M, 1) \bmod n$$

로 생성하고, 생성한 메시지 M_s, M_t에 대한 사용자의 서명

$$V_d(M_s, 1) \bmod n\text{과 } V_d(M_s, 1) \bmod n$$

을 얻는다면,

$$\begin{aligned} & V_b(V_d(M_s, 1), 1) V_c(V_d(M_t, 1), 1) - V_a(M, 1) \bmod n \\ & \equiv V_{dbs}(M, 1) V_{dct}(M, 1) - V_a(M, 1) \bmod n \\ & \equiv V_{d(bs+ct)}(M, 1) + V_{d(bs-ct)}(M, 1) - V_a(M, 1) \bmod n \\ & \equiv V_{dae}(M, 1) + V_d(M, 1) - V_a(M, 1) \bmod n \\ & \equiv V_a(M, 1) + V_d(M, 1) - V_a(M, 1) \bmod n \\ & \equiv V_d(M, 1) \end{aligned}$$

가 되어, 메시지 M에 대한 사용자의 서명값을 얻을 수 있다.

루카스 수열은 공개키 암호시스템과 서명시스템(signature systems)에 사용될 수 있다. RSA와 유사한 방법이지만 지수 방법 대신에 합성수 모듈러의 루카스 수열을 사용하는 것이다. 거의 동일한 크기의 키를 사용하여 RSA와 거의 동일한 안정성을 갖지만, 속도는 두 배가량 느리다.

8.6 루카스 암호시스템의 대수적 발전

두 개의 자연수 P, Q를 매개변수로 하는 루카스 수열 $V_n(P, Q)$은

$$V_0(P, Q) = 2, \quad V_1(P, Q) = P, \quad V_{n+1}(P, Q) = PV_n(P, Q) - QV_{n-1}(P, Q)$$

로 정의되었다. LUC 암호시스템에 사용되는 루카스 수열 $V_n(P, Q)$에서는 항상 $M = P$, $Q = 1$로 정하는데, 그러면 $V_n(M, 1)$에 대한 관계식

$$V_{i+j}(M, 1) = V_i(M, 1)\, V_j(M, 1) - V_{i-j}(M, 1)$$

이 성립하여 다항식 시간을 계산할 수 있다.

(1) LUC 알고리즘

① 키생성

- RSA에서 사용할 수 있는 큰 소수 p, q를 선택하여 합성수 n을 만든다.
- e는 홀수로 $(p^2-1)(q^2-1)$과 서로소가 되는 임의의 자연수 e를 선택한다.
- n과 e를 공개한다.
- 새로운 정수 d는 $ed \equiv 1 \pmod{(p^2-1)(q^2-1)}$이 되도록 선택한다.

② 암호화

메시지 M을 암호화

$$M' = V_e(M, 1) \pmod n$$

하여 M'을 전송한다.

③ **복호화**

비밀키 d를 사용하여 암호문 M'을

$$V_d(M',\ 1) \bmod n = M$$

로 계산하면 원래의 메시지를 복원할 수 있다.

LUC의 비밀키 d가 존재하는 이유와 비밀키 d를 만들어내는 방법에 대한 수학적 분석을 해보자.

n은 홀수인 두 소수의 곱 $n = pq$이다. 이차 점화식의 일반항을 찾아내는 고전적인 방법에 따라서 a와 b를 이차방정식 $t^2 - Mt + 1 = 0$의 두 근이라고 하면

$$a + b = M, \quad ab = 1$$

이다. 다음의 두 경우로 나누어 생각해볼 수 있다.

$$M^2 - 4 \not\equiv 0 \pmod{n} \text{ 또는 } M^2 - 4 \equiv 0 \pmod{n}$$

- $M^2 - 4 \not\equiv 0 \pmod{n}$**인 경우**

이때는 이차방정식이 중근을 갖지 않는 경우이다. $M^2 - 4 \equiv 0 \pmod{n}$인 메시지 M는 아무런 뜻이 없는 부호의 나열이며, n을 적당히 잘 선택하면 의미 있는 메시지 M에 대해서 $M^2 - 4 \not\equiv 0 \pmod{n}$가 된다.

$$V_0(M,\ 1) = 1 + 1 = 2 \pmod{n} \text{이고 } V_1(M,\ 1) = a + b = M \pmod{n}$$

이므로

$$V_k(M,\ 1) = a^k + b^k \pmod{n}$$

이다(앞에서도 $V_k = a^k + b^k$임을 이미 알았다). 따라서

$$M' = V_e(M,\ 1) = a^e + b^e \pmod{n}$$

이다. 여기에서 다시 한 번

$$(M')^2 - 4 \not\equiv 0 \pmod{n}$$

이라고 가정하자($M^2-4 \not\equiv 0 \pmod n$)이면 항상 $(M')^2-4 \not\equiv 0 \bmod n$가 됨을 아래 정리에서 증명한다).

의미 있는 메시지 M에 대해서 $M^2-4 \not\equiv 0 \pmod n$으로 선택하면 $(M')^2-4 \not\equiv 0 \bmod n$가 될 수 있다. $ab=1$이므로 $a^e b^e=1$이며, 이차방정식

$$t^2-M't+1=0$$

의 두 개의 근은 a^e와 b^e이다. 따라서

$$V_d(M,\ 1)=a^{ed}+b^{ed} \pmod n$$

이다. $M=V_d(M',\ 1) \bmod n$가 되도록 d를 만들려면

$$a^{ed}=a,\quad b^{ed}=b \pmod n$$

이면 된다. $n=pq$에서 p와 q를 따로 생각해보면 a, b는 기껏해야 F_{p^2}이나 F_{q^2}의 0이 아닌 원소이다. (여기서 F_{p^2}은 원소의 개수가 p^2인 유한체를 말한다.) 그러므로 e와 d가 만족해야 할 조건은

$$e\text{가 } (p^2-1)(q^2-1)\text{과 서로소이고 } ed \equiv 1 \ (\mathrm{mod}(p^2-1)(q^2-1))$$

임을 알 수 있다.

d는 유클리드 호제법으로 바로 구할 수 있다. 그러나 이렇게 d를 계산하면 d가 상당히 커져서 크기가 n^2 정도가 될 수도 있다. d가 너무 커지면 복호하는 데 필요한 계산의 양을 다음처럼 줄일 수도 있다.

먼저

$$M \equiv V_d(M',\ 1) \bmod n$$

에서 두 개의 수

$$V_d(M',\ 1) \bmod p,\quad V_d(M',\ 1) \bmod q$$

를 알면 중국인의 나머지 정리에 의해 $M \equiv V_d(M',\ 1) \bmod n$을 바로 찾을 수 있다. 이제 $D=M^2-4$라고 놓자. n이 변할 때에는 $V_n(M',\ 1) \bmod p$와 $V_n(M',\ 1) \bmod q$는

둘다 순 순환수열이고 르장드르 기호 $\left(\frac{D}{p}\right)$ (혹은 $\left(\frac{D}{q}\right)$)의 값이 -1인지 $+1$인지에 따라 주기가 $p+1$ 또는 $p-1$(또는 $q+1$이나 $q-1$)이다. 따라서 네 개의 수

$$V_{d \bmod p-1}(M', 1) \bmod p, \qquad V_{d \bmod p+1}(M', 1) \bmod p$$
$$V_{d \bmod q-1}(M', 1) \bmod q, \qquad V_{d \bmod q+1}(M', 1) \bmod q$$

를 동시에 계산해서 중국인의 나머지 정리를 사용할 때에 유의미한 복호문을 선택하도록 처리할 수 있다.

- **$M^2-4 \equiv 0 \pmod n$인 경우**

  $M^2 \equiv 2^2 \pmod n$이므로 다음의 네 가지 경우를 갖는다.

$$\begin{cases} M \equiv 2 \bmod p \\ M \equiv 2 \bmod q \end{cases} \quad \begin{cases} M \equiv 2 \bmod p \\ M \equiv -2 \bmod q \end{cases} \quad \begin{cases} M \equiv -2 \bmod p \\ M \equiv 2 \bmod q \end{cases} \quad \begin{cases} M \equiv -2 \bmod p \\ M \equiv -2 \bmod q \end{cases}$$

  그런데 e가 홀수이므로 항상

$$M' = V_e(M, 1) \equiv 2 \bmod n$$

이다. 이때에는 메시지와 암호문 사이에 일대일 대응이 성립하지 않으므로 $M^2-4 \equiv 0 \pmod n$인 메시지 M이 나타나지 않도록 n을 선택해야 한다.

정리 8.15

만일 $M^2-4 \not\equiv 0 \pmod n$이면 $(M')^2-4 \not\equiv 0 \pmod n$이다.

증명 $M^2-4 \not\equiv 0 \pmod n$일 때 $(M')^2-4 \equiv 0 \pmod n$라고 하자. $M' \equiv a^e + b^e \pmod n$으로부터 $ab=1$이므로

$$0 \equiv (M')^2 - 4 \equiv a^{2e} + b^{2e} + 2(ab)^e - 4 = a^{2e} + b^{2e} - 2 \pmod n$$

이 되어,

$$a^{2e} + b^{2e} \equiv 2 \pmod n$$

이다. 그러므로 $a^{2e} \equiv b^{2e} \equiv 1 \pmod n$이며,

$$a^e \equiv 1 \pmod p \text{ 또는 } a^e \equiv -1 \pmod p$$

이다. 그런데 e가 $(p^2-1)(q^2-1)$과 서로소이므로

$$ed \equiv 1 \bmod (p^2-1)(q^2-1)$$

인 d를 사용하면

$$a \equiv 1 \pmod p \text{ 또는 } a \equiv -1 \pmod p$$

이 된다. a는 이차방정식 $t^2 - Mt + 1 = 0$의 하나의 근이므로 $a^2 \equiv 1 \pmod p$에 이차방정식의 근을 하나 대입하면

$$M + \sqrt{M^2-4} \equiv +2 \pmod p \text{ 또는 } M + \sqrt{M^2-4} \equiv -2 \pmod p$$

가 되며, 이 방정식을 풀면

$$M \equiv 2 \pmod p \text{ 또는 } M \equiv -2 \pmod p$$

를 얻는다. 다른 근 $M - \sqrt{M^2-4}$을 사용해도 결과는 마찬가지이고 p 대신 q를 사용해도 유사한 결과를 얻는다. 따라서 $M^2-4 \not\equiv 0 \pmod n$이면 $(M')^2-4 \not\equiv 0 \pmod n$이다. ■

(2) LUC와 RSA의 비교

점화식

$$V_{i+j}(M, 1) = V_i(M, 1)\, V_j(M, 1) - V_{i-j}(M, 1)$$

을 보면 LUC가 RSA보다 다소 쉽게 구현될 수 있는 것처럼 보인다. 대신에 르장드르 기호 (D/p) 혹은 (D/q)의 값이 -1인지 $+1$인지는 해독하기 전에는 알 수 없으므로 속도를 충분히 빠르게 하려면 병렬처리는 불가피할 것이다. 따라서 LUC가 RSA보다 약간 빠르게 작동할 수 있을 것이다.

암호문이 충분히 클 때 RSA에서는 위조서명을 만드는 방법이 있는 데 비해, LUC에서는 아직 이와 유사한 방법이 알려져 있지 않다. 이것을 근거로 실제로 LUC이 RSA 보다 안전함을 증명했다고 주장하는 사람들도 있지만 확실하지는 않다. 그러나 LUC와 RSA의 안전성은 똑같이 소인수분해의 어려움에 기초하고 있다. 비밀키 d는

$$ed \equiv 1 \pmod{(p^2-1)(q^2-1)}$$

에서 보듯이 RSA 방식이 합성수 n을 소인수분해하면 찾아낼 수 있다. LUC와 RSA의 안전성은 거의 동등하다고 볼 수 있다.

연습문제

01 (간단한) 라빈 암호에서 $p = 7$, $q = 11$을 선택하자. 메시지 $M = 10$일 때 암호문을 만들고 다시 복호하여 원래 메시지를 복원하라.

02 메시지 $M = 1871$을 루카스 암호로 암호화하고 복호화하여라.

9장 디피-헬만, 엘가말, 메시-오무라 암호

9.1 공개키 암호

암호는 중요한 정보를 안전하게 전달하기 위해 고대로부터 이용되어 왔으나, 암호를 사용할 때 가장 큰 어려움 중 하나는 암호를 풀 수 있는 키를 어떻게 안전하게 보관하는지의 문제였다. 암호키가 노출되어 공격자에 의해 해독된 사례는 일일이 열거할 수 없이 많다.

정의 9.1

키 관리란 키의 생성과 배송 그리고 보관 등을 총체적으로 지칭하는 말이다.

암호시스템은 키 관리 문제를 가진다. 비밀키 암호시스템에서는 송신자와 수신자가 같은 비밀키를 이용하므로, 송신자가 문서를 암호화해서 보내면 수신자는 동일한 비밀키로 복호한다. 그러므로 송신자와 수신자가 공통의 비밀키를 관리하는 어려움이 있다. 만약 송신자와 수신자가 공간적으로 멀리 떨어져 있다면 그들은 신뢰할 수 있는 운반자나 통신 수단을 이용하여 비밀키의 유출을 막으면서 키를 분배해야 한다. 더욱이 암호시스템의 사용자가 많을 때는 더욱 큰 어려움이 생긴다.

키를 안전하게 보관하고 분배하기 위해 1976년에 디피와 헬만(W. Diffie, M. Hellman)에 의해서 고안된 공개키 암호시스템은 암호화할 때 사용하는 키(공개키)와 복호화할 때 사용하는 키(비밀키)를 다르게 구성하여, 공개키는 공개하고 비밀키만 안전하게 유지하는 방식이다. A에게 비밀통신을 보내고자 모든 사람은 누구라도 A가 공개한 공개키를 이용하여 메시지를 암호화할 수 있다. 모든 통신은 공개키를 포함하고 비밀키는 포함하지 않으므로 송신자와 수신자 간의 키를 분배하는 문제는 없어지며, 누구나 공개키를 이용하여 비밀 메시지를 보낼 수 있다. 그러나 비밀키를 가진 사람만이 이 정보를 복호화할 수 있다. 더욱이 공개키 암호는 데이터 암호뿐만 아니라 인증에서도 사용될 수 있는데, 대표적으로 RSA 공개키 암호시스템이 있다.

공개키 암호시스템은 다음의 특징을 갖는다.

- 키 관리 문제의 해결: 키 보관의 어려움이 감소되고 키 분배의 필요성이 없어짐.
- 키 배송 문제의 해결: 공중 전산망 사용
- 전자 서명 가능: 서명자만이 서명(비밀키로 암호화), 모든 사람이 검증(공개키로 복호화), 변조 불가능(비밀키)

9.2 디피-헬만의 키교환

디피-헬만(Diffie-Hellman)은 그들의 논문 New directions in cryptography (1976)에서 키교환의 문제를 다루었다. 이것은 사용자 두 명이 사전에 어떠한 비밀교환 없이 안전하지 않은 통신 매체 상에서 공통키를 교환하도록 하는 것이다.

1) 시스템 생성

(1) 시스템 키생성

두 개의 키 p (소수)와 g를 택해 공개키로 한다.

여기서 g는 p보다 작은 정수로 보통 $\mathbb{Z}_{p-1}$의 생성원(generator)으로 선택한다. g가 $\mathbb{Z}_{p-1}$의 생성원이라는 것은, g의 거듭제곱을 법 p로 계산하여 $\mathbb{Z}_{p-1}$의 모든 원소인 1부터 $p-1$까지의 원소들을 생성할 수 있다는 것이다.

(2) 공통키 교환

A와 B가 디피-헬만의 방법으로 공통키를 교환한다.

A는 자신의 비밀키 a를 생성하고 B는 자신의 비밀키 b를 생성한다. 공개키 p와 g, 그리고 비밀키들을 이용해서 각자의 공개키를 만든다. A의 공개키는 $g^a \bmod p$이고, B의 공개키는 $g^b \bmod p$이다. 서로 공개키를 교환한다. A는 $k^{ab} = (g^b)^a \bmod p$를 계산하고, B는 $k^{ba} = (g^a)^b \bmod p$를 계산한다. $k^{ab} = k^{ba} = k$이므로, A와 B는 공통의 비밀키 k를 갖는다.

(3) 프로토콜의 안전성

이산대수 문제에 기반한다. 소수 p가 충분히 클 때 공개된 값 $g^a \bmod p$와 $g^b \bmod p$로부터 공유된 비밀키 $k = g^{ab} \bmod p$를 계산하는 것이 불가능하다고 가정한다.

(4) 암호 공격

디피-헬만의 키교환은 암호 공격으로부터 취약하다. 암호 도청자가 공격하는 상황을 알아보자. 도청자는 A의 공개키를 가로채고 도청자 자신의 공개키를 B에게 보낸다. B가 자신의 공개키를 전달할 때, 도청자는 자신의 공개키로 대체하여 A에게 그 키를 전달한다. 도청자와 A는 서로 키를 교환하고, 마찬가지로 도청자와 B는 다른 공유된 키를 교환한다. 교환 후에 도청자는 A나 B에 의해서 만들어진 어떤 메시지를 단순히 복호화하고, 복호문을 읽고 적당한 키로 다시 암호화하고 그것들을 변경한 후에 상대방에게 전달한다.

이러한 취약성은 디피-헬만의 키교환 방법을 사용하는 참가자들이 인증을 하지 않기 때문이다. 이를 막기 위해서 전자 서명과 다른 프로토콜 변형을 이용하게 된다.

2) 디피-헬만의 키교환

암호에서 비밀키를 전달하는 일은 쉽지 않은 일이나 키교환의 문제는 공개키 암호를 사용함으로써 많이 해결되었다. 공개키 암호시스템에서 각 개인의 공개키를 키 관리 센터에서 관리하는 경우가 많은데, 중간 관리센터를 거치지 않고 송신자와 수신자가 만나지 않은 채로 서로의 비밀키를 교환할 수 있는 대표적인 방법이 디피-헬만의 키교환이다. 그들은 1976년에 키교환(key distribution) 방식을 발표했는데, 이는 이산대수문제를 이용한 것으로써 키교환하는 중에 만일 도청이 된다고 하여도 공통키가 쉽게 누출되지 않는 방식이다.

단계	행위자	디피-헬만의 키교환
준비	공통	소수 p와 $\mathbb{Z}_p{}^*$의 생성원 g를 준비하여 (p, g)를 공개한다.
키교환	A→B	① A는 임의의 수 $x \in \mathbb{Z}_{p-1}$을 택하여 $a \equiv g^x \pmod p$를 계산한다. ② a를 B에게 보내고 x는 자신의 비밀키로 한다.
	B→A	① B는 임의의 수 $y \in \mathbb{Z}_{p-1}$을 선택하여 $b \equiv g^y \pmod p$를 계산한다. ② b를 A에게 보내고 y는 자신의 비밀키로 한다.
공통키 생성	A	① A는 자신의 비밀키 x를 이용하여 $k_A \equiv b^x \equiv g^{yx} \pmod p$를 계산한다. ② k_A를 B와 공통키로 한다.
	B	① B는 자신의 비밀키 y를 이용하여 $k_B \equiv a^y \equiv g^{xy} \pmod p$를 계산한다. ② k_B를 A와의 공통키로 한다. ③ 다시 말해서 $k_A = k_B$가 공통키이다.

위의 표는 키교환이 필요한 두 사람 A와 B 사이에 주고받는 디피-헬만의 키교환 알고리즘으로써 둘만의 공통키를 생성한다. 여기서 비밀키를 구하는 것은 이산대수 문제이므로 만일 도청이 되더라도 A와 B의 공통키로 구할 수 없다.

3) 디피-헬만의 키교환의 보안

공개키 암호시스템은 보안성은 좋지만 실행이 느리다는 단점이 있다. 반대로 대칭키 암호시스템은 보안성이 약하다는 단점이 있지만 사용이 용이하고 매우 빠르다. 두 시스템의 장점을 살려 서로 보완되는 암호알고리즘을 생각할 수 있다. 우선 기본 시스템은 대칭키 알고리즘으로 하고, 공개키 알고리즘은 대칭키 알고리즘에서 필요한 키의 교환에만 사용한다.

이럴 경우 공개키 알고리즘의 단점인 속도가 느리다는 점이 전체 시스템에 큰 영향을 미치지 않는다. 이는 키의 교환에는 아주 작은 정보만을 주고받게 될 뿐만 아니라 그다지 자주 사용하지 않기 때문이다. 주기적으로 키를 교환하는 것이 권장되기는 하지만 반드시 그럴 필요는 없다.

공개키 알고리즘을 이용한 키교환에서 만일 B에게 비밀키 k를 전달하려면 우선 B의 공개키로 k를 암호화한다. 그러면 B는 자신의 비밀키를 사용하여 수신된 메시지 C를 풀면서 키 k를 얻는다. 이 과정은 대칭키 알고리즘에 필요한 키를 한 사람이 일방적으로 선택한다는 단점이 있다. 그러나 상호 통신교환에 필요한 키는 서로 동의한 상태에서 사용하는 것이 바람직하다.

4) 지수 키교환

오늘날에는 디피-헬만의 키교환을 '지수 키교환'이라고 부른다.

① A와 B는 비밀키를 공유하기 위해 정수 p와 $s<p$인 s를 서로 약속한다.

② 이때 s는 $\phi(p-1)$와 서로소가 되도록 선택하여 공개한다.

③ A와 B는 p보다 작은 정수 a와 b를 각각 선택하여 각자의 비밀키로 한다.

④ A와 B는 공개키 p와 s 그리고 각각 자신의 비밀키 a와 b를 사용하여

$$\text{A는 } \alpha = s^a \bmod p\text{를, B는 } \beta = s^b \bmod p$$

를 계산한다. 계산 결과를 서로 교환한다.

⑤ 그 후 A와 B는 각각 자신의 비밀키 a와 b를 사용하여

$$\text{A는 } \beta^a \bmod p\text{를, B는 } \alpha^b \bmod p$$

을 계산한다.

⑥ 그러면

$$\alpha^b \equiv (s^a)^b \equiv s^{ab} \bmod p\text{이고 } \beta^a \equiv (s^b)^a \equiv s^{ba} \equiv s^{ab} \bmod p$$

이므로 두 사람 모두 같은 키 $s^{ab} \bmod p(=k$라고 하자)를 공유하게 된다.

k를 공통키로 채택할 수도 있고, 사용하는 대칭 알고리즘에 적합하도록 고쳐서 쓸 수도 있다. 예를 들어 k를 이진법 수로 고치고 처음 몇 개의 비트만 선택할 수도 있다.

[안전성]

암호 공격으로부터 어느 정도 안전한가? 암호 도청자는 α와 β를 알고 있다. 만약 도청자가 α로부터 a를, β로부터 b를 알 수 있다면 A와 B가 한 것처럼 k를 계산할 수 있을 것이다. 그러나 $s^a = \alpha$에서 a를 알아내기는 매우 어렵다. 이와 같이 $s^a \bmod p$에서 a를 알아내는 것이 바로 이산대수 문제이다.

정의 9.2

이산대수 문제란 g와 x가 주어졌을 때 $y = g^x \bmod p$의 계산은 쉽지만, y와 g를 알 때 $y \equiv g^x \bmod p$를 만족하는 x를 찾아내기 어렵다는 문제이다.

얼마나 어려운가? 예를 들어서 $p = 11$, $s = 4$라고 하자. A는

$$s^4 \equiv 4^4 \equiv 4^2 \cdot 4^2 \equiv 5 \cdot 5 \equiv 3 \pmod{11}$$

을 쉽게 계산할 수 있다. 그러나 암호 도청자는 단지 $s^a \equiv 4^a \equiv 3 \pmod{11}$만 알고 있으므로 a를 알기는 매우 어렵다.

여기서 암호 도청자가 a나 b를 알아내는 것이 불가능하지는 않지만, α와 β를 가지고 비밀키 k를 획득하는 방법으로 현재까지 알려진 것은 없다.

디피-헬만의 키교환의 의미는 '비밀키를 공유한 적이 없는 두 사람이, 공개적으로 논의해서 두 사람만이 비밀키를 공유할 수 있겠는가?'라는 질문에 긍정적인 답을 준 것이다. 이 키교환은 p^m(p는 소수)개의 문자를 쓸 수 있으며, $m > 1$이면 정수 $\mathbb{Z}_{p^m}$을 쓰지 않고 p^m개의 원소를 갖는 유한체 F_{p^m}을 사용하게 된다.

9.3 엘가말 암호 방식

디피-헬만의 키교환 방식 이외에, 1984년에 엘가말(T. ElGamal, 1955~)이 발표한 시스템 역시 이산대수 문제를 기반으로 하는 공개키 암호 방식의 암호화 서명 알고리즘이다.

1) 엘가말 시스템의 이산대수 문제

암호화 알고리즘은 디피-헬만의 키 합의 프로토콜과 유사하다. 엘가말 암호화는 임의의 순환군 G 위에서 정의되며 그 안전성 역시 G에서 이산대수 계산의 어려움에 기반을 두고 있다.

① 키생성

- A는 위수가 q인 g로 생성되는 곱셈 순환군 G를 만든다.
- $\{0, \cdots, q-1\}$에 속하는 임의의 원소 x를 선택하여 $h = g^x$를 계산한다.
- h와 G, q, g를 공개하고, x를 비밀키로 한다.
  공개키: (G, q, g, h); 비밀키: x

② 암호화

- B는 $\{0, \cdots, q-1\}$에서 임의의 원소 y를 선택한다.
- 공개키 g를 사용하여 $c_1 = g^y$와 $s = h^y$을 계산한다.
- 메시지 M을 G에 속하는 원소 M'으로 바꾼 후(즉, $M' = M(\mathrm{mod}\ q)$)

$$c_2 = M' \cdot s = M' \cdot h^y = M' \cdot (g^x)^y$$

  를 계산한다.
- 암호문 $(c_1, c_2) = (g^y, M' \cdot (g^x)^y)$를 A에게 송신한다.

③ 복호화

- A는 암호문 (c_1, c_2)을 자신의 비밀키 x를 사용하여 복호한다.
- $s = c_1^x$과 $M' = c_2 \cdot s^{-1}$을 계산하면, 원래 메시지 M을 복원할 수 있다. 실제로

$$c_2 \cdot s^{-1} = M' \cdot h^y (g^{xy})^{-1} = M' g^{xy} g^{-xy} = M'$$

이다.

엘가말 암호시스템에서 메시지는 대칭 암호시스템으로 암호화되며, 그 후 대칭키 암호시스템에서 사용되는 키를 암호화하기 위해 엘가말을 사용한다. 그러므로 메시지의 암호화는 군 G의 크기보다 더 길다.

④ 복호화

s로 나누는 것은 복호화의 다른 방법을 사용하면 피할 수 있다. A가 비밀키 x를 사용하여 암호문 (c_1, c_2)를 복호화하자. A는

$$s' = c_1^{q-x} = g^{(q-x)y}$$

을 계산한다. 라그랑주 정리에 의해

$$s \cdot s' = g^{xy} g^{y(q-x)} = (g^q)^y = 1^y = 1$$

이므로 s'는 s의 역원이다. A는 $M' = c_2 \cdot s'$를 계산하고 다시 원래 메시지 M을 복원할 때까지 한다. 실제로 다음과 같다.

$$c_2 \cdot s' = M' \cdot s \cdot s' = M' \cdot 1 = M'$$

2) 엘가말 암호시스템

엘가말 암호에서 개인의 공개키를 가지고 비밀키를 계산하는 것은 이산대수 문제이므로 비밀키를 알아내기가 매우 어렵다. 엘가말 암호는 공격에 취약하기 때문에, 송신자가 암호문을 보낼 때마다 바꾸지 않으면 안 된다.

A가 B에게 미리 약속된 대칭키 암호를 써서 메시지 M을 보내려고 한다.

① 우선 A와 B는 소수 p와 정수 s를 공통으로 정한다.

② B는 정수 b를 임의로 선택하여 비밀키로 하고 $u \equiv s^b \bmod p$를 계산한 후 u를 A에게 보낸다.

③ A는 정수 a를 임의로 선택하여 $s^a \equiv t \bmod p$, $u^a \equiv k \bmod p$를 계산한다. 키 k와

미리 정한 대칭키 암호를 사용하여 암호문 $C = E_k(M)$를 작성한 다음, C와 $s^a \equiv t \bmod p$를 함께 B에게 전송한다.

④ B는 자신의 비밀키 b를 이용하여 키 $k \equiv t^b \equiv (s^a)^a b \bmod p$를 복구하고, 암호문 C를 메시지 $M = D_k(C)$로 푼다.

3) 엘가말 암호 공격

송신자가 동일한 키 k를 사용하여 두 개의 메시지 M_1과 M_2를 암호화한 경우를 생각해보자. 만일 암호 공격자가 그 암호문들과 M_1을 알았을 때 M_2를 공격하여 원래 메시지를 찾아내는 방법을 알아보자.

보내는 암호키를 $c \equiv g^k \pmod p$이라 하자. 두 개의 메시지 M_1과 M_2를 암호화하여 각각 (c, c_1)와 (c, c_2)를 보냈다고 하자. 그러면 엘가말 암호 알고리즘에 의해

$$c_1 \equiv M_1 \cdot y^k \pmod p \text{이며 } c_2 \equiv M_2 \cdot y^k \pmod p$$

이 된다. 이를 이용하여 암호 도청자가 (c, c_1)의 원래의 메시지 M_1을 알고 있는 상황을 가정하자. 만일 $M_1 \not\equiv 0 \pmod p$이면

$$c_1 \cdot M_1^{-1} \equiv (M_1 \cdot y^k) \cdot M_1^{-1} \equiv y^k \equiv (g^x)^k \equiv c^x \pmod p$$

를 계산하여 c^x을 알아낼 수 있다. 그러므로

$$c_2 \cdot c^{-1} \equiv (M_2 \cdot y^k) \cdot y^{-k} \equiv M_2 \pmod p$$

와 같이 메시지 M_2를 획득할 수 있다.

9.4 메시-오므라 암호

메시(J. Massey)와 오므라(J. Omura) 역시 이산대수를 이용한 암호알고리즘을 개발했다. 다음과 같은 상황을 생각해보자.

- A가 메시지 M을 자신의 키로 암호화하여 B에게 보낸다.

- B는 메시지를 복원할 수 없는데, 자신의 비밀키로 그 메시지를 다시 한 번 더 암호화하여 A에게 되돌려 보낸다.
- 두 번 암호화된 메시지를 받은 A는 자신의 비밀키로 복호하여 B에게 재전송한다.
- 마지막으로 B는 자신의 키로 메시지를 완벽히 복원한다.

1982년에 메시와 오므라는 이 아이디어를 실제 암호알고리즘으로 구현하였다.

① 키생성

- 암호시스템의 모든 사람들이 공동으로 사용할 소수 p(공개키)를 정한다.
- 임의의 사용자 U는

$$e_U d_U \equiv 1 \bmod (p-1)$$

인 정수 e_U와 d_U를 선택한다. 다시 말해서

$$\text{A는 } (e_A, d_A)\text{를, B는 } (e_B, d_B)\text{를, C는 } (e_C, d_C), \cdots$$

를 생성한다.

- 이런 특성을 가진 키들은 RSA 암호에서와 같은 방법으로 선택할 수 있다. 그러나 RSA 암호시스템과는 달리 키 (e_U, d_U)는 모두 비밀로 하여 공개하지 않는다. p가 알려져 있으므로 도청자가 e_U를 알면 d_U도 계산할 수 있기 때문이다.

② 암호화

A가 B에게 메시지 M을 암호로 보내려 한다. 이때 $M < p$로 한다.

- A는 자신의 비밀키 e_A를 이용하여

$$M^{e_A} \bmod p$$

를 계산한 다음 B에게 보낸다.

- B는 받은 값을 다시 e_B 거듭제곱하여 그 결과인

$$M^{e_A e_B} \bmod p$$

를 다시 A에게 보낸다.

었다. 영지식 증명은 컴퓨터 관련 과학에서 가장 아름답고 영향력 있는 개념 중 하나로 평가되며 실제적인 서명기법으로부터 여러 종류의 NP-complete 문제를 해결하는 것까지 다양하게 응용되고 있다.

정의 10.1 영지식 증명(zero knowledge proof)

한 사람이 다른 사람에게 사실의 증명에 관한 어떤 정보도 보이지 않고, 사실의 증명을 알고 있음을 확신하도록 만드는 방법이다. 다시 말해서 정보를 전혀 주지 않고 상대방에게 정보를 알고 있음을 증명하는 방법이다.

1) 동굴 이야기

영지식 증명을 설명하는 재미있는 이야기가 Jean Quisquater 연구팀의 논문 How to explain zero-knowledge protocols to your children (1989)에서 소개되었다(부록: 논문의 사본 참고).

증명자 P(Peggy, prover)와 검증자 V(Victor, verifier), 두 사람의 역할 이야기이다.

P는 마법 동굴을 발견했다. 그 동굴 깊은 곳에 마법의 문이 있었는데 그 문은 비밀암호를 말해야 열 수 있다. P는 암호를 알아냈는데 V는 비밀암호가 무엇인지 알고 싶다. P는 V에게 큰 액수의 돈을 받고 그 비밀암호를 팔기로 했다. 그러나 V는 돈을 지불하기 전에 P가 정말 그 비밀암호를 알고 있는지 확인하고 싶다. P는 암호를 V에게 실제로는 넘기지 않은 채로 그 암호를 알고 있다고 어떻게 확신시킬 수 있을까?

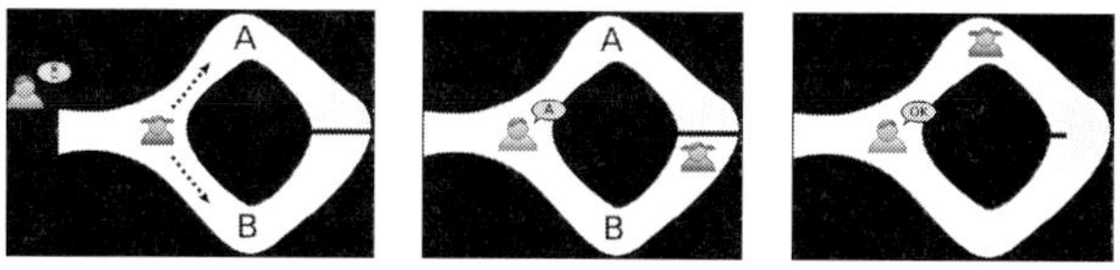

P와 V는 다음과 같은 계획을 세웠다.

- P가 동굴로 들어갈 때 V는 동굴의 밖에서 기다린다.
- P는 A 방향이든지 B 방향이든지 임의로 선택할 수 있다(V는 P가 어떤 방향을 선택했는지 알지 못한다).
- 그 후에 V는 동굴로 들어가서 P가 나오기를 바라는 방향을 소리쳐서 알려준다.

P가 비밀암호를 알고 있다면, 자신이 처음에 어떤 방향을 선택했는지와 상관없이 V가 소리 지르는 방향으로 항상 나올 수 있다. V가 말한 방향이 P가 선택한 방향과 다른 쪽이라면 P는 암호를 말해서 V가 제시한 방향으로 나올 수 있다. 물론 V는 멀리 떨어져 있기 때문에 P가 말하는 암호를 들을 수 없다.

P가 비밀암호를 알지 못한다면 V가 말한 방향으로 나올 수 있는 경우는 P가 당초 선택했던 방향을 V가 제시한 경우이다. 확률은 1/2이다. 이러한 과정을 여러 차례 반복 시험한다면 V가 말한 방향이 P가 선택한 방향과 같을 확률은 점점 낮아질 것이며, 결국 V는 P가 거짓말을 하는지 아닌지를 검증할 수 있게 된다. 이러한 과정을 **영지식 프로토콜**(zero-knowledge protocol)이라고 한다.

질문 V가 처음부터 P에게 A 방향으로 들어가서 반대 방향으로 나오라고 지정해주지 않은 이유는 무엇일까?

P는 자신이 알고 있는 비밀암호를 사용해서 V의 요구에 따를 수 있다. 그러나 이러한 방법은 V가 P를 따라 들어가면 P가 외우는 암호를 엿들을 기회를 제공하게 된다. 당초 방향을 임으로 선택하게 함으로써 암호를 엿듣는 기회를 줄이는 것이다.

10.2 수학에서 영지식 증명의 사례

방정식의 해를 구하는 것은 수학의 역사에서 아주 중요한 일이다. $3x+5=7$과 같은 일차방정식을 푸는 법은 옛날부터 알려졌다. 중세시대에 이차방정식 $ax^2+bx+c=0$의 해가 알려졌는데, 19세기 초 이슬람 수학자 알-콰리즈미(Al-Khwarizmi)는 저서 무크와발라(Hisab al-jabr w'al-umqabala)에서 해의 공식 $x=\dfrac{-b\pm\sqrt{b^2-4ac}}{2a}$을 언급했다.

삼차방정식 $ax^3+bx^2+cx+d=0$의 풀이는 아주 복잡하여, 해를 발견하는 데 오랜 세월이 걸렸다. 타르탈리아(N. Tartaglia, 1499~1557)는 1535년에 삼차방정식의 해를 구하는 방법을 발견했는데, 그는 대중들에게 그 결과를 발표했지만 공식은 절대 비밀로 했다. 그는 자신이 삼차방정식 풀이 공식을 발견했음을 사람들이 확신할 수 있게 해주었다. 다른 사람들이 삼차방정식 문제를 타르탈리아에게 주고 얼마 후 그가 세 개의 해를 구해오면 그것이 해가 되는지 아닌지는 방정식에 대입해보면 알 수 있었다. 예를 들어 타르탈리아에게 방정식

$$x^3 + \frac{1}{2}x^2 - \frac{13}{2}x + 3 = 0$$

을 주었다고 하자. 만일 2, -3, $\frac{1}{2}$을 구해오면 간단히

$$(x-2)(x+3)(x-\frac{1}{2}) = x^3 + \frac{1}{2}x^2 - \frac{13}{2}x + 3$$

을 계산함으로써 근을 확인할 수 있다. 이런 일을 몇 차례 거듭하면 타르탈리아가 공식을 알고 있음을 확신할 수 있다.

사람들은 타르탈리아의 공식을 알고자 했으나 그가 계속 비밀로 하는 바람에 알 수 없었다. 카르다노(G.Cardano, 1501~1576)가 타르탈리아에게 절대 비밀로 지킬 것을 약속하고 공식을 얻어냈다. 그러나 그는 약속을 어기고 저서 『아르스 마그나(Ars Magna)』에 발표하고 말았다.

암호론과 관련하여 주목할 만한 사실은 타르탈리아가 자신의 비밀(삼차방정식 해의 공식)은 지키면서도 다른 사람들에게 자기가 정말로 풀이 기술을 알고 있다고 확신을 주어야 했다. 여기서 타르탈리아는 증명자(prover)이고, 다른 사람들은 검증자(verifier)의 역할을 한 것이다.

1) 삼차방정식 풀기

삼차방정식 $Ax^3 + Bx^2 + Cx + D = 0$는 다음의 순서로 푼다.

① 최고차항의 계수가 1이 되도록 만든다.

$$x^3 + bx^2 + cx + d = 0$$

② $x = y + r$로 치환한다. 그러면

$$\begin{aligned} 0 &= (y+r)^3 + b(y+r)^2 + c(y+r) + d \\ &= y^3 + (3r+b)y^2 + (3r^2 + 2rb + c)y + r^3 + r^2b + rc + d \end{aligned}$$

가 되는데 $r=-b/3$, 즉 $x=y-\dfrac{b}{3}$로 치환하여 2차 항이 제거된 방정식

$$y^3+ey+f=0$$

을 만든다.

③ 다시 한 번 $y=z+\dfrac{s}{z}$로 치환하면

$$(z+\frac{s}{z})^3+e(z+\frac{s}{z})+f=0\,;\; z^6+(3s+e)z^4+fz^3+s(3s+e)z^2+s^3=0$$

가 되므로, $s=-e/3$ 즉 $y=z-\dfrac{e}{3z}$로 치환하여

$$z^6+fz^3-e^3/27=0$$

을 만든다.

④ 이것은 $z^3=u$로 치환할 때, u에 대한 이차방정식

$$u^2+fu-e^3/27=0$$

이 되므로 이차방정식의 근의 공식을 사용하여 근을 구할 수 있다.

예제 10.1

$45x^3+24x^2-7x-2=0$의 근을 찾아라.

풀이 ① $x^3+\dfrac{8}{15}x^2-\dfrac{7}{45}x-\dfrac{2}{45}=0$

② $x=y-\dfrac{8}{45}$로 치환하면

$$y^3-\frac{169}{675}y-\frac{506}{91125}=0,\ \text{즉}\ y^3-0.25037037037y-5.55281207133e^{-3}=0$$

③ 다시 $y=z+\dfrac{0.0834567901235}{z}$로 치환하면

$$z^6-5.55281207133e^{-3}z^3+5.81279532442e^{-4}=0$$

④ $z^3=u$라 하면 이차방정식

$$u^2-5.55281207133e^{-3}u+5.81279532442e^{-4}=0$$

⑤ 근의 공식에 의해

$$u_1 = 2.77640603567e^{-3} + 0.0239493444997i$$

$$u_2 = 2.77640603567e^{-3} - 0.0239493444997i$$

2) Coke인지 Pepsi인지 알아맞히기

P는 컵에 담긴 음료의 맛을 보고 그것이 Coke인지 Pepsi인지를 분별할 수 있다고 말했다. P는 뒤돌아서 있고, V는 동전던지기 결과에 따라 Coke와 Pepsi를 컵에 따른다. P는 그것을 맛보아 Coke인지 Pepsi인지 말해준다. 이런 일을 k번 반복하여 P가 항상 옳다면 V는 $1-2^{-k}$의 확률로 P가 확실히 맛을 분별할 수 있다고 결론짓게 된다. 이 경우 V는 zero knowledge한 것이 된다. 영지식 증명은 확률 상황에서 두 사람이 서로 주고받는 게임과도 같다.

3) 이차 잉여 알아맞히기

Coke와 Pepsi의 예제처럼 오류가 생길 확률이 1/2이며 k번 반복했을 때 오류가 2^{-k}가 되는 상황을 생각해보자. 정수 $x \in \mathbb{Z}_n{}^*$가 법 n에 대해 이차 잉여라는 것은 $x \equiv s^2 \pmod n$인 s가 존재할 때를 말한다. n의 인수분해를 모른 채 x가 이차 잉여인지 아닌지를 말하는 것은 아주 어렵다고 알려져 있다.

10.3 영지식 증명 프로토콜

영지식 증명의 프로토콜은 다음의 세 가지 성질을 만족해야 한다.

① **완전성**(completeness) – 만일 내용이 사실이라면, 정직한 검증자에 의해 그것이 참이라고 확신되어야 한다.

② **건전성**(soundness) – 만일 내용이 거짓이라면, 정직한 검증자에 의해 그 내용이 사실이라고 (확률적으로 아주 낮은 가능성은 제외하고) 확신되어서는 안 된다.

③ **영지성**(zero-knowledge) – 만일 내용이 사실이라면, 검증자는 내용이 참이라는 사실 이외에 아무런 정보도 얻지 못해야 한다.

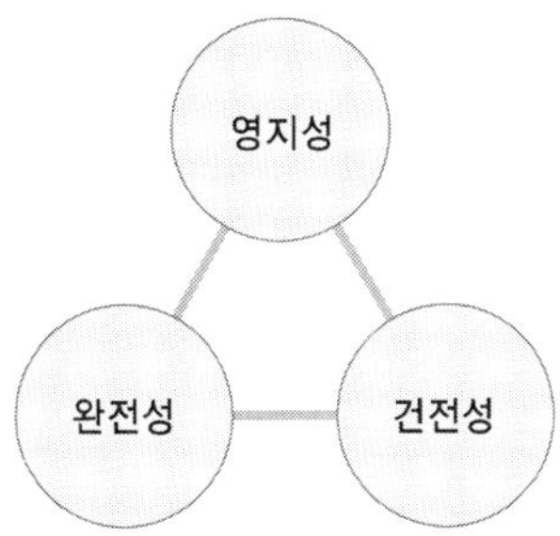

①과 ②는 증명의 상호작용 체계의 성질이며, ③이 바로 영지식 증명의 핵심이다. 영지식 증명에는 다양한 종류가 있는데, 그중에서 이차 잉여를 사용한 방법이 많이 쓰인다. 법 n에 대한 x의 이차 잉여문제로 다음의 단계를 실행한다.

1) Fiat-Shamir의 확인 프로토콜(zero-knowledge identification protocol)

증명자 P와 검증자 V가 있다.

① 키생성

- 신뢰받는 센터는 RSA 암호시스템과 유사하게 p와 q를 선택하여 비밀로 하고, $pq=n$을 계산하여 n을 공개한다.

$$xu^e \equiv \frac{r^2}{u} \cdot u \equiv r^2 \equiv y^2 \pmod n$$

을 계산할 것이다. $y^2 \equiv x \cdot u^e \pmod n$가 성립함을 확인한 V는 P가 비밀키 s를 가지고 있다고 믿어버리는 실수를 저지를 수 있다. 그러므로 V가 두 질문(즉, $e \in \{0, 1\}$)을 임의로 던질 때 이러한 전략은 효과적이지 않게 된다. P의 속임수로 인해 V가 $x = \frac{r^2}{u}$를 얻게 될 때 $x = r^2$이라고 V가 믿게 되기 때문에, V는 P에게 $y = \sqrt{\frac{r^2}{u}}$를 보내라고 요구할 것이다. 이것은 P가 (법 n)에 대한 제곱근을 풀어야 하기 때문에 P에게는 불가능한 일이다.

정리 10.1

Fiat-Shamir의 확인 프로토콜은 영지식 프로토콜을 구성한다.

증명 영지식 프로토콜의 구성 요소인 완전성, 건전성 그리고 영지성을 보이자.

(완전성) 증명자 P가 비밀 s를 가지고 있다고 하자. 그러면 P는 검증자 V의 요구에 따라 $y = r$ 또는 $y = rs$을 항상 정확하게 제시할 수 있다. 따라서 정직한 V는 이러한 단계를 t번 반복함으로써 확률 1로 P의 주장을 수용할 수 있다.

(건전성) P가 비밀 s를 가지고 있지 않다고 하자. 그러면 어떤 단계에서 단지 $y = r$ 이거나 $y = rs$ 둘 중에 하나만 제시할 수 있다. 따라서 정직한 V는 각 단계에서 확률 $\frac{1}{2}$로 거부할 것이며, t번의 단계를 거듭한 후 확률 2^{-t}로 거절할 것이다.

(영지성) 각 단계에서 공개되는 정보는

$x \equiv r^2 \pmod n$ (P1 단계)과 $y = r$ 또는 $y = rs$ (P2 단계)

뿐이다. 정보 쌍 (x, y)는 y를 임의로 선택한 후 $x = y^2$ 또는 $x = \frac{y^2}{u}$로 생각될 수 있다. 그러한 쌍은 프로토콜에 있는 것과 동일한 방법으로 생성되지는 않더라도, 그것들로부터 계산적으로 분별할 수 없다. ■

예제 10.2

Fiat-Shamir의 확인 프로토콜을 수행하여라.

① **키생성**

- P는 $p=5$, $q=7$를 선택한다. 그리고 $n=pq=35$를 공개한다.
- n과 서로소인 $s=16$를 선택하여 비밀로 하고, $s^2 \bmod n \equiv u \equiv 11$를 공개한다.

② **프로토콜**

V는 다른 사람을 아주 쉽게 믿는 사람이어서 P의 주장을 수용하기 위해 단지 두 번만 반복하기를 요구했다고 가정하자.

- **1단계**

(P1-1) P는 임의로 $r=10$를 선택하고, $x \equiv r^2 \bmod n \equiv 10^2 \bmod 35 \equiv 30$를 V에게 보낸다.

(V1-1) V는 임의로 $e=0$을 선택하여 P에게 보낸다.

(P2-1) $e=0$이므로 P는 $y=r=10$를 계산하여 V에게 보낸다.

(V2-1) V는 $y^2=10^2 \equiv 30 \pmod{35}$임을 검증한다.

따라서 $x \equiv y^2 \pmod{n}$임을 확인하였다.

- **2단계**

(P1-2) P는 임의로 $r=20$을 선택하고,

$$x \equiv r^2 \bmod n \equiv 20^2 \bmod 35 \equiv 15$$

를 V에게 보낸다.

(V1-2) V는 임의로 $e=1$을 선택하여 P에게 보낸다.

(P2-2) $e=1$이므로 P는

$$y \equiv sr \bmod n \equiv 16 \cdot 20 \pmod{35} \equiv 5$$

를 계산하여 V에게 보낸다.

(V2-2) V는 $y^2 \equiv 25 \equiv 15 \cdot 11 \pmod{35} \equiv x \cdot u$임을 검증한다.

따라서 $x \equiv y^2 \pmod{n}$임을 확인하였다.

P가 프로토콜을 $t = 2$ 차례 성공적으로 마쳤으므로 V는 P를 수용하게 된다(물론 두 단계 만에 결론을 확신하는 것은 성급한 일이 될 수 있다).

참고 그러나 $n = 35$가 공개된 채 P가 $s^2 \equiv 11 \pmod{35}$의 값을 V에게 전송하면 V는 아주 쉽게 s의 값을 복원할 수 있다. 실제로

$$s^2 \equiv 11 \pmod{35} \Leftrightarrow \begin{cases} s^2 \equiv 11 \pmod 5 \\ s^2 \equiv 11 \pmod 7 \end{cases} \Leftrightarrow \begin{cases} s^2 \equiv 1 \pmod 5 \\ s^2 \equiv 4 \pmod 7 \end{cases} \Leftrightarrow \begin{cases} s \equiv \pm 1 \pmod 5 \\ s \equiv \pm 2 \pmod 7 \end{cases}$$

이 된다. 그러므로 다음의 네 가지 가능성

$$\begin{cases} s \equiv 1 \pmod 5 \\ s \equiv 2 \pmod 7 \end{cases}, \quad \begin{cases} s \equiv 1 \pmod 5 \\ s \equiv -2 \pmod 7 \end{cases}, \quad \begin{cases} s \equiv -1 \pmod 5 \\ s \equiv 2 \pmod 7 \end{cases}, \quad \begin{cases} s \equiv -1 \pmod 5 \\ s \equiv -2 \pmod 7 \end{cases}$$

으로 s의 원래 값을 얻을 수 있다. 그러면 중국인의 나머지 정리 (7장 참조)에 의해

$$\begin{cases} s \equiv 1 \pmod 5 \\ s \equiv 2 \pmod 7 \end{cases} \Leftrightarrow s \pmod{35} \equiv 1 \cdot 7(7^{-1} \pmod 5) + 2 \cdot 5(5^{-1} \pmod 7)$$

인데, $7^{-1} \pmod 5 \equiv 3$이며 $5^{-1} \pmod 7 \equiv 3$이므로

$$s \pmod{35} \equiv 1 \cdot 7(3) + 2 \cdot 5(3) = 51 \equiv 16$$

이 되어 비밀키로 사용한 $s = 16$을 복원할 수 있다.

이런 문제는 공개키 $n = 35$를 $35 = 5 \cdot 7$과 같이 간단히 인수분해 할 수 있기 때문에 생긴 것이다. 따라서 비밀키 p와 q를 큰 소수로 선택해야 안전한 시스템이 된다.

영지식 증명은 수학과 암호학에서 실제적으로 유용한 이론이다. 영지식 증명은 명제가 옳다는 사실 이외의 어떤 것도 공개하지 않으면서 그 명제를 증명한다는 다소 모순적인 목표를 달성시킨다.

영지식 증명의 개념은 V가 어떠한 지식도 얻지 못한다는 데 있다. 그러나 V는 P의 반응에 상관없이 스스로 알아내는 것이 있을 수 있다. 여기로부터 (T, ϵ)-**영지식 증명**을 정의하게 된다. 그래프 동형이나 삼색 정리에 기반을 둔 영지식 증명(zero knowledge proof of three colours)도 있으나, 다른 참고문헌을 참조하기 바란다.

10.4 영지식 게임 – 제곱근 게임

P(증명자, prover)와 V(검증자, verifier)는 재미있는 놀이를 하고 있다.

P는 어떤 수 s를 제곱했을 때 법 55(mod 55)에 관해 34가 되는 수 s를 알고 있다. 다시 말해서 P는 이차 합동방정식 $s^2 \pmod{55} \equiv 34$을 풀어 근 s를 구할 수 있다. 그러나 V는 모르는 상황이다. P는 V에게 s를 알려주지 않으면서도 자신이 알고 있다는 것을 확신시키고 싶다.

- P는 임의의 수 r을 택해 $r^2 \bmod 55 \equiv 26$을 V에게 보낸다.
- V는 동전을 던져 앞면이 나오면 P에게 $rs \bmod 55$의 값을 보내라고 하고, 뒷면이 나오면 단지 r값만 보내라고 요구한다.

V가 던진 동전의 앞면이 나왔다고 가정하자. V는 P에게 $rs \bmod 55$의 값을 요청한다. P가 $rs \bmod 55 \equiv 53$이라고 말하면 V는

$$53^2 = 4 = (26 \cdot 34) = (r^2 \cdot s^2) \bmod 55$$

를 쉽게 확인할 수 있다. 여기서 논점은 $s^2 \bmod 55$로부터 s를 찾는 것보다 $r^2 \bmod 55$와 $rs \bmod 55$을 알고 s를 구하는 것이 쉽지 않다는 것이다.

P	통신망	V
P는 $s^2 \pmod{55} \equiv 34$의 근 s를 알고 있다. 식 $s^2 \pmod{55} \equiv 34$은 공개되어 있다.		
(P1) 임의로 r을 선택하여 $r^2 \pmod{55} \equiv 26$ 계산	$\Rightarrow$ $r^2 \equiv 26$을 전송	(V) $r^2 \equiv 26$을 보유
		(V1) 동전의 뒷면이면 r을 요청, 앞면이면 $rs \bmod 55$를 요청
	$\Leftarrow$ $rs \bmod 55$을 요청	동전의 앞면이 나와 $rs \bmod 55$를 요청한다고 하자.
(P2)	$\Rightarrow$ $rs \bmod 55 = 53$ 전송	(V2) $rs \bmod 55 = 53$을 보유
		검증: $53^2 = (-2)^2 \equiv 4 \pmod{55}$이다. 한편 $r^2 \equiv 26$과 $s^2 \equiv 34$로부터 $26 \cdot 34 \equiv 2 \pmod{55}$를 계산하여 P의 값이 옳음을 확인할 수 있다.

한편 r은 완전히 임의로 선택할 수는 없고 $\sqrt{55}$ 보다 크며 $\gcd(r,\ 55)=1$이어야 안전하다. 만약 r이 $\sqrt{55}$ 보다 작다면 $r^2 \bmod 55$에서 r을 쉽게 구할 수 있기 때문에, 간단한 계산 $s \equiv 53(r^{-1}) \bmod 55$으로 s를 쉽게 구할 수 있다.

예를 들어 P가 임의의 r을 선택할 때, $r=17$을 선택하였으며, $r^2 \bmod 55 \equiv 14$를 V에게 이미 알려주었다고 하자. 또한 V의 동전이 뒷면이 나왔다고 하자. 그러면 V는 P에게 r값을 요구하게 되므로, P는 $r=17$임을 알려주어야 하고 상대방은 간단한 계산에 의해 $17^2 = 289 \bmod 55 \equiv 14$임을 알 수 있다.

P는 거짓말을 할 수도 있지만, 게임에서 계속 거짓말을 하면 결국은 들키게 된다. 실제로 P가 s를 모르는 채 상대방을 속인다고 가정하자. 이때 P는 V가 r을 요구할 경우와 rs를 요구할 경우, 둘 중 한 가지에만 대비할 수 있다.

첫째로 r을 임의로 선택하여 $r^2 \bmod 55$를 계산하여 보냈을 때, V가 r을 요구하면 대답할 수 있지만 rs를 요구하면 대답할 수 없다.

반대로 r을 물으면 답할 수 없지만 rs에는 답할 수 있도록 준비할 수도 있다. 이 경우 P는 어떤 수의 제곱이 되는 수(예를 들어 4)를 선택한 다음

$$(4/s^2) \bmod 55 \equiv (4/34) \bmod 55 \equiv 26$$

을 계산하여 26이 r^2이라고 V에게 보낸다. 만약 V가 $(rs) \bmod 55$를 물어오면, 간단히 2라 답한다. V는 $rs^2 \equiv 4 (\bmod 55)$이고 $r^2s^2 = 26 \cdot 34 \equiv 4 (\bmod 55)$이므로 P가 s를 알고 있다고 판단한다. 그러나 만약 r을 요구하면 26의 mod 55에 대한 제곱근을 구할 수 없으므로 대답할 수 없다.

어느 경우도 P가 정확한 대답을 할 확률은 $1/2$이다. V는 P가 우연히 맞춘 것이 아니라 정말로 s를 알고 있음을 확신할 때까지 여러 번 묻고 대답하기를 반복해야 한다. P가 s를 알고 있다면 항상 바른 답을 말할 수 있지만, s를 알지 못한다면 매번 V의 요구를 예측해야 한다. 정확한 답을 낼 확률이 $1/2$이 되므로 V가 t번 묻는다면 P가 맞출 확률은 $(1/2)^t$이다.

1) 프로토콜 특징

$x^2 (\bmod 55)$에서 제곱근을 구하는 문제는 간단한 정수 이론을 사용하여 비교적 쉽게

계산할 수 있다. 왜냐하면 이 경우에 $55 = 5 \cdot 11$임을 누구나 알기 때문이다. 그러므로 위의 예는 단순한 게임에 불과하다. 그러나 이 게임은 영지식 프로토콜의 기본적인 특징을 갖추고 있다. 다시 말해서 이 프로토콜은 상호작용적으로서 양쪽 다 임의로 수를 선택할 수 있다(P는 r을 선택하고, V는 rs와 r을 선택한다). 한 단계에서 성공할 확률은 $\frac{1}{2}$이므로 P가 속일 확률은 과정의 반복 횟수와 관련된다.

(1) 이차 잉여프로토콜

$s^2 \pmod n \equiv x$의

① P는 임의의 수 r을 선택한 후, $r^2 \bmod n$의 결과 값을 V에게 전송한다.

② V는 임의의 비트 b를 선택하여 P에게 전송한다.

③ P는 b에 따라 $\begin{cases} b=0 \text{ 이면 } y \equiv r \pmod n \\ b=1 \text{ 이면 } y \equiv rx^{1/2} \pmod n \end{cases}$이 되는 y값을 V에게 전송한다.

④ V는 확인한다. $\begin{cases} b=0 \text{ 이면 } y \equiv r^2 \pmod{n^2} \\ b=1 \text{ 이면 } y^2 \equiv r^2 x \equiv r^2 s \pmod n \end{cases}$를 검증하여 P의 옳고 그름을 확인할 수 있다.

(2) 프로토콜 분석

이차 잉여프로토콜에서 완전성, 건전성, 영지성을 증명해야 한다.

① 완전성

x가 실제로 잉여라고 하자. 증명자에게 $x = s^2 \pmod n$를 만족하는 s가 주어졌고 P와 V가 그 지침을 다 따랐을 경우라면 V는 확률 1로 결과를 수용하게 된다.

② 건전성

x가 비잉여라고 하자. P가 무슨 일을 하는지와 상관없이 V는 적어도 1/2의 확률로 그 결과를 거부하게 된다. 여기서 'P가 무슨 일을 하는지와 상관없이'라는 것은, 예를 들어 P가 거짓말을 할 가능성이 있는 경우를 생각할 수 있다. 이 말은 V가 제시한 규칙 이외의 다른 전략을 P가 사용할 수 있다는 것이다.

③ 영지성

P가 거짓을 행할 가능성을 생각하자. V는 단지 $b=0$ 또는 $b=1$을 전송할 수 있기

때문에 그 거짓의 효과는 상당히 제한적이다. 어떤 경우에든지 P는 $\mathbb{Z}_n^*$에서 임의로 원소를 선택할 수 있으며 x가 잉여인지에 관해서는 어떤 정보도 주지 않음을 보여야 한다.

(3) 간단한 성질

정리 10.2

n이 소수이며 g는 $\mathbb{Z}_n^*$의 생성원이라고 하자. x가 잉여일 필요충분조건은 $x = g^i$ (i: 짝수)이다.

다시 말해서 x와 y가 잉여이면 xy가 잉여이지만, x가 비잉여인데, y가 잉여이면 xy는 g^j(어떤 홀수 j)가 되어 비잉여이다. 중국인의 나머지 정리에 의해 n이 홀수일 때도 성립한다.

정리 10.3

n에 대한 이차 잉여들은 군(group) QR_n을 만든다.

다시 말해 x와 y가 이차 잉여이면 xy도 잉여이다. 따라서 x가 잉여이고 y가 임의의 잉여라면 xy는 임의의 잉여이다. 그러므로 n에 대해 잉여인 모든 z에 대해 $xy = z$일 확률은 $1/|QR_n|$이다. 왜냐하면 $y = x^{-1}z$이 될 확률과 동일하며, 또한 y가 임의로 선택되었기 때문이다.

10.5 전화상의 동전던지기

두 사람이 전화통화 중에 동전던지기(Coin tossing over the telephone) 게임을 한다고 하자. 제3자가 개입하지 않고 전화상으로만 동전던지기를 하고 있으므로 서로 거짓말을 할 수 없는 장치를 만들어야 한다. 과연 그러한 방법이 없을까?

암호화 프로토콜에서는 서로 떨어져 있는 상대방에 상호 신뢰할 수 있는 심판자 없이도 결과를 신뢰할 수 있어야 한다. 간단한 경우로 당사자가 단 두 명이라면 이것은 단지 전화를 하면서 서로 동전을 던져 앞면인지 뒷면인지를 통보하는 것과 같다. 동전을 던진 결과를 상대방에게 전화상으로 말하는 단순한 방식을 말하는 것은 아니다. 그러기 위해서는 상호 간의 절대적인 신뢰가 있어야 할 것이다. 그렇지 않다면 어느 한 명은 상대방이 믿을 수 있는 심판자를 대동하고 있어야 한다. 이 경우에 라빈 암호 알고리즘을 이용하면 제3자의 개입 없이도 전화상으로 동전던지기가 가능해진다.

1) 동전던지기 문제

1982년에 블럼(M. Blum, 1938~)은 '전화로 동전던지기'라는 논문에서 이러한 상황을 제시했다. A와 B는 이혼을 했고, 각각 LA와 NY에 거주한다. 그들은 전화통화를 하면서 동전을 던져서 누가 자동차를 갖는지 결정하기로 했는데, 동전을 던지는 게임을 정확하게 심판해줄 사람을 찾지 못하였고, 그렇다고 서로 믿을 수 있는 상황도 아니다. B가 A에게 전화했다. A는 동전을 던졌고, B에게 알아맞히라고 말했다. B가 '앞면'이라고 하자, A는 "안됐네. 뒷면이 나왔거든. 네가 졌어. (Oops, you lose)."라고 말했다.

서로 믿지 못하는 사람들끼리는 동전던지기가 역할을 하지 못한다. 눈으로 확인하지 않고 동전이 실제로 앞면이 나왔는지 뒷면이 나왔는지 어떻게 알며, 어떻게 신뢰할 수 있겠는가? 블럼은 이 문제를 해결하기 위해 필요한 것은, A와 B가 얼마 후에 그들의 답을 변경할 수 없도록 무엇인가 장치를 해놓는 것이라고 했다.

정수 이론을 사용하여 이것을 만들어보자.

[이론]

p는 소수이고 g는 $\mathbb{Z}_p{}^*$의 생성원이다. 그러면

$$\mathbb{Z}_p{}^* = \{1, 2, \cdots, p-1\} = \{g, g^2, \cdots, g^{p-1} = 1\}$$

가 된다. 따라서 이론에 의하면 임의의 $a \in Z_p{}^*$에 대해 $g^x \equiv a \pmod p$가 되는 x가 항상 존재하지만, 그러한 x를 실제로 찾기는 어렵다. 이 알고리즘은 이산 로그문제가 계산하기 어렵다는 점에 기초한다.

정리 10.4

$\mathbb{Z}_p{}^*$는 생성원을 가지며 $\phi(p) = |\mathbb{Z}_p{}^*| = p-1$이다. 더욱이 생성원 $g \in \mathbb{Z}_p{}^*$에 대해, $\gcd(u, p-1) = 1$인 모든 u에 대해 g^u 역시 생성원이다.

예제 10.3

$p = 11$라고 하자. $\mathbb{Z}_p{}^*$에는 $\phi(10) = (5-1)(2-1) = 4$개의 생성원이 있다. $g = 2$이면

$$g^2 = 4,\ g^3 = 8,\ g^4 = 5,\ g^5 = 10,\ g^6 = 9,\ g^7 = 7,\ g^8 = 3,\ g^9 = 6,\ g^{10} = 1$$

이므로, $\gcd(u, 10) = 1$인 u는 1, 3, 7, 9이므로, g뿐만 아니라 $g^3 = 8$, $g^7 = 7$, $g^9 = 6$가 생성원이다.

a가 $\mathbb{Z}_p{}^*$의 생성원인지 판정하는 알고리즘을 알아보자.

주어진 소수 p로부터 $p-1$을 소인수분해 한다. $p-1$의 각각의 소인수 q에 대해

$$a^{(p-1)/q} \equiv 1 \pmod p$$

인지 아닌지 확인한다. 만일 모든 q에 대해 $a^{(p-1)/q} \not\equiv 1 \pmod p$이면 Yes (즉, a는 $\mathbb{Z}_p{}^*$의 생성원)이고, 적어도 어떤 q에 대해 $a^{(p-1)/q} \equiv 1 \pmod p$이면 No (즉, a는 $\mathbb{Z}_p{}^*$의 생성원이 아님)이다.

생성원의 개수는 $\phi(p-1)$인데, $p \geq 10$이라면 $\phi(p) \geq \dfrac{p}{\ln \ln p}$이다. 그러므로 소수 p에 대해 $\mathbb{Z}_p{}^*$의 생성원의 개수는 구간 $[1, p]$에 속하는 소수보다 더 많이 있다. 따라서 $\mathbb{Z}_p{}^*$의 생성원을 찾는 간단한 방법은 원소를 임의로 선택하여 위의 알고리즘을 만족하는지 확인하면 된다.

2) 제곱근과 이산 로그에 관한 몇 가지 정리들

정리 10.5

p는 소수이며 $a \in \mathbb{Z}_p{}^*$이고 g는 생성원이라고 하자. 적당한 정수 k에 대해 $g^k \equiv \sqrt{a} \pmod p$일 필요충분조건은 $g^{k+\frac{p-1}{2}} \equiv \sqrt{a} \pmod p$이다.

증명 g는 $\mathbb{Z}_p^*$의 생성원이므로 $\gcd(p,g)=1$이다. 그러므로 페르마의 작은 정리에 의해 $g^{p-1} \equiv 1 \pmod p$이며, 따라서

$$(g^{k+\frac{p-1}{2}})^2 = g^{2k+(p-1)} = g^{2k}g^{p-1} \equiv g^{2k} \pmod p$$

이다. 그러므로

$$g^k \equiv \sqrt{a} \pmod p \quad \Leftrightarrow \quad g^{2k} \equiv a \pmod p$$

$$\Leftrightarrow \quad (g^{k+\frac{p-1}{2}})^2 \equiv a \pmod p \quad \Leftrightarrow \quad g^{k+\frac{p-1}{2}} \equiv \sqrt{a} \pmod p$$

이다. ∎

위의 정리에 의해 이차 잉여 g^{2k}의 두 개의 제곱근은 g^k와 $g^{k+\frac{(p-1)}{2}}$이다.

3) 원시 제곱근 문제(principal square root, PSR)

- 입력: $p \equiv 3 \pmod 4$를 만족하는 소수 p와 생성원 $g \in \mathbb{Z}_p{}^*$라고 하자.
  $a, b, c \in \mathbb{Z}_p{}^*$ $(a \neq b)$이며, $2 \equiv b^2 \equiv c \equiv g^{2k} \pmod p$인 적당한 정수 $k > 0$라고 하자.
- 출력: a가 c의 원시 제곱근이면 a로 출력한다. 그렇지 않으면 b로 출력한다.

4) 전화로 동전던지기

이제 A와 B가 동전던지기 문제를 해결하는 데 동전던지기 프로토콜을 어떻게 사용하는지 알아보자. 두 사람이 서로 거짓말을 하는지 혹은 프로토콜을 정확히 준수하고 있는지 확인할 수 있다.

〈프로토콜〉

A: • 충분히 큰 소수 p와 $\mathbb{Z}_p^*$의 생성원 g를 임의로 선택한다.
- p와 $p-1$의 소인수 그리고 g를 B에게 보낸다.
- 임의의 수 $1 \le r \le p-1$을 택한다.
- $a = g^r \pmod p$ 그리고 $b = g^{r+(p-1)/2} \pmod p$라고 한다.
- 임의로 $< a,b >$ 또는 $< b,a >$를 B에게 전송한다.

B: • g가 생성원임을 확인한다($p-1$의 인수를 사용한다).

• $a^2 \equiv b^2 (\text{mod } p)$를 확인한다.

• a 또는 b를 다시 A에게 보낸다(이것이 '중요한 단계'이다).

A: • r을 B에게 보낸다.

• 만일 B가 a를 보내면 Win을 보내고, B가 b를 보내면 Lose라고 한다.

B: • $g^{2r} \equiv a^2 (\text{mod } p)$이고 $g^r \equiv a(\text{mod } p)$임을 확인한다.

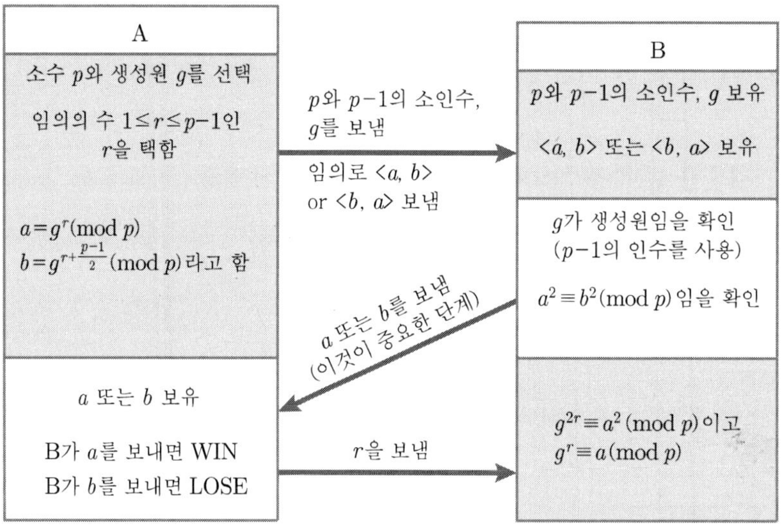

이러한 프로토콜의 결과는 이산대수 가정 하에 상당히 공정하다.

우선 A는 제곱근 문제를 임의로 구성하고 a 또는 b를 임의로 섞는다. 만일 원시근의 계산이 정말로 어렵다면 B가 '중요한 단계'를 할 수 있는 최선의 선택은 a나 b를 임의로 선택하는 것이다. B의 확인은 A가 프로토콜의 규칙을 따르도록 확신시켜 준다. a와 b는 그들이 실제로 제곱근이라는 것을 확신시켜 준다. 그러면 g^r은 a가 원시근임을 결정하기 위해 계산된다. 따라서 이산대수 가정 하에 B는 모든 다항식 $p(n)$에 대해 $\frac{1}{2}+\frac{1}{p(n)}$보다 큰 확률로 동전던지기에서 이길 수는 없게 된다.

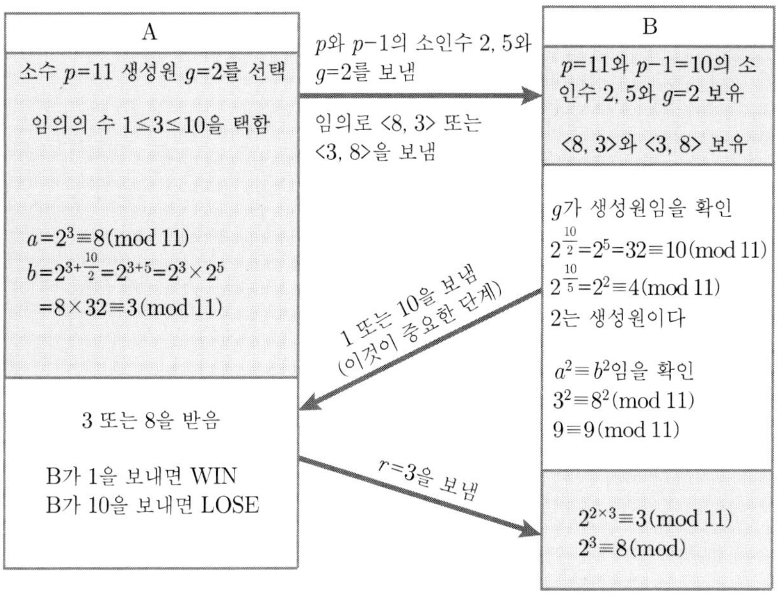

5) 일방향 함수를 사용하는 동전던지기

A와 B는 하나의 일방향 함수 $f(x)$를 결정했고 간단한 프로토콜을 만들었다.

A: • 임의로 숫자 x를 택하여 $y=f(x)$를 계산한다.
- y를 B에게 보낸다.

B: • x가 짝수인지 홀수인지를 추측해서 결과를 A에게 보낸다.
- 만일 추측이 맞았다면 동전던지기의 결과는 앞면이다. 추측이 틀렸다면 결과는 뒷면이다.

A: • 동전던지기의 결과를 알려주고 x를 B에게 보낸다.

B: • $y=f(x)$를 확인한다.

이 프로토콜의 안전성은 일방향 함수에 달려있다.

만일 A가 $y=f(x)=f(x')$인 짝수 x와 홀수 x'을 발견했다면 A는 B를 항상 속일 수 있다. 그렇지 않다면 B는 A를 적어도 어느 정도는 속일 수 있다. 예를 들어서 x가 짝수일 때 만일 $f(x)$가 75 %만큼 짝수를 생성한다면 B는 승산이 있다.

〈프로토콜〉

A와 B는 하나의 일방향 함수 $f(x)$를 결정한다.

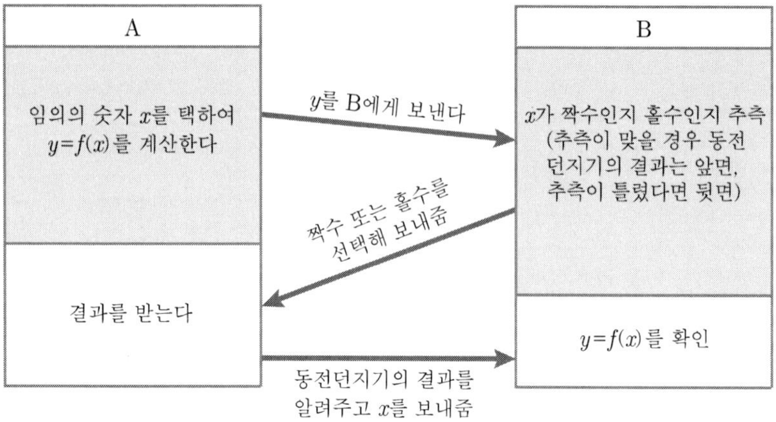

A와 B는 하나의 일방향 함수 $y = 3x^2 + 4x + 7$를 결정한다.

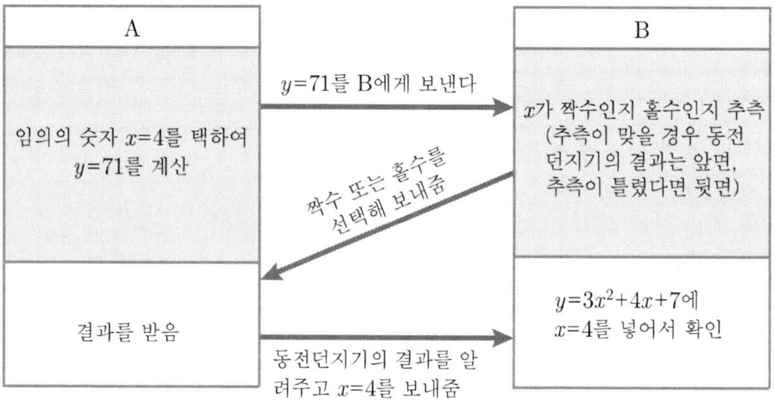

6) 동전던지기 공개키 암호

이 프로토콜은 공개키 암호나 대칭 암호에서 사용된다. 단 하나의 필요조건은 알고리즘이 교환작용이 있어야 한다는 것이다. 다시 말해서

$$d_{K_1}(e_{K_2}(e_{K_1}(M))) = e_{K_2}(M)$$

이다. 일반적으로 이런 성질은 대칭 알고리즘에서는 성립하지 않지만, 어떤 공개키 알고리즘에서는 성립한다(예를 들어 동일한 모듈라를 갖는 RSA).

프로토콜을 설명해보자. A와 B는 각각 공개키와 비밀키 쌍을 생성한다.

A: • 두 개의 메시지 M_1, M_2를 생성한다(하나는 앞면, 다른 것은 뒷면을 의미). 이 메시지들은 A가 프로토콜에서 그들의 신원을 증명할 수 있어야 한다.

• 자신의 비밀키를 사용하여 두 메시지를 모두 암호화

$$e_A(M_1),\ \ e_A(M_2)$$

하여, 임의의 순서로 B에게 전송한다.

B: • 어떤 메시지도 읽을 수 없는데, 임의로 하나 M를 선택한다($M = M_1$ 또는 M_2).

• 자신의 공개키를 사용하여 암호화하여 다시 A에게 보낸다.

$$e_B(e_A(M))$$

A: • 받은 메시지를 읽을 수 없는데, 자신의 비밀키를 사용하여 복호화

$$\text{만일 } M = M_1 \text{이면 } d_A(e_B(e_A(M))) = e_B(M_1)$$

$$\text{만일 } M = M_2 \text{이면 } d_A(e_B(e_A(M))) = e_B(M_2)$$

하여 다시 B에게 전송한다.

B: • 동전던지기의 결과를 알기 위해 자신의 비밀키로 메시지를 복호화

$$d_B(e_B(M_1)) = M_1,\ \ d_B(e_B(M_2)) = M_2$$

하여 복호된 메시지를 A에게 전송한다.

A: • 동전던지기의 결과를 읽고 맞았는지 확인한다.

A와 B 모두 자신이 키 쌍을 공개하여 서로 상대방이 속이지 않았음을 확인한다.

7) 우물에 동전던지기

우물에 동전던지기(Flipping a coin in a well)라는 모델도 마찬가지이다. B와 A는 여행지를 결정하기 위해 서로 주장하다가 우물에 동전을 던져서 선택하기로 했다.

A: 내가 동전을 던질 테니까 네가 확인을 해!

B는 동전을 바꿀 수는 없으나 확인할 수 있을 정도로 잘 보이는 우물 앞에 선다.

B: 알았어! 동전의 뒷면이 나오면 제주도로 가는 거다.
A: 그래. 앞면이 나오면 설악산으로 가는 거야. 거짓말하지 않기!

A는 동전을 우물에 던져 넣는다.

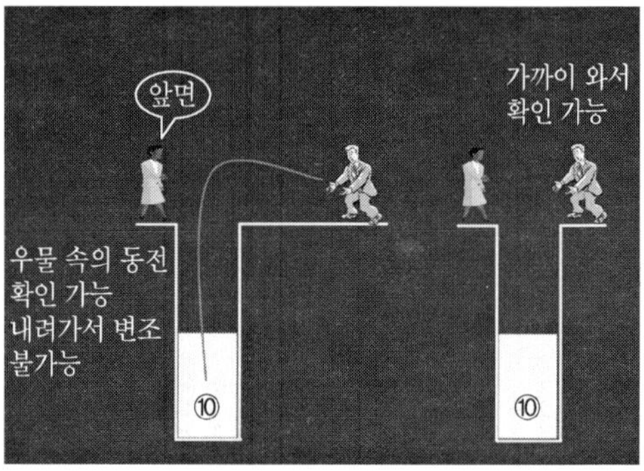

B는 A에게 그 결과를 알려준다. 즉, 동전을 던진 결과에 의해 누가 결정한 여행지로 갈 것인지 결정된다. 물론 후에 A는 우물로 다가와서 B가 제대로 말했는지를 확인할 수 있다. 결과적으로 누가 동전을 던졌느냐는 중요하지 않다. 서로 증명할 수 있고 확인할 수 있는 결과만이 필요할 뿐이다.

단계	행위자	전화상 동전던지기 알고리즘
준비	송신자(A)	두 소수 $p, q \equiv 3 (\mathrm{mod}\, 4)$를 선택하여 곱 $n = pq$를 계산한다.
		수신자(B)에게 n값만 알려준다.
		$\{p, q\}$를 비밀키로 한다.
1단계	수신자(B)	n보다 작은 양의 정수 m을 임의로 선택하여, 법 n에 관해 제곱한 수 c만을 수신자(A)에게 보낸다. $c \equiv m^2 (\mathrm{mod}\, n)$

2 단계	송신자 (A)	받은 수 c를 비밀키 $\{p, q\}$를 이용하여 법 n에 관한 이차합동식 $x^2 \equiv c(\bmod n)$의 제곱근을 계산한다. [라빈 암호 알고리즘 $p, q \equiv 3(\bmod 4)$인 경우와 같은 방법으로 계산한다.] 네 개의 해 $\pm m(\bmod n)$, $\pm m'(\bmod n)$ 중에서 m이나 m' 중 하나를 선택하여 수신자(B)에게 보낸다.
3 단계 판정	수신자 (B)	송신자(A)로부터 받은 수를 이용하여 소인수 p, q을 구한 후 송신자(A)에게 알려줄 수 있으면 수신자(B)가 이기는 것으로 할 경우 동전던지기 게임은 공평하다. 왜냐하면 A가 m 또는 m'을 선택할 확률은 $\frac{1}{2}$이고, B는 m을 통보 받으면 p, q를 구할 수 없으나, m'을 통보 받으면 p, q를 구할 수 있다. m'을 통보 받으면 B는 m을 알고 있으므로 $\gcd(m+m', n)$이나 $\gcd(m-m', n)$을 구할 수 있는데, 이들 중 하나는 p이고 나머지는 q가 된다. 따라서 B가 이긴다.

이 모델은 전화상의 동전던지기의 핵심이 된다. 동전던지기로 여행지가 결정된다면 동전이 던져진 결과를 속일 염려도 있고 상대방이 그 결과를 믿지 않을 수도 있다.

이렇게 적은 정보로 쌍방의 암호화 프로토콜을 실행하기 위하여 정수론의 이론에 근거한 많은 전화상의 동전던지기 암호화 프로토콜이 있다. 물론 게임을 할 경우는 동전의 앞면이 나오느냐, 뒷면이 나오느냐에 따라 어느 쪽이 이기는 것인가는 미리 정해야 한다. 그러므로 상호 확인을 할 수 있는 암호화 프로토콜이 필요하다. 이러한 프로토콜들에 기초하여 전화상으로 포커 게임도 할 수 있다.

간단한 숫자를 대입하여 전화상의 동전던지기에서 2단계의 이차 합동방정식의 제곱근을 구하는 법과 마지막 3단계의 p, q를 구하는 예를 알아보자.

예제 10.4

다른 두 소수 $p=7, q=11$라 하자. 그러면 $n=7 \cdot 11=77$이다. 다음에 이차 합동방정식 $x^2 \equiv 23 \ (\bmod 77)$의 해를 구해보자. 이 해는 두 이차 합동방정식

$$\begin{cases} x^2 \equiv 23 \equiv 2 \equiv 3^2 \ (\bmod 7) \\ x^2 \equiv 23 \equiv 1 \equiv 1^2 \ (\bmod 11) \end{cases}$$

의 해에서 구할 수 있고, 해는 각각 다음과 같다.

$$x \equiv \pm 3 \ (\bmod 7), \ x \equiv \pm 1 \ (\bmod 11)$$

그리고 다음 두 이차 연립합동식의 해를 구해보자.

11장 암호 공격

암호문의 정당한 수신자가 암호문을 원래의 메시지로 바꾸는 과정이 복호화이다. 그러나 정당하지 않은 도청자가 암호문을 복원하려고 시도할 때 암호 공격이라고 말한다. 불순한 목적을 가지고 할 수 있지만 좋은 의미로는 암호 분석일 수도 있다.

이러한 일은 전쟁에서는 승리를 이끄는 주요한 요인이 되며 실제로 제2차 세계대전 중에 많은 실례를 들 수 있다. 도청, 해커 등도 이러한 부류로 볼 수 있다. 한편 암호시스템을 구축하는 입장에서는 쉽게 공격당하지 않는 암호를 만들어야 한다. 암호가 받을 공격과 취약점을 미리 생각하여 더욱 안전한 암호알고리즘을 생성해낼 필요가 있다. 결국 암호 이론은 암호 구축과 암호 공격이 칼과 방패로 서로 주고받는 역할을 한다고 볼 수 있다.

- 컬초프의 원리(Kerckhoff's Principle): 암호시스템의 모든 것이 공개되더라도 암호는 비밀이어야 한다.
- 세넌의 격언(Shannon's Maxim): 당신의 적은 당신의 모든 시스템을 알고 있다.

  Your enemy knows your system!

11.1 암호 공격의 종류

암호 공격은 보통, 알려진 메시지 공격, 선택 메시지 공격, 선택 암호문 공격 그리고 암호문 단독 공격의 네 가지 정도의 방법으로 분류한다.

1) 알려진 메시지 공격(known plaintext attack, KPA)

(1) 상황

공격자에게 암호알고리즘, 암호문, 비밀키에 의해 구성된 하나 이상의 메시지가 주어지는 상황이다. 다시 말해서 공격자는 임의의 메시지 m과 그에 대응하는 암호문 c를 갖고 있는 경우이다.

주어진 것: $[m_1, c_1 = E_k(m_1)]$, $\cdots$, $[m_n, c_n = E_k(m_n)]$

찾는 것: k 또는 c_{n+1}로부터 m_{n+1}을 유추할 수 있는 알고리즘

(2) 이론

암호화된 텍스트와 어떤 메시지를 알고 있을 때, 이를 이용하여 다른 암호문들의 메시지를 복원하거나 키를 알아내는 공격 방식이다.

(3) 예시

① A가 B에게 어떠한 비밀 메시지를 보냈는데 C가 이 메시지를 가로챘다. 얼마 후에 A가 해당 메시지의 원문을 일반에 공개했거나 어떤 식으로든 이것을 알게 되었을 때 C는 자신이 입수한 메시지와 암호문을 이용하여 그동안의 다른 메시지들이 어떠했는지를 알아내는 것이다. 고전적인 암호체계는 이러한 공격에 극단적으로 취약하다.

② 메시지의 일부가 예측되는 경우에 이러한 공격이 이용된다. 제2차 세계대전 중에 독일군은 매일 같은 시간에 기상 예보를 발신했다. 'Wetter(날씨)'라는 단어를 모든 메시지마다 정확히 동일한 위치에 포함하고 있었는데, 이러한 부분과 실제 기상 상황을 대조하여 원래의 메시지를 추측해낼 수 있었다.

③ 현대에도 이런 공격이 행해지기도 한다. 공격자가 파일에 들어있는 파일들 중 하나와 동일한, 암호화되지 않은 파일(알려진 메시지)을 갖고 있다면 공격자는 이것과 이미 공개된 정보를 이용하여 전체 파일의 암호를 풀어낼 수 있다.

2) 선택 메시지 공격(chosen plaintext attack, CPA)

(1) 상황

공격자가 자신이 선택한 메시지 및 그에 해당하는 암호문이 주어지는 상황이다. 공격자는 하나의 메시지 m을 선택하고 m에 대응하는 암호문 c를 받는다. 이것은 KPA보다 강력한데, KPA에 안전했던 암호 중에서 CPA에 취약한 것이 있기 때문이다.

주어진 것: $[m_1, c_1 = E_k(m_1)]$, $\cdots$, $[m_n, c_n = E_k(m_n)]$

찾는 것: k 또는 c_{n+1}로부터 m_{n+1}을 유추할 수 있는 알고리즘

(2) 이론

파일 X를 암호화하면 X′, 파일 Y를 암호화하면 Y′이 나오는 것으로, 공격자가 선택한 메시지를 입력해서 해당 메시지의 암호문을 가질 수 있다. 이러한 공격은 공격자가 어떤 식으로든 원하는 메시지를 넣고 이에 대한 암호문을 생성해낼 수 있을 때 암호체계와 키를 알아내는 공격방식이다.

(3) 예시

공격자가 A의 컴퓨터를 입수하여 A가 오래 전부터 X라는 일을 계획하고 있었다는 것을 알게 되었을 때 이를 이용하는 것이다.

그러나 이러한 공격은 공개키 암호시스템에서는 아무런 역할을 하지 못하는데, 이는 공개키에서는 알고리즘이나 암호화 키가 이미 공개되어 있기 때문이다.

3) 선택 암호문 공격(chosen ciphertext attack, CCA)

(1) 상황

공격자 자신이 선택한 암호문 c에 대해 그에 해당하는 메시지 m을 받은 상황이다.

주어진 것: 선택한 c로부터 $[c_1, m_1 = D_k(c_1)]$, $\cdots$, $[c_n, m_n = D_k(c_n)]$

찾는 것: k

(2) 이론

이러한 공격은 공격자가 원하는 복호기를 입수하여 어떤 암호문을 넣었을 경우 어떤 메시지가 나오는지를 알 수 있을 때 암호체계와 키를 알아내는 공격 방식이다.

(3) 예시

공격자가 B의 컴퓨터를 입수하여 B가 사용한 어떤 암호의 메시지를 알게 되는 경우이다. 그러나 아무 암호나 넣는다고 메시지가 나오지는 않기 때문에, 선택 메시지 공격보다는 조금 어려울 수 있다.

4) 암호문 단독 공격(ciphertext only attack, COA)

(1) 상황

공격자에게 암호알고리즘과 암호문이 주어진 경우이다.

주어진 것: $c_1 = E_k(m_1)$, $c_2 = E_k(m_2)$, $\cdots$, $c_n = E_k(m_n)$

찾는 것: m_1, m_2, $\cdots$, m_n과 k 또는 c_{n+1}로부터 m_{n+1}을 유추할 수 있는 알고리즘

(2) 이론

이러한 공격은 암호화된 문장만을 가지고 이에 대한 해석을 시도하는 것으로, 원래 메시지를 복원하는 것을 목표로 한다. 완벽한 메시지를 복원하지 못한다 하더라도 꼭 필요한 부분만 어느 정도 알아낸다면 성공적이라고 할 수 있다.

5) 생일 공격(birthday attack)

위에서 말한 네 가지 방법 외에 잘 알려진 생일 공격이 있다.

(1) 이론

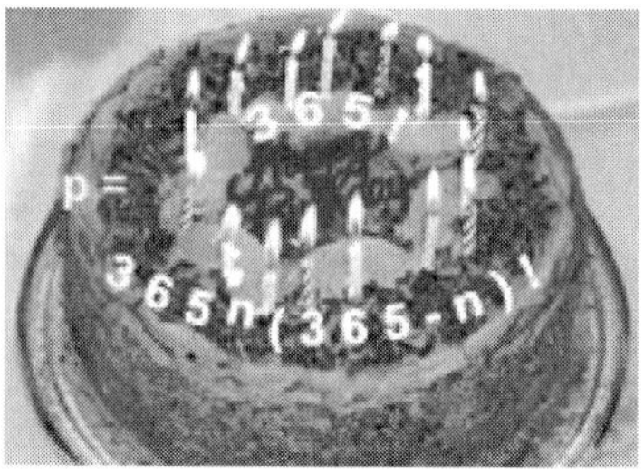

1년을 365일로 생각할 때, 언뜻 생각하면 적어도 366명 정도가 있어야 그중에서 생일이 같은 사람이 있을 것이라고 생각된다. 그러나 사실은 단지 23명만 있어도 그중에서 두 명 이상의 생일이 같을 확률이 무려 50 %가 넘는다. 이것을 생일 패러독스라고 부르며, 이러한 성질을 이용해 암호를 공격하는 것이 생일 공격이다.

(2) 상황

어떤 사람이 64비트 키를 사용하는 금융 거래 시스템을 공격하려고 한다. 이 경우도 언뜻 생각하면 2^{64}개의 가능성을 모두 확인해야만 비밀키를 발견할 수 있을 것으로 생각되지만, 실제로는 $2^{64/2} = 2^{32}$개 정도만 확인해보면 그중에서 동일한 키 값을 발견할 수 있다. 만약 128비트 키를 사용한다면 $2^{128/2} = 2^{64}$개의 가능성을 확인하면 된다. 그러나 사실은 2^{64} 정도의 값도 엄청나게 큰 값이므로 생일 공격의 효과는 그다지 크지 않다고 볼 수 있다.

11.2 RSA 암호의 공격

인수분해의 어려움에 기반을 둔 RSA 암호시스템은, 만일 인수분해를 할 수 있다면 간단하게 공격된다. 그러므로 안정성을 확보하기 위해 사용하는 소수의 크기를 어느 정도 이상으로 해야 한다는 조건을 갖게 된다. 그러나 컴퓨터가 발전하는 속도에 따라 소수의 크기가 점점 더 커져야 할 것이다.

그러나 완전히 인수분해 할 수 없는 경우에도 공격할 수 있는 방안이 제기되었다.

정리 11.1 선택된 암호문 공격(chosen ciphertext attack)

송신자 A가 B에게 메시지 M을 보낸다. RSA 암호시스템을 사용하여 M을 암호문 C로 암호화해서 송신을 했는데, 중간에서 제3자인 X가 C를 입수했다고 하자. X는 B의 비밀키를 모른다. 그러면 X는 B에게 암호문 C가 아닌 어떤 메시지 y를 보내 서명(복호화)하게 함으로써 C를 해독할 수 있다.

증명 RSA 암호시스템에서 B의 공개키를 (e, n)이라 하고 비밀키를 d라고 하자. X의 목적은 B의 암호문 C의 원문 $M = C^d$를 얻어내는 데 있다.

X: B의 공개키 (e, n)를 알고 있기 때문에 자연수 $r < n$ (n과 서로소)을 선택하여 다음과 같은 세 수 x, y, t를 계산한다.

$$x \equiv r^e \pmod{n}, \quad y \equiv xC \pmod{n}, \quad t \equiv r^{-1} \pmod{n}$$

B에게 y를 전송하여 서명할 것을 요구한다.

B: B는 비밀키 d를 갖고 있으므로 $r \equiv (r^e)^d \equiv x^d \pmod{n}$이다.
d를 사용하여 $u \equiv y^d \pmod{n}$를 계산하여 u를 X에게 전송한다.

X: 식 $tu \equiv r^{-1}y^d \equiv r^{-1}x^dC^d \equiv r^{-1}rc^d \equiv c^d \equiv M \pmod{n}$가 된다.
그러므로 X는 송신자 A가 B에게 보낸 메시지 원문 M을 얻을 수 있다. ■

한편 RSA 암호의 효과적인 공격 방법으로 연분수 이용이 제안되었다.

11.3 연분수

RSA 암호를 공격하는 데 효과적인 방법 중에 연분수를 이용하는 것이 있다. 실수 $a_1, a_2, a_3, \cdots$와 $b_1, b_2, b_3, \cdots$에 대하여 다음과 같은 형태의 분수를 연분수(continued fraction)라 한다.

$$a_1 + \cfrac{b_1}{a_2 + \cfrac{b_2}{a_3 + \cfrac{b_3}{\cdots}}}$$

연분수의 기초는 1600년대부터 1700년대 초반에 정립되었는데, 이론의 대부분을 확립한 사람은 오일러(L. Euler, 1707~1783)로서 e와 e^2을 연분수로 표현했다.

1) 유한단순연분수

정의 11.1

유한연분수는 다음과 같은 형태를 의미한다.

$$a_0 + \cfrac{1}{a_1 + \cfrac{1}{\ddots \cfrac{1}{a_{n-1} + \cfrac{1}{a_n}}}} \quad (1 \le a_1, \cdots, a_n \text{ 인 실수})$$

유한연분수에서 모든 a_i $(0 \le i \le n)$가 정수일 때 유한단순연분수(finite simple continued fraction)라고 하며, 간단히 $< a_0; a_1, \ldots, a_n >$로 표현한다.

정리 11.2

임의의 유리수는 유한단순연분수로 나타낼 수 있다. 반대로 모든 유한단순연분수는 유리수로 표현된다.

그러므로 유한단순연분수 $< a_0; a_1, \ldots, a_n >$에 대해,

$$\langle a_0 \rangle = a_0 \text{이며 } c = < a_0; a_1, \ldots, a_n > \ (n \ge 1)$$

라고 하면

$$c = < a_0;a_1, \ldots, a_n > = a_0 + \frac{1}{\langle a_1;a_2,\ldots,a_n \rangle}$$

이 성립한다.

예제 11.1

유한단순연분수 $< 0;2, 4, 8 >$를 유리수로 표현하라.

또한 유한단순연분수 $c_1 = 3 + \cfrac{1}{2 + \cfrac{1}{3 + \cfrac{1}{5 + \cfrac{1}{7}}}}$ 와 $c_2 = 0 + \cfrac{1}{2 + \cfrac{1}{4 + \cfrac{1}{8}}}$ 를 간단히 표현하라.

풀이 $0 + \cfrac{1}{2 + \cfrac{1}{4 + \cfrac{1}{8}}} = \cfrac{1}{2 + \cfrac{1}{\frac{33}{8}}} = \cfrac{1}{2 + \frac{8}{33}} = \cfrac{1}{\frac{74}{33}} = \frac{33}{74}$ 이다.

한편 $c_1 = < 3;2, 3, 5, 7 >$, $c_2 = < 0;2, 4, 8 >$이다.

모든 유리수가 유한단순연분수로 표현되기는 하지만 그 표현 방법이 유일하지는 않다. 즉, 앞에서 사용한 기호$< a_0;a_1, \ldots, a_n >$ 외에도 다른 방법으로 표현할 수 있다.

정리 11.3

유한단순연분수 $< a_0;a_1, \ldots, a_n >$는 $< a_0;a_1, \cdots, a_{n-1}, a_n - 1, 1 >$로 표현된다. 즉, 유한단순연분수는 마지막 분모가 항상 1로 끝나도록 만들 수 있다.

예제 11.2

유리수를 유한단순연분수로 나타내어라.

① $\frac{75}{52}$ ② $\frac{20}{41}$

풀이 유클리드 알고리즘 이용한다.

r_{n-1}	=	$a_n\times$	r_n	+	r_{n+1}
75	=	1×	52	+	23
52	=	2×	23	+	6
23	=	3×	6	+	5
6	=	1×	5	+	1
5	=	5×	1	+	0

r_{n-1}	=	$a_n\times$	r_n	+	r_{n+1}
20	=	0×	41	+	20
41	=	2×	20	+	1
20	=	20×	1	+	0

$\frac{75}{52} = <1;2,3,1,5> = <1;2,3,1,4,1>$, $\frac{20}{41} = <0;2,20> = <0;2,19,1>$

2) 연분수의 근사분수

정의 11.2

$C = <a_0;a_1,\cdots,a_n>$에서 각 $0 \le k \le n$에 대해 $C_k = <a_0;a_1,\cdots,a_k>$를 C의 제 k 근사분수(convergent)라 한다.

연분수의 근사분수는 보통 일차방정식의 해를 구하는 데 사용되었는데, RSA 암호 공격에도 사용된다.

예제 11.3

$\frac{75}{52} = <1;2,3,1,5>$를 제 0근사분수부터 제 2근사분수까지 찾아라.

풀이 $C_0 = <1> = 1$, $C_1 = <1;2> = 1 + \frac{1}{2} = \frac{3}{2}$, $C_2 = <1;2,3> = 1 + \frac{1}{2+\frac{1}{3}} = \frac{10}{7}$

위의 근사분수의 크기를 비교하면 제 4근사분수를 중심으로 짝수 번째 근사분수는 C_4보다 작으며 홀수 번째 근사분수는 C_4보다 크다. 즉

$$C_0 < C_2 < C_4 < C_3 < C_1$$

정리 **11.4**

유한단순연분수 $< a_0; a_1, a_2, \cdots, a_n >$의 제 $k(0 \le k \le n)$ 근사분수 $C_k = \dfrac{p_k}{q_k}$는 다음의 관계를 만족한다.

$$p_0 = a_0, \quad p_1 = a_1 a_0 + 1, \quad \cdots, \quad p_k = a_k p_{k-1} + p_{k-2}$$

$$q_0 = 1, \quad q_1 = a_1, \quad \cdots, \quad q_k = a_k q_{k-1} + q_{k-2}$$

증명 $k=0, 1, 2$일 때 정리가 성립함을 보이자.

$$C_0 = a_0 = \frac{a_0}{1} = \frac{p_0}{q_0}, \quad C_1 = a_0 + \frac{1}{a_1} = \frac{a_1 a_0 + 1}{a_1} = \frac{p_1}{q_1},$$

$$C_2 = a_0 + \cfrac{1}{a_1 + \cfrac{1}{a_2}} = \frac{a_2(a_1 a_0 + 1) + a_0}{a_2 a_1 + 1} = \frac{p_2}{q_2}$$

$k=m \ (2 \le m \le n)$이라 하자. 그러면 제 m근사분수에 대하여

$$C_m = \frac{p_m}{q_m} = \frac{a_m p_{m-1} + p_{m-2}}{a_m q_{m-1} + q_{m-2}}$$

이다. 정수 $p_{m-1}, q_{m-1}, p_{m-2}, q_{m-2}$은 유한단순연분수의 $m-1$항인 $a_1, a_2, \cdots, a_{m-1}$로 이루어졌으므로 C_m에서 a_m 대신에 $a_m + \dfrac{1}{a_{m+1}}$을 대입하면

$$< a_0; a_1, a_2, \cdots, a_n > = \frac{\left(a_m + \frac{1}{a_{m+1}}\right) p_{m-1} + p_{m-2}}{\left(a_m + \frac{1}{a_{m+1}}\right) q_{m-1} + q_{m-2}}$$

이다. C_m을 대입하여 근사분수 C_{m+1}을 효과적으로 만족함을 보일 수 있다.

$$\begin{aligned} C_m &= \frac{\left(a_m + \frac{1}{a_{m+1}}\right) p_{m-1} + p_{m-2}}{\left(a_m + \frac{1}{a_{m+1}}\right) q_{m-1} + q_{m-2}} \\ &= \frac{a_{m+1}(a_m p_{m-1} + p_{m-2}) + p_{m-1}}{a_{m+1}(a_m q_{m-1} + q_{m-2}) + q_{m-1}} = \frac{a_{m+1} p_m + p_{m-1}}{a_{m+1} q_m + q_{m-1}} \end{aligned}$$

■

이 결과는 연분수 이론에서 중요한 역할을 한다.

정리 11.7

모든 짝수인 제 k근사분수는 모두 홀수인 제 k근사분수보다 작다. 즉,

$$C_0 < C_2 < \cdots < C_{2k} < \cdots < C_{2k+1} < \cdots < C_3 < C_1$$

3) 연분수의 응용 – 일차방정식의 해 구하기

일차방정식 $ax+by=c$이 근을 가질 필요충분조건은 $\gcd(a,b)=d \mid c$이다. 또한 (x_0, y_0)가 방정식의 하나의 해이면 나머지 정수해 x, y는 다음과 같다.

$$x = x_0 + \frac{b}{d}k, \quad y = y_0 - \frac{a}{d}k \quad (k \in \mathbb{Z})$$

유한단순연분수를 이용한 일차방정식의 정수해를 구해보자.

예제 11.5

일차방정식 $12x+7y=1$의 정수해를 구하라.

풀이 $\gcd(12,7)=1$이며 $12=1\times7+5$

$7=1\times5+2$

$5=2\times2+1$

$2=2\times1+0$

이므로 연분수 전개 $\frac{12}{7}=<1;1,2,2>$가 되며, 수열 관계표로 다음과 같다.

a_n			1	1	2	2
h_n	0	1	1	2	5	12
k_n	1	0	1	1	3	7

따라서 $12\times(3)+7\times(-5)=1$이며 $\begin{cases} x=3+7k \\ y=-5-12k \end{cases}$ $k\in\mathbb{Z}$이다.

4) 연분수의 응용 – 피보나치 수(fibonacci number)

피보나치 수열(fibonacci sequence) 1, 1, 2, 3, 5, 8, 13, 21, 34, 55, 89, 144, ⋯은

$$f_0 = 0, \quad f_1 = 1, \quad f_2 = 1, \quad f_{n+2} = f_{n+1} + f_n \ (n \geq 1)$$

이다. 피보나치 수의 귀납적 관계를 무한단순연분수 $<1;1,1,1,\cdots>$에서 볼 수 있다.

$C_n = <1;1,1,\cdots> = \dfrac{p_n}{q_n}$ $(n \geq 0)$라 하자. 제 6근사분수까지의 p_n과 q_n을 구하면

a_n			1	1	1	1	1	1	1	1	1	1	⋯
p_n	0	1	1	2	3	5	8	13	21	34	55	89	⋯
q_n	1	0	1	1	2	3	5	8	13	21	34	55	⋯

이다. 따라서

$$C_0 = \frac{1}{1}, \ C_1 = \frac{2}{1}, \ C_2 = \frac{3}{2}, \ C_3 = \frac{5}{3}, \ C_4 = \frac{8}{5}, \ C_5 = \frac{13}{8}, \ C_6 = \frac{21}{13}$$

가 되어, 각각의 분자와 분모는 피보나치 수열을 이룬다. 따라서 p_n과 q_n은 피보나치 수 f_n 사이에 다음과 같은 관계를 만든다.

$$f_1 = f_2 = 1, \quad f_{n+2} = f_{n+1} + f_n \ (n \geq 1)$$

$$f_{n+2} = p_n, \quad f_{n+1} = q_n \ (n \geq 0)$$

그러므로 앞의 결과로부터 다음을 얻는다.

$$\lim_{n\to\infty} \frac{f_{n+1}}{f_n} = \lim_{n\to\infty} \frac{p_n}{q_n} = \frac{1+\sqrt{5}}{2}$$

이로부터 황금비 ϕ가 무한단순연분수임을 알 수 있다.

11.4 연분수와 RSA

어떤 유리수를 알고자 할 때, 그 값과 거의 근사한 유리수의 분모와 분자를 알아내기 위해 연분수를 사용할 수 있다. 연분수를 사용하여 분수의 분자·분모를 찾아내는 알고리즘을 연분수 알고리즘이라고 부른다. 앞서 배운 몇 가지 성질을 기억해보자(※ 참고: 암호 이론에 사용하기 위해 기호를 조금 변경하였다).

① 유한단순연분수

$$< 0, 2, 1, 3 > = 0 + \cfrac{1}{2 + \cfrac{1}{1 + \cfrac{1}{3}}} = \cfrac{1}{2 + \cfrac{3}{4}} = \cfrac{1}{\cfrac{11}{4}} = \frac{4}{11}$$

② 유리수 f는 유한단순연분수로 표현된다. 실제로 유리수 f의 몫과 나머지를 각각 q_i와 r_i라 하고, m은 반복 횟수라고 하면,

$$q_0 = [f], \quad r_0 = f - q_0; \; q_i = \left[\frac{1}{r_{i-1}}\right], \quad r_i = \frac{1}{r_{i-1}} - q_i$$

가 된다. 그런데 $r_m = 0$이므로 $f = < q_0, q_1, \cdots, q_m >$이다.

예제 11.6

$f = \dfrac{4}{11}$를 연분수로 표시하여라.

풀이

$$q_0 = [f] = 0, \; r_0 = f - q_0 = \frac{4}{11}, \; q_1 = \left[\frac{11}{4}\right] = 2, \; r_1 = \frac{11}{4} - 2 = \frac{3}{4}$$

$$q_2 = \left[\frac{4}{3}\right] = 1, \; r_2 = \frac{4}{3} - 1 = \frac{1}{3}, \; q_3 = \left[\frac{3}{1}\right] = 3, \; r_3 = 0$$

이므로, $\dfrac{4}{11} = < 0, 2, 1, 3 >$이다. 다음과 같이 간단히 계산할 수도 있다.

$$\frac{4}{11}=0+\cfrac{1}{\cfrac{11}{4}}=0+\cfrac{1}{2+\cfrac{3}{4}}=0+\cfrac{1}{2+\cfrac{1}{\cfrac{4}{3}}}=0+\cfrac{1}{2+\cfrac{1}{1+\cfrac{1}{3}}}=<0;2,1,3>$$

③ 유한단순연분수 $<q_0, q_1, \cdots, q_m>$는 유리수로 표시된다. 실제로

$$\frac{n_i}{d_i} = <q_0, q_1, \cdots, q_i> \text{이며 } \gcd(n_i, d_i)=1 \ \ (0 \le i \le m)$$

라고 하자. 그러면

$$\frac{n_0}{d_0} = <q_0> \quad \Rightarrow \quad n_0 = q_0, \ d_0 = 1$$

$$\frac{n_1}{d_1} = <q_0, q_1 \geqq q_0 + \frac{1}{q_1} = \frac{q_0q_1+1}{q_1} \quad \Rightarrow n_1 = q_0q_1+1, \ d_1 = q_1$$

$$\frac{n_2}{d_2} = <q_0, q_1, q_2> = q_0 + \cfrac{1}{q_1+\cfrac{1}{q_2}} = \frac{q_0q_1q_2+q_0+q_2}{q_1q_2+1}$$

$$\Rightarrow \begin{cases} n_2 = q_0q_1q_2+q_0+q_2 = q_2(q_0q_1+1)+q_0 = q_2n_1+n_0 \\ d_2 = q_2q_1+1 = q_2d_1+d_0 \end{cases}$$

따라서 모든 $i=2, 3, \cdots, m$에 대해

$$n_i = q_in_{i-1}+n_{i-2}, \quad d_i = q_id_{i-1}+d_{i-2}$$

이며, $f=\frac{n_m}{d_m}$이 된다.

④ 더욱이 모든 $i=2,3,\cdots,m$에 대해 $n_id_{i-1}-n_{i-1}d_i=(-1)^i$이 성립한다.

⑤ 연분수를 유리수로 표현하기 위해 분수를 계산하는 대신 행렬을 사용할 수 있다. 실제로 $n_0=q_0$, $d_0=1$로부터

$$\frac{n_1}{d_1} = < q_0, q_1 > \quad \Leftrightarrow \; n_1 = q_0 q_1 + 1, \;\; d_1 = q_1$$

$$\Leftrightarrow \begin{bmatrix} q_0 & 1 \\ 1 & 0 \end{bmatrix} \begin{bmatrix} q_1 & 1 \\ 1 & 0 \end{bmatrix} = \begin{bmatrix} q_1 q_1 + 1 & q_0 \\ q_1 & 1 \end{bmatrix} = \begin{bmatrix} n_1 & n_0 \\ d_1 & d_0 \end{bmatrix}$$

$$\frac{n_2}{d_2} = < q_0, q_1, q_2 > \Leftrightarrow \begin{cases} n_2 = q_0 q_1 q_2 + q_0 + q_2 = q_2 (q_0 q_1 + 1) + q_0 = q_2 n_1 + n_0 \\ d_2 = q_2 q_1 + 1 = q_2 d_1 + d_0 \end{cases}$$

$$\Leftrightarrow \begin{bmatrix} q_0 & 1 \\ 1 & 0 \end{bmatrix} \begin{bmatrix} q_1 & 1 \\ 1 & 0 \end{bmatrix} \begin{bmatrix} q_2 & 1 \\ 1 & 0 \end{bmatrix} = \begin{bmatrix} q_0 q_1 q_2 + q_2 + q_0 & q_0 q_1 + 1 \\ q_1 q_2 + 1 & q_1 \end{bmatrix}$$

$$= \begin{bmatrix} n_2 & n_1 \\ d_2 & d_1 \end{bmatrix}$$

그러므로

$$\frac{n_k}{d_k} = < q_0, q_1, \cdots, q_k > \Leftrightarrow \begin{cases} n_k = q_k n_{k-1} + n_{k-2} \\ d_k = q_k d_{k-1} + d_{k-2} \end{cases}$$

$$\Leftrightarrow \begin{bmatrix} q_0 & 1 \\ 1 & 0 \end{bmatrix} \begin{bmatrix} q_1 & 1 \\ 1 & 0 \end{bmatrix} \cdots \begin{bmatrix} q_k & 1 \\ 1 & 0 \end{bmatrix} = \begin{bmatrix} n_k & n_{k-1} \\ d_k & d_{k-1} \end{bmatrix}$$

예제 11.7

$< 0, 2, 1, 3 > = \frac{a}{b}$로 표시하려면

$$\begin{bmatrix} 0 & 1 \\ 1 & 0 \end{bmatrix} \begin{bmatrix} 2 & 1 \\ 1 & 0 \end{bmatrix} \begin{bmatrix} 1 & 1 \\ 1 & 0 \end{bmatrix} \begin{bmatrix} 3 & 1 \\ 1 & 0 \end{bmatrix} = \begin{bmatrix} 1 & 0 \\ 2 & 1 \end{bmatrix} \begin{bmatrix} 1 & 1 \\ 1 & 0 \end{bmatrix} \begin{bmatrix} 3 & 1 \\ 1 & 0 \end{bmatrix} = \begin{bmatrix} 1 & 1 \\ 3 & 2 \end{bmatrix} \begin{bmatrix} 3 & 1 \\ 1 & 0 \end{bmatrix} = \begin{bmatrix} 4 & 1 \\ 11 & 3 \end{bmatrix}$$

로부터 $< 0, 2, 1, 3 > = \frac{a}{b} = \frac{4}{11}$이 된다.

1) 연분수를 이용한 RSA 공격

연분수의 성질이 RSA 암호를 공격하는 데 효과적으로 사용된다. RSA 암호의 키를 생성하자.

① 키생성

- 두 소수 p와 q를 비밀키로 선택하고, $pq = n$을 계산하여 공개한다.

• 새로운 정수 e를 $\gcd(e,\ \mathrm{lcm}(p-1,\ q-1))=1$이 되도록 택하여 공개한다.
• 또한 $ed\equiv 1(\mathrm{mod}\ \mathrm{lcm}(p-1,\ q-1))$를 만족하도록 비밀키 d를 선택한다.

여기서 $\gcd(e,\ \mathrm{lcm}(p-1,\ q-1))=1$와 $ed\equiv 1(\mathrm{mod}\ \mathrm{lcm}(p-1,\ q-1))$에 대해 알아보자. 원래의 RSA 암호는 공개키 e와 비밀키 d가 각각 다음과 같이 선택했다.

$$\gcd(e,\ \phi(n))=1\text{와 } ed\equiv 1(\mathrm{mod}\ \phi(n))$$

② **암호화**

메시지 M을 $M^e\ (\mathrm{mod}\ n)$으로 암호화한다.

③ **복호화**

$ed\equiv 1(\mathrm{mod}\ \phi(n))$이므로, $ed=k\,\phi(n)+1\ \ (k\in\mathbb{Z})$라고 하자. 그러면

$$(M^e)^d=M^{k\phi(n)+1}=(M^{\phi(n)})^k\cdot M\equiv M(\mathrm{mod}\ n)$$

으로 메시지 M을 복호한다. 이때 오일러의 정리 $M^{\phi(n)}\equiv 1\ (\mathrm{mod}\ n)$가 사용된다. 그렇다면 e와 d를

$$\gcd(e,\ \mathrm{lcm}(p-1,\ q-1))=1\text{와 } ed\equiv 1(\mathrm{mod}\ \mathrm{lcm}(p-1,\ q-1))$$

이 되도록 선택하면 어떻게 복호를 할 수 있을까?
이 질문에 답을 하기 위해 간단한 군(group) 이론을 알아보자.

2) 군의 간단한 이론

정리 11.8 라그랑주 정리

$|G|=n<\infty$인 아벨군 G의 모든 원소 g에 대해 $g^n=e$이다.

증명 임의의 $g\in G$에 대해 함수

$$G\to G,\quad x\mapsto gx\ \ (x\in G)$$

는 전단사함수이다. 실제로 함수 $G\to G$, $x\mapsto g^{-1}x$가 원래 함수의 역함수가 된다.

그러므로

$$\prod_{x\in G} x = \prod_{x\in G}(gx) = g^n \prod_{x\in G} x$$

이며, 따라서 $g^n = e$이다. ■

정리 11.9

K는 유한체로서 $|K| = q$이면 모든 $\alpha \in K$에 대해 $\alpha^q = \alpha$이다.

증명 라그랑주 정리를 $K^* = K - \{0\}$에 적용하면, 모든 $\alpha \in K^* = K - \{0\}$에 대해 $\alpha^{q-1} = 1$이다. 따라서 $\alpha \in K^*$에 대해 $\alpha^q = \alpha$이다. 또한 $\alpha = 0$일 때도 $\alpha^q = \alpha$이 성립한다. ■

위의 정리는 페르마 정리와 동일하다. 다시 말해서 만일 p가 소수이면 $K = F_p = \mathbb{Z}_p$가 되어, 모든 $a \in K$에 대해 $a^p \equiv a \pmod p$, 즉 잘 알려진 페르마의 정리가 된다.

정리 11.10

$a \in \mathbb{Z}_p^*$라고 하자. $m \equiv 1 \pmod{p-1}$이면 $a^m = a \pmod p$이다.

증명 $a \in \mathbb{Z}_p^*$이므로

$$a^{p-1} = 1,\ a^{2(p-1)} = 1,\ a^{3(p-1)} = 1,\ \cdots$$

이다. 따라서

만일 $l = k(p-1)\ (k \in \mathbb{Z})$이면 $a^l = 1$이다.

다시 말해서

만일 $l \equiv 0 \pmod{p-1}$이면 $a^l \equiv 1 \pmod p$이다.

그러므로

$$a^p = a,\ a^{2(p-1)+1} = a,\ a^{3(p-1)+1} = a,\ \cdots,\ a^{k(p-1)+1} = a$$

이다. $m = k(p-1)+1$이라 하면, $m \equiv 1 \pmod{p-1}$이므로 $a^m = a \pmod p$이다.

■

정리 11.11

p, q는 서로 다른 소수이며 $n = pq$라고 하자. 만일 $m \equiv 1 \pmod{\operatorname{lcm}(p-1, q-1)}$이면 모든 $a \in \mathbb{Z}_n^*$에 대해 $a^m = a \in \mathbb{Z}_n$이다. 다시 말해 $a^m \equiv a \pmod{n}$이다.

증명 우선 몇 가지를 기억하자.

① $\operatorname{lcm}(k,l) = \dfrac{kl}{\gcd(k,l)}$이다.

② 만일 $m \equiv 1 \pmod{(p-1)(q-1)}$이면 $m \equiv 1 \pmod{\operatorname{lcm}(p-1, q-1)}$이다.
$\operatorname{lcm}(p-1, q-1) = L$이고 $\gcd(p-1, q-1) = D$라고 하자. 그러면 ①에 의해

$$L = \frac{(p-1)(q-1)}{D} = (p-1)\frac{(q-1)}{D} = (q-1)\frac{(p-1)}{D}$$

이다. 그러므로

$m \equiv 1 \pmod{\operatorname{lcm}(p-1, q-1)}$

$\Rightarrow L \mid (m-1)$

$\Rightarrow (p-1) \mid (m-1)$이며 $(q-1) \mid (m-1)$

$\Rightarrow m \equiv 1 \pmod{(p-1)}$이며 $m \equiv 1 \pmod{(q-1)}$

$\Rightarrow$ 모든 $a \in \mathbb{Z}_n^*$에 대해 $a^m = a \pmod{p}$이며 $a^m = a \pmod{q}$

$\Rightarrow$ 모든 $a \in \mathbb{Z}_n^*$에 대해 $a^m = a \pmod{pq}$, 즉 $a^m \equiv a \pmod{n}$이다. ■

정리 11.12

$G = \mathbb{Z}_n^*$, $n = pq$이면, 모든 $a \in G$에 대해 $a^{(p-1)(q-1)} = e \in G$이다.

증명 $n = pq$이므로

$$|G| = \phi(n) = \phi(pq) = (p-1)(q-1)$$

이다. 따라서 모든 $a \in G$에 대해 $a^{(p-1)(q-1)} = e \in G$이다. 다시 말해서 $a^{(p-1)(q-1)} \equiv a^{(p-1)(q-1)} \equiv 1 \pmod{pq}$이다. ■

예제 ▶ 11.8

$p=5$, $q=7$라고 하자. 그러면 $\text{lcm}(p-1, q-1)=\text{lcm}(4,6)=12$이다.
$m \equiv 1 \pmod{\text{lcm}(p-1,\ q-1)}$를 만족하는 값으로써 $m=13$이라고 하자. 만일 $a=2$라고 하면 $2^{13} \equiv 2 \pmod{35}$이며 $35 \mid (2^{13}-2)=8190=(2)(3^2)(5)(7)(13)$이다.

예제 ▶ 11.9

모든 $m \equiv 1 \pmod{p-1}$에 대해 $2^m \equiv 2 \pmod p$이다. 그러므로 $(p-1) \mid 12$를 만족하는 모든 소수에 대해 $2^{13} \equiv 2 \pmod p$이다.
다시 말해 $p-1=1, 2, 3, 4, 6, 12$, 즉 $p=2, 3, 4, 5, 7, 13$ ($p=4$는 소수가 아니므로 제외함)에 대해 $2^{13} \equiv 2 \pmod p$이다. 이것은 $8190=(2)(3^2)(5)(7)(13)$과 일치한다.

이제 RSA 암호계로 돌아가자.

3) RSA 암호 공격

A와 B는 RSA 암호를 사용하고 있다. 도청자 X가 암호를 가로챈 후 연분수 성질을 사용하여 A와 B의 비밀키를 알아내는 방법이 Wiener(1989)에 의해 발표되었다.

B는 다음과 같은 암호시스템을 만든다.

$$P=C=\mathbb{Z}_n \text{ (메시지, 정수)}$$

p, q는 큰 소수로, RSA 암호의 비밀키이다. (p, q는 100자리 정도의 큰 수)

$n=pq$인 n은 공개키로 한다.

K는 $\text{lcm}(p-1,\ q-1)$과 서로소인 양의 정수들의 집합이다.

$e \in K$: 암호화 공개키이며 $d \in K$: 복호화 비밀키로, $ed \equiv 1 \pmod{\text{lcm}(p-1,\ q-1)}$를 만족한다.

A는 B가 만든 암호시스템을 사용하여 메시지 M을 암호문으로 바꾼다.

$$\text{암호화 함수 } E: P \times K \to C, \quad E(M, e)=M^e \pmod n$$

도청자 X가 통신상에서 암호문 M^e를 입수한 경우를 생각하자. X는 공개키 e와 n을 알고 있으나, 원래의 메시지 M을 알지 못한다. RSA 암호시스템에 의하면 비밀키 d를 알고 있는 B만이 M^e를 복호하여 M을 알아낼 수 있다. 실제로 B는

$$\text{복호화 함수 } D: C \times K \to P,\ \ D(M^e, d) = (M^e)^d \pmod{n}$$

를 사용하여

$$D(E(M, e), d) = D(M^e, d) = (M^e)^d = M^{de} \equiv M \pmod{n}$$

로 복호한다.

참고 p와 q를 알면 당연히 $\phi(n)$를 알 수 있다. 반대로 $\phi(n)$을 알면 p와 q도 알 수 있다. 실제로

$$\phi(n) = (p-1)(q-1) = pq - p - q + 1 = n - p - q + 1$$

이므로 $p + q = n + 1 - \phi(n)$이다. 그런데

$$(x-p)(x-q) = x^2 - (p+q)x + pq = x^2 - (n+1-\phi(n))x + n$$

이므로 이 방정식을 풀면 두 근이 각각 p와 q가 되어 알아낼 수 있다.

이것은 공개키로 거듭제곱한 값을 그 역에 해당하는 비밀키로 복원하려는 의도이다. 식 $ed \equiv 1 \pmod{\operatorname{lcm}(p-1,\ q-1)}$로부터, 적당한 T가 존재하여 다음과 같이 된다.

$$ed = T \cdot \operatorname{lcm}(p-1,\ q-1) + 1 \tag{1}$$

만일 $G = \gcd(p-1,\ q-1)$라고 하면

$$\operatorname{lcm}(p-1,\ q-1) = \frac{(p-1)(q-1)}{G}$$

이 되므로

$$ed = \frac{T}{G}(p-1)(q-1) + 1 \tag{2}$$

이다. 그런데 T와 G는 공약수를 가질 수 있으므로, 적당한 $k,\ g \in \mathbb{Z}$에 대해

$$T = t \cdot \gcd(T,\ G), \qquad G = g \cdot \gcd(T,\ G)$$

이며

$$\gcd(t,\ g) = 1 \tag{3}$$

로 표현할 수 있다. 즉

$$\frac{T}{G} = \frac{t \cdot \gcd(T,\ G)}{g \cdot \gcd(T,\ G)} = \frac{t}{g}$$

인 기약분수가 되며, (2)로부터

$$ed = \frac{t}{g}\ (p-1)(q-1)+1 \tag{4}$$

이다. 양변을 $dpq = dn$으로 나누면

$$\frac{ed}{dpq} = \frac{1}{dpq}(\frac{t}{g}\ (p-1)(q-1)+1)$$

즉,

$$\begin{aligned}
\frac{e}{pq} &= \frac{1}{dpq}\left(\frac{t}{g}(p-1)(q-1)+1\right) \\
&= \frac{1}{dpq}\ \frac{t}{g}\left((p-1)(q-1)+\frac{g}{t}\right) &&= \frac{t}{dg}\left(\frac{(p-1)(q-1)}{pq}+\frac{g}{pqt}\right) \\
&= \frac{t}{dg}\left(\frac{pq-(p+q-1)}{pq}+\frac{g}{pqt}\right) &&= \frac{t}{dg}\left(1-\frac{p+q-1}{pq}+\frac{\frac{g}{t}}{pq}\right) \\
&= \frac{t}{dg}\left(1-\frac{p+q-1-\frac{g}{t}}{pq}\right) &&= \frac{t}{dg}(1-\delta)
\end{aligned}$$

여기서 $\delta = \dfrac{p+q-1-\frac{g}{t}}{pq}$ 이다.

정리 11.13

$\left|\dfrac{t}{dg} - \dfrac{e}{pq}\right| = \dfrac{t}{dg}\ \delta$이다.

증명 위의 계산에 의해 $\left|\frac{t}{dg}-\frac{e}{pq}\right|=\left|\frac{t}{dg}-\frac{t}{dg}(1-\delta)\right|=\left|\frac{t}{dg}\right||\delta| = \frac{t}{dg}\delta$이다. ■

정리 11.13에서 보듯이, RSA 키생성에서 공개키들로만 구성되어 있는 $\frac{e}{pq}$는 $\frac{t}{dg}$와 밀접한 관계가 있다. 따라서 $\frac{e}{pq}$를 사용하여 $\frac{t}{dg}$를 우선 알아낸 후, 다시 $\frac{t}{dg}$의 분모의 인수인 d를 얻어내기만 하면 RSA 암호의 비밀키를 획득한 것이 된다. 따라서 암호를 공격하여 원래 메시지를 가로챌 수 있다.

더 나아가 $\frac{e}{pq}$는 $\frac{t}{dg}$와 밀접한 관계는, 다음의 정리에 의해 연분수의 근사분수에 관련하여 설명될 수 있다.

정리 11.14

gcd$(c, d)=$ gcd$(u, v)=1$일 때, 만일 $\left|\frac{u}{v}-\frac{c}{d}\right| < \frac{1}{2d^2}$이면 $\frac{c}{d}$는 $\frac{u}{v}$의 연분수 표현의 근사분수 중 하나이다.

이것은 연분수의 근사분수와 관련하여 잘 알려진 정리이다.

정리 11.15

위에서 정의된 t, d 그리고 g에 대해 gcd$(t, dg)=1$이다.

증명 만일 어떤 정수 u가 있어서 $u \mid T$이며 $u \mid d$라고 하자. 그러면

$$u \mid T \cdot \text{lcm}(p-1, q-1) \tag{5}$$

이며

$$u \mid ed$$

이다. (1)에 의해 $ed = T \cdot \text{lcm}(p-1, q-1)+1$이므로

$$u \mid T \cdot \text{lcm}(p-1, q-1)+1 \tag{6}$$

이다. 그런데 $T \cdot \text{lcm}(p-1, q-1)$과 $T \cdot \text{lcm}(p-1, q-1)+1$은 서로소이므로 식 (5)와 (6)으로부터 $u=1$이 된다. 그러므로

$$\gcd(T, d)=1$$

이다. 또한 $t \mid T$이므로

$$\gcd(t, d)=1$$

이다. 한편 (3)에서 $\gcd(t, g)=1$이므로,

$$\gcd(t, dg)=1$$

이다. ■

정리 11.16

위에서 정의된 t, d 그리고 g에 대해, δ가 충분히 작은 수이면 t와 dg를 찾을 수 있다.

증명 정리 11.13에서

$$\left|\frac{t}{dg}-\frac{e}{pq}\right|=\frac{t}{dg}\delta$$

이다. 또한 정리 11.15에 의해 $\gcd(t, dg)=1$이다. 그러므로 만일 $\frac{t}{dg}\delta<\frac{1}{2(dg)^2}$, 즉 $\delta<\frac{1}{2dgt}$이면 정리 11.14에 의해 $\frac{t}{dg}$는 $\frac{e}{pq}$의 연분수의 하나의 근사분수가 된다. ■

정리 11.17

만일 $tdg<\frac{pq}{\frac{3}{2}(p+q)}$이면 t와 dg를 찾을 수 있다.

만일 $ed>pq$라고 하자. (특별한 가정은 아닌데, e 또는 d가 고정되어 있다면 다른 값의 기대치는 대략 $\frac{pq}{G}$이기 때문이다. 여기서 $G=\gcd(p-1, q-1)$이다.) 만일 G의

값이 그렇게 큰 값이 나오도록 선택되지 않았다면 $ed > pq$일 가능성이 매우 크다.

식 (2)로부터 $ed > pq$는 $t > g$를 만든다. (2)를 다시 쓰면

$$edg = t(p-1)(q-1) + g$$

이다. 만일 $t > g$이면, 위의 식에 의해 edg를 t로 나눌 때 몫이 $(p-1)(q-1)$이며 나머지가 g가 됨을 알 수 있다. 이것은 $(p-1)(q-1)$과 g의 값을 추측할 수 있는 좋은 근거가 된다.

4) 암호공격 알고리즘

① $(p-1)(q-1)$을 추측하면 $\frac{(p+q)}{2}$도 추측해낼 수 있다.

(이유: $\frac{pq-(p-1)(q-1)+1}{2} = \frac{p+q}{2}$이다.)

② 만일 $\frac{(p+q)}{2}$가 정수가 아니라고 가정하면 t와 dg의 추측은 잘못된 것이다. 실제로 RSA에서 p, q는 큰 소수이므로 홀수이며, 따라서 $p+q$는 짝수이다.

③ $\frac{(p+q)}{2}$를 추측하면 $\left(\frac{p-q}{2}\right)^2$도 추측해낼 수 있다.

(이유: $\left(\frac{p+q}{2}\right)^2 - pq = \left(\frac{p-q}{2}\right)^2$이다.)

④ 만일 $\left(\frac{p-q}{2}\right)^2$이 완전제곱수라고 추측하면, t와 dg를 추측해낼 수 있다.

⑤ 그런데 g는 edg를 t로 나눌 때 생기는 나머지이다.

(이유: ④에서 $ed = \frac{t}{g}(p-1)(q-1)+1$이므로 $edg = t(p-1)(q-1)+g$이다.

즉, g는 edg를 t로 나눌 때 생기는 나머지이다.)

⑥ 따라서 dg를 g로 나눔으로서 비밀키 d를 알아낼 수 있다.

⑦ 또한 $\frac{p+q}{2}$와 $\frac{p-q}{2}$로부터 또 다른 비밀키 p와 q를 찾아낼 수 있다.

(이유: $\frac{p+q}{2} \pm \frac{p-q}{2} = p$ 또는 q이다.)

예제 11.10

RSA 암호시스템에서 $n=pq=8927$와 $e=2621$로 공개키가 설정되었다고 하자. 연분수를 사용하여 암호를 공격하여 비밀키 p, q, d를 알아내자.

풀이 정리 11.13에서 $\left|\frac{t}{dg}-\frac{e}{pq}\right| = \frac{t}{dg}\delta$이다. 만일

$$\frac{t}{dg}\delta < \frac{1}{2(dg)^2}$$

이면, 정리 11.14에 의해 $\frac{t}{dg}$는 $\frac{e}{pq}$의 연분수 표현의 적당한 근사분수이다.

연분수를 사용하여 $\frac{e}{pq}=\frac{2621}{8927}=f$을 표현하자.

공개키 $n=pq=8927$, $e=2621$

변수계산	설명 및 계산	$i=0$	$i=1$	$i=2$
q_i	$q_0=[f]$ $q_i=\left[\frac{1}{r_{i-1}}\right]$	$q_0=[\frac{2621}{8927}]$ $=0$	$q_1=[\frac{8927}{2621}]$ $=3$	$q_2=[\frac{2621}{1064}]$ $=2$
r_i	$r_0=f-q_0$ $r_i=\frac{1}{r_{i-1}}-q_i$	$r_0=f-q_0$ $=\frac{2621}{8927}$	$r_1=\frac{8927}{2621}-3$ $=\frac{1064}{2621}$	$r_2=\frac{2621}{1064}-2$ $=\frac{493}{1064}$
$\frac{n_i}{d_i}$	$\frac{n_i}{d_i}=<q_0, q_1, \cdots, q_i>$	$<0>=\frac{0}{1}$	$<0, 3>=\frac{1}{3}$	$<0, 3, 2>=\frac{2}{7}$
$\frac{k}{dg}$의 추측	i 홀수: $<q_0, q_1, \cdots, q_i>$ i 짝수: $<q_0, \cdots, q_{i-1}, q_i+1>$	$<1>=\frac{1}{1}$	$<0, 3>$ $=\frac{1}{3}$	$<0, 3, 3>$ $=\frac{3}{10}$
edg의 추측	$e \cdot dg$	$2621 \cdot 1$ $=2621$	$2621 \cdot 3$ $=7863$	$2621 \cdot 10$ $=26210$
$(p-1)(q-1)$의 추측	$[\frac{edg}{k}]$	$[\frac{2621}{1}]$ $=2621$	$[\frac{7863}{1}]$ $=7863$	$[\frac{26210}{3}]$ $=8736$
g의 추측	$edg \pmod{k}$	$2621 \pmod{1}$ $=0$	$7863 \pmod{1}$ $=0$	$26210 \pmod{3}$ $=8763 \cdot 3+2$ $\equiv 2$

$\frac{p+q}{2}$ 의 추측	$\frac{pq-(p-1)(q-1)+1}{2}$	$\frac{8972-2621+1}{2}$ $=\frac{6307}{2}\not\in\mathbb{Z}$ (모순)	$\frac{8972-7863+1}{2}$ $=\frac{1065}{2}\not\in\mathbb{Z}$ (모순)	$\frac{8972-8736+1}{2}$ $=\frac{192}{2}=96$
$\left(\frac{p-q}{2}\right)^2$ 의 추측	$\left(\frac{p+q}{2}\right)^2-pq$			96^2-8927 $=289=17^2$
d	$\frac{dg}{g}$			$\frac{10}{2}=5$

그러므로 $i=2$ 단계에서 $\frac{p+q}{2}$이 정수로 나왔으며, 그로부터 $\frac{p-q}{2}$와 d의 값까지 모두 추측해낼 수 있었다.

변수계산	설명 및 계산	$i=3$	$i=4$	$i=5$
q_i	$q_0=[f]$ $q_i=\left[\frac{1}{r_{i-1}}\right]$	$q_3=[\frac{1064}{493}]$ $=2$	$q_4=[\frac{493}{78}]$ $=6$	$q_4=[\frac{78}{25}]$ $=3$
r_i	$r_0=f-q_0$ $r_i=\frac{1}{r_{i-1}}-q_i$	$r_3=\frac{1064}{493}-2$ $=\frac{78}{493}$	$r_4=\frac{493}{78}-6$ $=\frac{25}{78}$	$r_5=\frac{78}{25}-3$ $=\frac{3}{25}$
$\frac{n_i}{d_i}$	$\frac{n_i}{d_i}=<q_0, q_1, \cdots, q_i>$	$<0, 3, 2, 2>$ $=\frac{5}{17}$	$<0, 3, 2, 2, 6>$ $=\frac{32}{109}$	$<0, 3, 2, 2, 6, 3>$ $=\frac{101}{344}$
$\frac{k}{dg}$의 추측	i: 홀수일 때 $<q_0, q_1, \cdots, q_i>$ i: 짝수일 때 $<q_0, \cdots, q_{i-1}, q_i+1>$	$<0, 3, 2, 2>$ $=\frac{5}{17}$	$<0, 3, 2, 2, 7>$ $=\frac{37}{126}$	$<0, 3, 2, 2, 6, 3>$ $=\frac{101}{344}$
edg의 추측	$e\cdot dg$	$2621\cdot 17$ $=44557$	$2621\cdot 126$ $=330246$	$2621\cdot 344$ $=901624$
$(p-1)(q-1)$의 추측	$[\frac{edg}{k}]$	$[\frac{44557}{5}]$ $=8911$	$[\frac{330246}{37}]$ $=8925$	$[\frac{901624}{101}]$ $=8926$
g의 추측	$edg(\mathrm{mod}\ k)$	$44557(\mathrm{mod}\ 5)$ $\equiv 2$	$330246(\mathrm{mod}\ 37)$ $\equiv 21$	$901624(\mathrm{mod}\ 101)$ $\equiv 98$

$\frac{p+q}{2}$ 의 추측	$\frac{pq-(p-1)(q-1)+1}{2}$	$\frac{8927-8911+1}{2}$ $=\frac{17}{2}\notin \mathbb{Z}$ (모순)	$\frac{8927-8925+1}{2}$ $=\frac{33}{2}\notin \mathbb{Z}$ (모순)	$\frac{8927-8926+1}{2}$ $=1$
$\left(\frac{p-q}{2}\right)^2$ 의 추측	$\left(\frac{p+q}{2}\right)^2-pq$			$1-8927$ $=-8926$ (모순)
d	$\frac{dg}{g}$			

예제 11.11

연분수를 사용한 공격으로 비밀키 p, q, d를 알아내라.

풀이 $d=5$, $\frac{p+q}{2}=96$, $\frac{p-q}{2}=17$, $p=113$, $q=79$를 얻음으로써 RSA 암호를 풀어낼 수 있다. 그 뿐만 아니라 $k=3$, $g=2$이다.

연습문제

01 $\frac{e}{pq}=\frac{2621}{8927}=f$를 연분수로 표현하여라.

02 $\frac{75}{52}=<1;2,3,1,5>$를 제 3, 4 근사분수를 찾아라.

03 생일 패러독스와 생일 공격에 대해 조사하여라.

04 최소한 몇 명이 모여 있으면 그중에 생일이 같은 두 사람이 있을 확률이 없을 확률보다 높을까?

12장 여러 암호들 I – 행렬 암호와 힐 암호

간단한 수학 이론을 사용하여 만들 수 있는 암호시스템을 알아보자. 이러한 암호들은 대부분이 비밀키 암호시스템으로서, 공개키 암호만큼 보안성이 높지는 않지만 쉽게 만들 수 있는 암호알고리즘이다.

12.1 행렬 암호

1) 행렬을 이용한 암호 이론

행렬 A와 B가 서로 역행렬일 때, A를 이용하여 암호문을 만든다면 그것의 역행렬 B를 이용하여 복호하는 행렬 암호를 생각할 수 있다. 이것은 연립방정식이 언제 해를 갖고, 언제 갖지 않는지 혹은 몇 개의 해를 갖는지, 행렬의 합과 곱, 행렬을 이용해 일차 연립방정식의 해를 구하는 가우스 소거법과 가우스-조단 소거법 그리고 역행렬을 구하는 법정도의 지식만으로 충분히 가능하여, 고등학교 수학 정도로도 할 수 있다.

(1) 행렬을 이용한 영문의 암호화

두 행렬 A와 B를 각각

$$A=\begin{bmatrix}3 & 1\\2 & 1\end{bmatrix},\ B=\begin{bmatrix}1 & -1\\-2 & 3\end{bmatrix}$$

라고 하자. 그러면 A와 B는 역행렬 ($B=A^{-1}$) 관계임을 쉽게 알 수 있다. 알파벳을 다음 표와 같이 숫자화하자.

A	B	C	D	E	F	G	H	I	J	K	L	M	N
1	2	3	4	5	6	7	8	9	10	11	12	13	14
O	P	Q	R	S	T	U	V	W	X	Y	Z	빈칸	
15	16	17	18	19	20	21	22	23	24	25	26	27	

예제 12.1

행렬 $A=\begin{bmatrix}3\,1\\2\,1\end{bmatrix}$를 이용하여 다음의 메시지를 암호화하여라.

DREAM COMES TRUE.

풀이 메시지를 위의 표에 맞추어 숫자화하면

D	R	E	A	M		C	O	M	E	S		T	R	U	E
4	18	5	1	13	27	3	15	13	5	19	27	20	18	21	5

이며, 이는 다음과 같은 행렬로 나타낼 수 있다.

$$M=\begin{bmatrix}4 & 18 & 5 & 1 & 13 & 27 & 3 & 15\\13 & 5 & 19 & 27 & 20 & 18 & 21 & 5\end{bmatrix}$$

여기서 A가 2×2행렬이므로 행렬 M도 2개의 행을 갖도록 구성하였다. 만일 전체 숫자가 2의 배수가 아니면 빈칸에 해당하는 숫자 27을 필요한 만큼 채워 넣으면 된다.

이제 암호화하기 위하여 M의 왼쪽에 A를 곱하여 C를 만든다.

$$C=AM=\begin{bmatrix}3 & 1\\2 & 1\end{bmatrix}\begin{bmatrix}4 & 18 & 5 & 1 & 13 & 27 & 3 & 15\\13 & 5 & 19 & 27 & 20 & 18 & 21 & 5\end{bmatrix}$$

$$= \begin{bmatrix} 25 & 59 & 34 & 30 & 59 & 99 & 30 & 50 \\ 21 & 41 & 29 & 29 & 46 & 72 & 27 & 35 \end{bmatrix}$$

이다. C로부터 숫자화 된 암호문

25, 59, 34, 30, 59, 99, 30, 50, 21, 41, 29, 29, 46, 72, 27, 35

이 나온다.

예제 12.2

행렬 $A = \begin{bmatrix} 3 & 1 \\ 2 & 1 \end{bmatrix}$를 이용하여 다음의 암호문을 복원하여라.

25, 59, 34, 30, 59, 99, 30, 50, 21, 41, 29, 29, 46, 72, 27, 35

풀이 암호화 키 A로부터 복호화 키 $B = A^{-1} = \begin{bmatrix} 1 & -1 \\ -2 & 3 \end{bmatrix}$를 만든다. 그러면

$$BC = B(AM) = A^{-1}(AM) = M$$

이다. 실제로 암호문을 두 행으로 이루어진 행렬로 만들어, B를 곱하면

$$BC = \begin{bmatrix} 1 & -1 \\ -2 & 3 \end{bmatrix} \begin{bmatrix} 25 & 59 & 34 & 30 & 59 & 99 & 30 & 50 \\ 21 & 41 & 29 & 29 & 46 & 72 & 27 & 35 \end{bmatrix}$$

$$= \begin{bmatrix} 4 & 18 & 5 & 1 & 13 & 27 & 3 & 15 \\ 13 & 5 & 19 & 27 & 20 & 18 & 21 & 5 \end{bmatrix} = M$$

이 된다. 그러므로

4	18	5	1	13	27	3	15	13	5	19	27	20	18	21	5	
D	R	E	A	M		C	O	M	E	S		T	R	U	E	

로 원래의 메시지를 복원하였다.

이 암호에서 비밀키 A를 사용하였는데, A의 역행렬을 쉽게 계산할 수 있으므로 A를 습득한 모든 사람은 암호를 복호할 수 있어서, 비밀키를 안전하게 보관해야 한다.

(2) 행렬을 이용한 한글의 암호화

두 행렬 A와 B를

$$A=\begin{bmatrix}3&1&2\\2&1&-1\\3&1&3\end{bmatrix},\quad B=\begin{bmatrix}4&-1&-3\\-9&3&7\\-1&0&1\end{bmatrix}$$

라고 하자. $B=A^{-1}$는 쉽게 확인할 수 있다. 한글의 자모를 표와 같이 숫자화하자.

ㄱ	ㄴ	ㄷ	ㄹ	ㅁ	ㅂ	ㅅ	ㅇ	ㅈ	ㅊ
1	2	3	4	5	6	7	8	9	10
ㅋ	ㅌ	ㅍ	ㅎ	ㅏ	ㅑ	ㅓ	ㅕ	ㅗ	ㅛ
11	12	13	14	15	16	17	18	19	20
ㅜ	ㅠ	ㅡ	ㅣ	ㅐ	ㅒ	ㅔ	ㅖ	빈칸	?
21	22	23	24	25	26	27	28	29	30

예제 12.3

행렬 A를 이용하여 다음의 메시지를 암호화하여라. 그 후 다시 복호하여 원래의 메시지로 복원하여라.

내일 그곳에서 만나자.

풀이 메시지를 숫자화하면

ㄴ	ㅐ	ㅇ	ㅣ	ㄹ		ㄱ	ㅡ	ㄱ	ㅗ	ㅅ	ㅇ	ㅔ	ㅅ	ㅓ		ㅁ	ㅏ	ㄴ	ㄴ	ㅏ	ㅈ	ㅏ
2	25	8	24	4	29	1	23	1	19	7	8	27	7	17	29	5	15	2	2	15	9	15

이다.

A가 3×3 행렬이므로 메시지의 숫자들을 3개의 행을 갖는 행렬 M으로 만든다. 숫자의 개수가 3의 배수가 아니면 마지막에 빈칸에 해당하는 29를 계속 첨가한다.

$$M=\begin{bmatrix}2&25&8&24&4&29&1&23\\1&19&7&8&27&7&17&29\\5&15&2&2&15&9&15&29\end{bmatrix}$$

비밀키 A를 M에 곱하면

$$C = AM = \begin{bmatrix} 3 & 1 & 2 \\ 2 & 1 & -1 \\ 3 & 1 & 3 \end{bmatrix} \begin{bmatrix} 2 & 25 & 8 & 24 & 4 & 29 & 1 & 23 \\ 1 & 19 & 7 & 8 & 27 & 7 & 17 & 29 \\ 5 & 15 & 2 & 2 & 15 & 9 & 15 & 29 \end{bmatrix}$$

$$= \begin{bmatrix} 17 & 124 & 35 & 84 & 69 & 112 & 50 & 156 \\ 0 & 54 & 21 & 54 & 20 & 56 & 4 & 46 \\ 22 & 139 & 37 & 86 & 84 & 121 & 65 & 185 \end{bmatrix}$$

이다. 그러므로 숫자화 된 암호문은 다음과 같다.

17, 124, 35, 84, 69, 112, 50, 156, 0, 54, 21, 54,

20, 56, 4, 46, 22, 139, 37, 86, 84, 121, 65, 185

복호하기 위해 암호화 키의 반대 역할을 하는 역행렬 $B = A^{-1}$을 이용한다.

참고 행렬 A가 노출되면 B도 자연스럽게 드러나므로 비밀키 A를 주의해서 보관해야 한다. 그러나 숫자화하는 표는 암호 공격에 영향을 미치지 않는다. 암호화 행렬 A를 주기적으로 바꾸면 통신 내용의 보안이 조금 더 효과적으로 유지될 수 있다.

12.2 힐 암호

행렬을 사용한 암호는 고전 암호보다 발전된 형태이지만 여전히 쉽게 풀리는 암호로, 이 정도의 암호는 중·고등학교 수학 정도로 쉽게 이해할 수 있다. 이런 암호는 고대 로마시대에서부터 사용되어 왔으며, 가장 먼저 일반화시킨 사람이 힐(L. Hill, 1929)이다.

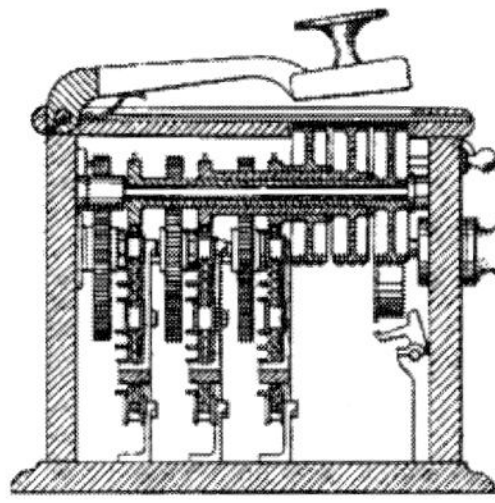

힐 암호기계

$$\begin{pmatrix} C_1 \\ C_2 \\ C_3 \end{pmatrix} = \begin{pmatrix} k_{11} & k_{12} & k_{13} \\ k_{21} & k_{22} & k_{23} \\ k_{31} & k_{32} & k_{33} \end{pmatrix} \begin{pmatrix} P_1 \\ P_2 \\ P_3 \end{pmatrix} \bmod 26$$

1) 힐 암호시스템

힐은 가역행렬을 사용하여 메시지를 암호문으로 바꾸었는데, 이러한 아이디어는 블록 암호가 나오는 데 큰 도움이 되었다.

① 암호화

- 블록의 길이 2가 되도록 나눈 다음, 한 블록에 문자 2개씩 넣어준다.
- 블록 안의 문자를 기수로 바꾼다(문자를 기수로 바꿀 때는 영어의 아스키코드를 사용하거나 A=00, B=01, ⋯, Z=25를 사용한다).

예제 12.4

A	B	C	D	E	F	G	H	I	J	K	L	M	N	O	P	Q	R	S	T	U	V	W	X	Y	Z
65	66	67	68	69	70	71	72	73	74	75	76	77	78	79	80	81	82	83	84	85	86	87	88	89	90
00	01	02	03	04	05	06	07	08	09	10	11	12	13	14	15	16	17	18	19	20	21	22	23	24	25

- 메시지 블록을 P_1과 P_2, 그 각각의 암호문을 C_1과 C_2라고 하자.
  $\gcd(ad-bc,\, 26)=1$일 때, 연립방정식

$$\begin{cases} C_1 \equiv aP_1 + bP_2 \pmod{26} \\ C_2 \equiv cP_1 + dP_2 \pmod{26} \end{cases}$$

  를 만든다. 메시지 블록 P_1, P_2의 값을 연립방정식에 대입하여 C_1, C_2를 구한다. 그러면 메시지 블록을 암호 블록으로 바꾸게 된다.
- 구한 기수들을 문자로 바꾼다.

예제 12.5

다음과 같은 2×2 선형 연립방정식을 사용하는 힐 암호시스템을 생각하자.

$$\begin{cases} C_1 \equiv 5P_1 + 13P_2 \pmod{26} \\ C_2 \equiv 3P_1 + 18P_2 \pmod{26} \end{cases}$$

메시지 SLOW AND STEADY WINS THE RACE를 암호화하여라.

풀이 • 메시지를 길이 2인 블록으로 나눈다.

SL OW AN DS TE AD YW IN ST HE RA CE

• 블록 안의 각 문자들을 순서대로 A=00, B=01, ⋯, Z=25로 바꾼다.

18 11 14 22 00 13 03 18 19 04 00 03

24 22 08 13 18 19 07 04 17 00 02 04

• $P_1=18$, $P_2=11$일 때 연립방정식에 대입하여 C_1과 C_2를 구한다.

$$C_1 \equiv 5 \cdot 18 + 13 \cdot 11 \equiv 25 \pmod{26}$$

$$C_2 \equiv 3 \cdot 18 + 18 \cdot 11 \equiv 18 \pmod{26}$$

그러면 $P_1=18$, $P_2=11$ 메시지 블록은 $C_1=25$, $C_2=18$ 암호 블록이 된다.

이와 마찬가지로 다른 메시지 블록들도 암호 블록으로 변환시키면 다음과 같다.

25 18 18 22 09 00 15 21 17 25 13 02

16 00 01 24 25 06 09 15 07 25 10 00

• 위의 배열된 수들을 순서대로 A=00, B=01, ⋯ , Z=25로 바꾸면

ZS SW JA PV RZ NC QA BY ZG JP HZ KA

암호문이 된다.

• 실제로 계산은 행렬 연산으로 쉽게 할 수 있다.

$$\begin{bmatrix} C_1 \\ C_2 \end{bmatrix} \equiv \begin{bmatrix} 5 & 13 \\ 3 & 18 \end{bmatrix} \begin{bmatrix} P_1 \\ P_2 \end{bmatrix} \pmod{26}$$

② 복호화

행렬식

$$D = \begin{vmatrix} 5 & 13 \\ 3 & 18 \end{vmatrix} = 51 \text{이고 } \gcd(51, 26) = 1$$

이므로 행렬 $\begin{bmatrix} 5 & 13 \\ 3 & 18 \end{bmatrix}$은 (mod 26)으로 역행렬을 갖는다. 즉 $\begin{bmatrix} 5 & 13 \\ 3 & 18 \end{bmatrix} = \begin{bmatrix} 8 & 13 \\ 3 & 21 \end{bmatrix}^{-1}$ (mod 26)이다. 따라서

$$\begin{bmatrix} P_1 \\ P_2 \end{bmatrix} \equiv \begin{bmatrix} 8 & 13 \\ 3 & 21 \end{bmatrix} \begin{bmatrix} C_1 \\ C_2 \end{bmatrix} \pmod{26}$$

을 사용하여 복호화 과정을 쉽게 할 수 있다.

예제 12.6

다음과 같은 2×2 선형 연립방정식을 사용하는 힐 암호시스템을 생각하자.

$$\begin{cases} C_1 \equiv 5P_1 + 13P_2 \pmod{26} \\ C_2 \equiv 3P_1 + 18P_2 \pmod{26} \end{cases}$$

다음의 암호문을 복호하여 원래 메시지로 복원하여라.

ZS SW JA PV RZ NC QA BY ZG JP HZ KA.

풀이 암호화 시스템 $\begin{bmatrix} C_1 \\ C_2 \end{bmatrix} \equiv \begin{bmatrix} 5 & 13 \\ 3 & 18 \end{bmatrix} \begin{bmatrix} P_1 \\ P_2 \end{bmatrix}$ (mod 26)로부터

$$\begin{bmatrix} 5 & 13 \\ 3 & 18 \end{bmatrix} = \begin{bmatrix} 8 & 13 \\ 3 & 21 \end{bmatrix}^{-1} \pmod{26}$$

를 양변에 곱하면 복호화 시스템

$$\begin{bmatrix} P_1 \\ P_2 \end{bmatrix} \equiv \begin{bmatrix} 8 & 13 \\ 3 & 21 \end{bmatrix} \begin{bmatrix} C_1 \\ C_2 \end{bmatrix} \pmod{26}$$

이 된다.

암호문 ZS SW JA PV RZ NC QA BY ZG JP HZ KA을 숫자로 바꾼다(단, 순서대로 A=00, B=01, ⋯, Z=25로 한다).

25 18 18 22 09 00 15 21 17 25 13 02

16 00 01 24 25 06 09 15 07 25 10 00

$C_1 = 25$, $C_2 = 18$을 복호화 시스템에 대입하면

$$\begin{bmatrix} P_1 \\ P_2 \end{bmatrix} \equiv \begin{bmatrix} 8 & 13 \\ 3 & 21 \end{bmatrix} \begin{bmatrix} C_1 \\ C_2 \end{bmatrix} \equiv \begin{bmatrix} 8 & 13 \\ 3 & 21 \end{bmatrix} \begin{bmatrix} 25 \\ 18 \end{bmatrix} \equiv \begin{bmatrix} 18 \\ 11 \end{bmatrix} \pmod{26}$$

이 되어, $P_1 = 18$과 $P_2 = 11$이 된다. 다른 암호 블록도 이와 같은 방법으로 구한다. 그러므로 메시지 블록의 배열은 다음과 같다.

18 11　14 22　00 13　03 18　19 04　00 03

24 22　08 13　18 19　07 04　17 00　02 04

이 기수를 평문으로 바꿔주면, (순서대로 A=00, B=01, ⋯, Z=25로 바꾼다.)

SL OW AN DS TE AD YW IN ST HE RA CE

즉, SLOW AND STEADY WINS RACE이다.

두 예제를 통해서 한 블록의 크기는 $n \geq 2$이어야 하고, 행렬 $n \times n \pmod{26}$을 이용하여 쉽게 문자를 암호화할 수 있고, 다시 역행렬을 이용하여 복호화할 수 있다(단, $\gcd(|A|, 26) = 1$일 때만 성립한다).

임의의 n 메시지 블록 $P_1, P_2, \cdots, P_n$과 암호 블록 $C_1, C_2, \cdots, C_n$가 있을 때,

$$P = \begin{bmatrix} P_1 \\ P_2 \\ \vdots \\ P_n \end{bmatrix}, \quad C = \begin{bmatrix} C_1 \\ C_2 \\ \vdots \\ C_n \end{bmatrix}$$

즉, $C \equiv AP \pmod{26}$가 된다.

행렬 3×3을 이용한 암호화 복호화 과정의 예제를 알아보자.

예제 12.7

행렬 $A = \begin{bmatrix} 3 & 2 & 6 \\ 5 & 7 & 11 \\ 13 & 4 & 1 \end{bmatrix}$를 사용하여 메시지 'A PROVERB IS THE CHILD OF EXPERIENCE'를 암호화하여라.

풀이

$$|A| = \begin{vmatrix} 3 & 2 & 6 \\ 5 & 7 & 11 \\ 13 & 4 & 1 \end{vmatrix} = -261 \equiv 25 \pmod{26}$$

이며 $\gcd(|A|, 26) = 1$이다. A가 행렬 3×3이므로 각 블록의 길이를 3으로 나눈다.

APR OVE RBI STH ECH ILD OFE OPE XPE RIE NCE

각 메시지 블록을 기수로 바꾼다(단, 순서대로 A=00, B=01, ⋯, Z=25로 바꾼다).

00 15 17   14 21 04   17 01 08   18 19 07   04 02 07

08 11 03   14 05 04   23 15 04   17 08 04   13 02 04

먼저 $P_1 = 00$, $P_2 = 15$, $P_3 = 17$을 $C \equiv AP \pmod{26}$에 대입하면

$$\begin{bmatrix} C_1 \\ C_2 \\ C_3 \end{bmatrix} \equiv \begin{bmatrix} 3 & 2 & 6 \\ 5 & 7 & 11 \\ 13 & 4 & 1 \end{bmatrix} \begin{bmatrix} 00 \\ 15 \\ 17 \end{bmatrix} \equiv \begin{bmatrix} 2 \\ 6 \\ 25 \end{bmatrix} \pmod{26}$$

가 되어 $C_1 = 02$, $C_2 = 06$, $C_3 = 25$이다. 이와 같은 방법으로 다른 암호 블록을 구하면 다음과 같다.

02 06 25   04 01 10   23 24 25   04 14 05   06 07 15

12 20 21   24 19 24   19 04 25   07 21 11   15 19 25

각 기수를 알파벳 문자로 바꾸면, 다음과 같은 암호문이 된다.

CGZ EBK XYZ EOF GHP MUV YRY TEZ HVL PTZ

예제 12.8

행렬 $A = \begin{bmatrix} 3 & 2 & 6 \\ 5 & 7 & 11 \\ 13 & 4 & 1 \end{bmatrix}$를 사용하여 CGZ EBK XYZ EOF GHP MUV YTY TEZ HVL PTZ를 복호화하여라.

풀이 복호화하기 위해 $P \equiv A^{-1}C \pmod{26}$를 이용한다. $\gcd(|A|, 26) = 1$이면, 역행렬 A^{-1}가 존재한다. 수반행렬이나 가우스 소거법을 사용하여 $AA^{-1} \equiv I \pmod{26}$이 되는 행렬을 찾으면

$$A^{-1} \equiv \begin{bmatrix} 11 & 4 & -6 \\ -8 & -3 & 3 \\ -7 & 12 & -11 \end{bmatrix} \pmod{26}$$

이다. 각 암호 블록을 기수로 바꾼다.

02 06 25　　04 01 10　　23 24 25　　04 14 05　　06 07 15

12 20 21　　24 19 24　　19 04 25　　07 21 11　　15 19 25

각 블록을 복호화하기 위해, $P \equiv A^{-1}C \pmod{26}$를 만든다.

$$\begin{bmatrix} P_1 \\ P_2 \\ P_3 \end{bmatrix} \equiv \begin{bmatrix} 11 & 4 & -6 \\ -8 & -3 & 3 \\ -7 & 12 & -11 \end{bmatrix} \begin{bmatrix} 02 \\ 06 \\ 25 \end{bmatrix} \equiv \begin{bmatrix} 00 \\ 15 \\ 17 \end{bmatrix} \pmod{26}$$

따라서 $P_1 = 00$, $P_2 = 15$, $P_3 = 17$를 구할 수 있다. 다른 암호 블록도 같은 방법으로 복호화하면 다음과 같은 숫자의 배열을 얻을 수 있다.

00 15 17　　14 21 04　　17 01 08　　18 19 07　　04 02 07

08 11 03　　14 05 04　　23 15 04　　17 08 04　　13 02 04

마지막으로 숫자를 평문으로 바꾸면

APR OVE RBI STH ECH ILD OFE XPE RIE NCE

즉, A PROVERB IS THE CHILD OF EXPERIENCE로 복원할 수 있다.

③ 힐 암호의 분석

힐 암호는 블록을 사용하기 때문에 보통의 행렬 암호보다 풀기 어렵다. 그러나 기본적인 힐 암호는 알려진 평문 공격(known plaintext attack, KPA)에 취약한데, 왜냐하면 암호알고리즘이 완전히 선형이기 때문이다. 실제로 암호를 공격하기 위해 아핀 암호 경우처럼 길이 n인 단어와 관계있는 자료를 이용할 수 있다. 예를 들면 $n = 2$일 때 길이 2인 단어는 $26 \times 26 = 676$로 가능하다. 암호문의 두 문자의 단어를 갖는 메시지의 횟수를 사용하면, 암호행렬 A와 역행렬 A^{-1}을 추측할 수 있다. n이 더 큰 수이면 이 일을 수행하기 어려워진다는 것은 자명하다. 또한 비선형 연산과 더불어 알고리즘을 구성하면 보다 안전하게 만들 수 있다.

2) 메이플을 사용한 힐 암호시스템

메이플을 사용하여 힐 암호시스템으로 메시지를 암호문으로 바꾸고, 다시 복호하는 방법을 알아보자.

① **암호화**

```
> letters := array (0 .. 25,  [A, B, C, D, E, F, G, H, I, J, K, L, M, N,
                               O, P, Q, R, S, T, U, V, W, X, Y, Z])
```

이 명령에 의해 각각의 숫자 0, 1, ⋯, 25를 알파벳 A, B, ⋯, Z와 일대일 대응시킬 수 있다. 예를 들어 숫자 2는 C와 대응된다.

```
> letters [2];                    C
```

ltable 이름으로 table을 만든다.

```
> ltable := table( ):
```

그 후 그 배열 문자를 넣어 ltable을 채운다.

```
> for i from 0 to 25 do
>     ltable [ letters[i] ] := i :
> od :
```

그러면 ltable에 속한 원소를 다시 숫자와 대응시킬 수 있다.

```
> ltable [C] ;                    2
```

예제 12.9

힐 암호시스템에서 행렬 $A=\begin{bmatrix}11 & 6 & 8\\ 0 & 3 & 4\\ 24 & 0 & 9\end{bmatrix}$ 를 사용하여 메시지 'RENDEZVOUS AT NOON'을 암호문으로 만들어라.

풀이

```
> with (linalg) :
> A := matrix ([ [11, 6, 8], [0, 3, 4], [24, 0, 9] ]) ;
```

$$A := \begin{bmatrix}11 & 6 & 8\\ 0 & 3 & 4\\ 24 & 0 & 9\end{bmatrix}$$

다음 명령으로 A의 행렬식이 26과 서로소임을 확인한다.

```
> d := det(A) mod 26 ;          d := 26
> gcd(d, 26) ;                  1
```

벡터 ptext에 원래 메시지의 문자들을 입력한다. 메시지의 문자들 16개를 모두 입력한 후, 행렬 A의 크기 3×3과 맞추기 위해 여분의 문자 2개를 더 포함시킨다.

```
> ptext := vector([R, E, N, D, E, Z, V, O, U, S, A, T, N, O, O, N, A, A]) ;
  ptext := [R, E, N, D, E, Z, V, O, U, S, A, T, N, O, O, N, A, A]
```

다음 명령으로 메시지의 문자의 개수를 확인한다.

```
> vectdim(ptext);               18
```

명령어 loop를 사용하여 ptext의 모든 문자를 숫자로 전환하고, 그 결과가 나타나도록 'evalm'을 수행한다.

```
> for i from 1 to vectdim (ptext) do
>     ptext[i] := 1table [ ptext[i] ] :
> od :
> evalm (ptext) ;
  [17, 4, 13, 3, 4, 25, 21, 14, 20, 18, 0, 19, 13, 14, 14, 0, 0]
```

메시지를 암호문으로 바꾸기 전에 메시지의 원소들을 행렬 A의 크기와 일치하도록 나열한다.

```
> blocksize := rowdim(A) ;                          blocksize := 3
```

다음에 'numblocks'로 메시지의 문자를 분류할 vector열의 수를 할당한다.

```
> numblocks := vectdim(ptext) / blocksize ;         numblock := 6
```

Matrix 명령을 사용하여 vector ptext의 메시지 문자들을 블록 크기의 vector열로 분류한다. 이 vector열을 Matrix pmatrix 안에 열대로 순서있게 배열한다.

> pmatrix := matrix(numblocks, blocksize, ptext) ; pmatrix := $\begin{bmatrix} 17 & 4 & 13 \\ 3 & 4 & 25 \\ 21 & 14 & 20 \\ 18 & 0 & 19 \\ 13 & 14 & 14 \\ 13 & 0 & 0 \end{bmatrix}$

pmatrix는 메시지의 모든 문자에 대응하는 숫자들로 구성되었으므로, pmatrix에 행렬 A를 곱하여 암호문을 만들 수 있다. 여기서 알파벳이 26이므로 법 26을 사용하여 계산하며, 특별히 메이플 곱셈의 연산의 속도를 높이기 위해 '&*'를 사용한다.

> cmatrix := map(m -> m mod 26, evalm(pmatrix &* A) ; cmatrix := $\begin{bmatrix} 5 & 10 & 23 \\ 9 & 4 & 19 \\ 9 & 12 & 24 \\ 4 & 4 & 3 \\ 11 & 16 & 10 \\ 13 & 0 & 0 \end{bmatrix}$

Maple의 convert 명령을 사용하여 cmatrix의 숫자들을 벡터의 형태로 나열한다.

```
> ctext := convert(cmatrix, vector) ;
      ctext := [5, 10, 23, 9, 4, 19, 9, 12, 24, 4, 4, 3, 11, 16, 10, 13, 0, 0]
```

여기서 나온 모든 숫자를 다시 알파벳으로 되돌린다.

```
> for i from 1 to vectdim(ctext) do
>     ctext[i] := letters[ ctext[i] ] :
> od :
> evalm(ctext) ;
                  [F, K, X, J, E, T, J, M, Y, E, E, D, L, Q, K, N, A, A]
```

이 결과 'FKXJETJMYEEDLQKNAA'가 힐 암호시스템으로 만든 암호문이다.

② **복호화**

이 메시지를 복호하기 위해, vector ctext로써 ciphertext를 정의하고 'letters, 1table, A, blocksize'를 정의하고 그리고 'numblocks' 정의한다. 그러면 암호문의 문자를 숫자로 변환시키게 된다.

```
> for i from 1 to vectdim(ctext) do
>     ctext[i] := 1table[ ctext[i] ] :
> od :
> evalm(ctext) ;      [5, 10, 23, 9, 4, 12, 24, 4, 4, 3, 11, 16, 10, 13, 0, 0]
```

이 숫자들을 'blocksize' 길이와 관계되도록 분류하기 위해, Matrix cmatrix 안에 배열대로 순서있게 이 vector열들을 남기는 명령을 수행한다.

> cmatrix := matrix(numblocks, blocksize, ctext) ; $\quad cmatrix := \begin{bmatrix} 5 & 10 & 23 \\ 9 & 4 & 19 \\ 9 & 12 & 24 \\ 4 & 4 & 3 \\ 11 & 16 & 10 \\ 13 & 0 & 0 \end{bmatrix}$

그 후 plaintext ring원소를 행렬 A의 역원으로 앞에서 사용한 행렬을 곱해서 되찾을 수 있다. 이것을 matrix pmatrix로 결과 된 산출물을 남긴 다음 명령으로 할 수 있다(A의 역수를 얻을 때 주의한다).

```
> pmatrix := map(m -> m mod 26, evalm(cmatrix &* A^(-1))) ;
```

$$pmatrix := \begin{bmatrix} 17 & 4 & 13 \\ 3 & 4 & 25 \\ 21 & 14 & 20 \\ 18 & 0 & 19 \\ 13 & 14 & 14 \\ 13 & 0 & 0 \end{bmatrix}$$

plaintext ring원소를 다음 명령을 넣음으로써 vector ptext 안에 순서대로 환의 원소를 목록화할 수 있다.

```
> ptext := convert(pmatrix, vector) ;
ptext := [17, 4, 13, 3, 4, 25, 21, 14, 20, 18, 0, 19, 13, 14, 14, 13, 0, 0]
```

마지막으로 다음 명령들을 수행하여 일치된 알파벳 문자를 볼 수 있다.

```
> for i from 1 to vectdim(ptext) do
> ptext[i] := letters[ ptext[i] ] :
> od :
> ecalm(ptext) ; [R, E, N, D, E, Z, V, O, U, S, A, T, N, O, O, N, A, A]
```

연습문제

01 다음과 같이 한글을 숫자로 대응시키자.

ㄱ	ㄴ	ㄷ	ㄹ	ㅁ	ㅂ	ㅅ	ㅇ	ㅈ	ㅊ	ㅋ	ㅌ	ㅍ	ㅎ
1	2	3	4	5	6	7	8	9	10	11	12	13	14
ㅏ	ㅑ	ㅓ	ㅕ	ㅗ	ㅛ	ㅜ	ㅠ	ㅡ	ㅣ				
15	16	17	18	19	20	21	22	23	24				

한글 글자를 $\begin{pmatrix} x \\ y \end{pmatrix}$로 나타내자. 암호화 키 $\begin{pmatrix} a & b \\ c & d \end{pmatrix} = \begin{pmatrix} 3 & 4 \\ 1 & 5 \end{pmatrix}$라고 할 때 $\begin{pmatrix} a & b \\ c & d \end{pmatrix}\begin{pmatrix} x \\ y \end{pmatrix}$를 계산하여 평문 '토요일에 만나자'를 암호화하여라.

02 다음과 같이 한글을 숫자로 대응하는 암호를 생각하자.

ㄱ	ㄴ	ㄷ	ㄹ	ㅁ	ㅂ	ㅅ	ㅇ	ㅈ	ㅊ	ㅋ	ㅌ	ㅍ	ㅎ
1	2	3	4	5	6	7	8	9	10	11	12	13	14
ㅏ	ㅑ	ㅓ	ㅕ	ㅗ	ㅛ	ㅜ	ㅠ	ㅡ	ㅣ				
1	2	3	4	5	6	7	8	9	10				

예를 들어 '다'는 (3,1)이고 '요'는 (8,6)이다.

(a) 암호 규칙을 $(x,y) \to (x+y,\ x-y)$라고 할 때, $(5,\ 3)$의 평문을 말하여라.

(b) 암호 규칙을 $(x,y) \to (x-y,\ x^2-y^2)$라고 할 때, $(2,\ 10)$의 평문을 찾아라.

(c) 암호 규칙을 $(x,y) \to (x^2-3xy+2y^2,\ x^2+y^2)$라고 할 때, $(0,\ 20)$의 평문을 찾아라.

(d) 위와 같은 방법으로 평문 '갑'을 암호화하려면 어떤 변화를 주어야 하는지 논의하여라. 또한 '삶'과 '활'을 암호화하려면 어떻게 해야 하는지 논의하여라.

03 알파벳 4개로 된 메시지 $P_1P_2P_3P_4$를 알파벳 코드표에 의해 숫자 $m_1m_2m_3m_4$로 만든다.

A	B	C	D	E	F	G	H	I	J	K	L	M	N	O	P	Q	R	S	T	U	V	W	X	Y	Z
0	1	2	3	4	5	6	7	8	9	10	11	12	13	14	15	16	17	18	19	20	21	22	23	24	25

평문의 숫자를 2×2인 행렬 $M=\begin{pmatrix} m_1 & m_3 \\ m_2 & m_4 \end{pmatrix}$로 한다. 암호화 행렬 K를 사용하여 행렬 곱 $KM=\begin{pmatrix} n_1 & n_3 \\ n_2 & n_4 \end{pmatrix}$을 하여 나온 값 (n_1, n_2, n_3, n_4)를 암호문이라고 하자.

(a) GAME이라는 메시지에 암호화 행렬 K를 사용하면, 암호문 $(12,\ 6,\ 44,\ 24)$가 된다고 하자. 이때 사용된 암호화 행렬 K를 구하여라.

(b) 위의 암호화 행렬 K를 사용하여 평문 LOVE를 암호화하여라.

04 행렬 A를 임의로 선택하여 메시지 'FOR YOUR EYES ONLY'를 암호문으로 바꾸어라. 다시 복호하여 원래의 메시지로 복원하여라.

05 $A=\begin{bmatrix} 2 & 5 \\ 1 & 4 \end{bmatrix}$라고 하자. 힐 암호를 사용하여 메시지 'MEET AT SEVEN'을 암호화하여라.

06 위 문제에서 만들어진 암호문을 다시 복호화하여 원래의 메시지를 복원하여라.

13장 여러 암호들 II – 배낭 암호와 통계 암호

13.1 배낭 암호

무게가 각각 1 kg, 2 kg, 3 kg, 4 kg인 추가 한 개씩 있다. 이 추들 중에서 몇 개를 골라서 자루에 넣어 무게를 쟀을 때 그 무게(자루의 무게를 뺀)가 10 kg가 되게 할 수 있을까? 물론 답은 '그렇다'이다. 그러면 7 kg을 만들 수 있을까? 이것은 아주 간단히 대답할 수 있는 예제이지만 추의 개수가 상당히 많을 경우, 예를 들어 1000개 정도라면 어떻게 될까? 추의 개수가 하나씩 늘어날 때마다 해답을 구하기 위해 더 많은 노력이 필요할 것이다. 이러한 유형의 문제를 배낭 문제(knapsack problem)이라고 한다.

배낭 문제는 조합론(combinatoric)에 속하는 문제로 부분 집합(subset)의 합의 문제에 기초한다. 이것은 가중치의 합이 미리 규정된 가중치의 합과 같아지는 객체들을 선택하는 문제이다. 일반적으로 풀리기 어려운 문제로 인식되지만, 문제의 어떤 특별한 경우들은 비교적 쉽게 풀린다.

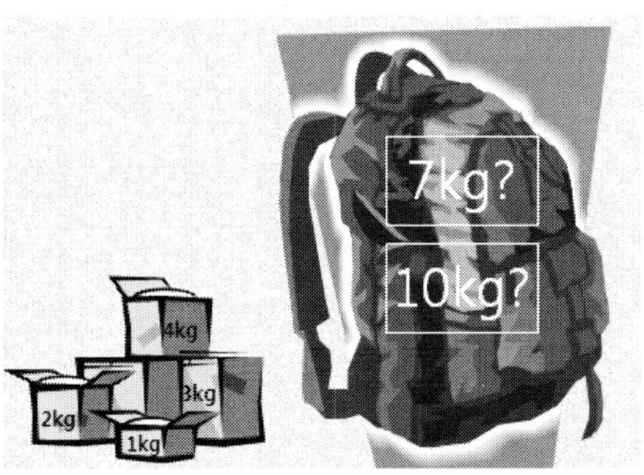

상황

여행 가방(배낭)을 싸고 있는 상황을 상상해보자. 대부분 항공기는 가방의 최대 무게 S kg으로 제한하고 있다. 가방에 넣고 싶은 n개의 물건이 있는데, 무게가 각각 $a_1, a_2, \cdots, a_n$라고 하자. 가방의 무게를 맞추기 위해 다음과 같은 배낭 방정식을 생각하게 된다.

배낭 방정식: $S = a_1x_1 + a_2x_2 + \cdots + a_nx_n$ (*)

여기서 변수 x_i는 0 또는 1로, 물건을 가방에 넣을까 말까하는 선택을 의미한다. 어떻게 가방을 쌀 수 있을까?

이러한 방정식은 해가 없거나 하나이거나 그 이상일 수도 있다.

1) 배낭 문제

어떤 배낭의 최대 부피(또는 무게)가 S라고 하자. 배낭에 넣으려고 하는 n개의 물건이 있는데, 각각의 부피가 $a_1, a_2, \cdots, a_n$라고 하자. 다시 말해 가중치라고 불리는 양의 정수들 $a_1, a_2, \cdots, a_n$과 양의 정수 S를 사용하여 다음과 같은 방정식을 만든다.

$$S = a_1x_1 + a_2x_2 + \cdots + a_nx_n \qquad (x_i = 0 \text{ 또는 } 1) \qquad (*)$$

이것을 **배낭 방정식**이라고 부르며, S에 관한 이 식은 두 벡터 $(a_1, \cdots, a_n)$과 $(x_1, \cdots, x_n)$의 내적으로 이해할 수 있다.

배낭 방정식은 해가 없거나 하나이거나 여러 개일 수도 있다. 예를 들어 몇 가지 방정식을 생각해보자.

① $3x_1 + 5x_2 + 8x_3 + 19x_4 + 37x_5 = 45$

② $3x_1 + 5x_2 + 8x_3 + 13x_4 + 21x_5 = 34$

③ $5x_1 + 14x_2 + 15x_3 + 27x_4 + 11x_5 = 23$

④ $2x_1 + 4x_2 + 10x_3 + 22x_4 + 38x_5 = 223$

①은 하나의 해 (1, 1, 0, 0, 1)을 가지며, ②는 두 개의 해 (0, 0, 0, 1, 1)과 (0, 1, 1, 0,1)을 갖는다. 그러나 ③과 ④는 해를 갖지 않는다.

배낭 방정식을 푸는 것은 일반적으로 상당히 어려운 문제이다. 그러나 x_i의 값이 단지 0과 1(즉, 물건 a_i를 갖는지 아닌지)이므로, 근 $(x_1, \cdots, x_n)$을 얻기 위해 2^n번의 모든 가능한 연산을 해볼 수 있다. 그러나 이 방법은 확실히 비효율적으로, 심지어 고성능 컴퓨터를 사용하더라도 $n = 100$일 때 $2^{\frac{n}{2}}$번 연산을 하려면 엄청난 시간이 걸린다.

그러나 배낭 방정식은 무게 a_i들이 몇 가지 특별한 성질을 만족하면 비교적 쉽게 해결될 수 있다.

① 각각의 i에 대해 $a_i = 2^{i-1}$라고 하자. 그러면

$$a_1 = 1,\ a_2 = 2,\ a_3 = 2^2,\ \cdots,\ a_n = 2^{n-1}$$

이므로

$$S = x_1 + 2x_2 + \cdots + 2^{n-1}x_n$$

과 같은 배낭 방정식을 생각할 수 있다. 이 방정식은 해 $(x_1, \cdots, x_n)$를 갖는데, 이때 $(x_n, \cdots, x_2, x_1)$은 십진법 S를 이진법으로 표현한 자릿수들이 된다.

② $\sum_{i=1}^{k-1} a_i < a_k$이면 풀기 쉽다. 이러한 수열 $\{a_i\}$를 초증가 수열이라고 부른다.

정의 13.1

$a_1 < a_2$, $a_1 + a_2 < a_3$, $a_1 + a_2 + a_3 < a_4$ 그리고 모든 $1 < k \leq n$에 대해 $\sum_{i=1}^{k-1} a_i < a_k$이 성립하는 수열 $\{a_i\}_{i=1}^{n}$을 **초증가 수열**(super increasing)이라고 부른다.

예제 13.1

배낭 방정식 $3x_1+5x_2+9x_3+19x_4+37x_5=45$을 풀어라.

풀이 주어진 계수들 3, 5, 9, 19, 37이

$$3<5,\ 3+5<9,\ 3+5+9<19,\ 3+5+9+19<37$$

을 만족하므로 초증가 수열이다. 그런데 $3+5+9+19<37<45$이므로 $x_5=1$이다. 그러면 배낭 방정식은

$$3x_1+5x_2+9x_3+19x_4=8$$

이 되는데, $3+5+9<19,\ 19>8,\ 9>8$이므로 $x_4=x_3=0$이다. 또한

$$3x_1+5x_2=8$$

에서 $x_1=x_2=1$을 얻게 되고, 따라서 근 $(1, 1, 0, 0, 1)$을 갖는다. 실제로 $(x_1, x_2, \cdots, x_6)=(1, 1, 0, 0, 1)$를 식에 대입하면 $3x_1+5x_2+9x_3+19x_4+37x_5=45$이 성립함을 확인할 수 있다.

2) 초증가 수열을 사용하여 배낭 문제를 푸는 알고리즘

초증가 수열을 사용하여 배낭 문제의 해를 결정하는 방법은 일반화 될 수 있다. 초증가 수열 $\{a_1, a_2, \cdots, a_n\}$을 갖는 배낭 방정식

$$\sum_{i=1}^{n} a_i x_i = S$$

로부터 다음의 알고리즘을 생각해보자.

① 배낭 방정식 $a_1x_1+a_2x_2+\cdots+a_nx_n=S$로부터 x_n을 다음과 같이 결정한다.

$$x_n=\begin{cases} 1 & \text{만약} \quad S \ge a_n \\ 0 & \text{그렇지 않으면} \end{cases}$$

② x_n이 결정되었으므로, 배낭 방정식은 $a_1x_1+a_2x_2+\cdots+a_{n-1}x_{n-1}=S-a_nx_n$이 된다. 그러므로 x_{n-1}을 다음과 같이 결정할 수 있다.

$$x_{n-1} = \begin{cases} 1 & \text{만약} \quad S - a_n x_n \geq a_{n-1} \\ 0 & \text{그렇지 않으면} \end{cases}$$

③ x_n과 x_{n-1}이 결정되었으므로,

$$a_1 x_1 + a_2 x_2 + \cdots + a_{n-2} x_{n-2} = S - a_n x_n - a_{n-1} x_{n-1}$$

인 배낭 방정식을 갖게 된다. 그러므로 x_{n-2}을 다음과 같이 결정할 수 있다.

$$x_{n-2} = \begin{cases} 1 & \text{만약} \quad S - a_n x_n - a_{n-1} x_{n-1} \geq a_{n-2} \\ 0 & \text{그렇지 않으면} \end{cases}$$

④ 따라서 x_k $(1 \leq k \leq n-1)$는 다음과 같다.

$$x_k = \begin{cases} 1 & \text{만약 } S - \sum_{i=k+1}^{n} a_i x_i \geq a_k \\ 0 & \text{그렇지 않으면} \end{cases}$$

x_n부터 $x_{n-1}, \cdots, x_1$을 차례로 구해야 한다.

이러한 알고리즘이 성립하는 이유를 다음과 같이 설명할 수 있다.

① $S \geq a_n$일 때 만일 $x_n = 0$이면 $S = \sum_1^n a_i x_i \leq \sum_i^{n-1} a_i < a_n$이 되어 모순이다. 따라서 $x_n = 1$이다.

② $S < a_n$이면 당연히 $x_n = 0$가 된다. 이제 $1 \leq k \leq n-1$라고 하자. $S - \sum_{i=k+1}^{n} a_i x_i \geq a_k$일 때 만일 $x_k = 0$라고 가정하면

$$S - \sum_{i=k+1}^{n} a_i x_i = \sum_1^k a_i x_i = \sum_1^{k-1} a_i x_i = \sum_1^{k-1} a_i < a_k$$

이 되어 모순이다.

예제 13.2

어떤 박물관에 특별히 고가품만을 보관하는 방이 있다. 각각의 고가품을 $A_1, A_2, \cdots, A_n$이라 할 때 그 각각의 값어치는 v_i이며 무게는 $w_i(i=1, \cdots, n)$그램이라고 하자. 최대 W그램을 넣을 수 있는 가방에 물건들을 넣고 이동시키려 한다. 어떻게 해야 할까?

[전략의 종류]

- 0-1 배낭 문제: 각각의 품목은 가져오거나 가져오지 않거나 (1-0)이 된다.
- 부분 배낭 문제: 각 품목의 적당한 부분만 취해올 수 있다(이러한 전략은 박물관에서는 그다지 유용해보이지 않지만, 가령 금은방에서는 적절할 수 있다).

예제 13.3

3개의 물건 A_1, A_2, A_3가 있을 때, 각각의 값어치는 v_i는 $60, 100, 120$이고 각각의 무게 w_i는 $10, 20, 30$ kg이라 하자. 배낭에 넣을 최대 무게가 50 kg이라고 할 때, 0-1 배낭 문제와 부분 배낭 문제로 각각 해결하여라.

풀이

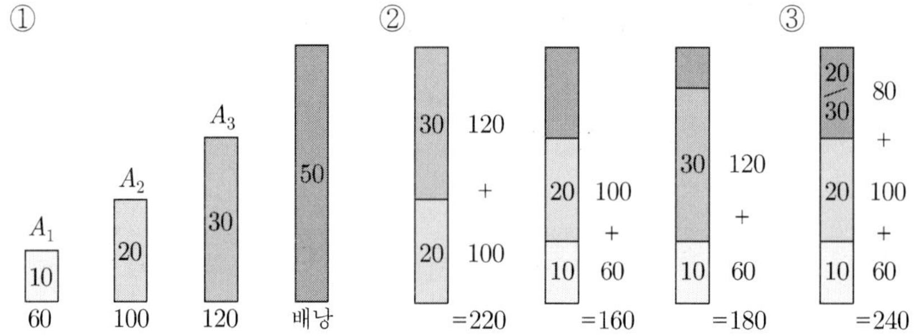

① 각 물건의 무게당 가격은 A_1이 가장 비싸다.

② $w_2+w_3=50$ kg이며, 값어치는 220이다. 그러나 가장 고가품인 A_1에 대해서는 $w_1+w_2=30<50$이며 값어치는 160이거나, $w_1+w_3=40<50$이며 값어치는 180이다. 그러므로 0-1 배낭 문제에서 A_1에 대한 어떤 해도 최적이 아니다.

③ 이러한 경우에 부분 배낭 문제가 유용하다. $w_1+w_2+\frac{2}{3}w_3=50$로 하면 이때 값어치는 240이 되어 가장 최적의 해가 된다.

3) 배낭 암호(regular knapsack cipher)

공개키 암호 알고리즘에서 주로 사용되는 트랩도어(trapdoor) 일방향 함수에는 다음의 것들이 있다.

(1) 소인수분해 문제(integer factorization problem)

① 두 소수 p, q가 클 경우 곱 $n=pq$를 소인수분해 하여 p와 q를 찾는 문제

- 쉽다: p와 q로부터 두 수를 곱해 n을 만들 수 있다.
- 어렵다: n으로부터 두 개의 인수 p와 q를 찾기 어렵다.

② RSA 암호 알고리즘 등이 이러한 문제에 기반을 두고 있다.

(2) 이산대수 문제(discrete logarithm problem)

① 어떤 정수 a와 큰 소수 p에 대해서 $y=a^x \bmod p$가 되는 x를 찾는 문제

- 쉽다: a, p 또한 x가 있을 때, $a^x \bmod p=y$가 되는 y를 계산할 수 있다.
- 어렵다: a, p 또한 y가 있을 때, $a^x \bmod p=y$가 되는 x를 구하기 힘들다.

② ElGamal 알고리즘, DSA(Digital Signature Algorithm), ESIGN 등이 이러한 문제에 기반을 두고 있다.

(3) 배낭 문제(knapsack problem)

① 주어진 합으로부터 선택된 수들의 집합을 찾는 문제

- 쉽다: 집합 $\{a_1, \cdots, a_n\}$이 있을 때, $a_1+\cdots+a_n=S$가 되는 정수 S는 계산할 수 있다.
- 어렵다: 정수 $S=a_1+\cdots+a_n$일 때, 집합 $\{a_1, \cdots, a_n\}$를 찾기 어렵다.

② 배낭 암호 등이 이러한 문제에 기반을 두고 있다.

1978년에 스탠포드 대학교의 전기기술자인 메켈(R. Merkle)과 헬만(M. Hellman)은 조합론에서 유명한 문제인 배낭 문제에 기초를 둔 공개키 암호시스템을 제안했다. 그들은 배낭 문제가 일반적으로 풀리기 어려운 문제이지만 몇 가지 성질을 가정하면 비교적 쉽게 풀린다는 점을 트랩도어로 사용하였다. 다시 말하면 배낭 알고리즘을 사용하여

메시지를 암호화하면, 그 암호문을 해독하는 것은 결국 배낭 문제의 해를 구하는 것만큼 어렵게 되도록 알고리즘을 고안하였다.

4) 배낭 암호의 알고리즘

① 키생성

- $\{a_n\}=\{a_1, \cdots, a_n\}$는 양의 정수들의 초증가 수열이 되도록 선택한다.
- $a_1+\cdots+a_n < m$을 만족하는 정수 m을 선택한다.
- m과 서로소인 정수 w를 선택한다($\gcd(w, m)=1$).
- 모든 $i=1, \cdots, n$에 대해 $b_i \equiv wa_i \pmod{m}$라고 하자.
- 이제 암호화 공개키와 복호화 비밀키를 다음과 같이 정한다.

공개키: $b_1, \cdots, b_n$; 비밀키: 초증가 수열 $a_1, \cdots, a_n$, m, w

여기서 w는 곱셈자(multiplier), m은 모듈(module)이라고 부른다.

예제 13.4

배낭 암호의 키 시스템을 생성하라.

풀이 $\{a_i\}=\{1,2,4,8,19,40\}$를 초증가 수열로 선택한다.
$1+2+4+8+19+40=74$이며 $74<77$이므로 $m=77$을 모듈값으로 선택한다.
$\gcd(w, m)=1$이 되도록 곱셈자 $w=15$로 선택한다.

$$\{b_i\}=\{wa_i \pmod{m}\}=\{15, 30, 60, 120\equiv 43, 285\equiv 54, 600\equiv 61\}$$

가 된다. 이제

$$\{b_i\}=\{15, 30, 60, 43, 54, 61\}\text{는 공개키; } \{a_i\},\ m=77,\ w=15\text{는 비밀키}$$

로 정한다.

② **암호화**

B는 메시지 M을 블록으로 나누어

$$M = x_1 x_2 \cdots x_n \text{ (여기서 } x_i \in \{0,1\} \text{ 이다.)}$$

라고 한다. 그러므로 M을 이진 수열로 표현한 것으로 이해할 수 있다.

공개키 $\{b_i\}$를 사용하여 암호문 C를 다음과 같이 만들어 A에게 보낸다.

$$C = E(x_1, x_2, \cdots, x_n) = x_1 b_1 + x_2 b_2 + \cdots + x_n b_n$$

③ **복호화**

A는 암호문 $C = x_1 b_1 + \cdots + x_n b_n$를 수신했다.

비밀키 a_i와 w, m에 대해 $b_i \equiv w a_i \pmod m$ (모든 i)이 성립하므로

$$C = x_1 b_1 + \cdots + x_n b_n = x_1 w a_1 + \cdots + x_n w a_n$$

이 된다. 비밀키 w와 m이 $\gcd(w, m) = 1$이므로, $w^{-1} \pmod m$이 존재한다. 이 값을 위의 식 양변에 곱하면

$$w^{-1} C \equiv w^{-1} (x_1 w a_1 + \cdots + x_n w a_n) \equiv x_1 a_1 + \cdots + x_n a_n \pmod m$$

이다. 그런데

$$0 \le x_1 a_1 + \cdots + x_n a_n \le a_1 + \cdots + a_n < m$$

이므로

$$w^{-1} C = x_1 a_1 + \cdots + x_n a_n$$

이다. $\{a_1, \cdots, a_n\}$가 초증가 수열이므로 위의 방정식의 근을 구할 수 있다. 실제로

만일 $w^{-1} C \ge a_n$이면 $x_n = 1$이다.

(만일 $x_n = 0$이면 $w^{-1} C \pmod m = a_1 + \cdots + a_{n-1} < a_n$가 되어 모순이다.)

그러므로 $C_1 := C - a_n$로 놓는다.

만일 $w^{-1} C < a_n$이면 $x_n = 0$이다. 그러므로 $C_1 := C$로 놓는다.

배낭 방정식에 기반을 둔 공개키 암호 알고리즘은 다음과 같다.

① 초증가 수열 $a_1, a_2, \cdots, a_n$을 만든다.

② $m > 2a_n$인 양의 모듈 m과 $\gcd(w, m) = 1$인 양의 곱셈자 w를 선택한다.

③ 모든 $i = 1, \cdots, n$에 대해, $b_i \equiv wa_i \pmod m$를 계산한다.

공개 게시판 b_i	비밀금고 보관 m, w, a_i

④ 암호시스템 운영자는 암호화 수열 $b_1, b_2, \cdots, b_n$는 공개하며, 그 대신 정수 m과 곱셈자 w 그리고 수열 $a_1, a_2, \cdots, a_n$는 비밀로 한다.

⑤ 보내려는 메시지의 각 문자들을 5비트 이진 수열로 변환시킨다.

⑥ 이 수열을 길이 n인 블록으로 분할한다. 여기서 n은 초증가 수열 원소의 개수이다. 만일 마지막 블록이 n 비트가 아니면 1로 채워서 길이가 n이 되도록 한다.

⑦ 이제 각각의 수의 평문 블록 $x_1x_2 \cdots x_n$을 아래와 같이 합의 형태로 변환시킨다.

$$S = b_1x_1 + b_2x_2 + \cdots + b_nx_n \qquad (*)$$

이 합은 결과적으로 암호문 메시지의 형태로 일반화된다.

예제 13.5

배낭 암호시스템에서 수열 $\{6, 8, 15, 31\}$과 모듈 $m = 65$과 곱셈자 $w = 12$를 선택하여, 메시지 'ON SALE'을 암호화하여라.

풀이
- $6, 8, 15, 31$은 초증가 수열이며, $m = 65 > 62 = 2a_4$이고, $\gcd(m,w) = \gcd(65,12) = 1$이다.

- 수열에 곱셈자 $w = 12$를 곱해 모듈 65인 $b_i \equiv 12a_i \pmod{65}$를 계산한다.

$b_1 = 6(12) = 72 \equiv 7$	$b_2 = 8(12) = 96 \equiv 31$	$b_3 = 15(12) = 180 \equiv 50$	$b_4 = 31(12) = 372 \equiv 47$

- 그 결과로 얻은 암호화 수열 $7, 31, 50, 47$을 공개한다.

게시판 공개 $7, 31, 50, 47$	비밀 보관 $m = 65,\ w = 12,\ a_i = \{6,8,15,31\}$

• 다음의 영문자 변환표에 따라 평문 메시지를 이진법으로 바꾼다.

문자	숫자	이진법	문자	숫자	이진법	문자	숫자	이진법
A	0	00000	B	1	00001	C	2	00010
D	3	00011	E	4	00100	F	5	00101
G	6	00110	H	7	00111	I	8	01000
J	9	01001	K	10	01010	L	11	01011
M	12	01100	N	13	01101	O	14	01110
P	15	01111	Q	16	10000	R	17	10001
S	18	10010	T	19	10011	U	20	10100
V	21	10101	W	22	10110	X	23	10111
Y	24	11000	Z	25	11001			

O	N	S	A	L	E
01110	01101	10010	00000	01011	00100

• $n=4$이므로 블록 길이가 4가 되도록 한다. 필요하면 마지막 블록을 1로 채운다.

0111 / 0011 / 0110 / 0100 / 0000 / 0101 / 1001 / 00(11)

• 공개된 암호화 수열 7, 31, 50, 47을 각 블록을 대응시킨다.

$$0111:(7,31,50,47)=0\cdot 7+31+50+47=128$$

$$0011:(7,31,50,47)=0\cdot 7+0\cdot 31+50+47=97$$

유사하게 다음의 모든 값을 계산할 수 있다.

$$0110:(7,31,50,47)=81,\quad 0100:(7,31,50,47)=31$$

$$0000:(7,31,50,47)=0,\quad 0101:(7,31,50,47)=78$$

$$1001:(7,31,50,47)=54,\quad 0011:(7,31,50,47)=97$$

그러면 128 97 81 31 0 78 54 97인 암호화 메시지가 된다.

④ 복호화

이 경우 배낭 암호문을 해독하는 것은 매우 쉽다. $\gcd(m,\ w)=1$이므로 w의 역원인 $w^{-1}(\bmod\ m)$이 존재하게 되고, 이 값을 방정식 (*)에 곱한다.

$$w^{-1}S \equiv \sum_i^n w^{-1}b_i x_i \equiv \sum_i^n (w^{-1}b_i)x_i \equiv \sum_i^n a_i x_i \pmod{m}$$

즉, $S' \equiv w^{-1}S \pmod{m}$이라고 하면 $S' = \sum_i^n a_i x_i$가 된다. 그런데 $m > 2a_n$이므로

$$2a_n > \sum_1^n a_i x_i \text{이고, } \ m > \sum_1^n a_i x_i$$

이다.

예제 13.6

어떤 배낭 암호시스템의 암호화 수열은 7, 31, 50, 47이고, 모듈러 값 $m=65$과 곱셈자 $w=12$라고 하자. 이때 암호문

128 97 81 31 0 78 54 97

을 복호하여 원래 메시지의 내용을 복원하여라.

풀이

- $\gcd(w,m) = \gcd(12,65) = 1$이므로 $w^{-1} \equiv 38 \pmod{65}$이다.
- 각 암호화된 블록의 수를 풀기 위한 배낭 방정식을 만들면

$$S = b_1x_1 + b_2x_2 + b_3x_3 + b_4x_4 = 7x_1 + 31x_2 + 50x_3 + 47x_4$$

이다.

- 방정식을 풀자.
128에 대해

$$128 = 7x_1 + 31x_2 + 50x_3 + 47x_4$$

이므로, $w^{-1} \equiv 38 \pmod{65}$를 곱하면

$$38 \cdot 128 = 38 \cdot 7x_1 + 38 \cdot 31x_2 + 38 \cdot 50x_3 + 38 \cdot 47x_4$$

즉, 다음과 같은 배낭 방정식이 되고

$$6x_1 + 8x_2 + 15x_3 + 31x_4 \equiv 54 \pmod{65}$$

$31 < 54$이므로 $x_4 = 1$이다. 또한 $6x_1 + 8x_2 + 15x_3 = 23$이고 $15 < 23$이므로 $x_3 = 1$이다. 따라서 $6x_1 + 8x_2 = 8$이므로 $x_2 = 1$, $x_1 = 0$이다. 그러므로 $x_1x_2x_3x_4 = 0111$을 얻게 된다.

97에 대해

$$97 = 7x_1 + 31x_2 + 50x_3 + 47x_4$$

를 풀면 $x_1x_2x_3x_4 = 0011$를 얻게 된다.
유사한 방법으로 모든 블록들 0110 0100 0000 0101 1001 0011을 얻었다.

- 4비트의 형태로 얻어진 값들

  0111 0011 0110 0100 0000 0101 1001 0011

  을 다시 5비트로 바꾸면

  0111 0 | 011 01 | 10 010 | 0 0000 | 0101 1 | 001 00 | 11

  이고 문자를 각 블록에 대입하면, 원래 메시지

  O N S A L E

  를 복원할 수 있다.

예제 13.7

위의 상황을 갑돌이가 갑순이에게 암호를 보내는 것으로 설정해보자.

① 〈키생성〉 갑순이가 준비할 일

- $A = (6, 8, 15, 31)$ ☜ 갑순이가 임의로 선택한 초증가 수열
- $a_4 = 31$이므로 $2a_4 < m$인 m을 $m = 65$로 하자.
- $\gcd(65, w) = 1$인 w를 선택한다. 여기서 $w = 12$로 하자.
- $B \equiv wA \pmod{m} \Rightarrow 12 \cdot 6 \equiv 7 \pmod{65}$, $12 \cdot 8 \equiv 31 \pmod{65}$,
  $12 \cdot 15 \equiv 50 \pmod{65}$, $12 \cdot 31 \equiv 47 \pmod{65}$

따라서 $B = (7, 31, 50, 47)$가 되어 공개키를 만들어 게시한다.

게시판 공개: $B = (7, 31, 50, 47)$	갑순이 비밀 보관: m, w, A

② 〈암호화〉 갑돌이가 할 일

- 갑돌이는 갑순이에게 'ON SALE' 메시지 M를 보내려 한다.
- 메시지를 표에 따라 암호화한다.

O	N	S	A	L	E
01110	01101	10010	00000	01011	00100

- 게시판에 공개된 대로 공개키 A의 블록크기인 4로 맞춘다.

0111/ 0011/ 0110/ 0100/ 0000/ 0101/ 1001/ 00(11) ☜ (11)은 채워 넣은 것

- 이제 $S=BM=\sum_{i=1}^{n} b_i x_i$ 인 S를 구한다.

$0111:(7,31,50,47)=0+31+50+47=128,$　　$0011:(7,31,50,47)=97,$
$0110:(7,31,50,47)=81,$　　$0100:(7,31,50,47)=31,$
$0000:(7,31,50,47)=0,$　　$0101:(7,31,50,47)=78,$
$1001:(7,31,50,47)=54,$　　$0011:(7,31,50,47)=97$

따라서 $S=(128, 97, 81, 31, 0, 78, 54, 97)$를 갑순이에게 보낸다.

③ 〈복호화〉 갑순이가 할 일

- 갑돌이로부터 받은 암호메시지 S를 복호하여 원래 메시지를 알아내야 한다.
- $w \cdot w^{-1} \equiv 1 (\bmod m)$인 w^{-1}을 구한다. w는 갑순이 비밀금고에 있는 값이다. $w=12, m=65$이므로 $12 \cdot w^{-1} \equiv 1(\bmod m)$을 만족하는 값 $w^{-1}=38$이 된다.
- $S=BM$으로부터

$$w^{-1}S=w^{-1}(BM)=(w^{-1}B)M=AM$$

이다. 즉,

$$\begin{array}{lll}
w^{-1}S & = A \cdot M & \\
38(128) & \equiv 54=(6,8,15,31) \cdot (a_1,a_2,a_3,a_4) & \therefore\ x_1=(0,1,1,1) \\
38(97) & \equiv 46=(6,8,15,31) \cdot (a_1,a_2,a_3,a_4) & \therefore\ x_2=(0,0,1,1) \\
38(81) & \equiv 23=(6,8,15,31) \cdot (a_1,a_2,a_3,a_4) & \therefore\ x_3=(0,1,1,0) \\
38(31) & \equiv 8\ =(6,8,15,31) \cdot (a_1,a_2,a_3,a_4) & \therefore\ x_4=(0,1,0,0) \\
38(0) & \equiv 0\ =(6,8,15,31) \cdot (a_1,a_2,a_3,a_4) & \therefore\ x_5=(0,0,0,0) \\
38(78) & \equiv 39=(6,8,15,31) \cdot (a_1,a_2,a_3,a_4) & \therefore\ x_6=(0,1,0,1) \\
38(54) & \equiv 37=(6,8,15,31) \cdot (a_1,a_2,a_3,a_4) & \therefore\ x_7=(1,0,0,1) \\
38(97) & \equiv 46=(6,8,15,31) \cdot (a_1,a_2,a_3,a_4) & \therefore\ x_8=(0,0,1,1)
\end{array}$$

따라서 순서대로 나열하면

0111/ 0011/ 0110/ 0100/ 0000/ 0101/ 1001/ 00(11)

가 되고, 이것을 다섯 자리로 맞추고 뒤에 남은 두 자리는 없앤다.

01110/ 01101/ 10010/ 00000/ 01011/ 00100

그런 다음 문자 치환표와 맞추면 원래 메시지 $M=$ ON SALE이 된다.

예제 13.8

다음의 알고리즘을 보면서 그 뜻을 설명해보자.

단계	선택과 결과
A: 배낭 암호시스템을 만든다.	
초증가 수열을 선택한다.	$w=\{2,7,11,21,42,89,180,354\}$
$\sum w=706$ 보다 큰 숫자 q를 선택한다.	$q=881$이라고 하자.
$1 \le r < q$, $\gcd(r,q)=1$인 r을 선택한다.	$r=588$이라고 하자.
	비밀키 q, w, r가 만들어진다.
수열 w에 속하는 각 원소에 $r \bmod q$를 곱해 새로운 수열 β를 생성한다.	$(2 \cdot 588) \bmod 881=295$ $(7 \cdot 588) \bmod 881=592$ $(11 \cdot 588 \bmod 881=301$ $(21 \cdot 588) \bmod 881=14$ $(42 \cdot 588) \bmod 881=28$ $(89 \cdot 588) \bmod 881=353$ $(180 \cdot 588) \bmod 881=120$ $(354 \cdot 588) \bmod 881=236$ 따라서 $\beta=\{295, 592, 301, 14, 28, 353, 120, 236\}$
	공개키 β가 만들어진다.
B: 이진 수열 0 1 1 0 0 0 0 1를 암호문으로 만들어 A에게 전송한다.	
이진 수열 0 1 1 0 0 0 0 1의 각 숫자에 β의 원소를 곱한다.	$(0 \cdot 295)+(1 \cdot 592)+(1 \cdot 301)+(0 \cdot 14)$ $+(0 \cdot 28)+(0 \cdot 353)+(0 \cdot 120)+(1 \cdot 236)$ $=1129$
	암호문 1129를 A에게 송신한다.
A: 암호문 1129를 복호화하자.	
1129에 $r^{-1} \bmod q$를 곱한다.	$r^{-1} \bmod q=442 \bmod 881$이므로 $1129 \cdot 442 \bmod 881=372$이다.
수열 w에 속하는 큰 수 중에서 372보다 작은 수로 372를 분할한다.	$372-354=18$ $18-11=7$ $7-7=0$
	원래 메시지 0 1 1 0 0 0 0 1를 복원한다.

5) 배낭 암호의 장점과 단점, 그리고 발전 과정

머켈-헬만(Merkle-Hellman)의 배낭 암호시스템은 디피-헬만(Diffie-Hellman)의 공개키 시스템처럼 $E(D(M))=M$의 성질을 갖지 않는다. 머켈-헬만의 배낭 암호는 암호화와 복호화의 계산이 매우 용이하다. 암호화는 n번 미만의 덧셈 연산으로 가능하며 복호화도 약 3배 정도의 계산이 필요할 뿐이다. 그러나 암호의 안정성을 위해 적어도 $n=100$ 이상이어야 한다. 배낭 암호시스템이 처음 제안되었을 때는 시스템에서의 암호화와 복호화 알고리즘이 다른 방법들보다 쉽고 빨랐기 때문에 많은 관심을 받았다. 또한 어려운 문제에 기초를 두었기 때문에 큰 호응을 받았다.

1982년에 샤미르(A. Shamir)는 $b_i \equiv wa_i \pmod{m}$인 암호화 수열 $b_1, b_2, \cdots, b_n$과 초증가 수열 $a_1, a_2, \cdots, a_n$을 포함하는 배낭 문제를 해결할 유용한 알고리즘을 개발해냈다. 이전의 단일 반복 배낭 암호시스템으로부터 다중 반복 시스템으로 발전시킨 것이다. 결점은 w에 의해 a_i가 곱해지는 과정에서 드러나게 되고 모듈러 m으로 축소하는 것은 a_i를 완벽히 숨기기에 충분하지 않다는 것이다.

1982년 이후, 새로운 배낭 암호가 수차례 제안되고 또 깨어지기를 반복했다. R. Graham과 A. Shamir가 제안한 배낭 암호는 1983년에 L. Adleman에 의해 깨어졌다. 최근에 B. Chor과 R. Rivest는 대수학의 유한체에 기초한 새로운 배낭 암호를 제안했다. 이것은 $x_i \in \{0, 1\}$이었던 원래의 배낭 암호 알고리즘을 더욱 복잡하게 만들어서 유한체 $x_i \in \mathbb{Z}_p = \{0, 1, \cdots, p-1\}$로 생각한 것이다.

6) 유한체에서의 배낭 암호(Chor, Rivest (1980))

표수가 소수 $p>0$인 유한체를 생각하자. $q=p^k$ $(k \geq 1)$인 체 F_q와 기약다항식 $f \in F_q[X]$ $(\deg(f)=m \geq 2)$를 생각하자. 또한

$$K=F_{q^m}=F_q[X]/\langle f \rangle \text{이며 } \alpha \in K\text{는 원시원소}$$

라고 하자. 그리고

$$\beta_1, \beta_2, \cdots, \beta_s \in F_q \quad (s<q)$$

라고 하자. $X-\beta_i \in F_q[X]$는 $\deg(X-\beta_i)=1<\deg f$이다. 그러면 각각 i에 대해

$$X-\beta_i \in F_{q^m} = F_q[X]/\langle f \rangle = K$$

이다. 그러므로 각각의 i에 대해

$$X-\beta_i = \alpha^{a_i}$$

인 $a_1, \cdots, a_s \in \{0, 1, \cdots, q^m - 2\}$가 존재한다. 또한 그것들의 순서를 잘 섞어서

$$b_1 = a_{\pi(1)}, \quad b_2 = a_{\pi(2)}, \quad \cdots, \quad b_s = a_{\pi(s)}$$

라고 한다. 여기서 π는 $\{1, \cdots, s\}$의 순열이다.

B가 메시지 블록 M을 A에게 보내기 위해 암호화 알고리즘을 다음과 같이 작성한다.

① **키생성** A

$b_1, \cdots, b_s$ 그리고 m을 공개하고 f; α; $a_1, a_2, \cdots, a_s$; $\beta_1, \beta_2, \cdots, \beta_s$ 또한 π를 비밀키로 한다.

비밀키: f; α; $a_1, a_2, \cdots, a_s$; $\beta_1, \beta_2, \cdots, \beta_s$ 그리고 π	공개키: $b_1, \cdots, b_s$, m

② **암호화** B

메시지 블록 M에 속하는 s개의 양의 정수들 $m_1, m_2, \cdots, m_s$을

$$s \le m_1 + m_2 + \cdots + m_s < m$$

이 성립하도록 선택한다. 그 후 암호문 C를

$$C = E(m_1, m_2, \cdots, m_s) = m_1 b_1 + m_2 b_2 + \cdots + m_s b_s$$

로 만들어 A에게 전송한다.

③ **복호화** A

A는 암호문 $C = m_1 b_1 + \cdots + m_s b_s$를 수신했다. 그러면 자신의 비밀키들 α, f 그리고 $a_1, a_2, \cdots, a_s$와 $\beta_1, \beta_2, \cdots, \beta_s$ 그리고 π를 사용하여 α^C를 계산한다.

$$\begin{aligned}
\alpha^C &\equiv \alpha^{m_1 b_1 + m_2 b_2 + \cdots + m_s b_s} \\
&\equiv \alpha^{m_1 b_1}\alpha^{m_2 b_2} \cdots \alpha^{m_s b_s} \pmod f \\
&\equiv \alpha^{m_1 a_{\pi(1)}}\alpha^{m_2 a_{\pi(2)}} \cdots \alpha^{m_s a_{\pi(s)}} \pmod f \\
&\equiv (\alpha^{a_{\pi(1)}})^{m_1}(\alpha^{a_{\pi(2)}})^{m_2} \cdots (\alpha^{a_{\pi(s)}})^{m_s} \pmod f \\
&\equiv (X-\beta_{\pi(1)})^{m_1}(X-\beta_{\pi(2)})^{m_2} \cdots (X-\beta_{\pi(s)})^{m_s} \pmod f \\
&= (X-\beta_{\pi(1)})^{m_1}(X-\beta_{\pi(2)})^{m_2} \cdots (X-\beta_{\pi(s)})^{m_s}
\end{aligned}$$

따라서 메시지 블록 M의 $m_1, \cdots, m_s$을 얻음으로써 메시지를 복원하게 된다.

참고 $X-\beta_i = \alpha^{a_i}$ 에서 β_i를 알게 된다고 하더라도, 체 이론에서 $(\ ) = \alpha^{a_i}$ 의 문제는 이산로그 문제(discrete log problem)로써 상당히 어려운 문제이다.

〈암호이야기〉

1978년에 발표된 단일 반복 배낭 암호 방식은 샤미르(Shamir)에 의해 깨졌다. 그 후 머켈(Merkle)은 다중 반복 배낭 문제를 발표했고, 이것은 또 다시 브리켈(Brickell)에 의해 깨졌다. 머켈은 단일 반복 배낭을 깨면 $100 상금을, 그리고 다중 반복 암호를 깨트리는 사람에게 $1000의 현상금을 걸기도 했었다. 그 후 계속적으로 보완된 배낭 암호 방식이 제안되었다. 그것들이 깨어졌을 때, Merkle은 즉시 지불했다.

Chor-Rivest 배낭 암호 방식은 1984년에 처음 발표되었고, 뒤이어 1988년에 개량된 버전이 나왔다. 그것은 유일하게 모듈라 승산을 사용하지 않은 배낭과 유사한 암호 방식이다. 또한 시간의 어떤 확장된 기간 동안 안전한 배낭과 유사한 암호 방식이다. 불행하게도 Schnoor과 Horner는 어떤 파라미터 값들에 대한 암호 방식을 깨트리는 데 필요한 시간의 양을 줄이는 향상된 격자 감소(lattice reduction)를 이용해서 Chor-Rivest 암호 방식을 공격하는 방법을 개발했다.

13.2 통계 암호

다른 언어들도 마찬가지이지만 영어로 쓰인 일상적인 문장에서 사용되는 알파벳은 각자 고유한 출현 빈도를 갖는다. 1982년에 영국의 Beker와 Piper는 신문과 소설 등을 조사하여 100362개의 문자에 대한 출현 빈도를 계산하였다.

어떤 전문적인 내용의 문장에서는 문자의 출현 빈도가 다소 다를 수 있지만, 일상적인 내용의 문장에서의 출현 빈도를 보면, 표 13.1에서 볼 수 있듯이, 문자 e는 다른 문자들보다 사용 빈도가 현저히 높으며, 그 다음으로는 t, a, o, i, … 등이 자주 사용됨을 알 수 있다. 그와는 반대로 x, z, q이 사용 빈도는 낮다. 그러나 만일 문장이 수학에 관련한 내용이라면 x, y, z의 빈도가 높을 것으로 보인다.

표 13.1

문자	빈도(%)	문자	빈도(%)	문자	빈도(%)
a	8.167	j	0.153	s	6.327
b	1.492	k	0.772	t	9.056
c	2.782	l	4.025	u	2.758
d	4.253	m	2.406	v	0.978
e	12.702	n	6.749	w	2.360
f	2.228	o	7.507	x	0.150
g	2.015	p	1.929	y	1.974
h	6.094	q	0.095	z	0.074
i	6.966	r	5.987		

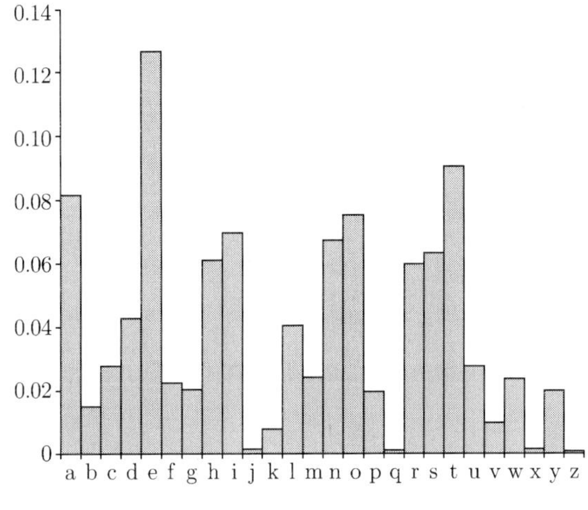

영어 메시지를 암호화할 때 문자들의 출현빈도는 중요한 역할을 할 수 있다. 이것은 예를 들어 더하기 암호를 사용하여 암호화한다고 해도 문자의 출현 빈도 특성은 달라지지 않기 때문이다. 문자 e가 x로 바뀌었다면 암호문에서 x의 출현 빈도가 가장 높게 나타날 것이며, k가 i로 바뀌었다면 i의 빈도는 낮을 것이다.

제2차 세계대전 중에 암호해독가로 중요한 역할을 했던 A. Sinkov는 16410개 단어에 나타난 알파벳 문자들을 분석하여 아래와 같은 표를 만들었다.

8.2	1.5	2.8	4.3	12.7	2.2	2.0	6.1	7.0	0.2	0.8	4.0	2.4
a	b	c	d	e	f	g	h	i	j	k	l	m
6.7	7.5	1.9	0.1	6.0	6.3	9.1	2.8	1.0	2.3	0.1	2.0	0.1
n	o	p	q	r	s	t	u	v	w	x	y	z

실제로 Beker와 Piper의 표는 Sinkov의 것을 더욱 정교하게 만든 것이다. 영어 문장의 문자들 중에서 거의 13 %가 e이며, 또한 9 % 이상이 t이다. 그 다음에 나오는 것들이 a, o, i, n, s, h, r인데, 이것들만으로 거의 70 %가 된다. 다시 말해서 암호문에서도 전체 26개의 문자들 중에서 e, t, a, o, i, n, s, h, r가 나올 확률이 무려 70 %라는 뜻이다.

더 나아가 다음의 표로부터 몇 가지 중요한 정보를 볼 수 있다.

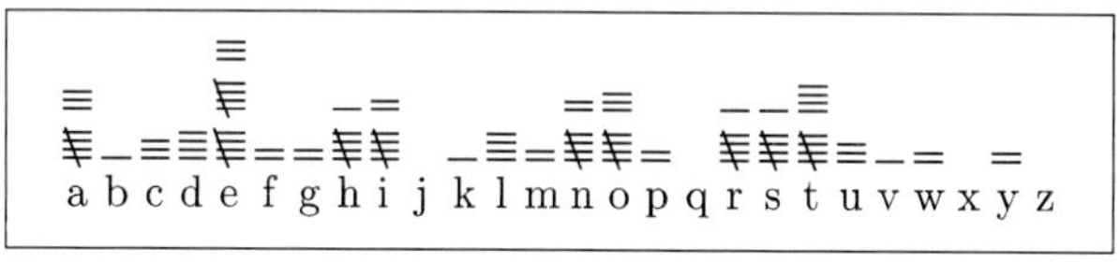

하나의 문자: a, e, i는 가장 많이 나오는 문자들로써 서로 4단계 떨어져 있다.

인접한 두 쌍: hi, no는 서로 인접하여 가장 많이 나오는 쌍이다.

인접한 세 쌍: rst는 가장 많이 나오는 인접한 세 쌍이다.

u, v, w, x, y, z는 가장 조금 나오는 인접한 6쌍이다.

단, 문장이 짧은 경우는 통계적 결과가 잘 들어맞지는 않는다.

예제 13.9

다음의 암호문을 분석하여라.

YPYH NBCM MBILN GYMMUAY XIYM HIN LYGUCH MYWLYN ZIL FIHA

풀이 암호문에 나타난 문자들의 개수를 조사한다. Y는 8번, M은 6번 등으로 나오는데, 이것을 표로 그린다.

암호문	A	B	C	D	E	F	G	H	I	J	K	L	M	N	O	P	Q	R	S	T	U	V	W	X	Y	Z
빈도	2	2	2	0	0	0	2	4	5	0	0	4	6	4	0	1	0	0	0	0	2	0	1	1	8	1

Y와 M이 가장 높은 빈도인 것으로부터, 둘 중 하나는 e일 것이라고 추정한다. 물론 이것은 통계의 의존한 것이므로, Y와 M은 예를 들어 A, B, C일 수도 있지만 가능성이 낮다.

① **만일 M = e이면**, 서로 4단계 떨어져 있는 aei-세 쌍에 대응하는 문자로 IMQ를 생각할 수 있다. 그러나 Q는 전혀 나타나지 않고 있다. 더욱이 H는 z가 될 것인데, z가 4번 나온다는 것은 거의 발생할 가능성이 없어 보인다.

[잘못된 분석]

암호문	A	B	C	D	E	F	G	H	I	J	K	L	M	N	O	P	Q	R	S	T	U	V	W	X	Y	Z
빈도	2	2	2	0	0	0	2	4	5	0	0	4	6	4	0	1	0	0	0	0	2	0	1	1	8	1
메시지	s	t	u	v	w	x	y	z	a	b	c	d	e	f	g	h	i	j	k	l	m	n	o	p	q	r

그리하면 YPYH NBCM MBILN GYMMUAY XIYM HIN LYGUCH MYWLYN ZIL FIHA -> qhqz ftue …과 같이 되어 의미 있는 평문이 되지 못한다. 그러므로 잘못된 가정이라고 판정할 수 있다.

② **만일 Y = e이면**, a,e,i-세 쌍은 U, Y, C가 될 수 있다(문장이 짧으므로, 통계수치가 정확히 맞지 않는다). 서로 인접한 세 쌍으로 가장 빈도가 높은 rst에 대응하는 것으로 LMN을 생각할 수 있다. 한편 가장 빈도가 낮은 문자인 uvwxyz는 OPQRST로 생각할 수 있다.

암호문	A	B	C	D	E	F	G	H	I	J	K	L	M	N	O	P	Q	R	S	T	U	V	W	X	Y	Z
빈도	2	2	2	0	0	0	2	4	5	0	0	4	6	4	0	1	0	0	0	0	2	0	1	1	8	1
메시지	g	h	i	j	k	l	m	n	o	p	q	r	s	t	u	v	w	x	y	z	a	b	c	d	e	f

이러한 추측이 맞는다면 다음의 표로 생각할 수 있다.

암호문	A	B	C	D	E	F	G	H	I	J	K	L	M	N	O	P	Q	R	S	T	U	V	W	X	Y	Z
빈도	=	=	=				=	≡	𝍸			≡	− 𝍸	≡		−					=		−	−	= 𝍸	−
메시지	g	h	i	j	k	l	m	n	o	p	q	r	s	t	u	v	w	x	y	z	a	b	c	d	e	f

그러면 YPYH NBCM MBILN GYMMUAY XIYM HIN LYGUCH MYWLYN ZIL FIHA는 even this short message does not remain secret for long 이 되어, 의미 있는 평문으로 복원된다.

☞ 이 방법은 확률에 의존하므로 주의를 해야 한다. 짧은 암호문일 경우, 높은 빈도에만 의존하는 단순한 방법은 오류를 범할 수도 있다.

예제 13.10

암호도청자가 암호문

ZU SGQK G VXUVKX YKTZKTIK KBKXE

RKZZKX SAYZ VRGE OZY VXUVKX XURK

을 입수했다. 암호문을 복호하여 메시지를 복원하여라.

풀이 암호문의 문자들의 빈도를 확인하자.

암호문	A	B	C	D	E	F	G	H	I	J	K	L	M	N	O	P	Q	R	S	T	U	V	W	X	Y	Z
빈도	−	−			=		≡		−		− 𝍸 𝍸				−		−	≡	=	=	≡	𝍸		= 𝍸	≡	− 𝍸

통계적으로 빈도가 낮은 6개의 인접한 문자 uvwxyz와 이 암호문에서 빈도가 낮은 LMNOPQ을 대응시키자. 그러면 빈도가 높은 K는 t와 대응된다. 따라서 RVXYZ = aeghi가 된다. 이것을 표로 나타내면 다음과 같다.

평문?	j k l m n o p q r s t u v w x y z a b c d e f g h i
암호문	A B C D E F G H I J K L M N O P Q R S T U V W X Y Z

만일 이러한 분석이 옳다면, 암호문 ZU SGQK G …은 id bpzt p…가 될 것이고, 이것은 의미있는 문장이 아니다. 그러므로 다른 가능성을 생각해야 한다.

평문?	u v w x y z a b c d e f g h i j k l m n o p q r s t
암호문	A B C D E F G H I J K L M N O P Q R S T U V W X Y Z

하나의 알파벳이 사용될 확률처럼, 단어를 구성하기 위해 두 개 혹은 세 개의 알파벳이 나올 확률도 알려져 있다. 실제로 두 개의 알파벳이 한 단어에 붙어있는 가장 빈도가 높은 것부터 30개의 목록은

TH, HE, IN, ER, AN, RE, ED, ON, ES, ST, EN, AT, TO, NT, HA,

ND, OU, EA, NG, AS, OR, TI, IS, ET, IT, AR, TE, SE, HI, OF

이다. 마찬가지로 세 개의 알파벳이 붙어있는 빈도 높은 순서대로 12개의 목록은

THE, ING, AND, HER, ERE, ENT, THA, NTH, WAS, ETH, FOR, DTH

이다.

1) 동일빈도 문자 암호

확률 빈도에 따른 공격을 피하기 위해, 각 문자에 암호 숫자를 여러 개 대응시켜 문자의 출현 빈도를 혼란시키는 방법을 생각할 수 있다.

예를 들어 아래와 같이 각 문자에 여러 개의 숫자를 대응시킨다. 01~99까지의 숫자를 문자 26개에 나누어 대응시킨다. 다시 말하면 a의 출현 빈도가 8.2 정도이므로, a는 8개의 임의의 숫자로 대응시킨다. 단일문자의 출현 빈도가 가장 높은 e와 t는 각각 12개, 10개의 대응 가능성으로, 그 다음으로 빈도수가 높은 a, o, i, n, s, h, r도 모두 8~6개의 대응 가능성을 만든다. 반대로 q, z, x, j는 당연히 숫자 1개와 대응시킨다.

문자	대응	대응 개수	문자	대응	대응 개수
a	05, 18, 26, 38, 45, 54, 62, 84	8	n	20, 36, 53, 65, 97, 98	6
b	10	1	o	22, 30, 34, 60, 64, 67, 72	7
c	28, 06, 80	3	p	04, 39	2
d	24, 46, 85, 88	4	q	59	1
e	15, 16, 23, 31, 44, 61, 69, 77, 83, 87, 91, 95	12	r	08, 56, 57, 71, 79, 92	6
f	02, 32	2	s	21, 42, 49, 63, 70, 94	6
g	17, 52	2	t	12, 50, 51, 55, 75, 78, 86, 93, 96, 99	10
h	03, 09, 33, 76, 82, 89	6	u	29, 01, 58	3
i	27, 47, 66, 73, 74, 81, 90	7	v	14	1
j	11	1	w	13, 25	2
k	43	1	x	41	1
l	19, 37, 48, 68	4	y	40	1
m	00, 35	2	z	07	1

예제 13.11

위의 표를 이용하여 다음 메시지를 암호화하여라.

What does Computer Programming have to do with breaking codes, Brainiac?
I found what you need here in High-Tech.

풀이 암호문

1303051224221521283000042950160839563417571835002720520926142351
6046642547553310713138436636170667804442107945735374548081627201
65881376627540225897616924827792839098892751037887280

예제 13.12

위의 표를 이용하여 암호문 2719221415403029를 복호화하여라.

풀이 두 자리 숫자가 하나의 문자에 대응하므로 두 자리씩 읽으면

27 19 22 14 15 40 30 29

이다. 따라서 복호를 하면

27	19	22	14	15	40	30	29
i	l	o	v	e	y	o	u

이와 같은 대응관계 표를 기반으로 만든 암호를 다중문자 암호라고 한다. 대표적인 다중문자 암호로서 비제네르 암호가 있다.

2) 비제네르 암호

1586년에 프랑스 외교관 비제네르(B. de Vigenere, 1523~1592)의 이름이 붙은 비제네르 암호의 기본 아이디어는 평문을 여러 부분으로 나누어 각각 서로 다른 단일문자 암호를 적용하는 것이다. 이 아이디어는 무척 자연스럽기 때문에 약간씩 변형된 비제네르 암호가 수차례 제안되었다.

오늘날 알려진 비제네르 암호는 원래 G. Bellaso가 1553년 자신의 책에 처음으로 소개하였지만, 19세기가 되어 오히려 비제네르 암호라는 이름으로 널리 알려졌다.

암호의 구조가 쉽게 이해되고 실용화되지만, 지난 300년 동안 이 암호는 모든 암호의 공격을 잘 버텨냈다. 카지스키(F. Kasiski)는 비제네르 암호의 공격 방안을 제시한 최초의 사람이다.

비제네르 이전에도 이미 Trithemius(1462~1516)는 이와 비슷한 암호를 연구를 하였다. 그는 Poligraphia(1518), Stegonographia(1531) 등의 책을 썼으나 그가 죽은 후에야 출판되었다. 또한 Porta(1535~1615)는 어둠상자 사진기의 발명가로 잘 알려져 있는데,

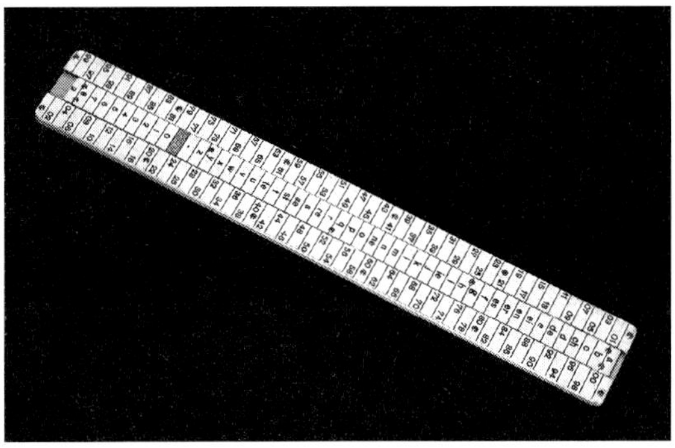

1914~1940년 사이에 스위스 군대가 암호 규칙을 만들기 위해 사용했던 계산기

1558년에 출판된 저서 Magia Naturalis에 비제네르 암호와 아주 유사한 다중문자 암호를 발표하였다.

다중문자 암호 중 비제네르 암호가 가장 유명한 이유는 다음과 같다.

- 이 암호는 오늘날까지도 전문가들이 많이 사용하는 암호들의 기본형이다.
- 비제네르 암호를 깨기 위하여 사용하는 카지스키 테스트와 프리드만 테스트는 아주 중요한 암호 공격법이다.

이제 비제네르 암호로 암호문을 만들어보자.

- 암호문을 만들기 위해 먼저 키를 정하여 서로 공유하여야 한다. 키는 키단어라고 하는 문자로 된 수열을 사용한다.
- 선택한 키단어를 평문의 각 문자 바로 아래에 반복해서 쓴다. 예를 들어 단어 VENUS를 키단어로 선택하였다면, VENUS를 평문의 끝에 도달할 때까지 계속 쓴다.
- 암호문은 키단어의 문자와 평문자를 세로로 더하여 만든다.

[비제네르 암호]

키단어	V	E	N	U	S	V	E	N	U	S	V	E	N	U
메시지	p	o	l	y	a	l	p	h	a	b	e	t	i	c
암호문	K	S	Y	S	S	G	T	U	U	T	Z	X	V	W

복호화는 암호 묶기의 역 과정을 거치면 된다. 즉 암호 문자 바로 아래에 키단어를 반복해서 쓴 다음 덧셈의 역연산인 뺄셈을 하면 평문이 나온다.

암호문	K	S	Y	S	S	G	T	U	U	T	Z	X	V	W
키단어	V	E	N	U	S	V	E	N	U	S	V	E	N	U
메시지	p	o	l	y	a	l	p	h	a	b	e	t	i	c

비제네르 암호는 다중문자 암호이다. 위의 예를 보면 평문자 a는 서로 다른 암호문자 S와 U에 대응한다. 이러한 암호를 공격하려면 단순히 확률 빈도만으로는 힘들다. 암호문자의 분포가 거의 균일화 되어 있다는 점도 공격을 어렵게 하는 이유 중의 하나이다.

위의 예만 보더라도 평문에서 a가 여러 번 나타나는데 대응하는 암호문자는 S, U와 같이 다른 문자로 나타난다. 한편 암호문의 S는 평문의 o, y, a 등으로부터 온 것이다.

3) 카지스키 분석

물론 오늘날의 현대적 기법을 사용하면 비제네르 암호는 공격할 수 있으며, 암호문이 어느 정도 길다면 통계적인 방법으로 여러 가지 규칙성을 알아낼 수 있다. 이 규칙성을 이용하여 암호에 사용된 키단어를 얻을 수 있다.

1863년에 프러시아 제독 카지스키(F. Kasiski, 1805~1881)는 비제네르 암호를 성공적으로 공격하는 방법을 처음으로 제시한 사람이었다. 그 이전까지의 공격은 평문에 대한 지식이나 키가 되는 단어를 사용하는 것이었다. 그러나 카지스키의 방법은 그런 것에 의존하지 않는다. 예를 들어 다음과 같이 키워드 ABCD를 사용하여 암호화를 할 수 있다.

키워드	**A**	**B**	**C**	**D**	**A**	**B**	C	D	A	B	C	D	A	B	C	D	**A**	**B**	**C**	**D**	**A**	**B**	C	D	A	B	C	D
평문	**C**	**R**	**Y**	**P**	**T**	**O**	I	S	S	H	O	R	T	F	O	R	**C**	**R**	**Y**	**P**	**T**	**O**	G	R	A	P	H	Y
암호문	**C**	**S**	**A**	**S**	**T**	**P**	K	V	S	I	Q	U	T	G	Q	U	**C**	**S**	**A**	**S**	**T**	**P**	I	U	A	Q	J	B

이와 같이 암호문 내에서 반복되는 것이 쉽게 보이는데, 그때 카지스키 방법은 효과적이다. CSASTP가 반복되는 사이의 거리가 16이라는 점에 착안한다. 순환되는 절이 평문에서 동일한 내용이라고 가정하면, 키워드의 길이는 16, 8, 4, 2 또는 1이 된다. 그런데 키워드의 길이가 1 또는 2는 비실제적으로 짧기 때문에, 길이가 4, 8 또는 16인 경우만 생각하는 것으로 가능성을 줄일 수 있다.

예제 13.13

암호문

VHVSSPQUCEMRVBVBBBVHVSURQGIBDUGRNICJQUCERVUAXSSR

풀이 **VHVS**SPQUCEMRVBVBBB**VHVS**URQGIBDUGRNICJQUCERVUAXSSR

VHVS가 반복되며 거리는 18이다. 즉 18칸의 거리를 두고 반복된다. 순환되는 절이 평문에서도 동일한 내용이라고 가정하면, 키워드의 길이는 18, 9, 6, 3, 2 또는 1이다.

또한 여기서는 특이하게 QUCE가 반복되는 것을 볼 수 있으며, 이때 거리는 30이다. 두 반복되는 거리의 공약수가 바로 **18과 30의 공약수는 6, 3, 2, 1**이므로 이 암호문에서 사용한 키워드의 길이 후보가 된다. 여기서 통상적으로 2와 1은 너무 짧은 키워드이므로 제외하고 6과 3이 키워드의 길이로 압축시킬 수 있다.

4) 프리드만 분석

미국의 프리드만(W. Friedman, 1891~1969)은 1920년에 카지스키의 방법을 보완하였는데, 카지스키의 경우처럼 키워드의 거리를 결정하는 방법이다.

이 두 가지 방법은 암호의 아주 중요한 공격법으로서, 이 공격법을 최초로 발표한 사람은 카지스키이지만 암호 공격을 가장 먼저 시도한 사람은 현대 컴퓨터 이론의 선구자인 배비지(C. Babbage, 1792~1871)이다. 특히 배비지는 카지스키가 공격법을 발표하기 9년 전에 이미 이 방법을 사용했었다.

① 암호문

암호공격자가 아래 그림과 같은 암호문을 입수했고, 또한 비제네르 암호법을 사용했음을 알고 있다고 하자.

```
D B Z M G   A O I Y S   O P V F H   O W K B W
X Z P J L   V V R F G   N B K I X   D V U I M
O P P Q L   V V P U D   K P R V W   O A R L W
D V L M W   A W I N Z   D A K B W   M M R L W
Q I I C G   P A K Y U   C V Z K M   Z A R P S

D T R V D   Z W E Y G   A B Y Y E   Y M G Y F
Y A P H L   C M W L W   L C V H L   M M G Y L
D B Z I F   J N C Y L   O M I A J   J C G M A
I B V R L   O P V F W   O B V L K   O P V U J
Z D V L Q   X W D G G   I Q E Y F   B T Z M Z

D V R M M   A N Z W A   Z V K F Q   G W E A L
Z F K N Z   Z Z V C K   V D V L Q   B W F X U
C I E W W   O P R M U   J Z I Y K   K W E X A
I O I Y H   Z I K Y V   G M K N W   M O I I M
K A D U Q   W M W I M   I L Z H L   C M T C H

C M I N W   S B R H V   O P V S O   D T C M G
H M K C E   Z A S Y D   J K R N W   Y I K C F
O M I P S   G A F Z K   J U V G M   G B Z J D
Z W W N Z   Z V L G T   Z Z F Z S   G X Y U T
Z B J C F   P A V N Z   Z A V W S   I J V Z G

P V U V Q   N K R H F   D V X N Z   Z K Z J Z
Z Z K Y P   O I E X X   M W D N Z   Z Q I M H
V K Z H Y   D V K Y D   G Q X Y F   O O L Y K
N M J G S   Y M R M L   J B Y Y F   P U S Y J
J N R F H   C I S Y L   N
```

암호공격자는 다음과 같은 카지스키, 프리드만 방법을 사용하여 키단어에 관한 정보를 알아낼 수 있다. 암호문을 보고 어떤 정보를 얻을 수 있을까? 일정한 문자열이 반복해서 나타나고 있는데 알아보겠는가?

기본 아이디어는 다음과 같다. 우선 평문에서 특정한 단어(예를 들어 THE)가 반복되어 사용되었다고 해도, 이에 대응하는 암호문은 각자 다를 수도 있다. 왜냐하면 같은 단어라 해도 키단어의 서로 다른 문자에 의해 암호화 될 수도 있기 때문이다. 그러나 같은 단어가 여러 번 반복되면, 그 단어의 첫 번째 문자가 같은 키단어 문자로 암호화 되는 경우가 있다. 그렇게 되면 그 단어에서 사용한 다른 문자도 같은 모양으로 암호화 되어 반복해서 나타난다.

D B Z M G　A O I Y S　**O P V F** H　O W K B W
X Z P J **L**　**V V** R F G　N B K I X　D V U I M
O P F Q **L**　**V V** P U D　K P R V W　O A R L W
D V L M W　A W I N Z　D A K B W　M M R L W
Q I I C G　P A K Y U　C V Z K M　Z A R P S

D T R V D　Z W E Y G　A B Y Y E　Y **M G Y** F
Y A F H L　C M W L W　L C V H L　M **M G Y** L
D B Z I F　J N C Y L　O M I A J　J C G M A
I B V R L　**O P V F** W　O B V L K　**O P V** U J
Z **D V L Q**　X W D G G　I Q E Y F　B T Z M Z

D V R M M　A N Z W A　Z V K F Q　G W E A L
Z F K N Z　Z Z V C K　V **D V L Q**　B W F X U
C I E W W　O P R M U　J Z I Y K　K W E X A
I O I Y H　Z I K Y V　G M K N W　M O I I M
K A D U Q　W M W I M　I L Z H L　C M T C H

C M I N W　S B R H V　**O P V** S O　D T C M G
H M K C E　Z A S Y D　J K R N W　Y I K C F
O M I P S　G A F Z K　J U V G M　G B Z J D
Z W W N Z　Z V L G T　Z Z F Z S　G X Y U T
Z B J C F　P A V **N Z**　**Z** A V W S　I J V Z G

P V U V Q　N K R H F　D V X **N Z**　**Z K** Z J Z
Z Z K Y P　O I E X X　M W D **N Z**　**Z** Q I M H
V K Z H Y　D V K Y D　G Q X Y F　O O L Y K
N M J G S　Y M R M L　J B Y Y F　P U S Y J
J N R F H　C I S Y L　N

(A. Beutelspacher, Cryptology, MAA (1994), p.27~28)

예를 들어 THE가 암호화 되어 VXA, GYJ, … 등 여러 형태로 암호화 된다고 해도 많은 횟수로 반복된다면 VXA나 GYJ도 여러 번 나타난다. 그리고 이들이 반복해서 나타나는 간격은 키단어 길이의 배수일 것이다.

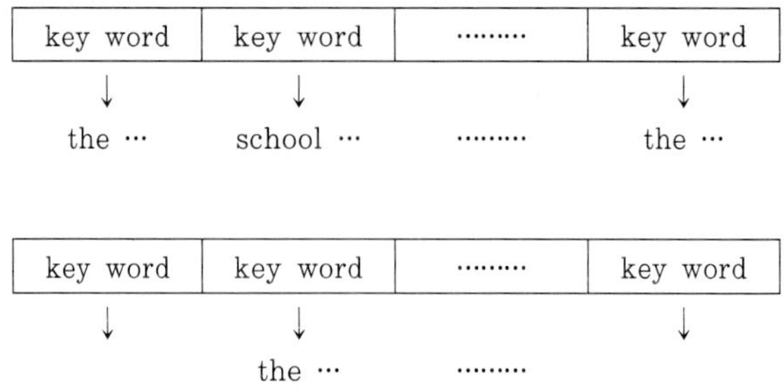

평문의 문자열이 일정한 간격(키단어 길이의 배수)으로 반복되면, 암호문의 문자열도 일정한 간격으로 반복된다. 암호공격자가 암호문에서 반복되는 문자열을 발견하면, 그 문자열들 사이의 거리가 바로 키단어 길이의 배수라는 것을 짐작할 수 있다. 암호공격자 입장에서는 문장이 길수록 공격하기 쉽다. 암호문에서 한 문자가 반복되는 것을 관찰하는 것은 키단어 길이를 추측하는 데 도움이 되지 않는다. 그 이유는 평문에서 서로 다른 문자가 또 다른 키단어로 암호화 되면서 우연히 같은 문자로 암호화 될 수도 있기 때문이다. 마찬가지로 두 문자열도 우연히 반복될 수 있다. 하지만 3개 이상인 문자열이 반복된다면 그때부터는 키단어 길이에 대한 많은 정보를 얻을 수 있다. '암호문'에서 주의 깊게 살펴보아야 할 문자열들을 표시해보면 표 13.2와 같다.

표 13.2

OPVF	155	5×31
LVV	20	2×2×5
MGY	20	2×2×5
DVLQ	50	2×5×5
NZZ	25	5×5

반복되는 문자열들이 여러 개가 있는데, 중요한 몇 가지 문자열들의 반복 주기를 살펴보자. 위의 표에서 본 것처럼 이 거리들의 최대공약수는 5이고, 성급한 공격자라면 키단어 길이가 5라고 단정할 수도 있다. 사실 대부분의 경우 카지스키 테스트만 사용해도 된다. 그러나 암호공격자는 아주 지능적이기 때문에 '키단어 길이가 5라는 강력한 증거가 있다' 정도로만 생각한다. 왜 그는 신중해야 하는가? 두 가지 이유가 있다.

- 실제 키단어의 길이가 5라고 해도, 암호문에서 같은 문자열이 5의 배수가 아닌 거리만큼 떨어져서 반복될 수도 있다. 이런 경우 잘못하면 최대공약수가 1이라고 착각할 수도 있다. 예를 통해서도 ZZK가 반복되는 거리는 6이다. 그래서 거리들의 최대공약수를 기계적으로 계산할 것이 아니라 약간은 유연하게 사고할 필요가 있다. 전혀 엉뚱한 거리값은 무시할 수도 있다.
- 최대공약수가 5라고 해도 실제 키단어 길이는 10이나 15일 수도 있다. 카지스키 테스트는 키단어 길이의 약수나 배수가 얼마라는 정도까지 알아내는 데 그친다.

이러한 이유가 있으므로 키단어 길이에 대한 중요한 단서를 찾을 수 있는 또 다른 방법을 알아보자. 대부분의 경우 이 두 가지 방법을 함께 사용하면 키단어의 길이를 거의 정확하게 알아낼 수 있다.

5) 프리드만 암호 공격

1925년에 미국의 유명한 암호해독가인 프리드만(W.F. Friedman)이 고안한 방법의 요점은 '암호문에서 임의로 두 문자를 선택했을 때, 두 문자가 서로 같을 확률은 얼마인가?'이다. 이 값을 일치지수(index of coincidence)라고 한다.

n개의 문자들로 이루어진 문자열에 a는 n_1번, b는 n_2번, …, z는 n_{26}번 나온다고 하자. 임의로 두 문자를 선택하였을 때 두 문자 모두 a일 확률은 얼마일까?

첫 번째 문자가 a일 확률은 $\frac{n_1}{n}$이고 두 번째 문자도 a일 확률은 $\frac{n_1 - 1}{n-1}$이다. 선택하는 순서는 관계없으므로, 두 문자가 모두 a일 확률은 그 확률 값의 곱인

$$\frac{n_1(n_1-1)}{n(n-1)}$$

이다. 그러므로 임의로 선택한 두 문자가 서로 같을 확률은

$$\sum_{i=1}^{26} \frac{n_i(n_i-1)}{n(n-1)}$$

이다. 이 값을 일치지수(index of coincidence)라 하고 I로 나타낸다. 프리드만 자신은 κ로 표기했었고, 그런 이유로 kappa 테스트라고 부르기도 한다.

이제 다른 방법으로 일치지수를 계산해보자. 자연언어에서 사용하는 문자는 모두 고유의 확률(출현빈도)을 가지고 있다. a는 확률 p_1을, b는 확률 p_2를, ⋯ , z는 확률 p_{26}을 가지고 있다. 영어의 경우 이 확률들은 통계적 분석에 의한 암호공격에서 설명했었다.

어떤 문장에서 임의로 두 문자를 선택하였다고 하자. 첫 번째 문자가 a일 확률은 p_1이므로 두 문자 모두 a일 확률은 p_1p_1이다. 처음의 확률과 두 번째 확률은 다소 다르지만 문서가 충분히 긴 경우라면 무시해도 좋을 것이다. 다른 문자의 경우도 마찬가지이므로, 임의로 선택한 두 문자가 서로 같을 확률은

$$p_1p_1+p_2p_2+\cdots+p_{25}p_{25}=\sum_{i=1}^{26}p_i^2$$

이다. 당연히 이 값은 사용언어에 따라 다르다. 예를 들어 영어 문장에서는

$$\sum_{i=1}^{26}p_i^2=0.065$$

로서, 임의로 선택한 두 문자가 같아지는 경우가 약 6.5 %라는 의미이다. 한편 모든 문자의 출현빈도를 같게 조절해놓은 이상적인 문서가 있다고 하자. 모든 문자의 확률은 $p_1=\dfrac{1}{6}$과 같으므로

$$\sum_{i=1}^{26}p_i^2=\sum_{i=1}^{26}\frac{1}{26^2}=26\cdot\frac{1}{26^2}=\frac{1}{26}\approx 0.038$$

이다. 이처럼 문자들을 잘 섞어 놓은 문서에서 두 문자가 서로 같아질 확률은, 아무런 의도가 없는 평범한 영어 문서의 경우와 비교하면 약 절반이 된다.

비제네르 암호로 작성한 암호문에서 일치지수는 어떻게 되어 있을까? 공격하고자 하는 암호문에서 각 문자들의 출현빈도(확률) p_1, ⋯, p_{26}들은 모두 세어보면 쉽게 알 수 있다. 어떤 문자의 출현빈도가 $p_i=\dfrac{n_i}{n}$이고 값이 적절히 크다면, p_i^2은

$$\frac{n_i}{n}\cdot\frac{n_i-1}{n-1}$$

과 근사하다. 즉 이 확률들의 제곱의 합은 거의 일치지수와 같아질 것이다.

문서를 작성할 때 특정한 문자를 집중적으로 사용하면 I값은 커지고, 문자들의 빈도

를 의도적으로 균등하게 조절했다면 작아질 것이다. 실제로 일치지수의 최솟값은 0.038이다.

단일문자 암호는 단순히 문자들을 재배열한 것이므로 암호문과 평문의 일치지수는 달라지지 않는다. 예를 들어 평문에서 a의 확률이 0.082였다면, 이 값은 a에 대응하는 암호 문자 x의 확률이 된다. 즉 각 문자의 확률도 역시 재배열되므로 전체 제곱의 합은 변하지 않는다. 결국 단일문자 암호에서 일치지수는 변화하지 않는다.

한편 다중문자 암호에서는 문자의 출현빈도를 균등화하였으므로 일치지수가 감소한다. 그러므로 어떤 암호문의 일치지수를 계산해보면 단일문자 암호를 사용했는지 아닌지를 판단할 수 있다. 만약 일치지수가 0.065에 가까우면 단일문자 암호를 사용한 것이고, 0.065보다 많이 작으면 다중문자 암호를 사용했을 것이라고 추측할 수 있다.

연습문제

01 배낭방정식 $2x_1 + 3x_2 + 7x_3 + 13x_4 + 27x_5 = 45$를 풀어라.

02 갑순이와 갑돌이는 배낭 암호시스템을 사용하고 있다.
갑순이는 모듈러 $m = 65$, 곱셈자 $w = 12$와 초증가 수열 6, 8, 15, 31에 기초를 둔 배낭 암호시스템의 키를 잘 보관하고 있다. 그리고 암호화 수열 7, 31, 50, 47을 게시판에 공개했다. 갑돌이는 게시판의 암호화 수열을 사용하여 메시지를 암호문으로 바꾸어 31, 50, 85, 85, 78, 50, 81, 47, 85, 31를 갑순이에게 전송했다. 갑순이는 갑돌이의 메시지를 복원할 수 있을까?

03 (a) 통계 암호에 기초하여 암호문 IOL GYMMUAY XIYM HIN LYGUCH MYWLYN을 복원하여라.
(b) 통계 암호를 사용할 때 주의할 점을 논의하여라.

04 (a) 비제네르 암호를 이용해서 메시지 W E L O V E C H O I를 암호화하여라.

(b) 위에서 만들어진 암호문을 다시 복호하여 원래의 메시지로 복원하여라.

05 카지스키 분석으로 다음의 암호문을 분석하여라.

PIZZABANARGDBACHICKENPIZZASTRAWBERRY

14장 타원곡선과 타원곡선 암호 ECC

타원곡선 암호(elliptic curve cryptography, ECC)는 타원곡선 이론에 기반을 둔 공개키 암호시스템이다. 타원곡선은 정수론과 대수기하학에서 오래 전부터 연구되어 온 분야로서, 최근에는 페르마의 마지막 정리를 증명하는 데 핵심적으로 이용되면서 큰 주목을 받았다. 타원곡선을 활용한 암호 방식은 1985년에 코블리츠(N. Koblitz)와 밀러(V. Miller)가 각각 독립적으로 제안했다.

타원곡선은 실수, 유리수, 복소수와 같은 여러 체(field) 위에서 정의될 수 있다. 그러나 암호에서 사용되는 타원곡선들은 주로 유한체(finite field) 위에서 정의되며, 타원곡선 위의 점들과 무한 원점(point of infinity)이라고 불리는 점을 포함하는 집합에 적당한 연산을 정의하여 타원곡선 군(group)을 만든다. 이제 타원곡선 군에서 원소를 선택하여 암호화 키와 복호화 키로 사용하도록 구성된 암호 체계를 타원곡선 암호라고 부른다. 유한체와 군은 현대대수의 중요 이론이며, 제4장에 간단히 소개되어 있다.

타원곡선 암호는 RSA나 ElGamal과 같은 공개키 암호 방식이다. 타원곡선 암호의 가장 큰 장점으로는 RSA 암호와 같은 기존의 공개키 암호보다 짧은 키를 사용하면서도 그와 비슷한 수준의 안전성을 제공한다는 것이다. 그러나 암호를 구성하는 배경 이론이 복잡하고 실제로 구현하기 위해서는 현대대수에 관련한 전문 지식이 요구되어 사용이 어렵다는 것이 단점으로 지적되고 있다. 그러므로 타원곡선 암호를 이해하기 위해서 현대대수의 몇 가지 기본 이론을 먼저 알아야 한다.

14.1 실수 위에서의 타원곡선

1) 타원곡선 기초 이론

정의 14.1

K는 임의의 체라고 하자. K 위에서의 타원곡선(elliptic curve)이란

$$y^2 + a_1xy + a_3y = x^3 + a_2x^2 + a_4x + a_6, \quad a_i \in K$$

을 만족하는 모든 점들과 무한 원점(point of infinity) O로 이루어진 집합을 말한다. 보통 $E(K)$로 나타낸다. 그러므로

$$E(K) = \left\{(x,y) \mid y^2 + a_1xy + a_3y = x^3 + a_2x^2 + a_4x + a_6, \quad a_i \in K\right\} \cup \{O\}$$

가 된다. 종종 K를 생략하고 타원곡선을 E로 나타낸다. 여기서 무한 원점은 xy-평면 위에 표현될 수 없는 점으로써 y가 무한대의 값을 가지는 것으로 간주된다.

정의 14.2

체 K 위에서 정의된 두 개의 타원곡선 E_1과 E_2을 생각하자.

$$E_1 : \ y^2 + a_1xy + a_3y = x^3 + a_2x^2 + a_4x + a_6$$

$$E_2 : \ y^2 + a_1'xy + a_3'y = x^3 + a_2'x^2 + a_4'x + a_6'$$

만일 K의 원소 u, r, s, t $(u \neq 0)$가 존재하여 함수

$$\phi : \ E_1 \rightarrow E_2, \ (x,y) \mapsto (u^2x + r, \ u^3y + u^2st + t)$$

에 의해 변수 변환(change of variable)될 때, 타원곡선 E_1과 E_2은 동형(isomorphic)이라 부른다.
실수체 $\mathbb{R}$ 위에서의 타원곡선

$$y^2 + a_1xy + a_3y = x^3 + a_2x^2 + a_4x + a_6$$

은 적당한 변수 변환에 의해

$$y^2 = x^3 + ax + b \quad (a,\ b \in \mathbb{R})$$

로 변형되므로(부록 1), 실수 위에서의 타원곡선은 집합

$$\{(x,y) \in R^2 \mid y^2 = x^3 + ax + b\} \cup \{O\}$$

으로 생각할 수 있다. 그러므로 타원곡선이란 $y^2 = x^3 + ax + b$ 형태의 방정식으로 첨점이나 교차점 등의 특이점이 없는 것을 말한다.

타원곡선은 우리가 보통 알고 있는 타원과는 관련이 없다. 실제로 타원곡선이라는 이름은 타원적분(elliptic integral)에서 유래되었다. 역사적으로 볼 때, 200년도 경에 알렉산드리아에 살았던 디오판토스가 $y(a-y) = x^3 - x$ 형태의 타원곡선을 최초로 다룬 것으로 알려져 있다. 그는 $a = 6$일 때 $x = ky - 1$을 대입하고 $k = 3$일 때 방정식을 풀어서 $y = \frac{26}{27}$과 $x = \frac{17}{9}$를 찾았다. 그 후 페르마, 뉴턴, 푸앵카레 등 수많은 수학자들이 타원곡선을 연구를 했는데, 특히 와일즈(A. wiles, 1953~)는 타원곡선에 대한 모듈러 정리를 사용하여 페르마의 마지막 정리를 증명하는 업적을 남겼다.

2) 타원곡선의 그래프 그리기

타원곡선을 이해하기 위해, 시각적으로 볼 수 있도록 실수 위에서의 타원곡선을 먼저 살펴보자. 그 후에 암호에서 실제로 이용되는 유한체 F_p 또는 F_{2^m} 위에서의 타원곡선을 알아보자.

타원곡선

$$y^2 = x^3 + ax + b$$

의 그래프는 x축에 대하여 대칭이다. 그러므로 $x^3+ax+b>0$의 그래프를 먼저 그린 후, x축에 관하여 대칭인 그래프를 그리면 $y^2=x^3+ax+b$이 된다.

$y^2=f(x)$와 $y=f(x)$의 그래프를 근의 개수에 따라 분류할 수 있다.

① $f(x)=0$이 서로 다른 세 실근을 갖는 경우

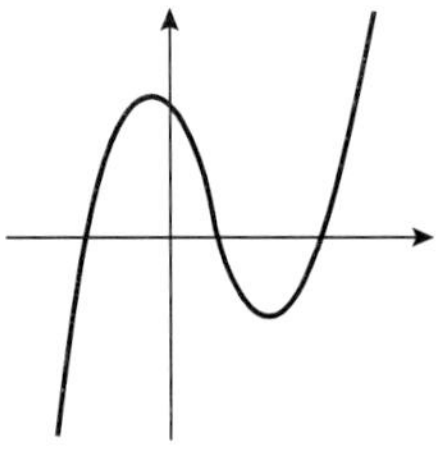

$y=f(x)$

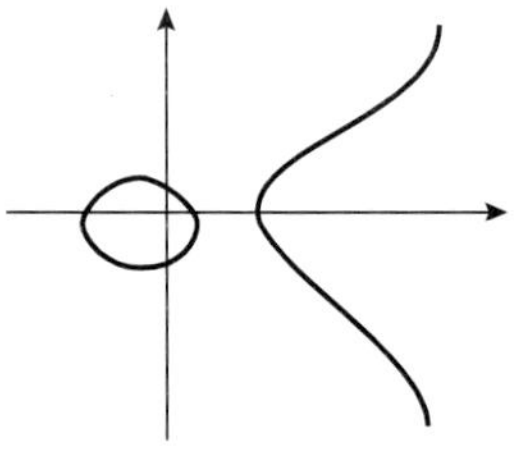

$y^2=f(x)$

실제로 왼쪽 그래프에서 $y>0$인 부분을 x축 대칭한 것이 오른쪽 그래프이다.

② $f(x)=0$이 단 한 개의 실근을 갖는 경우

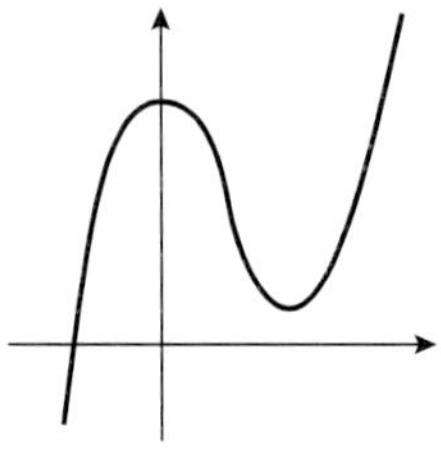

$y=f(x)$

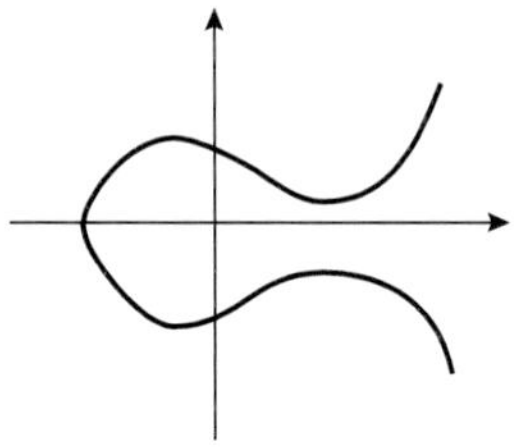

$y^2=f(x)$

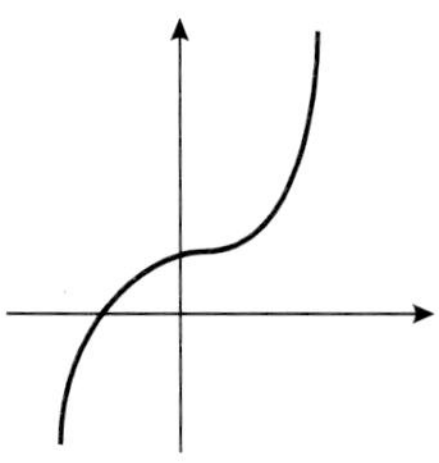

$y=f(x)$

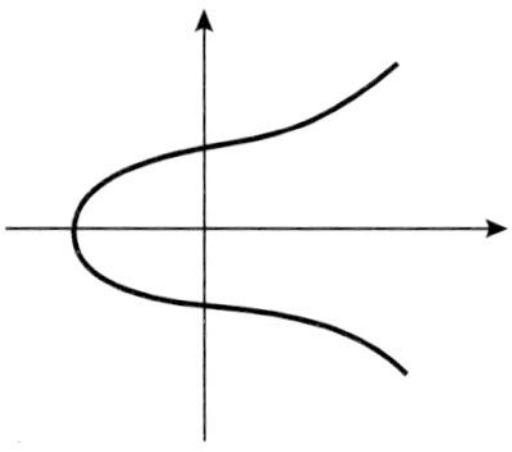

$y^2=f(x)$

예제 14.1

주어진 a와 b에 대해 타원곡선의 개형을 그려라.

① $a=-1,\ b=0$　　② $a=-5,\ b=0$　　③ $a=-4,\ b=0.67$

④ $a=-6,\ b=1$　　⑤ $a=-5,\ b=5$　　⑥ $a=-5,\ b=8$

풀이

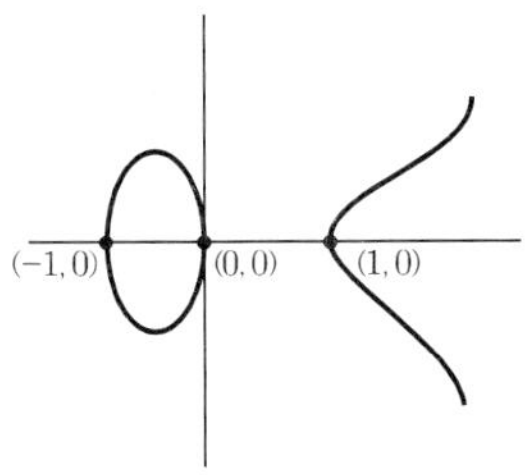

① $y^2=x^3-x$

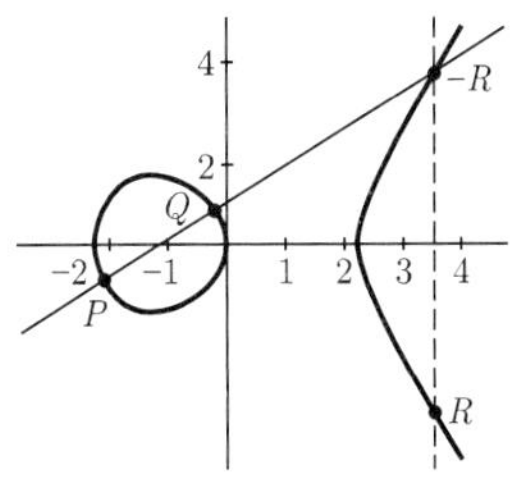

② $y^2=x^3-5x$

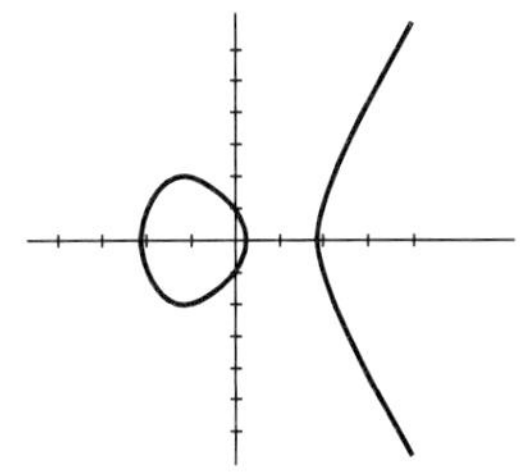

③ $y^2=x^3-4x+0.67$

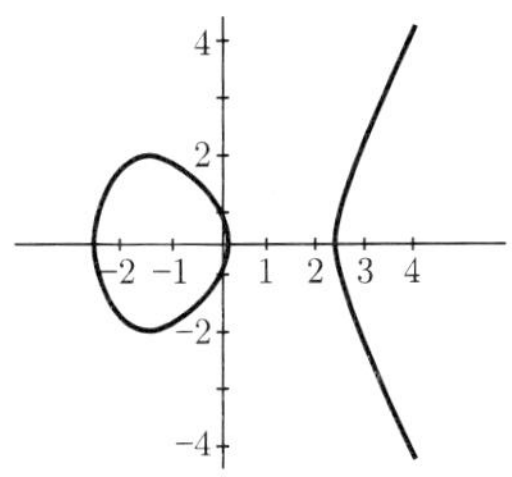

④ $y^2=x^3-6x+1$

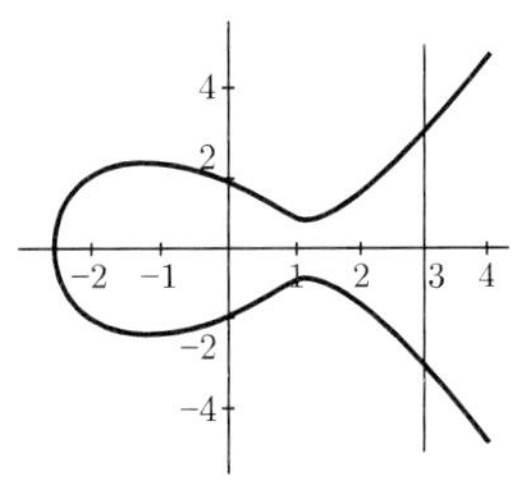

⑤ $y^2=x^3-5x+5$

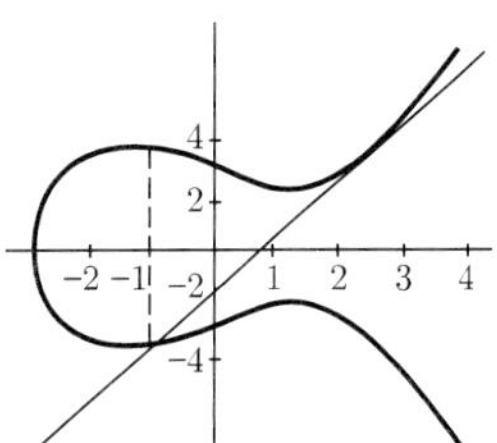

⑥ $y^2=x^3-5x+8$

위의 그래프들은 메이플 패키지를 사용하여 그린 것이나 직접 그릴 수 있는 방법을 차차 알아갈 수 있다.

$a, b \neq 0$일 때 타원곡선 $y^2=x^3+ax+b$의 그래프들을 다음과 같이 분류할 수 있다. $a=b=0$인 경우는 타원곡선이 아니다.

$y^2=x^3+ax+b$ 의 개형				(출처: Wiki)
	$b=-1$	$b=0$	$b=1$	$b=2$
$a=-2$	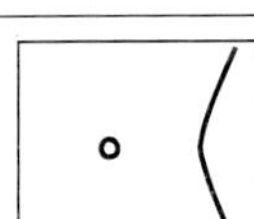	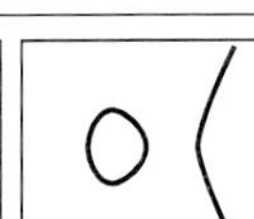	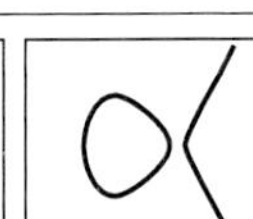	

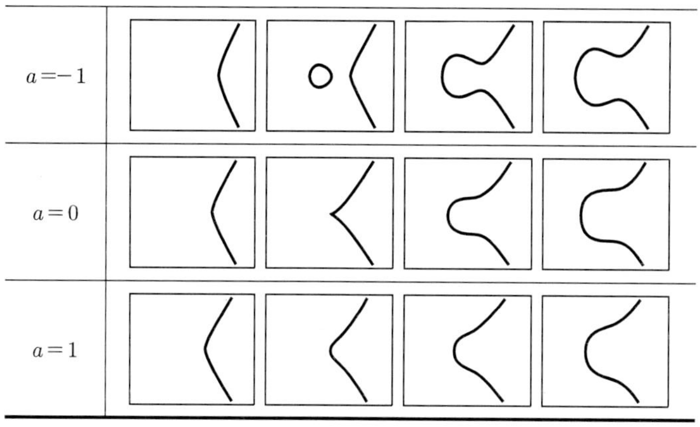

14.2 실수 위에서 타원곡선 군

타원곡선 군을 엄밀하게 정의하려면 대수기하에 대한 기초 지식이 필요하다. 그러나 실수체 위에서 정의된 타원곡선 군에 대해서는 대수와 기하에 관한 비교적 간단한 지식 정도로 가능하다.

실수 위에서 타원곡선 군이란 타원곡선 위의 모든 점들과 무한 원점(point at infinity) O으로 구성된 집합에 덧셈 연산을 정의하여 군(group)의 구조를 갖는 것을 말한다. 무한 원점은 xy-좌표 상에 표현될 수 없는 점으로써 y가 무한대의 값을 가지는 것이며, 타원곡선 군에는 무한히 많은 점이 존재한다.

1) 타원곡선 위의 연산: 타원곡선에서 덧셈의 기하적 정의

타원곡선 위의 두 점 P, Q의 덧셈 연산은 기하적으로 다음과 같이 정의한다.

(1) P와 Q의 덧셈

만약 $P \neq Q$이면, P와 Q를 지나는 직선은 타원곡선과 반드시 한 점에서 만난다. 그 점을 $-R$이라고 하면, x축으로 대칭인 점 R이 P와 Q를 더한 점이다. 즉, $P+Q=R$이다.

만약 $P=Q$이면 점 P에서 타원곡선의 접선을 그린다. 만약 P의 y좌표가 0이 아니면

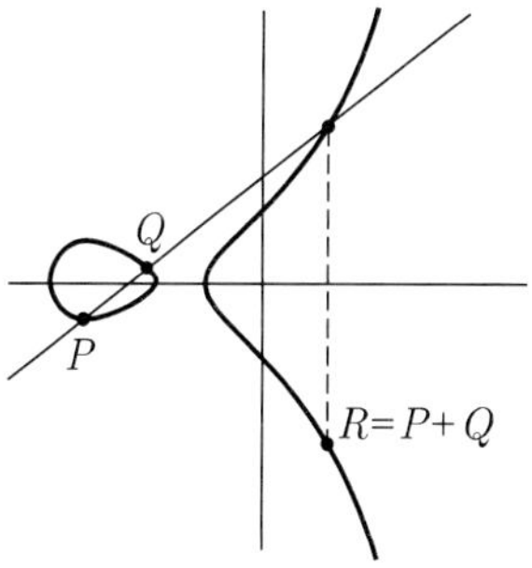

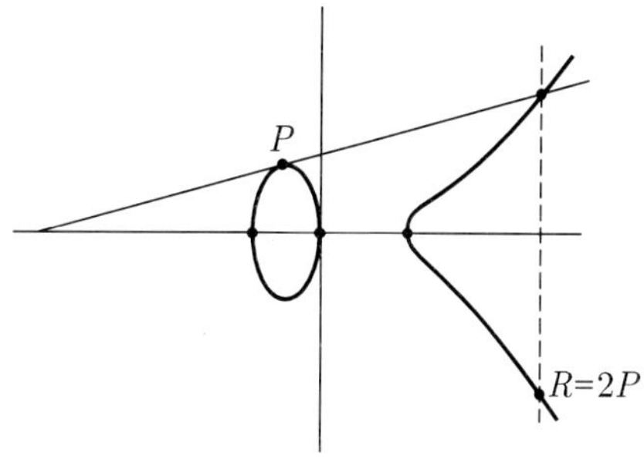

접선은 타원곡선에서 정확히 한 점 $-R$과 만나게 된다. 이 $-R$을 x축으로 대칭한 점 R이 두 개의 P를 더한 점 $(P+P=R)$이다.

따라서 **타원곡선 위의 두 점을 더하면 타원곡선 위의 한 점이 된다(닫혀 있다).**

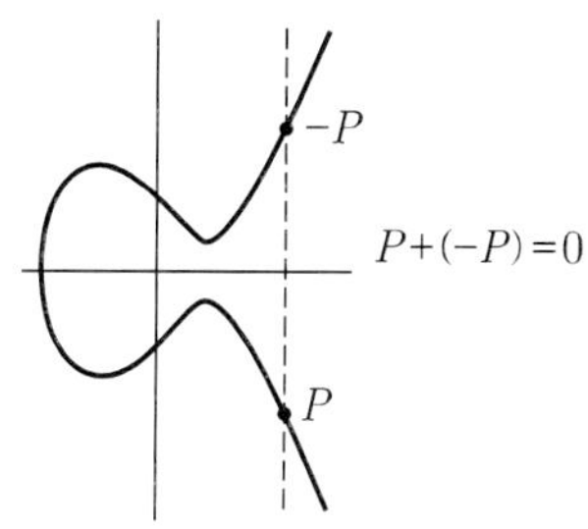

한편, 임의의 점 P와 그것의 x축에 대칭인 점 $-P$를 연결하면 x축에 수직인 직선이 되어 타원곡선과 만나지 않으므로, 점 P와 $-P$를 서로 다른 점 더하기와 같이 더할 수 없다. 따라서 무한 원점 O라고 하는 가상의 점을 생각하고

$$P+(-P)=O$$

으로 정의한다. 당연히 $P+O=P$이 성립한다.

(2) 덧셈에 관한 항등원

점 P와 $-P$의 덧셈에 관한 정의로부터 타원곡선의 무한 원점 O는 항등원이 된다. 따라서 **덧셈에 대한 항등원이 존재한다.**

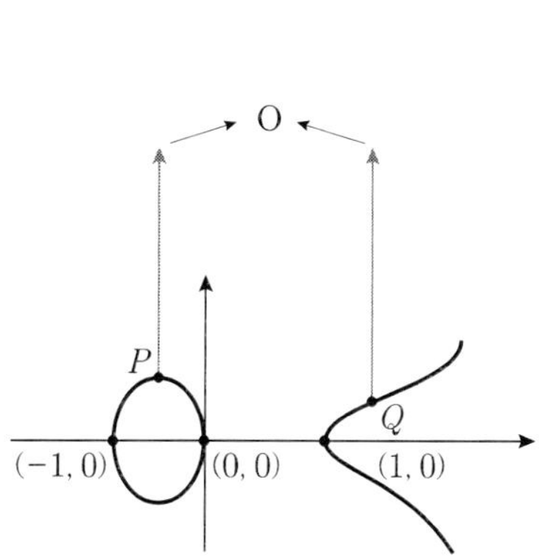

(3) 점 P의 덧셈에 관한 역원

$P=(x_1, y_1)$의 역원은 x축에 대칭인 점이다. 즉, 점 $-P$는 $(x_1, -y_1)$이다. $P-P=O$ 항등원이기 때문이다. 따라서 **타원곡선에서는 점 P의 역원 $-P$를 구하면 항상 타원곡선 위에 있게 된다.**

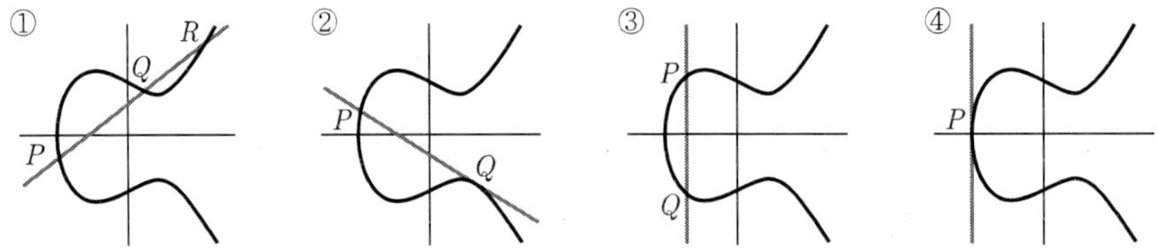

$P+Q+R=0$	$P+Q+Q=0$	$P+Q+0=0$	$P+P+0=0$

정의 14.3

타원곡선 $y^2=x^3+ax+b$에서 $f(x)=x^3+ax+b$라고 하자.
삼차방정식 $f(x)=0$은 실수체 $\mathbb{R}$의 확대체 $\mathbb{C}$ 안에서 (중복 가능한) 세 근을 갖는다. 세 근을 α, β, γ라고 할 때,

$$\Delta=((\alpha-\beta)(\alpha-\gamma)(\beta-\gamma))^2=-(4a^3+27b^2)$$

을 $f(x)=x^3+ax+b=0$ 또는 타원곡선의 **판별식**(discriminant)이라고 한다.

이차방정식의 판별식이 방정식의 근의 개수에 관해 말해주는 것처럼, 삼차방정식의 판별식으로부터 다음의 성질을 알 수 있다(부록 2).

- $\Delta>0$일 동치조건은 세 개 모두 서로 다른 실근이다.
- $\Delta=0$일 동치조건은 실근 중에 중근이 있다.
- $\Delta<0$일 동치조건은 하나의 실근과 두 개의 복소수 근을 갖는다.

그러므로 $\Delta \neq 0$일 때, 삼차방정식 $f(x)=0$은 중근을 갖지 않으며, 서로 다른 세 실근을 갖거나 한 개의 실근과 서로 다른 두 복소수 근을 갖는다.

예제 14.2

다음의 주어진 방정식의 판별식을 구하고 그래프 개형을 그려라.

① $y^2 = x^3 - x$ ② $y^2 = x^3 - x + 1$

풀이 판별식 $\Delta = -(4a^3 + 27b^2)$이므로 곡선 ①과 ②의 판별식은 각각 4와 -23이다. 그러므로 곡선 ①은 세 개의 서로 다른 근을, 곡선 ②는 하나의 실근을 갖는다. 따라서 다음과 같은 개형을 그릴 수 있다.

①

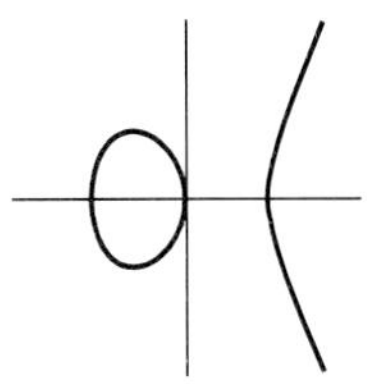

$y^2 = x^3 - x$

②

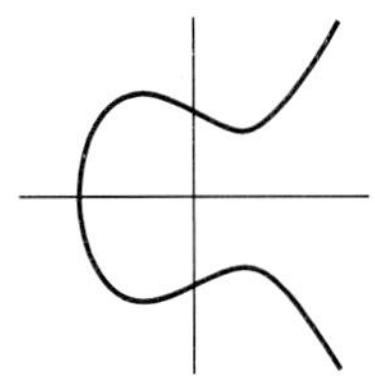

$y^2 = x^3 - x + 1$

예제 14.2에서 볼 수 있듯이 $\Delta > 0$이면 그래프가 두 부분으로 구성되며, $\Delta < 0$이면 그래프는 하나의 성분으로 연결된다. 이러한 경우에 타원곡선 군(group)이 구성된다. 그러나 만일 $\Delta = 0$일 때는 $x^3 + ax + b = 0$이 중근을 가져서 타원곡선 군이 만들어지지 않는다.

따라서 **타원곡선 군**(elliptic curve group)은 타원곡선 $x^3 + ax + b = 0$이 중근을 갖지 않을 때, 즉 $4a^3 + 27b^2 \neq 0$일 때 만들어진다.

2) 타원곡선에서 덧셈의 대수적 설명

타원곡선에서 덧셈 연산을 기하적으로 보면 이해하기가 쉽지만, 실제로 계산하기에는 실용적이지 못하다. 이제 기하적 계산 과정을 대수적 수식으로 바꾸어 보자.

$P = (x_1, y_1)$와 $Q = (x_2, y_2)$를 타원곡선 위의 두 점이라고 하자.

(1) P와 Q의 덧셈

만일 $P \neq Q$이면, $P + Q = R$가 되는 점 $R = (x_3, y_3)$은 P와 Q를 연결하는 직선과 타원곡선의 교점을 x축으로 대칭시킨 점이다. 점 P와 Q를 지나는 직선의 방정식을 $y = sx + t$라고 하면, 기울기 s와 y절편 t는

$$s = \frac{y_2 - y_1}{x_2 - x_1}, \quad t = y_1 - sx_1$$

가 되어, 직선 식 $y = sx + (y_1 - sx_1)$이 된다. 이 직선과 $y^2 = x^3 + ax + b$의 교점을 구하려면, 방정식

$$(sx + t)^2 = x^3 + ax + b$$

를 풀면 된다. 점 P와 Q를 지나는 선 위의 점 $(a, sx + t)$는 타원곡선 위의 점이 된다. 따라서 삼차방정식 $x^3 - (sx + t)^2 + ax + b$의 각각의 근에 대하여 한 개의 교차점이 존재하게 된다. $(x_1, sx_1 + t)$와 $(x_2, sx_2 + t)$는 타원곡선 위의 두 점 P와 Q이기 때문에 x_1, x_2는 당연히 근이 된다.

최고차 항의 계수가 1인 다항식의 모든 근들의 합은 차수가 두 번째로 높은 항의 계수의 음수와 같으므로

$$x_1 + x_2 + x_3 = s^2$$

이 된다. 그러므로 나머지 근은

$$x \text{ 좌표: } s^2 - x_1 - x_2, \quad y \text{ 좌표: } sx_3 + t = y_1 + s(x_3 - x_1)$$

이다. 따라서 $R = (x_3, y_3)$는 다음과 같이 됨을 알 수 있다.

$$x_3 = s^2 - x_1 - x_2, \quad y_3 = s(x_1 - x_3) - y_1$$

예제 14.3

타원곡선 $y^2 = x^3 - 17x + 16$ 위의 $P = (0, -4)$과 $Q = (1, 0)$의 덧셈 $P + Q$를 구하여라.

풀이 직선의 기울기 $s = \frac{0+4}{1-0} = 4$이다. 그러므로 $x_3 = 16 - 1 = 15$이며 $y_3 = 4(0 - 15) + 4 = -56$이므로 $P + Q = (15, -56)$이 된다.

만일 $P = Q$이면, 점 P에서 접선과 타원곡선의 교점을 x축으로 대칭시킨 점이 $P + P = 2P$인 점이다. P에서 타원곡선 $y^2 = x^3 + ax + b$의 접선의 기울기를 구하기 위

해, 점 P에서 미분하면 $2y\,y' = 3x^2 + a$, 즉 $y' = \dfrac{3x^2+a}{2y}$이므로 기울기는

$$s = \frac{3x_1^2 + a}{2y_1} \qquad (\text{단, } y_1 \neq 0)$$

이다. 그러므로 $2P = R = (x_3, y_3)$는 다음을 만족한다.

$$x_3 = s^2 - 2x_1 = \left(\frac{3x_1^2 + a}{2y_1}\right)^2 - 2x_1$$

$$y_3 = s(x_1 - x_3) - y_1 = \left(\frac{3x_1^2 + a}{2y_1}\right)(x_1 - x_3) - y_1$$

이다.

(2) 타원곡선 군에서 덧셈의 특성

P, Q와 R은 타원곡선 위의 임의의 점이라 하자.

① 무한 원점 O는 $P+O=P$가 되므로, O는 덧셈에 관한 항등원이다.

② 점 P에 대해서 $P+Q=O$를 만족하는 점 Q가 존재한다. $Q=-P$로 나타내며 덧셈에 관한 역원이다. 빨셈 $P-Q$는 $P+(-Q)$로 정의한다.

③ $-P$와 P는 x축에 대칭이므로 $P=(x_1, y_1)$이면 $-P=(x_1, -y_1)$이다.

④ $P+(Q+R)=(P+Q)+R$이 되므로 결합법칙이 성립한다.

⑤ $P+Q=Q+P$이 되므로 교환법칙이 성립한다.

그러므로 타원곡선 군은 아벨군이 된다.

14.3 임의의 체 F상에서의 타원곡선

체 F 위에서의 타원곡선이란

$$y^2 + a_1xy + a_3y = x^3 + a_2x^2 + a_4x + a_6 \qquad (a_i \in F)$$

형태 방정식의 곡선을 말한다.

1) 체 F의 표수(characteristic)가 2 또는 3이 아닌 경우

표수 $p \neq 2, 3$일 때, 타원곡선 $y^2 + a_1xy + a_3y = x^3 + a_2x^2 + a_4x + a_6$을 적당히 변형시키면 $y^2 = x^3 + ax + b$로 표시된다. 다시 말해서 이 두 곡선은 서로 동형(isomorphic)이다.

암호론에서 사용하는 곡선은 변형된 타원곡선이 매끄러운 경우이다. 그러므로 방정식 $x^3 + ax + b$이 중근을 갖지 않을 때, 다시 말해서 $4a^3 + 27b^2 \not\equiv 0 \pmod p$일 때, 변형된 타원곡선 상의 점들과 무한 원점 O(항등원)으로 구성된 집합에 덧셈 연산을 정의하면 아벨군이 된다.

곡선 상의 점 $P = (x_1, y_1)$와 $Q = (x_2, y_2)$를 지나는 직선과 타원곡선이 만나는 교점 (x, y)를 x축으로 대칭한 점 $(x, -y)$로 $P + Q = (x_3, y_3)$를 정의한다.

$P + Q = (x_1, y_1) + (x_2, y_2) = (x_3, y_3)$

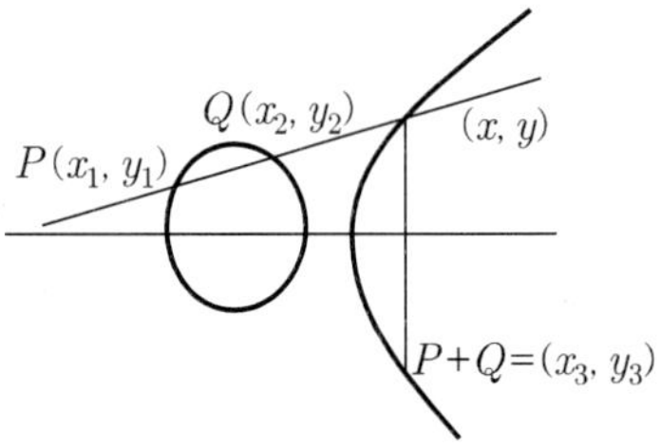

그러므로 대수적으로 아래와 같이 정의된다. 만일 교점이 없다면 이는 직선이 y축과 평행한 경우로 ③과 같이 정의한다.

① $x_1 \neq x_2$인 경우(두 점을 지나는 직선이 y축에 평행하지 않음)

$$x_3 = s^2 - x_1 - x_2 = (\frac{y_2 - y_1}{x_2 - x_1})^2 - x_1 - x_2$$

$$y_3 = s(x_1 - x_3) - y_1 = (\frac{y_2 - y_1}{x_2 - x_1})(x_1 - x_3) - y_1$$

② $x_1 = x_2$이고 $y_1 = y_2 \neq 0$인 경우(점을 지나는 직선이 접선)

$$x_3 = (\frac{3x_1^2 + a}{2y_1})^2 - 2x_1, \quad y_3 = (\frac{3x_1^2 + a}{2y_1})(x_1 - x_3) - y_1$$

③ $x_1 = x_2$이고 $y_1 = -y_2$인 경우(두 점을 지나는 직선이 y축에 평행)

$$P + Q = O \text{ (무한 원점). 즉, } Q = -(x_1, y_1) = (x_1, -y_1), \ P + O = P$$

2) 체 F의 표수(characteristic)가 2인 경우

이 경우의 F는 원소 개수가 2^p(p는 양의 정수)인 유한체이므로 타원곡선은 다음 중 어느 하나와 동형이 된다.

$$y^2 + y = x^3, \ y^2 + xy = x^3 + x, \ y^2 + y = x^3 + x + 1$$

타원곡선 $y^2 + y = x^3$ 위에서의 덧셈연산을 알아보자.

$x_1 \neq x_2$인 경우	$x_1 = x_2, \ y_1 = y_2$인 경우
$x_3 = (y_2 + y_1/x_2 + x_1)^2 + x_1 + x_2$	$x_3 = x_1^4$
$y_3 = (y_2 + y_1/x_2 + x_1)(x_1 + x_3) + y_1 + 1$	$y_3 = y_1^4 + 1$

14.4 유한체 F_p에서의 타원곡선 군

실수 위에서 정의된 타원곡선 군의 원소들의 연산은 일반적으로 계산이 매우 느릴 뿐만 아니라 반올림에 따른 오차가 발생할 수밖에 없다. 그러므로 빠르고 정확한 연산을 필연적으로 요구하는 암호에서는 실수에서의 타원곡선을 사용하기 어렵다. 그 대신 유한체 F_p나 F_{2^m} 위에서 정의된 타원곡선 군이 암호에서 사용된다.

우선 F_p 위에서의 타원곡선 군에 관해 알아보자.

F_p는 0부터 $p-1$까지의 원소들을 포함하여, 모듈러(mod) 연산이 적용된다. 또한 F_p는 p가 소수일 때 체(field)가 된다. 체 F_p에서의 타원곡선 방정식

$$y^2 \equiv x^3 + ax + b \pmod p$$

은 a와 $b \in F_p$의 값에 따라 여러 형태로 분류된다. 이러한 타원곡선의 점들은 F_p에 속한 원소들의 순서쌍 (x, y)으로 표현되며, 순서쌍들을 연산할 때 법 p(mod p)의 계산이 동반된다.

만약 $x^3 + ax + b$가 중근을 갖지 않는다면(즉 $4a^3 + 27b^2 \pmod p \neq 0$), 타원곡선

$$y^2 \equiv x^3 + ax + b \pmod p$$

은 타원곡선 군을 만든다. F_p에서의 **타원곡선 군**은 실수에서와 마찬가지로 타원곡선 위의 점들과 무한 원점 O으로 이루어진 집합이다. 특히 F_p에서의 타원곡선 군은 유한개의 원소로 구성된 유한군이 되는데, 이러한 특징은 암호에 적용될 때 훌륭한 장점이 된다.

예제 14.4

$p=23$일 때, F_p 위에서의 정의된 타원곡선 $y^2 = x^3 + x + 1$의 점들을 구하여라.

풀이 $y^2 \equiv x^3 + ax + b \pmod p$에서 $a = b = 1$인 경우이다.

만일 $x = 0$이면 $y^2 = 1$이므로 $y = 1, -1 \pmod{23}$이다. 따라서 $y = 1$ 또는 22가 되어, (0, 1)과 (0, 22)는 곡선 위의 점이다.

만일 $x = 1$이면 $y^2 = 3 \pmod{23}$이다. $3 \equiv 49 \pmod{23}$이므로 $y^2 = 7^2$, 즉 $y = 7$ 또는 $y = -7 = 16$이 되어 (1, 7)과 (1, 16)이 곡선의 점이다.

또한 $x = 4$이면 $y^2 = 69 = 0 \pmod{23}$이므로 $y = 0$이 되어, (4, 0)은 곡선 위의 점이다. 그러나 만일 $x = 2$이면 $y^2 = 11 \pmod{23}$이다. 그런데 르장드르 $\left(\frac{11}{23}\right) = -\left(\frac{23}{11}\right) = -\left(\frac{1}{23}\right) = -1$이므로 $y^2 = 11 \pmod{23}$는 근을 갖지 않는다. 따라서 x 좌표가 2가 되는 점이 곡선에는 없다.

이와 같이 F_{23}의 모든 원소에 대해 계산해보면, 타원곡선 위의 점들은 무한 원점 O와 다음의 점들로 구성됨을 알 수 있다.

(0,1) (0,22) (1,7) (1,16) (3,10) (3,13) (4,0) (5,4) (5,19)

(6,4) (6,19) (7,11) (7,12) (9,7) (9,16) (11,3) (11,20) (12,4)

(12,19) (13,7) (13,16) (17,3) (17,20) (18,3) (18,20) (19,5) (19,18)

유한체 위에서의 타원곡선 군은 유한 집합이 되므로, 집합의 점들을 어떠한 방식으로 연결할지가 명확하지가 않아서 기하학적으로 연산을 표현하기 어렵다. 그 대신 유한체 위에서 정의된 타원곡선 위에 있는 점들 간의 덧셈은 실수의 경우와 동일하게 대수적으로 연산될 수 있다.

예제 14.5

위의 예제에서 두 점을 $P=(3,10)$, $Q=(9,7)$라고 할 때, $P+Q=(x_3, y_3)$를 구하여라.

풀이 기울기 $s=\frac{7-10}{9-3}=\frac{-3}{6}=(-3)(6^{-1})=(-3)(4)=-12\equiv 11 \pmod{23}$이다(참고 $6^{-1} \pmod{23}=4$이다). 그러므로

$$x_3=(\frac{7-10}{9-3})^2-3-9=11^2-3-9=6-3-9=-6\equiv 17 \pmod{23}$$

$$y_3=(\frac{7-10}{9-3})(3-(-6))-10=11(9)-10=89\equiv 20 \pmod{23}$$

따라서 $P+Q=(17,20)$이다.

한편, P의 배수, 즉 $2P$의 경우에는 $P+P$와 동일하기 때문에 $P=Q$인 경우의 식을 적용하여 계산한다.

1) F_p에서의 타원곡선 군의 예

예를 들어서 F_{23}에서의 타원곡선 $y^2=x^3+x$, $a=1$, $b=0$을 생각해보자.

예제 14.6

점 $(9,5)$는 타원곡선 $y^2=x^3+x$ 위의 점인지 판정하여라.

풀이 $y^2\equiv x^3+x \pmod{p}$를 만족해야 한다.
그런데 $y^2=25\equiv 2 \pmod{23}$이며 $x^3+x\equiv 729+9\equiv 738\equiv 2 \pmod{23}$이므로, 점 $(9,5)$는 $y^2=x^3+x$ 위의 점이다.

실제로 이 타원곡선 위의 점 23개를 모두 찾을 수 있다.

(0,0)

(1,5) (1,18) (9,5) (9,18) (11,10) (11,13)

(13,5) (13,18) (15,3) (15,20) (16,8) (16,15)

(17,10) (17,13) (18,10) (18,13) (19,1) (19,22)

(20,4) (20,19) (21,16) (21,17)

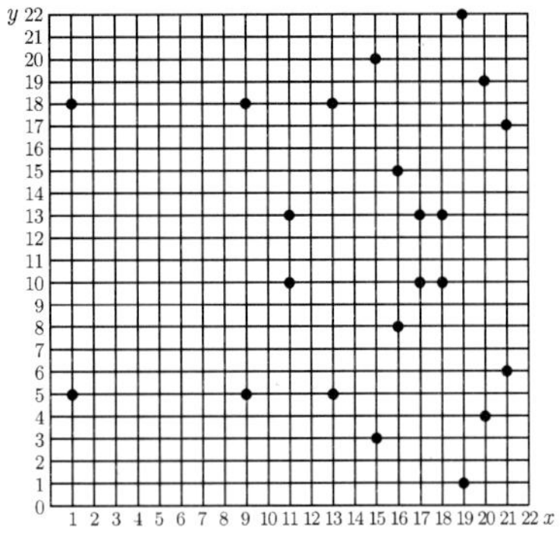

각각의 x값에 대하여 점이 두 개씩 있음을 알 수 있다. 점들은 $y=11.5$에 대하여 대칭이 된다. 실수 위에서의 타원곡선의 각 점들의 역원은 x축에 대하여 대칭인 곳에 위치해 있다. 그러나 F_{23}에서의 타원곡선은 각각 역원은 $y=11.5$에 대칭인 점이며, 이 역원의 y좌표 값은 mod 23에 대한 역원임을 알 수 있다. 즉,

$$-P=(x_1,-y_1)\ (\mathrm{mod}\ 23)$$

이다.

2) F_p 위의 타원곡선 군과 실수 위의 타원곡선 군의 차이점

몇 가지 중요한 차이점을 볼 수 있다.

① F_p 위의 타원곡선 군은 유한군(유한개 원소)이므로 암호에 적용하기 좋다.

② F_p 위의 타원곡선의 점들을 계산할 때 실수의 경우와 마찬가지로 두 점을 잇는 직선과 곡선의 교점을 이용하여 더하기 연산을 정의한다.

③ F_p 위의 타원곡선의 점들을 그래프로 표현할 때, 기하적 특성이 실수 위의 타원곡선에 비해 명확히 보이지 않는다. 따라서 대수적으로 계산하는 것이 바람직하다.

④ F_p에서의 연산은 실수의 경우와는 다르게 오차가 발생하지 않는다. 이것은 원소가 유한개라는 특성과 함께 암호에 적용하는 장점이다.

3) F_p 위의 타원곡선 군 연산

타원곡선 $y^2 \equiv x^3 + ax + b \pmod p$를 생각하자.

(1) F_p에서 $P+Q$의 연산

점 $P=(x_1, y_1)$의 역원은 $-P=(x_1, -y_1) \pmod p$이다.

만약 $P \neq Q$이면, 두 점을 지나는 직선의 기울기를 s라고 하면

$$s = \frac{y_1 - y_2}{x_1 - x_2} \pmod p$$

이며, $P+Q=R=(x_3, y_3)$는 다음과 같다.

$$x_3 = s^2 - x_1 - x_2 \pmod p, \quad y_3 = s(x_1 - x_3) - y_1 \pmod p$$

(2) F_p에서 $2P$의 연산

$y_1 \neq 0$라 하자. 점 P에서 접선의 기울기를 s라고 하면

$$s = \frac{3x_1 + a}{2y_1} \pmod p$$

이며, $2P=R=(x_3, y_3)$는 다음과 같다.

$$x_3 = s^2 - 2x_1 \pmod p, \quad y_3 = s(x_1 - x_3) - y_1 \pmod p$$

예제 14.7

$p=11$일 때 타원곡선 $y^2 = x^3 + 4x + 3$에 존재하는 점들을 구하여라.

풀이 $a=4$, $b=3$이다.

만일 $x=0$이면 $0+0+3 \pmod{11} \equiv 14 \equiv 25 \equiv 5^2$이므로 $(0,5)$와 $(0,-5)=(0,6)$은 타원곡선 위의 점이다. 또한 만일 $x=3$이면 $3^3+12+3 \equiv 5+1+3=9 \equiv 3^2$이므로 $(3,3)$과 $(3,-3)=(3,8)$도 곡선의 점들이다. 이러한 방법으로 $0 \leq x \leq 10$인 모든 x를 조사하면 타원곡선에 존재하는 원소(점)들을 찾을 수 있다.

$$E(F_{11}) = \begin{Bmatrix} O, (0,5), (0,6), (3,3), (3,8), (5,4), (5,7), \\ (6,1), (6,10), (7,0), (9,3), (9,8), (10,3), (10,8) \end{Bmatrix}$$

정의 14.4

타원곡선 상의 한 점 P에 대해 $tP = 0$이 되는 최소의 양의 정수 t를 P의 위수(order)라고 한다.

예제 14.8

타원곡선 $y^2 = x^3 + 4x + 3 \pmod{11}$의 두 점 $A = (0,5)$, $B = (3,3)$라고 하자. 다음을 계산하여라.

① $A+B$ ② $2A$ ③ $3A$ ④ 원소 A의 위수를 구하여라.

풀이 ① $A+B = (x_3, y_3)$을 구하면

$$x_3 = \left(\frac{3-5}{3-0}\right)^2 - 0 - 3 \equiv (-2 \cdot 3^{-1}) - 3 \equiv (-2 \cdot 4)^2 - 3 \equiv 3^2 - 3 \equiv 6 \pmod{11}$$

$$y_3 = \left(\frac{3-5}{3-0}\right)(0-6) - 5 \equiv (-2 \cdot 3^{-1})(-6) - 5 \equiv -18 - 5 \equiv 10 \pmod{11}$$

이므로 $A+B = (0, 5) + (3, 3) = (6, 10)$이다.

② $2A$를 구하면

$$x_3 = \left(\frac{3 \cdot 0^2 + 4}{2 \cdot 5}\right)^2 - 2 \cdot 0 \equiv \left(\frac{4}{-1}\right)^2 \equiv (-4)^2 \equiv 16 \equiv 5 \pmod{11}$$

$$y_3 = \left(\frac{3 \cdot 0^2 + 4}{2 \cdot 5}\right)(0-5) - 5 \equiv (-4) \cdot (-5) - 5 \equiv 15 \equiv 4 \pmod{11}$$

이므로 $2A = 2(0, 5) = (5, 4)$이다.

③ $3A = A + 2A$를 구하면

$$x_3 = \left(\frac{4-5}{5-0}\right)^2 - 0 - 5 \equiv (-1 \cdot 5^{-1})^2 \equiv (-(-2))^2 - 5 \equiv -1 \equiv 10 \pmod{11}$$

$$y_3 = \left(\frac{4-5}{5-0}\right)(0-10) - 5 \equiv 2 \cdot 1 - 5 \equiv -3 \equiv 8 \pmod{11}$$

이므로 $3A=(0, 5)+(5, 4)=(10, 8)$이다.

④ 원소 A의 위수를 구하기 위해 $tP=0$인 최소의 t를 찾자.
$4A=2A+2A$를 구하면

$$x_3=\left(\frac{3\cdot 5^2+4}{2\cdot 4}\right)^2-2\cdot 5\equiv\left(\frac{2}{-3}\right)^2+1\equiv(2\cdot(-4)^2+1\equiv 10(\text{mod } 11)$$

$$y_3=\left(\frac{3\cdot 5^2+4}{2\cdot 4}\right)(5-10)-4\equiv 3\cdot(-5)-4\equiv -19\equiv 3(\text{mod } 11)$$

이므로 $4A=(5, 4)+(5, 4)=(10, 3)$이다. 마찬가지로 몇 번을 거듭하면 $7A=3A+4A=0$이 됨을 볼 수 있다. 그러므로 $(0, 5)$의 위수는 7이다.

타원곡선에 있는 점의 개수를 알아보는 것은 중요한 문제이다. 일반적으로 임의의 타원곡선에 있는 점의 개수를 결정하는 것은 상당히 어려운 문제이다. 그러나 하세(Hasse)의 정리에 의하면 다음과 같은 범위를 알 수 있다.

정리 14.1 하세의 정리

법 p에 대한 타원곡선의 점의 개수 n은 $p+1-2\sqrt{p}\leq n\leq p+1+2\sqrt{p}$이다.

14.5 타원곡선 암호시스템(공개키 암호, ECC 암호)

1) 타원곡선 암호시스템의 배경

타원곡선 암호(elliptic curve cryptography, ECC)는 1985년에 워싱턴 대학교의 코블리츠(N. Koblitz)와 IBM 연구소의 밀러(V. Miller)가 독립적으로 제안한 암호기법으로서, 유한체의 곱셈군을 타원곡선 군으로 바꿔서 만든 공개키 암호방식이다.

공개키 암호방식은 복잡도를 계산하는 이론에 의해 유한한 시간 이내에 계산이 가능하지만 실제로 계산하기엔 너무 오랜 시간이 걸리는 점에 착안하였다. 초기 RSA 암호는 아주 큰 정수를 소인수분해 하는 것이 오래 걸리는 것에 기반을 두었다. 이와 마찬가지로 타원곡선 암호 역시 주어진 점에 대한 타원곡선의 이산로그를 찾는 것이 오래 걸린다는 점에 착안하여 개발되었다.

타원곡선 암호는 다른 공개키 암호체계에 비해 짧은 키를 사용하더라도 거의 동일한 안전도를 가지며, 높은 속도의 구현이 가능하다는 것이 큰 장점으로 부각되었다. 공개키 암호 방식에 적용될 경우 속도를 획기적으로 줄일 수 있어 무선 인터넷 등의 암호 활용에 효과적인 대안이 될 수 있다. 그러나 현대대수에 관한 기본 지식을 필요로 하기 때문에 암호 이론이 복잡하며, 실제로 구현하여 실생활에 널리 사용되는 데에는 시간이 걸릴 것으로 보인다.

타원곡선 암호가 제안된 이후, 1990년에 Menezes, Okamoto와 Vanstone는 초특이(supersingular) 타원곡선의 이산대수 문제가 유한체 위에서의 이산대수 문제로 바뀔 수 있음을 보였다. 즉, subexponential time algorithm이 존재한다는 것을 보였다. 그러므로 만약 완전지수복잡도(fully exponential complexity)로 타원곡선 암호시스템이 깨지기를 원한다면, 초특이 타원곡선을 피해야 함을 의미한다.

2) 타원곡선 암호의 장점

타원곡선 암호는 유한체의 곱셈 군에 근거하여 다음의 장점을 가진다.

① 군(group)을 구성할 수 있는 다양한 종류의 타원곡선을 활용할 수 있다. 즉, 다양한 암호시스템 설계가 용이하다.

② 모든 사용자가 동일한 체 K를 사용하더라도 각각 다른 타원곡선 E를 선택할 수 있다. 보안을 위해 곡선 E를 주기적으로 바꿀 수 있다.

③ (초특이 타원곡선을 피하면) 군에서의 subexponential time algorithm이 존재하지 않는다. 즉, 안전한 암호시스템의 설계가 용이하다.

④ 타원곡선에서의 더하기 연산은 유한체에서의 연산을 포함하므로 구현하기가 쉽지 않다. 더욱이 군에서의 이산대수 문제는 특히, 같은 크기의 유한체에서의 이산대수 문제보다 훨씬 어렵다고 알려져 있다.

⑤ 타원곡선 암호는 다른 공개키 시스템에서보다 더 작은 길이의 키를 사용하면서도 동일한 정도의 안전성을 제공한다. 예를 들어 RSA 1024비트 키를 사용하는 안정성은 ECC 160비트 키를 사용하는 안정성과 같다.

⑥ 유한체 위에서의 타원곡선은 Diffie-Hellman 키교환, ElGamal, Schnorr와 NIST 서명을 구현하는 데 사용될 수도 있다. 이러한 시스템들은 짧은 키 길이를 가지고도 다른 공개키 시스템과 동등한 안전도를 제공할 수 있다. 키의 길이가 짧다는 것은 알고리즘을 구현하기 위해 필요한 메모리의 크기가 작아진다는 것을 의미한다.

3) 타원곡선 암호시스템

① $K = F_p = \mathbb{Z}_p$(소수 p)라고 하자.

② K 위에서 타원곡선 E: $y^2 = x^3 + ax + b$ $(a, b \in \mathbb{Z}_p)$를 생각하자.

③ 판별식 $\Delta = 4a^3 + 27b^2 \not\equiv 0 \pmod p$일 때, E의 점들과 무한 원점(O)을 포함하는 타원곡선 군

$$E(\mathbb{Z}_p) = \{(x, y) \in (\mathbb{Z}_p, \mathbb{Z}_p) |\ y^2 = x^3 + ax + b\ (a, b \in \mathbb{Z}_p) \cup \{O\}\}$$

을 생각하자.

4) 타원곡선 상의 연산

타원곡선 연산의 순서

① 타원곡선 E 위의 두 점 P와 Q라고 하자.

② 두 점 P와 Q를 잇는 직선을 긋는다.

③ 타원곡선이 삼차방정식이므로, 그 직선은 곡선 위의 한 점(교점)과 만난다.

④ 교점과 무한 원점(O)을 잇는 직선을 그으면, 만나는 점 $(P+Q)$이 생긴다.

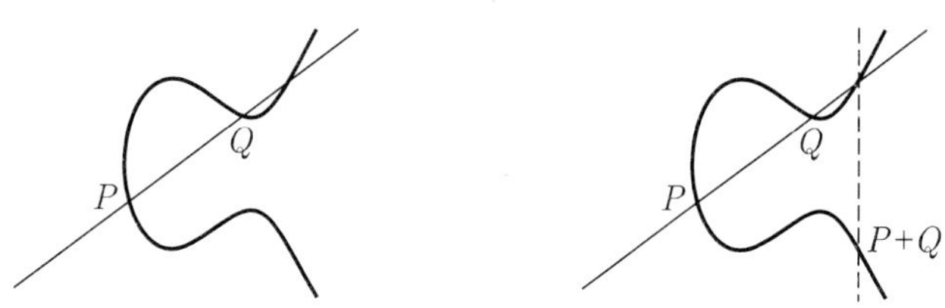

이것을 대수적으로 표현하면 다음과 같다.

① $P + O = O + P = P\ (\forall P \in E(\mathbb{Z}_p))$

② $P = (x, y) \in E(\mathbb{Z}_p) \Rightarrow (x, y) + (x, -y) = O$이다. 따라서 $-P = (x, -y)$이다.

③ $P = (x_1, y_1)$, $Q = (x_2, y_2) \in E(\mathbb{Z}_p)$라고 하자.

$$s = \begin{cases} \dfrac{y_2 - y_1}{x_2 - x_1}, & \text{만일 } P \neq Q \\ \dfrac{3x_1^2 + a}{2y_1}, & \text{만일 } P = Q \end{cases}$$

을 사용하면, $P + Q = (x_3, y_3)$의 좌표는 다음과 같이 된다.

$$x_3 = s^2 - x_1 - x_2 \text{이며 } y_3 = s(x_1 - x_3) - y_1 \text{이다.}$$

예제 14.9

$\mathbb{Z}_{11}$ 위에서 $E: y^2 = x^3 + x + 6$라고 하자. $P = (2, 4)$, $Q = (3, 5)$라고 하자.

① P와 Q가 곡선 위의 점인지 확인하여라.

② $P + Q = (x_3, y_3)$를 계산하여라.

③ $2P$를 계산하여라.

풀이 ② $P = (2, 4)$, $Q = (3, 5)$를 지나는 직선의 기울기는 $s = \dfrac{5-4}{3-2} = 1 \in \mathbb{Z}_{11}$이므로

$$x_3 = 1^2 - 2 - 3 = -4 \equiv 7 \pmod{11}, \quad y_3 = 1(2-7) - 4 = -9 \equiv 2 \pmod{11}$$

이다. 따라서 $P + Q = (7, 2)$이다.

③ $2P = P + P = (x_3, y_3)$는 다음과 같이 계산된다. $s = \dfrac{3(2^2)+1}{8} = 3 \in \mathbb{Z}_{11}$이므로

$$x_3 = 3^2 - 4 = 5 \pmod{11}, \quad y_3 = 3(2-5) - 4 = -13 \equiv 9 \pmod{11}$$

이다. 따라서 $2P = (5, 9)$이다.

5) 유한체 $\mathbb{Z}_p$와 타원곡선 군 E($\mathbb{Z}_p$)의 비교

유한체와 타원곡선의 비교		
군과 원소 형태	$\mathbb{Z}_p^*$, 정수 $\{1,2,\dots,p-1\}$	$E(\mathbb{Z}_p)$, E의 점 (x,y)과 O
군 연산	모듈러 p에서의 곱셈	두 점의 덧셈 연산
표기	원소: g, h 곱셈: gh, 역원 : g^{-1} 나눗셈: g/h, 지수 : g^a	원소: P, Q 덧셈: $P+Q$, 역원: $-P$ 곱셈: $P-Q$, 배수: aP
이산대수 문제	$\mathbb{Z}_p^*$의 원소 g가 주어지고, $h=g^t \pmod p$일 때, t를 찾는 문제	$E(\mathbb{Z}_p)$의 원소 P가 주어지고, $Q=tP$일 때, t를 찾는 문제

14.6 타원곡선의 이산대수 문제

타원곡선 암호는 RSA나 ElGamal과 같은 공개키 암호 방식으로 타원곡선 군 덧셈 연산으로 정의된다. 소수 p에 대해

$$y^2 \equiv x^3 + ax + b \pmod p$$

형태의 방정식으로부터 타원곡선의 이산대수 문제(elliptic curve discrete logarithm problem, ECDLP)에 기반하고 있다.

앞서 배웠듯이 점 P의 **위수**(order)란 $tP = O$를 만족하는 최소의 양의 정수 t를 말한다.

정의 14.5

$E(\mathbb{Z}_p)$는 $\mathbb{Z}_p$ 위에서의 타원곡선이며 임의의 두 점 P, $Q \in E(\mathbb{Z}_p)$라고 하자. $P \in E(\mathbb{Z}_p)$의 위수를 t라고 할 때,

$$Q = xP$$

를 만족하는 정수 x $(0 \le x \le t-1)$를 찾는 문제를 타원곡선 이산대수 문제라고 부른다. 이때 x를 **P에 대한 Q의 이산대수**라고 부른다.

타원곡선 이산대수 문제를 소수 p에 대해서 F_p를 p개의 원소로 구성된 유한체로 확장할 수 있다. 타원곡선 이산대수 문제는 P를 연속적으로 더해 Q가 나올 때까지

$$P,\ 2P = P + P,\ 3P = P + P + P,\ \cdots$$

반복하면 되지만, t의 값이 클 경우에는 실효성이 없다.

예제 14.10

F_{2^3} 위의 타원곡선 E: $y^2 = x^3 + 9x + 17$을 생각하자. E 위의 두 점 $P = (16,5)$와 $Q = (4,5)$라고 하자. P에 대한 Q의 이산대수 x를 찾아라.

풀이 점 P를 몇 번 더하여 점 Q가 되는지 알아본다. 처음 몇 개의 항을 계산하면

$$P = (16,5),\ 2P = (20,20),\ 3P = (14,14),\ 4P = (19,20),$$
$$5P = (13,10),\ 6P = (7,3),\ 7P = (8,7),\ 8P = (12,17),$$
$$9P = (4,5),\ \cdots$$

이다. 그런데 $9P = (4,5) = Q$이므로 Q의 P에 대한 이산대수는 $x = 9$이다.

실제 암호에서는 이와 같은 방법은 좋은 아이디어가 아니다. 그러나 지금까지 알려진 타원곡선의 이산대수 문제(ECDLP)를 푸는 좋은 알고리즘은 폴라드 ρ 방법이다. 이 방법으로 ECDLP를 풀기 위해서는 $\sqrt{\pi t/2}$ 단계의 타원곡선 덧셈 연산이 필요하다. 1993년에 P. van Oorschot와 M. Wiener는 폴라드 ρ 방법을 r개의 프로세서로 병렬 처리하는 방법을 보였다. 각 프로세서에서 예상되는 단계 수는 $(\sqrt{\pi t/2})/r$이다. 타원곡선 이산대수 문제(ECDLP)는 정수의 소인수분해나 이산대수 문제보다 훨씬 더 어려운 문제로 보통 인식된다.

1) 기본 타원곡선 암호의 기본 알고리즘

타원곡선 암호화 알고리즘은 공개키 암호화 방식으로 진행한다. 공개키 암호화 방식은 A와 B의 관계에서 서로에 대한 정보를 알지 못하는 통신 환경(즉, 멀리 떨어져 있으며 해킹이나 도청의 가능성이 있는 경우)에서 서로가 각각의 자신만의 비밀키를 갖고, 최소

한의 정보 공유로 A와 B가 공유할 수 있는 비밀키를 만들어 전달하는 방식이다.

사용자 A가 자신의 메시지 M을 B에게 보내고자 한다.

$$A \text{ ---------}\rangle\ B$$
$$M$$

① **키생성** B

- 비밀키 k_B를 생성한다.
- 타원곡선 상의 임의의 점 $P=(a,b)$을 선택해 공개키로 한다.
- $P=(a,b)$에 k_B 를 곱한 좌표값 $k_BP=(a_2,b_2)$를 계산하여 공개한다.

② **암호화** A

- 비밀키 k_A를 생성한다.
- 공개키 $P=(a,b)$에 비밀키 k_A를 곱해 $k_A P=(a_3,b_3)$을 계산한다.
- 공개키 $k_BP=(a_2,b_2)$에 비밀키 k_A를 곱해 $k_A k_BP=(a_4,b_4)$를 계산한다.
- 보내고자 하는 메시지 M을 더해 k_Bk_AP+M을 계산한다.
- 이제 통신매체를 통해 $k_A P=(a_3,b_3)$와 k_Bk_AP+M를 B에게 전달한다.

③ **복호화** B

- 수신한 $k_A P=(a_3,b_3)$에 자신의 비밀키 k_B를 곱해 $k_Bk_A P$를 계산한다.
- 수신한 k_Bk_AP+M와 $k_Bk_A P$의 차를 구하여 원래의 메시지 M을 복원한다.

이와 마찬가지로 만일 B가 자신의 메시지 M^*를 A에게 보내고자 할 때도 $k_B k_A P+M^*$로 암호화하여, A에게 송신하면 된다. 그러면 A는 $k_B k_A P$를 이용하여 메시지 M^*를 찾아낼 수 있다.

이러한 암호시스템의 안전성은 타원곡선 상에서 소수 p의 크기와 암호사용자들의 비밀키인 k_A와 k_B의 크기에 의존한다. p가 크면 타원곡선 상의 점이 많아질 뿐만 아니라 점의 위수(order)도 커지므로 p가 클수록 안전한 암호가 된다. p의 크기보다 더 중요한 것은 k_A와 k_B의 크기이다. k_A와 k_B가 크면 비밀키 $k_B k_A P$를 찾는 데 시간이 오래 걸릴 것이다.

예제 14.11

$\mathbb{Z}_{11}$ 위에서 정의된 타원곡선 $y^2 = x^3+4x+3$을 생각하자.
판별식이 0이 아니므로 타원곡선 군 $E(\mathbb{Z}_{11})$을 생각할 수 있으며, 다음과 같다.

$$E(Z_{11}) = \begin{Bmatrix} O, (0,5),(0,6),(3,3),(3,8),(5,4),(5,7), \\ (6,1),(6,10),(7,0),(9,3),(9,8),(10,3),(10,8) \end{Bmatrix}$$

A ---------〉 B이라고 하자.

M

① • A는 자신의 비밀키로 $k_A = 3$을 정한다.

• 임의의 점 $P = (0,5)$를 택하여 공개한다.

• 또한 $k_A P = 3(0,5) = (10,8)$을 계산하여, P와 $k_A P$를 모두 공개한다.

② • B는 자신의 비밀키로 $k_B = 2$를 택한다.

• 공개키 $P = (0,5)$에 $k_B = 2$를 곱해 계산한다.

$$k_B P = 2(0,5) = (0,5) + (0,5) = (5,4)$$

• 공개키 $k_A P = (10,8)$에 $k_B = 2$를 곱한 후 자신의 메시지 M을 더한다.

$$k_B k_A P = 2(10,8) = (10,8) + (10,8)$$

• $k_B P = (5,4)$와 $k_B k_A P + M$ 를 A에게 전송한다.

③ • A는 수신한 $k_B P = (5,4)$에 자신의 비밀키 $k_A = 3$을 곱한다.

$$(5,4) + (5,4) + (5,4)$$

• 이것과 두 번째로 수신한 값인 $k_B k_A P + M$의 차이가 원래 메시지 M이 된다.

만일 도청자 X가 있어서 암호를 도청했다고 하자.
그는 이미 공개키 $P = (0,5)$, $k_A P = (10,8)$와 중간에 가로챈 값 $k_B P = (5,4)$를 알고

있다. X는 이 값으로부터 $P=(0,5)$에 각각 2와 3을 곱해

$$k_AP=(10,8)\text{와}\quad k_BP=(5,4)$$

가 생성되었음은 어느 정도 알 수 있다. 그러므로 $P=(0,5)$로부터 A의 비밀키를 알아내기 위해서는 모두 6번을 더해야 한다. 한 번 덧셈연산을 하는 데 5분이 걸린다고 가정하면, B는 5분 그리고 A는 10분 걸린다. 한편 도청자 X는 총 30분을 소모하게 된다.

이와 같이 도청자는 두 명의 암호사용자 A와 B의 비밀키의 수 만큼 곱셈연산을 해야 한다. 이와 같이 k_A와 k_B의 값이 작은 숫자일 경우에는 차이가 없어 보이지만, k_A와 k_B의 값이 큰 경우에는 연산 시간이 많이 소요됨을 알 수 있다.

2) 타원곡선을 이용한 엘가말 암호시스템

이산대수 문제에 기반하는 또 다른 공개키 암호시스템에 엘가말(ElGamal) 시스템이 있다. 암호화 알고리즘은 Diffie-Hellman 키교환 프로토콜과 본질적으로 유사하다.

공개키와 개인키가 같은 유형을 갖는다는 점에서 엘가말 서명 알고리즘은 암호화 알고리즘과 유사하다. 그러나 암호화는 서명 확인과 같지 않으며 암호해독도 RSA에서의 서명 만들기와 같지 않다. RSA는 일정 부분 엘가말 서명 알고리즘에 기초를 두고 있다. 인수분해와 이산대수에 있어 최상의 사용가능한 알고리즘에 기초를 둔 분석에서 RSA와 엘가말은 같은 키 크기에서 유사한 안정성을 보여주고 있다.

B는 메시지 M(타원곡선 위의 점)을 암호화하여 A에게 보내려고 한다.

B ------〉 A

M

① 키생성

- B와 A는 타원곡선 E: $y^2=x^3+ax+b$ 위의 점을 누구나 구할 수 있도록 p, a, b를 공개한다. 다시 말해서 타원곡선 E를 공개한다.
- A는 k_A(정수)와 타원곡선 위의 한 점 P를 정하여, k_AP를 계산한다.
- 이제 P와 k_AP는 공개하고, k_A는 비밀키로 간직한다.

공개키: p, a, b, P와 k_AP, 비밀키: k_A

② **암호화**

- B는 암호화할 때 사용할 정수 k_B를 선택한다.
- k_B와 공개키 $k_A P$를 이용하여 다음을 계산한다.

$$C_1 = k_B P, \ C_2 = k_B k_A P + M$$

- 암호문 (C_1, C_2)를 A에게 보낸다.

③ **복호화**

- A는 암호문 (C_1, C_2)를 받아 다음과 같이 평문을 복원할 수 있다.

$$C_2 - k_A C_2 - k_A C_1 = [k_B k_A P + M] - k_A (k_B P) = M \text{ (평문)}$$

예제 14.12

A(수신자):
$k_A = 33$로 선택해 비밀키로 간직한다.
타원곡선 상의한 점 $P = (x_1, y_1) = (14, 20)$를 임의로 선택해 공개한다.
$k_A P$를 계산하여 공개한다: $33(14,20) = (79,54)$

B(송신자):
암호화할 때 사용할 임의 수 $k_B = 55$를 선택한다.
전송하려고 하는 메시지가 $M = (x_2, y_2) = (36, 44)$라고 하자.

B는 암호문

$$C_1 = k_B P = 55(14,20) = (69,61)$$

$$C_2 = k_B k_A P + M = [55 \cdot (79,54)] + (36,44) = (94,39) + (36,44) = (10,24)$$

을 계산하여 암호문 (C_1, C_2)를 A에게 전송한다.

A는 암호문 (C_1, C_2)를 받아

$$C_2 - k_A C_1 = [k_B k_A P + M] - k_A k_B P = M$$

즉, $(10,24) - 33(69,61) = (36,44)$으로 복호한다.

따라서 타원곡선에서의 엘가말 암호시스템을 다음과 같이 정리할 수 있다. 이번에는 사용자 A가 다른 사용자 B에게 메시지 M을 보내는 경우로 설명해보자.

$$A \text{ -----------}\rangle \text{ B}$$
$$M$$

① **키생성**

사용자 B는 다음과 같이 암호시스템 키를 생성한다.

- F_p 위에서의 타원곡선 E를 선택한다.
- 곡선의 점 P를 선택한다. 그러면 P는 위수 n인 순환 부분군을 생성한다.
- 이때 선택한 점 P는 공개키 한다. (공개키)
- 정수 $k_B \in \{0,1,\cdots,n-1\}$을 선택하여 비밀키로 한다. (비밀키)
- 이에 대해 $k_B P$를 계산하여 공개키로 한다. (공개키)

② **암호화**

사용자 A가 B에게 메시지 $M \in G$을 보내고자 한다.

- A는 임의의 정수 $k_A \in \{0,1,\cdots,n-1\}$를 선택한다.
- A는 B의 공개키 P와 곱해 $k_A P$를 계산한다.
- A는 B의 공개키 $k_B P$를 사용하여 $M + k_A(k_B P)$를 계산한다.
- A는 순서쌍 $(k_A P, M + k_A k_B P)$를 암호문으로 만들어 B에게 전송한다.

③ **복호화**

사용자 B는 $(k_A P, M + k_A k_B P)$을 수신했다.

- B는 수신한 값의 첫 번째 성분 $k_A P$에 자신의 비밀키 k_B를 곱하여 두 번째 성분 $M + k_A k_B P$에서 빼준다.
- 그러면 $(M + k_A k_B P) - k_B(k_A P) = M$이 되어, 원래의 메시지 M가 복원된다.

이러한 암호시스템을 공격할 수 있을까? 통신망 상에서 B가 A에게 보낸 메시지 $(k_A P, M + k_A k_B P)$를 어떤 제 3자 X가 가로 챘다고 가정하자. 그러면 X는 자신이 입수한 메시지 $k_A P$와 $M + k_A k_B P$, 그리고 B가 공개한 공개키 E (타원곡선), P (타원곡선의 한 점), $k_B P$ (B의 공개키)를 사용하여 원래의 메시지 M을 알아낼 수 있을까?

X가 P와 $k_B P$로부터 k_B를 알아낼 수 있다면 메시지를 복원할 수 있다. 이것이 바로 타원곡선의 이산대수 문제(DLPEC, discrete logarithm problem for elliptic curves)이다. 그러므로 DLPEC를 풀기가 어렵다면 타원곡선 암호는 안전하다고 말할 수 있다.

3) 타원곡선을 이용한 변형된 엘가말 암호시스템

메시지 $M = (m_1, m_2)\ (\in F_{2^m} \times F_{2^m})$라고 하자.

B가 A에게 메시지 M을 보내는 타원곡선 암호 알고리즘이다.

① 키생성(A)

- 타원곡선 E와 타원곡선 위의 한 점 $P\,(\in E)$를 공개한다.
- 임의로 정수 k_A를 선택하고, $k_A P$를 계산하여 공개한다.

② 암호화(B)

- 임의로 정수 k_B를 선택한다.
- 점 $k_B P$와 점 $k_B(k_A P) = k_A(k_B P) = (x,\ y)$를 계산한다.
- $x, y \neq 0$이면, $(k_B P,\ m_1 x,\ m_2 y)$를 A에게 보낸다.

③ 복호화(A)

- $k_A(k_B P) = (x,\ y)$를 계산한다.
- $\dfrac{m_1 x}{x} = m_1$과 $\dfrac{m_2 y}{y} = m_2$를 계산하여 메시지 M을 복원한다.

예제 14.13

B가 A에게 메시지 $M = (10,9)$을 보내는 암호알고리즘을 작성하여라.

풀이 ① 키생성

- A는 임의의 타원곡선 E : $y^2 = x^3 + x + 6\ (\mathbb{Z}_{11})$을 선택한다.
- 또한 E 위의 점 $P = (2,7)$를 선택하여 공개한다.
- 비밀키 $k_A = 7$로 선택하여, $k_A = 7(2,7) = (7,2)$를 공개한다.

② 암호화

- B는 암호화 키 $k_B = 3$을 선택한다.

- 공개키 P와 $k_A P$ 그리고 자신의 암호화 키 k_B를 사용하여 $k_B P$와 $k_B k_A P$를 계산한다.

$$k_B P = 3P = 3(2,7) = (8,3)$$

$$k_B k_A P = 3k_A P = 3(7,2) = (3,5)$$

- B는 메시지 M을

$$(k_B P,\ m_1 x,\ m_2 y) = ((8,3),\ 3 \cdot 10,\ 5 \cdot 9) = ((8,3),\ 8,\ 1)$$

로 암호화하여 A에게 보낸다.

예제 14.14

예제 14.13의 암호시스템에서 A가 B로부터 받은 메시지 $(k_B P,\ m_1 x,\ m_2 y) = ((8,3),\ 8,\ 1)$를 복원하여라.

풀이 A는 자신의 비밀키 $k_A = 7$을 이용하여, $k_B k_A P$를 계산한다.

$$k_B k_A P = k_A k_B P = 7(8,3) = (3,5)$$

그런데 $\dfrac{m_1 x}{x} = m_1$, $\dfrac{m_2 y}{y} = m_2$이므로,

$$\frac{8}{3} = 8(3^{-1}) = 8(4) = 32 \equiv 10 \pmod{11}$$

$$1/5 = 5^{-1} \equiv 9 \pmod{11}$$

이다. 따라서 메시지 (10,9)를 복원할 수 있다.

4) Diffie-Hellman 키교환

두 사람(A와 B)이 보호되지 않는 통신로 상에서 비밀정보를 나누어 가지려고 할 때 사용되는 방법이다.

임의의 타원곡선 E와 그 위의 임의의 점 $P(\in E)$를 선택하여 공개한다.

- A와 B는 각각 정수 k_A와 k_B를 선택하여 비밀로 간직한다.

- A와 B는 각각 $k_A P(\in E)$와 $k_B P(\in E)$를 계산하여 서로 나누어 가진다.
- A와 B는 각각 $Q = k_A(k_B P)$와 $Q = k_B(k_A P)$를 계산하여, Q를 공유한다.

$k_A P$와 $k_B P$를 갖고 k_A와 k_B를 구해야 하므로, 타원곡선 이산대수 문제이다.

[부록 1]

정리 14.2

체 K의 표수에 따라 타원곡선을 나타내는 방정식은 다음과 같다.

(1) $charK=2$: $y^2 + a_3 y = x^3 + a_4{}' x + a_6{}'$ (1.1)

또는 $y^2 + xy = x^3 + a_2{}' x^2 + a_6{}'$ (1.2)

(2) $charK=3$: $y^2 = x^3 + ax^2 + bx + c$ (1.3)

(3) $charK>3$: $y^2 = x^3 + bx + c$ (1.4)

증명 (1) 타원곡선 $y^2 + a_1 xy + a_3 y = x^3 + a_2 x^2 + a_4 x + a_6$에서 $a_1 = 0$ 또는 $a_1 \neq 0$인 경우를 나누어 생각해보자. 만일 $a_1 = 0$이면 위 식은

$$y^2 + a_3 y = x^3 + a_2 x^2 + a_4 x + a_6 = (x + a_2)^3 + (a_2^2 + a_4)x + a_2^3 + a_6$$

이다. 변수변환

$$(x,y) \to (x + a_2, y)$$

을 하고

$$a_2^2 + a_4 = a_4{}' \text{과 } a_2 a_4 + a_6 = a_6{}'$$

이라 놓으면 식 (1.1)이 된다. 만일 $a_1 \neq 0$이면 변수변환

$$(x,y) \to \left(a_1 x^2 + \frac{a_3}{a_1},\ a_1^3 y + \frac{a_1^3 a_4 + a_3^2}{a_1^3} \right)$$

에 의해 식 (1.2)이 된다.

(2) 변수변환

$$(x,y) \to \left(x,\, y-\frac{a_1}{2}x-\frac{a_3}{2}\right)$$

을 하면

$$y^2 = x^3+\left(\frac{a_1^2}{4}+a_2\right)x^2+\left(\frac{a_1a_3}{2}+a_4\right)x+\left(\frac{a_3^2}{4}+a_6\right)$$

이므로 (1.3)을 얻는다.

(3) 위에서 변환된 식을

$$y^2 = x^3+b_2x^2+b_4x+b_6$$

라고 할 때, 변수변환

$$(x,y) \to \left(\frac{x-3b_2}{36},\, \frac{y}{316}\right)$$

에 의하여 (1.4)를 얻는다. ▨

[부록 2]

식 $f(x)$가 K의 확대체에서 근 $r_1, \cdots, r_n$(중복 허용)을 가질 때 $f(x)$의 판별식은

$$\Delta_n = a_n^{2n-2}\prod_{i<j}(r_i-r_j)^2 = \left(a_n^{n-1}\prod_{i<j}(r_i-r_j)\right)^2$$

이다. $f(x)$의 최고차 항의 계수가 1이면 판별식은 방정식의 근들의 차이의 제곱의 곱이 된다.

예를 들어서 실수 위에서 이차방정식 $f(x)=ax^2+bx+c$는 근 $r_i = \dfrac{-b\pm\sqrt{b^2-4ac}}{2a}$ $(i=1,2)$을 가지므로 $r_1-r_2 = \dfrac{\sqrt{b^2-4ac}}{a}$이며 $\Delta_2 = a^2(r_1-r_2)^2 = b^2-4ac$이 판별식이 된다.

한편 $f(x)=x^3+bx^2+cx+d$가 실수계수의 삼차방정식일 때 실수확대체에서의 세 근을 $r_1,\ r_2,\ r_3$라고 하면 판별식은

$$\Delta_3 = (r_1 - r_2)^2 (r_1 - r_3)^2 (r_2 - r_3)^2$$

이다. 그런데 $f(x) = (x - r_1)(x - r_2)(x - r_3)$로부터 근과 계수와의 관계를 이용하면

$$\begin{aligned} f(x) &= (x - r_1)(x - r_2)(x - r_3) \\ &= x^3 - (r_1 + r_2 + r_3)x^2 + (r_1r_2 + r_1r_3 + r_2r_3)x - r_1r_2r_3 \end{aligned}$$

이므로

$$\begin{cases} r_1 + r_2 + r_3 = -b \\ r_1r_2 + r_1r_3 + r_2r_3 = c \\ r_1r_2r_3 = -d \end{cases}$$

가 된다. 따라서

$$\Delta_3 = -4b^3d + b^2c^2 + 18bcd - 4c^3 - 27d^2$$

이다.

행렬식을 이용하여 판별식을 더 효과적으로 계산할 수 있다.

정리 14.3

방정식 $f(x) = a_nx^n + \cdots + a_1x + a_0$의 판별식은 다음의 행렬식과 같다.

$$\Delta(f) = (-1)^{\frac{n(n-1)}{2}} a_n^{-1} \begin{vmatrix} a_n & a_{n-1} & & \cdots & a_1 & a_0 & \cdots & 0 \\ \vdots & \vdots & & \ddots & \vdots & \vdots & \ddots & \vdots \\ 0 & 0 & & \cdots & a_n & \cdots & a_1 & a_0 \\ na_n & (n-1)a_{n-1} & & \cdots & 2a_2 & a_1 & \cdots & 0 \\ 0 & na_n & (n-1)a_{n-1} & \cdots & 2a_2 & a_1 & \cdots & 0 \\ \vdots & \vdots & & \ddots & \vdots & \vdots & \ddots & \vdots \\ 0 & 0 & & \cdots & na_n & (n-1)a_{n-1} & \cdots & a_1 \end{vmatrix}$$

실베스터 행렬이라고 불리는 $(2n-1)\times(2n-1)$ 행렬로서 처음 n개의 행은 f의 계수들이며, 나머지 $(n-1)$개의 행은 f'의 계수들을 치환(permutation)의 형태로 나열한 것이다. 이로서 임의의 n차방정식의 판별식을 계산할 수 있게 되었다.

실제로

① $a_2x^2+a_1x+a_0$에서 $\Delta_2=a_1^2-4a_0a_2$이다.

② $a_3x^3+a_2x^2+a_1x+a_0$에서 $\Delta_3=a_1^2a_2^2-4a_0a_2^3-4a_1^3a_3+18a_0a_1a_2a_3-27a_0^2a_3^2$이다.

③ $a_4x^4+a_3x^3+a_2x^2+a_1x+a_0$에서

$$\begin{aligned}\Delta_4=[&(a_1^2a_2^2a_3^2-4a_1^3a_3^3-4a_1^2a_2^3a_4+18a_1^3a_2a_3a_4-27a_1^4a_4^2+256a_0^3a_4^3)\\&+a_0(-4a_2^3a_3^2+18a_1a_2a_3^3+16a_2^4a_4-80a_1a_2^2a_3a_4-6a_1^2a_3^2a_4+144a_1^2a_2a_4^2)\\&+a_0^2(-27a_3^4+144a_2a_3^2a_4-128a_2^2a_4^2-192a_1a_3a_4^2)]\end{aligned}$$

인데, 이 값은 행렬식 $\begin{vmatrix}a_4 & a_3 & a_2 & a_1 & a_0 & 0 & 0\\ 0 & a_4 & a_3 & a_2 & a_1 & a_0 & 0\\ 0 & 0 & a_4 & a_3 & a_2 & a_1 & a_0\\ 4a_4 & 3a_3 & 2a_2 & a_1 & 0 & 0 & 0\\ 0 & 4a_4 & 3a_3 & 2a_2 & a_1 & 0 & 0\\ 0 & 0 & 4a_4 & 3a_3 & 2a_2 & a_1 & 0\\ 0 & 0 & 0 & 4a_4 & 3a_3 & 2a_2 & a_1\end{vmatrix}$을 푼 것이다.

최고차 항의 계수가 1인 삼차방정식 x^3+bx^2+cx+d의 판별식은

$$\Delta=b^2c^2-4c^3-4b^3d-27d^2+18bcd$$

이다. 더 나아가 2차 항이 없는 방정식 x^3+cx+d의 판별식은 $\Delta=-4c^3-27d^2$임을 행렬식 계산으로부터 쉽게 볼 수 있다.

연습문제

01 다음의 타원곡선이 실수 위에서 군을 구성하는지 판정하여라.

(a) $y^2=x^3-7x-6$ (b) $y^2=x^3-17x+16$ (c) $y^2=x^3-9x-1$

02 타원곡선 $y^2=x^3+2x+2\ (\mathrm{mod}\ 17)$에서 $P=(5,1)$라고 하자.

(a) $P+P$를 계산하여라.

(b) P의 위수를 계산하여라.

(c) P의 연산을 그림으로 표시하여라.

(d) 타원곡선 군의 위수는 얼마인지 구하여라.

03 $p = 11$, E: $y^2 = x^3 + x + 6$라고 하자.

(a) 타원곡선의 판별식을 구하여라.

(b) 타원곡선 군 $E(\mathbb{Z}_{11})$을 만들어라.

04 A는 타원곡선 암호시스템에서 $p = 11$, $a = 1$, $b = 6$를 공개했다. 타원곡선 위의 한 점 $P = (2,7)$를 선택해 공개했다. 또한 비밀키 $x = 7$로 한 후, $Y = 7(2,7) = (7,2)$를 계산하여 공개했다.

(a) 타원곡선 위의 점들을 구하여라.

(b) B는 자신의 비밀키 $x' = 3$을 선택해 메시지 $M = (10,9)$을 A에게 보내려고 한다. 암호문을 생성하여 A에게 전송하여라.

(c) A는 B의 전송문으로부터 원래의 메시지를 복원하여라.

15장 부호 이론

정보(데이터 또는 메시지)를 표현하는 방법은 이산적(discrete)인 부호와 연속적인 부호로 크게 구별되는데, 전자가 디지털 부호, 후자가 아날로그 부호이다. 디지털 부호는 부호를 1과 0에 대응시켜 표현하는 이진 부호(binary code)를 통상적으로 의미한다. 부호 이론의 주요 주제에는 십진법의 각 자리를 이진 부호로 표시하는 방법이라든지, 오류(error, 에러)를 검출하거나 수정하는 것이 가능한 부호계 이론 등이 있다. 부호 이론에서 오류의 검출과 수정(error detection and correction)은 중요한 분야이다.

정보화 사회에서 정보의 신뢰성을 보장하는 것이 중요한 과제이다. 전송하거나 기록되는 정보의 양이 증가할수록 오류가 발생할 여지가 높아지는데 정보 시스템이 경제적이며 편리하게 될수록 오류의 발생 확률이 높아진다. 이 때문에 오류에 대한 대책은 오늘날과 같은 정보화 사회에서 중요한 이슈이다. 부호 이론의 시작은 1948년에 섀넌(C.E. Shannon)이라고 말할 수 있는데, 그는 안전한 신뢰성으로 정보의 전달이 가능한 부호를 설계할 수 있는 조건을 연구했다. 당시 섀넌의 연구는 구체적인 부호화를 구성하지 않았지만 부호 연구의 장을 연 것이다. 그 후 부호 이론이 본격적으로 시작된 것은 1950년에 해밍 부호(Hamming code)이다. 이것은 컴퓨터 기억장치의 오류 수정을 목적으로 1개의 오류를 수정하는 부호였다.

15.1 부호의 기본 이론

통신 경로 상에서 메시지를 보내려고 할 때 단지 0과 1만으로 구성된 숫자 열로 만들어 전송한다. 통신망이 완벽하지 않기 때문에, 통신 과정에서 메시지에 오류가 발생할 수 있다. 오류가 발생했는지를 어떻게 알아낼 수 있을까? 그런 경우 어떻게 오류를 수정할 수 있을까?

예를 들어서 메시지 M의 각 문자를 숫자 $0, 1, \cdots, 15$ 대응시키고 이것을 다시 이진 수열 $0000, 0001, 0010, \cdots, 1111$로 바꾼다. 통신과정에서 다음의 상황을 생각해보자.

- 0이 전송될 때 오류 발생 확률은 1이 전송될 때 오류 발생 확률과 같다.
- 오류 발생 확률은 $\frac{1}{2}$보다는 작다.
- 앞 단계에서 발생한 오류는 다음 단계에 영향을 미치지 않는다.

메시지 M을 전송하는데 각 자리에서 오류 발생 확률을 p라고 하자. 그러면 정확한 메시지 M을 받을 확률은 $(1-p)^4$이다. 그러므로 만일 $p=\frac{1}{10}$이라면 정확한 메시지를 받을 확률은 $(0.9)^4 \approx 0.66$이다.

1) 반복 부호(repetition code)

0과 1로 된 이진 수열에 속하는 $a,b,c,d \in \{0,1\}$를 전송하고자 한다. 오류의 발생을 줄이고 동시에 오류가 발생했을 때를 쉽게 확인하기 위해 각 문자를 여러 번 반복하여 보내는 방법이 있다. 예를 들어서 $abcd$를 전송하는 대신 $aaa\ bbb\ ccc\ ddd$와 같이 세 번씩 반복하여 전송하는 방법으로써 반복 부호라고 부른다.

예를 들어 수신자 A, B, C가 다음의 부호를 받았다고 하자.

A: 010 111 000 000

B: 011 101 010 001

C: 000 111 111 000

A는 수신한 부호에 오류가 있음을 쉽게 알 수 있다. 원래 메시지가 어떤 것이었는지를 확신할 수 없지만, 000 111 000 000이 '가장 그럴듯한 메시지(most likely message)'라고 추정할 수 있다.

B의 경우도 오류가 발생했으며, '대체로 그럴듯한 메시지(more likely message)'는 111 111 000 000이었을 것이라고 어느 정도 추측할 수 있다.

C는 자신이 수신한 부호에서 오류가 발생했는지 확실하지 않고, 아마도 정확한 메시지를 받았다고 생각하게 된다.

오류	0 → 1	00 → 11	000 → 111
오류 판정	오류 발생 여부 알 수 없음	오류 발생 여부는 알 수 있으나 수정 불가	한 비트에서 오류가 발생했을 때 확률적으로 수정하여 전달(최근방 복호법)

이와 같이 수신된 부호로부터 오류를 인식하고 수정하여 정확한 메시지로 복호할 수 있는 부호를 만드는 이론을 연구하는 학문을 **부호론**(coding theory)이라고 한다. 여기서 말하는 부호(code)란, 부호화된 언어들의 집합을 말한다. 일반적으로 벡터공간 F^n의 부분공간 C를 선형부호라 하고 C에 속하는 벡터를 부호어라고 한다.

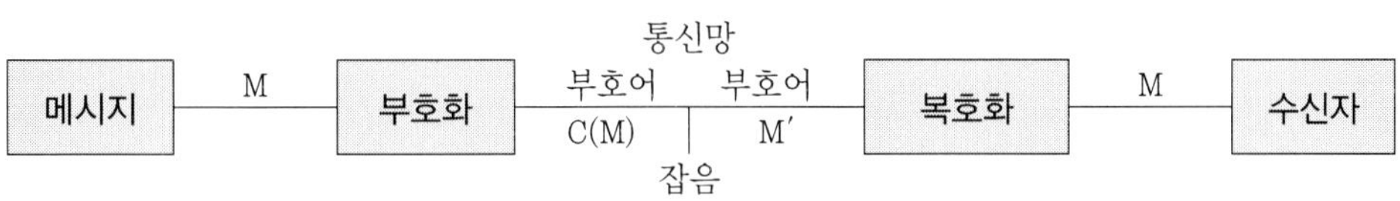

오류 수정 구조

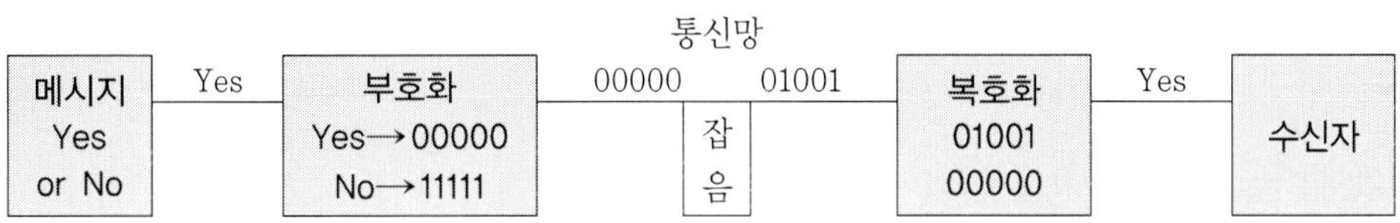

또한 전달해야 할 메시지를 통신로를 통하여 전달될 수 있도록 기호로 전환하는 과정을 **부호화**(encoding)라고 말한다.

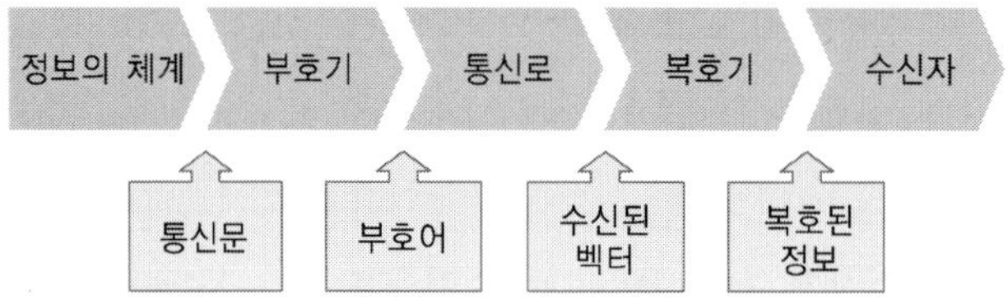

이제부터 정확한 기호와 정의를 바탕으로 간단한 부호 이론을 알아보자.

(1) 기호와 정의

$$B=\{0,1\}=F_2,\ \ B^n=B\times B\times\cdots\times B=\{(x_1,\ x_2,\ \cdots,\ x_n)\mid x_i\in B\}$$

B^n에서 보통 사용하는 덧셈 $(+)$연산을 생각한다.

정의 15.1 부호

$B=\{0,1\}$라고 하자. **이진블록 (m,n)-부호**는 단사인 부호화(encoding) 함수 $E:B^m\to B^n$ 로 구성되어 있다. 집합

$$C=\{E(x)\mid x\in B^m\}=E(B^m)$$

은 부호어(code words)의 집합이라고 부른다. 또한 E를 잘 알고 있을 때는 C를 부호(code)라고 간단히 말한다. $C=E(B^m)$인 단사함수 $E:B^m\to B^n$이 존재할 때 C는 $B=\{0,1\}$ 위에서 **이진블록 (m,n)-반복 부호**라고 부른다.

예제 15.1

$C=\{(x_1,x_1,x_1,x_2,x_2,x_2,x_3,x_3,x_3,x_4,x_4,x_4)\mid x_i\in B\}$는 $(4,12)$-반복 부호이다.

(2) 통신망(channel)의 환경

통신망에 대해 다음의 상황을 가정하자.

① B^m의 원소가 전송되면 B^m의 원소가 수신된다.

② 0이 전송될 때 오류 발생 확률은 1이 전송될 때 오류 발생 확률과 동일하며, 그

값은 $\frac{1}{2}$보다 작다.

이진블록 반복 부호가 통신망을 통해 전달되는 과정을 다음과 같이 도식화할 수 있다.

이진블록 (m,n)-반복부호

	E(부호화 함수)		통신망	
B^m에 속하는 메시지 전송 (암호화 과정)	---------------→	B^n	----------→	B^n에 속하는 메시지 수신
			오류 발생 확률 p (부호어가 아닐 수도 있음)	
				↓ D (복호화 과정)
		B^m	←------------	C (부호어)
			E^{-1} (이것은 실제 복호는 아니다.)	

C를 부호라고 부르고, 때때로 (D, E)를 부호라고 부르기도 한다.

예제 15.2

(1,3)-반복 부호에서 010을 수신했다고 하자. 수신 부호어에 대해 설명하여라.

풀이 (1,3)-반복 부호의 부호화 함수는 $E: B^1 \to B^3$ 이다.

$$0 \mapsto 000$$
$$1 \mapsto 111$$

수신한 값 010는 (1,3)-반복 부호에서 부호어가 아님은 분명하다. 각각의 이진값에서 오류가 발생할 확률은 $p < \frac{1}{2}$이므로,

- 원래 메시지가 000이었을 확률은 $(1-p)p(1-p)$이다.
- 원래 메시지가 111이었을 확률은 $p(1-p)p$이다.

그런데 $p < \frac{1}{2}$이므로

$$\frac{(1-p)p(1-p)}{p(1-p)p} = \frac{1-p}{p} > 1$$

이다. 그러므로 원래 메시지는 000이었을 가능성이 훨씬 높다. 이것이 '대체로 그럴듯한(more likely)' 메시지이다.

2) 해밍 부호(Hamming code)

두 개의 부호어 $a, b \in B^n$를 각각 $a=(a_1,\cdots,a_n)$, $b=(b_1,\cdots,b_n)$라고 하자. 또한

$$x_i = \begin{cases} 1 & \text{만일 } a_i \neq b_i \\ 0 & \text{만일 } a_i = b_i \end{cases}$$

라고 하자. 그러면 B^n에서 **해밍 거리**(Hamming distance) $d(a,b)$는 다음과 같이 정의된다.

$$d(a,b) = \sum_{i=1}^{n} x_i$$

즉, $d: B^n \times B^n \to \mathbb{Z}$로서 a와 b에서 서로 다른 자리수의 개수가 해밍 거리이다.

한편, 부호어 $a \in B^n$에서 0이 아닌 성분들의 개수를 **해밍 무게**(Hamming weight)라고 하며 기호 $wt(a)$로 표시한다. 그러므로 다음이 성립한다.

$$wt(a) = d(a,0)$$

정리 15.1 해밍 거리 d와 해밍 무게 wt의 관계

> $a, b \in B^n$라고 하자. 그러면 a와 b의 해밍 거리는 $a+b$의 해밍 무게와 같다. 즉
>
> $$d(a,b) = wt(a+b)$$
>
> 이다.

위의 정리로부터 다음의 몇 가지 성질을 쉽게 볼 수 있다.

정리 15.2

> $a, b \in B^n$이며 d는 해밍 거리 그리고 wt는 해밍 무게라고 하자.
>
> (1) $d(a,b) = wt(a-b) = wt(a+b)$
>
> (2) 거리는 양정치(positive definite), 대칭(symmetry) 그리고 삼각부등식(triangularity)을 만족한다. 다시 말해서 다음이 성립한다.

- 양정치: $d(a,b) \geq 0$이다. $d(a,b)=0$일 동치조건은 $a=b$이다.
- 대칭: $d(a,b)=d(b,a)$
- 삼각부등식: $d(a,b) \leq d(a,c)+d(c,b)$ (모든 $c \in B^n$)

(3) 그러므로 해밍 거리는 거리함수(distance function)이다.

$x \in B^n$라고 할 때, x를 중심으로 반지름이 해밍 거리 r인 구를 **해밍 구**(Hamming sphere)라고 부른다. 그러므로 해밍 구는 다음과 같은 집합이 된다.

$$S_r(x) = \{y \in B^n \mid d(x,\ y) \leq r\}$$

리처드 웨슬리 해밍(Richard Wesley Hamming, 1915~1998)은 미국의 수학자로서, 전산학과 통신 이론에 지대한 공헌을 했다. 해밍 부호, 해밍 윈도우(디지털 필터에 사용됨), 해밍 수, 해밍 거리, 해밍 무게 등의 개념을 만들었다. 수학적 천재성으로 인해 컴팩 디스크와 비디오 레코더에서부터 우주의 디지털 이미지까지 컴퓨터의 모든 것을 가능하게 해주었던 천재 수학자이다. 미국 시카고에서 태어나 일리노이 대학에서 학위를 받았다. 제2차 세계대전 중인 1945년에 원자폭탄을 개발하는 맨해튼 프로젝트에 참여했다. 거기서 물리학자들이 만든 방정식의 해를 컴퓨터 프로그램을 이용하여 구하는 일을 맡았는데, 이 방정식은 원자폭탄을 터뜨릴 경우, 지구의 대기권에 어떤 영향을 미치는지 알아내는 것이었다. 이러한 연구 결과를 바탕으로 원자폭탄이 개발되었다.

그 후 1946년부터 1976년까지 30년 동안 뉴저지에 있는 벨 전화회사 연구소에서 일 했다. 그곳에서 컴퓨터가 데이터 오류를 스스로 찾아낼 수 있게 해주는 오류 수정 부호를 개발해냄으로써 컴퓨터 혁명을 실현하는 데 큰 역할을 했다. 그의 이름을 딴 '해밍 부호(Hamming code)'는 오늘날 사용되는 마이크로 칩 디바이스 대부분에 채택되어 신뢰도를 높이는 데 사용되고 있다.

그는 과학과 수학에 관한 책을 수십 권이나 집필했으며, 75개 이상의 논문을 발표했다. 10,000불의 상금과 함께 수여되는 Richard W. Hamming 메달은 그의 업적을 기념하기 위해 1986년에 전기, 전자 엔지니어링 연구소에 의해 제정되었다. 그가 첫 번째 수상자였다. 또한 1968년에 튜링상을 수상하였다.

3) 오류 검출(error detection)

A는 B에게 메시지 c를 전송했다. B는 그 결과 메시지 값 r을 수신했다고 하자. 앞서 말했듯이, 통신 경로에서 오류가 발생하여 B가 수신한 값 r에 오류(error)가 났을 가능성을 항상 고려해야 한다.

$e = r - c$을 **오류벡터** 또는 오류패턴(pattern)이라고 부른다. 또한 $e \in B^n$일 때, 부호 C에 속하는 모든 원소 $a \in C$에 대해 만일 $a + e \not\in C$이면 부호의 오류 e가 검출되었다고 한다.

전송 과정에서 오류가 발생했을 때, 수신자가 오류가 발생했음을 알 수 있는 동치조건은 수신된 언어(word)가 부호어(code word)와 다른 경우이다. 즉, 수신된 언어가 부호 C에 속하지 않을 때이다.

예제 15.3

100110111000010	전송부호어(Transmit codeword)
000110100000000	오류형태(Error pattern)
100000011000010	수신 부호(Receive codeword)

부호 C (또는 (D, E))에서 해밍 거리가 k보다 작거나 같은 **오류를 검출**(detection)했다는 것은 임의의 $c \in C$와 $wt(e) \le k$인 임의의 $e \in B^n$에 대해 $c + e \not\in C$인 것이다.

정리 15.3

다음은 서로 동치이다.

(1) 부호 C에서 해밍 거리가 k보다 작거나 같은 오류를 검출했다.

(2) 모든 $c \in C$에 대해 $S_k(c) \cap C = \{c\}$이다.

증명 (1)을 가정하여 $wt(e) \le k$라고 하자. 그러면

$$d(c+e,\ c) = wt(c+e-c) = wt(e) \le k$$

이 되어 $c+e \in S_k(c)$이다.

정리 15.4 오류 검출 정리(detection theorem)

다음은 서로 동치이다.

(1) 부호 C에서 해밍 거리가 k 보다 작거나 같은 오류를 검출했다.

(2) $d(C) = \min\{d(u, v) \mid u, v \in C\} \geq k+1$이다.

(3) 모든 $c_1 \neq c_2 \in C$에 대해 $d(c_1, c_2) > k$이다.

(m, n) 반복 부호 $E: B^m \to B^n$에 대해 다음의 예제를 생각해 보자.

예제 15.4

C는 (2,4)−반복 부호이며, $E: 00 \to 0000$로 정의된다고 하자. 수신자가 0001을 받았다.

$E: 11 \to 1111$

$E: 01 \to 0011$

$E: 10 \to 1100$

0001에 대해 가장 그럴듯한(the most likely) 메시지를 복호하여라.

예제 15.5

C는 (2,6)−반복 부호이며, 수신자가 100000를 수신했다고 하자. 100000에 대해 가장 그럴듯한 메시지를 말하여라.

4) 오류 검출과 수정(decoding and correction)

함수 $D: B^n \to C \cup \{$복호 실패$\}$가 다음의 세 가지 성질을 만족할 때 **가장 그럴듯한 복호함수**(most likely decoding function)라고 부른다.

(1) $r \in C$이면 $D(r) = r$이다.

(2) $r \notin C$이면 적당한 $c \in C$가 존재하여, 만일 모든 $c' \in C$, $c' \neq c$에 대해 $d(r,c) < d(r,c')$이면 $D(r) = c$이다.

붙인 행렬이다.

정리 15.9

함수 $E: B^m \to B^n$를 $E(u) = uG$ $(u \in B^m)$로 정의하면 E는 단사 함수이다.

증명 만일 $u = (u_1, \cdots, u_m) \in B^m$이면

$$E(u) = u\ G = (u_1, \cdots, u_m)\begin{pmatrix} 1 & 0 & \cdots & 0 & | & a_{11} & \cdots & a_{1n-m} \\ 0 & 1 & \cdots & 0 & | & a_{21} & \cdots & a_{2n-m} \\ \cdot & \cdot & \cdots & \cdot & | & \cdot & \cdots & \cdot \\ 0 & 0 & \cdots & 1 & | & a_{m1} & \cdots & a_{mn-m} \end{pmatrix} = (u_1, \cdots, u_m, *, \cdots, *)$$

이다. 따라서 E 는 1-1 함수이다. ■

이러한 부호를 G에 의해 생성된 (m, n)-행렬 부호라고 부른다.

정리 15.10

행렬 부호는 군 부호이다.

기호 A^T는 A의 전치행렬이다. 의미가 확실할 때는 T를 생략하기도 한다. 행렬의 기본 성질을 먼저 기억하자.

정리 15.11

$A \in M_{n \times r}(B)$라고 하고 A의 i-번째 행을 $\underline{a_i}$로 표시하자. 그러면 다음이 성립한다.

(1) $A = \begin{bmatrix} \underline{a_1} \\ \cdot \\ \cdot \\ \underline{a_n} \end{bmatrix} = [\underline{a_1} | \cdot \ \cdot | \underline{a_n}]$

(2) 만일 $v_1, \cdots, v_r \in B^n$이면 $x_1 v_1 + \cdots + x_r v_r$는 $v_1, \cdots, v_r$의 1차 결합이다.

(3) $\{x_1 a_1 + \cdots + x_n a_n \mid x_i \in B\}$는 A의 행(row) 공간이며 Row(A)로 표시한다.

Row(A^T)는 A의 열(column) 공간이며 Col(A)로 표시한다.

$\{x \in B^r \mid Ax^T = 0^T\}$는 A의 영(zero) 공간이며 Null(A)로 표시한다.

(4) e_i는 기본 행렬이며 $(x_1, \cdots, x_n) = x_1 e_1 + \cdots + x_n e_n$이다.

(5) $e_i A$는 A의 i-번째 행이다. 또한 Ae_i는 A의 i-번째 열이다.

증명 $(x_1, \cdots, x_n)A = (x_1, \cdots, x_n)\begin{bmatrix} \underline{a_1} \\ \cdot \\ \cdot \\ \underline{a_n} \end{bmatrix} = x_1 a_1 + \cdots + x_n a_n$이므로 (5)가 성립한다. ■

A는 B 위에서 임의의 $m \times (n-m)$ 행렬이며, $G = (I_m \mid A) \in M_{m \times n}(B)$라고 하자.

또한 $E: B^m \to B^n$, $E(u) = uG$ $(u \in B^m)$라고 정의하자. 만일 $A = \begin{bmatrix} \underline{a_1} \\ \cdot \\ \cdot \\ \underline{a_n} \end{bmatrix}$이면

$$G = (I_m \mid A) = \begin{bmatrix} \underline{e_1} \mid \underline{a_1} \\ \cdot \mid \cdot \\ \cdot \mid \cdot \\ \underline{e_m} \mid \underline{a_m} \end{bmatrix} = \begin{bmatrix} \underline{g_1} \\ \cdot \\ \cdot \\ \underline{g_m} \end{bmatrix}$$

이다. 여기서 $\underline{g_i}$는 G의 i번째 행이다. 그러므로

$$\begin{aligned} E(u) = uG &= (u_1, \cdots, u_m)(I_m \mid A) \\ &= (u \mid uA) \\ &= u_1 \underline{g_1} + \cdots + u_m \underline{g_m} \\ &= u_1(\underline{e_1}\,\underline{a_1}) + \cdots + u_1(\underline{e_m}\,\underline{a_m}) \end{aligned}$$

이다. 다시 말해서

$$E(u) = u_1 \underline{g_1} + \cdots + u_m \underline{g_m}$$

이며, G의 행공간이다. 그러므로 다음의 정리를 볼 수 있다.

정리 15.12

$C = Row(G)$이다. 다시 말해 부호 C는 G의 행공간이다.

정리 15.13

C는 (m, n)-이진 부호이며 k는 정수이다. 그러면 다음은 서로 동치이다.

(1) C는 k개의 오류를 수정한다.

(2) 임의의 $c_1 \neq c_2 \in C$에 대해 $d(c_1, c_2) > 2k$이다.

(3) 임의의 $c_1 \neq c_2 \in C$에 대해 $S_k(c_1) \cap S_k(c_2) = \varnothing$ 이다.

정리 15.14 수정 정리(correction theorem)

$G = (I_m \mid A)$이며, C는 G에 의해 생성되는 행렬 부호라고 하자. 다음은 서로 동치이다.

(1) C는 해밍거리가 1보다 작거나 같은 모든 집합을 수정할 수 있다.

(2) A의 모든 행들이 서로 다르다. 또한 A의 모든 행들의 무게(weight)는 2보다 크거나 같다.

3) 패리티 검사(parity check)

패리티 검사란 중복 검사의 한 종류로서 데이터를 정확히 저장하고 전송하기 위해 검사 비트를 이용하는 자동 오류 검사 방법이다. 다시 말하면 이진 부호에 있어서 1의 개수가 홀수 또는 짝수가 되도록 여분의 비트를 부과하여 이진 부호의 오류를 검출하는 오류 제어 방식의 하나이다.

원래의 정보 외에 여분의 비트를 설치하여 어떤 비트군의 1 또는 0의 수가 항상 홀수 또는 짝수가 되도록 여분 비트에 1 또는 0을 설정하여 수신한다. 수신자는 그 비트군에 1 또는 0의 수를 세어 짝수 또는 홀수인지를 체크한다. 이 두 값이 서로 같으면 수신한 문자에 오류가 없다고 판단하고, 서로 다를 때에는 오류가 검출된다.

정리 15.15

A는 $m \times (n-m)$ 행렬이며, $G=(I_m \mid A) \in M_{m \times n}(B)$라고 하자.
또한 $H=(A^T \mid I_{n-m})$라고 하자. 그러면 다음이 성립한다.
(1) H는 $(n-m) \times n$ 행렬이다.
(2) $HG^T=0$이다.
(3) $u \in B^m$이며 $c=E(u)=uG$라고 하자. 그러면 $c \in Null(H)$[3]이다.

증명 (1)을 가정하자. 그러면

$$HG^T=(A^T|I_{n-m})(I_m|A)^T=\begin{bmatrix} I_m^T \\ - \\ A^T \end{bmatrix}=A^TI_m^T+I_{n-m}A^T=A^T+A^T=0$$

이므로, $HG^T=0$이다.
또한 만일 (2)를 가정하면 $Hc^T=H(uG)^T=HG^Tu^T=0^T$이므로 $c \in Null(H)$이다. ■

정리 15.16

$G=(I_m \mid A)$이며 $H=(A^T \mid I_{n-m})$라고 하자. 또한 C는 G로 생성되는 부호라고 하자. 그러면 $C=Row(G)=Null(H)$이다.

이러한 행렬 H를 G의 **패리티 검사행렬**(parity check matrix)이라고 부른다.

예제 15.7

$G=\begin{pmatrix} 1\,0\,0 | 1\,1\,0 \\ 0\,1\,0 | 0\,1\,1 \\ 0\,0\,1 | 1\,1\,1 \end{pmatrix}$라고 하자. $r=101111 \in C$인가? r은 부호어(code word)인지 아닌지 판정하여라.

풀이 두 가지 방법으로 생각해보자.

3) $Null(H)$는 H의 영(zero) 공간으로 H와 곱해 0이 되는 원소들의 모임이다.

① $r=101111 \in C$ 라고 하자.

그러면 $E: B^3 \to B^6$ 이며 $E(u)=uG=(u \mid uA)$에 대해

$$r=E(101)=(101)G$$

이다. 그러므로 처음 3개의 성분이 전송되었다. 그런데

$$(101)\begin{pmatrix} 1\,0\,0 & 1\,1\,0 \\ 0\,1\,0 & 0\,1\,1 \\ 0\,0\,1 & 1\,1\,1 \end{pmatrix}=(101001)$$

이므로 $r \notin C$ 이다.

② $r=101111 \in C$ 라고 하자.

그러면 $r \in Null(H)$, 즉 $Hr^T=0$이어야 하는데, 그렇지 않다(확인해보라).

4) 행렬 부호의 복호(decoding of matrix code)

$G=(I_m \mid A)$이며 $H=(A^T \mid I_{n-m})$라고 하자. 또한 C는 G에 의해 생성되는 부호라고 하자. $r \in B^n$에 대해 $s^T=Hr^T$인 s를 r의 **증후**(syndrome) 또는 오증이라고 부른다.

$C=Null(H)$이므로, $r \in C$일 동치조건은 $s=0$이다. 다시 말해 만일 r을 수신했다면 r이 원래의 부호어인지 아닌지를 알아내기 위해 증후(syndrome)를 사용할 수 있다. 즉, 증후 $s=0$을 확인하면 된다.

만일 $r \notin C$라고 하자. C에 속하는 임의의 벡터 c에 대해 $e=r-c$라고 하자. 그러면

$$He^T=Hr^T-Hc^T=Hr^T=s^T \ (\text{증후 } s)$$

이다. 만일 $e=e_{i_1}+\cdots+e_{i_k}$ (0이 아닌 기본 벡터들 e_{i_j}의 합)으로 표시하면

$$s^T=He^T=He_{i_1}^T+\cdots+He_{i_k}^T$$

이 된다. 또한 $H=(h_1^T \mid \cdots \mid h_n^T)$로 표시하면

$$He_v^T=h_v^T \quad (1 \le v \le n)$$

가 된다. 그러므로

$$s^T = h_{i_1}^T + \cdots + h_{i_k}^T$$

가 된다.

정리 15.17

C는 G로 생성되는 부호라고 하자. 또한 $r \in B^n$, s는 r의 증후 (즉, $s^T = Hr^T$)라고 하자.

(1) $r \in C$일 필요충분조건은 $s = 0$이다.

(2) s를 H의 열들의 합으로 나타낸 표현들 중에서 $s^T = h_{i_1}^T + \cdots + h_{i_k}^T$이 가장 최단 거리라고 하자. 그러면

- $c = r + e_{i_1} + \cdots + e_{i_k}$는 r로부터 k 거리에 있다. $d(r, c') < k$인 부호 c'은 없다.
- c가 r로부터 k 거리에 있는 유일한 부호어일 필요충분조건은 $s^T = h_{i_1}^T + \cdots + h_{i_k}^T$는 H의 열들의 합으로 표현하는 유일한 방법이다.

따름정리

A의 행들은 서로 다르며 각각의 무게가 2보다 크거나 같다고 하자. 또한 $G = (I_m \mid A)$라고 하자. 만일 $r \in B^n$이고 $s^T = Hr^T$이 H의 유일한 열과 동일하다고 하자(i번째 열이라 하자). 그러면 $c = r + e_i$는 r로부터 거리 1인 유일한 부호어이고, $D(r) = c$이다.

그러므로 만일 $s = h_{i_1} + \cdots + h_{i_k}$ (여기서 h_{i_j}는 H의 i_j번째 열)이면

$$c = r + e_{i_1} + \cdots + e_{i_k} \in C$$

는 r로부터 거리 k이며, 이러한 방법으로 r로부터 거리 k인 모든 부호 벡터들을 찾을 수 있다.

예제 15.8

$G=\left(I_4 \mid \begin{bmatrix}111\\011\\101\\110\end{bmatrix}\right)$이며 $H=\begin{bmatrix}1011:100\\1101:010\\1110:001\end{bmatrix}$라고 하자.

① G는 1개의 오류를 수정함을 확인하여라.

② $r=(1010110)$라고 하자. r을 복호할 수 있는지 알아보아라.

풀이 ① 행들이 서로 다르며 weight(행) ≥ 2이기 때문에 오류 1개를 수정한다.

예제 15.9

$H=\begin{pmatrix}0001111\\0110011\\1010101\end{pmatrix}$라고 하자. 그러면 $C=Null(H)$이다.

① C의 기저(basis)를 찾아라.

② C의 생성행렬(generating matrix)을 찾아라.

③ C의 최소 무게(weight)를 찾아라.

④ C의 오류 검출과 오류 수정의 성질을 찾아라.

⑤ $r=1110100$를 받았을 때 복호하라.

풀이 ① $H=\begin{pmatrix}0001111\\0110011\\1010101\end{pmatrix}=\begin{pmatrix}1010101\\0110011\\0001111\end{pmatrix}=H_1$과 같이 행사다리꼴 형으로 변형시키자.

그러면 $C=$ $H_1c=0$의 해집합은

$$\begin{cases}c_1+c_3+c_5+c_7=0\\c_2+c_3+c_6+c_7=0\\c_4+c_5+c_6+c_7=0\end{cases} \text{ 이며 } \begin{cases}c_1=c_3+c_5+c_7\\c_2=c_3+c_6+c_7\\c_4=c_5+c_6+c_7\end{cases}$$

이므로

$$c=(c_3+c_5+c_7,\ c_3+c_6+c_7,\ c_3,\ c_5+c_6+c_7,\ c_5,\ c_6,\ c_7)$$

$$=c_3(1,1,1,0,0,0,0)+c_5(1,0,1,0,1,1,1)+c_6(0,1,0,1,0,1,0)+c_7(1,1,0,1,0,0,1)$$

이다. 그러므로 C의 기저는

$$\{1110000,\ 1001100,\ 0101010,\ 1101001\}$$

이다.

② $C=E(B^m)$인 $E: B^m \to B^n$를 찾자.

$m=4, n=7$이며 $E(b)=bA$이므로 $A=\begin{pmatrix} 1110000 \\ 1001100 \\ 0101010 \\ 1101001 \end{pmatrix}$라고 하면 $bA=C$이다.

③ $c \in C \Leftrightarrow Hc=\begin{pmatrix} 0001111 \\ 0110011 \\ 1010101 \end{pmatrix}c=0$이다.

$c \in C$를 생각하자. 그러면 $wt(c)=d$일 동치조건은 H에서 d개의 1차 독립인 열들이 존재하는 것이다. 그런데 $\text{col.}1+\text{col.}2+\text{col.}3=0$이므로 $d \le 3$이다. 그러면 $wt \le 2$인 부호어도 존재하는가? 열들이 다른 것들의 배수가 아니므로 불가하다. 그러므로 $d=3$이다.

④ C는 2개의 오류를 검출하여 1개의 오류를 수정한다.

⑤ $Hr=\begin{pmatrix} 0+0+0+1 \\ 0+1+1+0 \\ 1+0+1+0 \end{pmatrix}=\begin{pmatrix} 1 \\ 0 \\ 1 \end{pmatrix}$ 인데, 이것은 5번째 열이다. 따라서 $D(r)=1110100$ 이다.

5) 다항식 부호(polynomial code)

X는 변수라고 하자. B^n의 임의의 벡터와 $B[X]$에 속하는 차수 $n-1$인 다항식을 다음과 같이 서로 대응시킬 수 있다.

$$u=(u_0, u_1, \cdots, u_{n-1}) \in B^n \iff u_0+u_1X+\cdots+u_{n-1}X^{n-1} \in B[X]$$

정리 15.18 다항식의 기본 성질

$B[X]$는 B에서 계수를 갖는 다항식들의 집합일 때 다음이 성립한다.

(1) $f(X)=a_nX^n+\cdots+a_1X+a_0$에서 $a_n \ne 0$이면 $\deg(f)=n$이다. $\deg(1)=0$ 이며 $\deg(0)=-1$으로 정의한다.

(2) $f(X)$, $g(X)$가 0이 아닌 다항식이면 $\deg(f(X)g(X))=\deg(f)+\deg(g)$이다.

(3) $f(X)$와 $g(X)$가 0이 아닌 다항식이면 $fg \ne 0$이다.

(4) $f(X)$, $g(X)$, $h(X)$가 0이 아닌 다항식이며 $fg=fh$이면 $g=h$이다.

$B[X]$에 속하는 하나의 다항식

$$u(X) = u_0 + u_1X + \cdots + u_{n-1}X^{n-1} \in B[X]$$

을 $u = (u_0, u_1, \cdots, u_{n-1}) \in B^n$로 대응시킬 수 있다. 그러면 함수

$$E: B^m \to B^n, \quad E(u) = u(X)g(X)$$

로 정의되는 부호를 **다항식 부호**(polynomial code)라고 부른다. 여기서 $g(X) \in B[X]$이며 $\deg g = m - n$이다.

정리 15.19

> $g(X) \in B[X]$, $\deg g = m - n$이며, 모든 $0 < t < n$에 대해 $g(X) \nmid X^t + 1$라고 하자. 만일 C가 $g(X)$에 의해 생성되는 다항식 부호이면 $d(C) \geq 3$이다. 그러므로 1개 이상의 오류를 수정할 수 있다.

(1) 다항식 부호의 복호(decoding of polynomial code)

$g(X) = g_0 + g_1X + \cdots + g_{n-m}X^{n-m}$이고 $k = n - m$라 하자. 만일

$$u = (u_0, u_1, \cdots, u_{m-1})$$

이면

$$\begin{aligned} u(X)g(X) &= (u_0 + u_1X + \cdots + u_{m-1}X^{m-1})(g_0 + g_1X + \cdots + g_kX^k) \\ &= u_0g_0 + (u_0g_1 + u_1g_0)X + \cdots \\ &= \sum_{t=0}^{n-1}\left(\sum_{i=0}^{t} u_ig_{t-i}\right)X^t \end{aligned}$$

이다. 여기서 $i \geq m$이면 $u_i = 0$이고, $j > k$이면 $g_j = 0$이다. 그러므로

$$E(u) = \left(\sum_{i=0}^{0} u_ig_{0-i}, \ \sum_{i=0}^{1} u_ig_{1-i}, \ \cdots, \ \sum_{i=0}^{n-1} u_ig_{n-1-i}\right)$$

이다.

$E(u) = uG$이 되는 $m \times n$ 행렬 G를 찾아보자. G의 열들을 순서대로 G_0, G_1, $\cdots$, G_{n-1}라고 하자.

$$u \cdot G_t = \sum_{i=0}^{t} u_i g_{t-i}$$

가 성립하려면

$$G_t = (g_{t-0}, g_{t-1}, \cdots, g_{t-(m-1)})$$

이어야 한다. 실제로 다음과 같다.

$$G = \begin{bmatrix} g_0 & g_1 & g_2 & \cdots & g_{k-1} & g_k & 0 & 0 & \cdots & 0 \\ 0 & g_0 & g_1 & \cdots & g_{k-2} & g_{k-1} & g_k & 0 & \cdots & 0 \\ 0 & 0 & g_0 & \cdots & g_{k-3} & g_{k-2} & g_{k-1} & g_k & \cdots & 0 \\ \cdot & \cdot & \cdot & \cdots & \cdot & \cdot & \cdot & \cdot & \cdots & \cdot \\ \cdot & \cdot & \cdot & \cdots & \cdot & \cdot & \cdot & \cdot & \cdots & \cdot \\ 0 & 0 & 0 & \cdots & g_0 & g_1 & g_2 & g_3 & \cdots & g_k \end{bmatrix}.$$

① 만일 $g_0 \neq 0$이면 G의 모든 행들은 1차 독립이다.

② G가 $m \times n$행렬이고 $u \in B^m$에 대해 $E(u) = uG$라고 하자. $rank G = m$이면 E는 단사 함수이다.

행렬 부호는 다음과 같이 정의할 수도 있다.

G는 $m \times n$ 행렬이며 rank m이라고 하자. (m,n)-부호 C가 $C = \{u \cdot G \mid u \in B^m\}$일 때 C는 생성행렬 G를 갖는 **행렬 부호**(matrix code)이다.

그러므로 $E: B^m \rightarrow B^n$가 1-1 함수일 때, 만일 $m \times n$ 행렬 G가 존재하여 모든 $u \in B^m$에 대해 $E(u) = u \cdot G$가 될 때 E는 행렬 부호가 된다. 이때 G의 rank는 m이다. 따라서 G의 모든 행들은 1차 독립이며

$$C = E(B^m) = Row(G)$$

G가 $(I_m \mid A)$의 형태일 때, C를 systematic 행렬 부호라고 부른다. 만일 $c \in C$라고 하면, $c = uG$ 이며 $c^T = G^T u^T$이다. 그러므로 u^T는 $G^t X^T = c^T$의 근이다. 더욱이 rank m이므로 이것은 유일한 해이다.

$(n-m) \times n$ 행렬 H가 $Null(H) = C$ 일 때, H를 C의 **패리티 검사행렬**(parity check matrix)이라고 부른다.

정리 15.20

H는 $(n-m)\times n$ 행렬로 모든 $c\in C$에 대해 $Hc^T=0$라고 하자. 만일 H가 1차 독립인 행을 가지고 있다면 H는 G의 패리티 검사행렬이다.

증명 모든 $c\in C$에 대해 $Hc^T=0$이므로 $C\subseteq Null(H)$이다. 이제 $C\supseteq Null(H)$를 보이면 되는데, 이것은 양변의 차원을 비교하면 된다. ■

r의 증후(syndrome) s는 앞에서와 동일하게 정의한다. 즉 $s=Hr^T$이다.

예제 15.10

$E: B^3\to B^6$는 $g(X)=1+X+X^3$로 생성되는 다항식 부호라고 하자(분명히 $k=n-3=3$이다). 그러면 $G=\begin{bmatrix}1\,1\,0\,1\,0\,0\\0\,1\,1\,0\,1\,0\\0\,0\,1\,1\,0\,1\end{bmatrix}$이다.

만일 $u=(u_0,u_1,u_2)\in B^3$라면 $E(u)=uG=(u_0,u_0+u_1,u_1+u_2,u_0+u_2,u_1,u_2)$는 C의 생성원소이다.

① 검사행렬 H를 구하여라.

② $r=(110001)$를 수신했다면 r은 부호어(code word)가 아님을 보여라. 이때 가장 그럴듯한 (most likely) 부호어 c를 찾아라.

③ 몇 개의 오류를 수정할 수 있는지 말하여라.

④ 복호를 하라. 다시 말해서 $E(u)=c$인 u를 찾아라.

15.3 유한체 F 위에서 부호

지금까지는 부호 이론의 가장 기본적인 단계만 살펴보았지만, 부호 이론은 정수론, 대수학, 확률론, 조합 수학 등의 여러 이론을 기반으로 한다. 해밍(Hamming) 부호와 BCH (Bose-Chaudhuri-Hocquenghem) 부호, 그리고 RS(Reed-Solomon) 부호 등이 주로 사용되는 부호들이다. 그 외에도 부호의 길이가 길 때 유용한 저스트슨(Justesen)

부호, BCH 부호를 변형시킨 RM(Reed- Muller) 부호, 대수곡선을 이용한 가파(Goppa) 부호 등이 있다. 이제 유한체 위에서의 부호(extend code over a finite field)에 관해 간단히 알아보자. 이것을 위해 현대대수 내용을 미리 알아야 한다.

1) 유한체의 기본 성질들

정리 15.21 유한체의 기본성질

(1) $\mathbb{Z}_m$이 체가 될 필요충분조건은 m이 소수이다.

(2) 표수 $F=p$ (기호 char. $F=p$)이다. $p=2$이면 $F=\mathbb{Z}_2=B=\{0,1\}$이다.

(3) 표수 $F=p$이면 $\mathbb{Z}_p \subset F$이다.

(4) F에 속한 원소들의 개수는 p^n $(n>0)$이다.

예제 15.11

$F=\{0,1,x,x+1\}$라고 하자. 그러면

① F는 표수 2이며 원소 $4=2^2$개를 갖는다. 또한 $\mathbb{Z}_2$의 확대체이며 곱셈에 관해 다음과 같은 연산표를 갖는다.

$\cdot$	1	x	$x+1$
1	1	x	$x+1$
x	x	$x+1$	1
$x+1$	$x+1$	1	x

실제로 x^2은 1 또는 $x^2=x+1$이다. 만일 $x^2=1$이라면 $(x+1)x=x+1$이 되어야 하므로 모순이다. 그러므로 $x^2=x+1$로 결정할 수 있다. 또한

$$(x+1)^2=x^2+2x+1=x^2+1=(x+1)+1=x$$

이다.

② 따라서 $x^2=x+1$로부터 x는 $f(x)=x^2-x-1=x^2+x+1$의 근이 됨을 알 수 있다. 또한 위의 표로부터 $(F^*,\cdot)$는 순환군임을 알 수 있다.

③ F는 $S=\{1,1+1=0\}=\mathbb{Z}_2$ 위에서 벡터공간으로, $\{1,x\}$, $\{x+1,x\}$ 또는 $\{x+1,1\}$를 기저로 한다.

예제 15.12

B에서 계수를 갖는 다항식 $g(x)=x^2+x+1$를 생각하자.
$a*b=Rem(a(x)b(x),g,x)$라고 하자. 그러면

$$x*x = Rem(x^2,x^2+x+1,x) = -(x+1)=(x+1)$$

$$x*(x+1) = Rem(x^2+1,x^2+x+1,x) = 1$$

$$(x+1)*(x+1) = Rem(x^2+2x+1,x^2+x+1,x) = x$$

이다.

유한체 위에서 부호의 정의도 앞서 했던 것과 동일하다. 1-1 함수 $E: F^m \to F^n$가 $C=E(F^m)$일 때 C는 F 위에서 **(m,n)-부호**라고 한다. 또한 C가 F 위에서 부호이며 $c \in C \subseteq F^n$라고 하자. 그러면 $wt(c)$는 c에서 0이 아닌 성분의 개수이다.

2) 유한체 위에서의 부호

해밍 부호의 거리는 $d(a,b)=wt(a-b)$이며, 해밍 구(sphere)는 다음과 같다.

$$S_k(a)=\{b \in F^n \mid d(a,b) \le k\}$$

그러므로 검출(detection) 정리와 수정(correction) 정리는 앞에서 배운 것과 동일하다.

정리 15.22 검출과 수정 정리

C는 F 위에서 (m,n) 부호라고 하자. 그러면 다음이 성립한다.

(1) C는 k개의 오류를 검출한다.
$\Leftrightarrow$ 임의의 모든 $c_1, c_2 \in C$에 대해, $d(c_1,c_2) > k$이다.
$\Leftrightarrow$ 임의의 모든 $0 \ne c \in C$에 대해, $wt(c) > k$이다.
$\Leftrightarrow$ 임의의 모든 $0 \ne c \in C$에 대해, $S_k(c) \cap C = \{c\}$이다.

(2) C는 k개보다 적거나 같은 오류를 수정한다.
$\Leftrightarrow d(c_1,c_2) > 2k \Leftrightarrow S_k(c_1) \cap S_k(c_2) = \varnothing$

마찬가지로 유한체 위에서의 군 부호를 정의하여, 검출과 수정 정리를 알 수 있다.

정리 15.23 오류 검출과 수정 정리(detection and correction theorem)

C는 F 위에서 군 부호라고 하자.
C는 k개 오류를 검출한다 $\Leftrightarrow$ 모든 $0 \neq c \in C$에 대해 $wt(c) > k$이다.
C는 k개 오류를 수정한다 $\Leftrightarrow$ 모든 $0 \neq c \in C$에 대해 $wt(c) > 2k$이다.

예제 15.13

$F = \{0, 1, x, x+1\}$는 보통의 $+$과 $\cdot$ 아래서 원소 4개를 갖는 체라고 하자.

$E: F^3 \to F^5$, $E(b) = b(I_3 \mid \begin{bmatrix} 1 & x \\ 1 & x+1 \\ x & x+1 \end{bmatrix})$로 정의하고 $C = E(F^3)$라고 하자.

① C는 F 위에서 $(3,5)$ 부호이며, 군 부호임을 보여라.
② 오류 검출과 수정을 위해, 무게(weight)를 계산하여라.

풀이 ② 1행 $(-x)$ + 3행의 무게는 2이다.

$$\begin{matrix} -x, & 0, & 0, & -x, & -(x+1) \\ 0, & 0, & 1, & x, & (x+1) \end{matrix}$$

더욱이

$$(\text{하나의 행의})\ \text{무게} = 3$$

$$(3\text{개 행의 } 1\text{차 결합의})\ \text{무게} \geq 3$$

$$(2\text{개 행의 } 1\text{차 결합의})\ \text{무게} \geq 2$$

이다. 따라서 C의 최소 무게는 2가 되어, C는 1개 오류를 검출하지만 0개 오류를 수정한다.

3) 체 위에서 다항식의 기본 성질(polynomials over fields)

다항식 환 $F[X] = \{a_0 + a_1 x + \cdots + a_n x^n \mid a_i \in F\}$은 보통의 덧셈과 곱셈 아래서 아벨군이 되며, 벡터 공간이다. 또한 $F[X]$는 F 위에서 무한차원 벡터 공간이다. 그러나 $F[X]$는 체가 되지는 않는다.

임의의 두 원소 $a(x), b(x) \in F[X]$이며 $a(x) \neq 0$라고 하자. 만일 $a(x) \mid b(x)$일 동치조건은 적당한 $c(x) \in F[X]$가 존재하여 $b(x) = a(x)c(x)$이다. 그러므로 $m(x) \in F[X]$가 $a(x) - b(x)$를 나눌 동치조건은 $a(x) \equiv b(x) \mod(m(x))$이다.

예제 15.14

$F = \mathbb{Z}_2$이고 $m(x) = x^2 + x + 1$라고 하자.
그러면 $x^2 \equiv x + 1(\mathrm{mod}(m(x))$이지만 $x^3 \not\equiv x^2 + 1(\mathrm{mod}(m(x))$이다.

정리 15.24

다항식환 $F[X]$에 대해 다음이 성립한다.

(1) 만일 $0 \neq f \in F[X]$이 $f \in F$ 라면 $\deg(f) = 0$이다.

(2) 임의의 두 원소 $f, g \in F[X]$이며 $\deg(f) = m$, $\deg(g) = n$라고 하자. 그러면 $\deg(f+g) \leq \max(m, n)$ 이며 $\deg(fg) = \deg f + \deg g$이다.

(3) $P_n(F) = \{f \in F[X] \mid \deg f \leq n\}$라고 하자. 그러면 $P_n(F)$는 F 위에서 n차원인 벡터 공간이다.

정리 15.25

(1) F는 체이며 $g \in F[X]$라고 하자. g가 기약다항식일 필요충분조건은 $g(x) = f(x)h(x)$라 될 때 $f(x) \in F$ 이거나 $h(x) \in F$이다.

(2) F는 유한체이며 $g \in F[X]$는 $\deg g = d \geq 1$라고 하자. $P_d(F)$는 d보다 작거나 같은 차수를 갖는 다항식들의 집합이라 하자. 그러면 $|P_d(F)| = |F|^d$이며, $P_d(F)$는 보통의 덧셈 연산에서 아벨군이다.

(3) $P_d(F)$에서 곱셈 연산 *를 $a * b = \mathrm{Rem}(ab, g, x)$로 정의하자. 그러면 *는 결합법칙, 교환법칙, 분배법칙을 만족하며, 항등원은 1이다.

(4) $P_d(F) = F[X]/\langle g \rangle$라고 표시하자. 그러면 다음의 성질이 서로 동치이다.
$P_d(F)$는 체이다.
$\Leftrightarrow$ $P_d(F)$에 속하는 0이 아닌 모든 원소는 곱셈 역원을 갖는다.
$\Leftrightarrow$ g는 기약다항식이다.

정수 이론에서 잘 알려져 있는 **나눗셈 알고리즘**을 알아보자.

예제 15.15

$5^{-1} \pmod{17}$을 구하여라.

풀이 $a=17,\ b=5$라고 하자. 유클리드 알고리즘에 의해

$$17=3\cdot 5+2$$
$$5=2\cdot 2+1$$
$$2=2\cdot 1+0$$

따라서

$$1=5-2\cdot 2=5+(-2)(17-3\cdot 5)=(-2)17+(7)5=7\cdot 5$$

이므로 $b^{-1}=5^{-1}\equiv 7 \pmod{17}$이다.
다항식의 역원을 구하는 데도 유클리드 알고리즘이 동일한 형태로 사용된다.

예제 15.16

다항식 환 $\mathbb{Z}_2[X]$에서 법 x^4+x+1에 대해 다항식 x^2의 역원을 구하여라.

풀이 $F=\mathbb{Z}_2,\ a=x^4+x+1,\ b=x^2\in\mathbb{Z}_2[X]$라고 하자. $b^{-1}\pmod{a}$를 구하기 위해 유클리드 알고리즘을 사용한다.

$$x^4+x+1=x^2\cdot x^2+(x+1)$$
$$x^2=(x+1)(x+1)+1$$
$$x+1=(x+1)1+0$$

이므로,

$$\begin{aligned}1&=x^2+(x+1)(x+1)\\&=x^2+(x+1)(x^4+x+1+x^2\cdot x^2)\\&=(1+x^2(x+1))x^2+(x+1)(x^4+x+1)\\&=(x^3+x^2+1)x^2+(x+1)(x^4+x+1)\\&=(x^3+x^2+1)x^2 \pmod{x^4+x+1}\end{aligned}$$

이다. 따라서 $(x^3+x^2+1)*x^2=1$이며 $b^{-1}=(x^2)^{-1}=(x^3+x^2+1)$이다.

4) 체 F 위에서 선형부호

이제부터 F는 유한체이고, m, n $(n > m)$는 양의 정수라고 하자.

H는 F에서 성분을 갖는 $(n-m)\times n$ 행렬이며 rank$H = n-m$라고 하자.

$C = \{x \in F^n \mid Hx = 0\}$일 때, C는 F 위에서 (m,n)**-선형 부호**라고 부른다. 이때 H는 C의 **패리티 검사행렬**이라고 부른다. 또한 행렬 A에 대해 $H = (A : I_{n-m})$인 행렬을 systematic code라고 부른다.

다음의 성질을 쉽게 볼 수 있다.

정리 15.26

다음이 성립한다.

(1) C는 H의 영공간(null space)이다.

(2) $H: F^n \to F^{n-m}$, $H(x) = Hx$인 선형변환이라고 하자.
그러면 $n = \dim(NullH) + \dim(ImH)$이다. 또한 rank $H = n-m$이므로 $\dim(ImH) = n-m$이고 $\dim(NullH) = m$이다.

(3) 그러므로 C는 F^n의 부분공간이며 $\dim(C) = m$이다.

(4) l은 정수이다. 그러면 다음은 서로 동치이다. H가 l개의 1차 종속인 열을 갖는다.
$\Leftrightarrow$ $a \in F^n$가 존재하여 $Ha = 0$이며 $wt(a) = l$이다.
$\Leftrightarrow$ $c \in C$가 있어서 $wt(c) = l$이다.

(5) C가 벡터공간이므로 C는 아벨군이다. 그러므로 군 부호에 대한 오류 검출과 오류 수정 정리가 여전히 성립한다.

C는 행렬 H를 갖는 선형 부호라고 하자. $s : F^n \to F^{n-m}$는 $s(a) = Ha$ $(a \in F^n)$로 정의되는 함수를 **증후 함수**(syndrome function)라고 부른다.

다음의 성질을 쉽게 볼 수 있다.

정리 15.27

다음이 성립한다.

(1) $a \in C \Leftrightarrow Ha = 0 \Leftrightarrow s(a) = 0$

(2) $s(a) = s(b) \Leftrightarrow Ha = Hb \Leftrightarrow H(a-b) = 0$

$\Leftrightarrow a-b \in C \Leftrightarrow a+C = b+C$

정리 15.28

C는 F 위에서 정의되며 하나의 오류를 수정할 수 있는 선형 부호라고 하자. $wt(e) = 1$인 오류 벡터 e에 대해 $r = c+e \in F^n$라고 하자. 그러면 오류 벡터가 H의 i-번째 성분에 속할 필요충분조건은 $s(r)^T = H(c+e)^T = He^T$ 이 i-번째 열이다.

5) 이진 해밍 부호(binary hamming code)

$k \geq 2$에 대해 행렬 H는 k개 행과 $2^k - 1$개 열로 구성되며, 열은 $1, 2, \cdots, 2^k - 1$을 순서대로 이진 표현한 값이라고 하자. 다시 말해서

$$H = \begin{bmatrix} 0 & 0 & 0 & \cdots & 1 \\ 0 & 0 & 0 & \cdots & 1 \\ \cdot & \cdot & \cdot & \cdots & 1 \\ 0 & 1 & 1 & \cdots & 1 \\ 1 & 0 & 1 & \cdots & 1 \end{bmatrix}$$

해밍 부호는 이러한 검사 행렬에 의해 생성되는 선형 부호이다.

정리 15.29

다음이 성립한다.

(1) 행렬 H의 크기는 $k \times (2^k - 1) = (n-m) \times n$이므로 $m = 2^k - k - 1$이며 $n = 2^k - 1$이다.

(2) $\min(wt(H)) \geq 2$이다. 그러나 $\min(wt(H)) = 3$이다. 그러므로 C는 2개의 오류를 검출하고 1개의 오류를 수정한다.

증명 (2) H의 모든 열들은 0이 아니며 서로 다르기 때문이다. 또한 처음 4개의 열들이 서로 종속이기 때문이다. ■

예제 15.17

$k=3$인 이진 해밍 부호를 생각해 보자. 하나의 오류를 가진 $r=(0100011)$를 수신했다고 가정하다. 송신된 부호를 복호하여라.

풀이 다음의 단계로 생각할 수 있다.

① 패리티 검사행렬은 $H=\begin{bmatrix}0001111\\0110011\\1010101\end{bmatrix}$이다.

② 증후 함수는 $s(r)=Hr^T=\begin{bmatrix}0\\1\\1\end{bmatrix}$이다.

③ 정리에 의해 오류는 세 번째 자릿수에서 발생했으므로 $c=(0110011)$이다.

④ 복호를 하기 위해, systematic 선형 부호를 생각해보자.

$$H=(A:I)$$

그러면

$$C=\{c\in F^n \mid (A:I)C^T=0\}$$

이다. $c\in C$를 $c=(\underline{a},c_{m+1},\cdots,c_n)$ (여기서 $\underline{a}\in F^m$)라고 하자. 그러면

$$\begin{pmatrix} -R_1- & | & 1 & 0 & \cdots & 0\\ -R_2- & | & 0 & 1 & \cdots & 0\\ \cdot & | & \cdot & \cdot & \cdots & 0\\ \cdot & | & \cdot & \cdot & \cdots & 0\\ -R_{n-m}- & | & 0 & 0 & \cdots & 1\end{pmatrix}\begin{pmatrix}\underline{a}^T\\ c_{m+1}\\ \cdot\\ \cdot\\ c_n\end{pmatrix}=0\text{이며 }\begin{pmatrix}R_1a^T+c_{m+1}\\ R_2a^T+c_{m+2}\\ \cdots\\ \cdots\\ R_{n-m}a^T+c_n\end{pmatrix}=0$$

이다. 그러므로

$$\begin{cases}R_1a \quad +c_{m+1}=0\\ R_2a \quad +c_{m+2}=0\\ \quad\cdots\\ R_{n-m}a+c_n \quad =0\end{cases}\text{이며 }\begin{cases}c_{m+1}=-R_1a\\ c_{m+2}=-R_2a\\ \quad\cdots\\ c_n \quad =-R_{n-m}a\end{cases}$$

이다. 따라서

$$c=(\underline{a},-R_1\underline{a},\cdots,-R_{n-m}\underline{a})=\underline{a}\left(I_m \Big| \begin{matrix}| & & |\\ -R_1 & \cdots & -R_m\\ | & & |\end{matrix}\right)=\underline{a}(I_n|-A^T)$$

연습문제

01 $G = \left(I_4 \mid \begin{bmatrix} 1\,1\,0 \\ 0\,1\,1 \\ 1\,0\,1 \\ 1\,1\,0 \end{bmatrix}\right)$이며 $H = \begin{bmatrix} 1\,0\,1\,1 : 1\,0\,0 \\ 1\,1\,0\,1 : 0\,1\,0 \\ 0\,1\,1\,0 : 0\,0\,1 \end{bmatrix}$라고 하자.

(a) G는 오류를 수정할 수 없다.

(b) $r = (1000001)$라고 하자. r을 복호할 수 있는지 알아보아라.

02 $F = \mathbb{Z}_3$라고 하자. $P_2(F)$의 모든 원소를 찾아라.

03 $F = \mathbb{Z}_2$이며 $f(X) = X^3 + X^2 + 1$라고 하자. 다음을 증명하여라.

(a) $f(X)$는 $\mathbb{Z}_2[X]$에서 기약다항식이다.

(b) $K = F[X]/\langle f \rangle$라고 하자. 그러면 K는 2^3개의 원소를 갖는 체이다.

(c) $\alpha = X$라고 하자. 그러면 $\{1, \alpha, \alpha^2\}$는 $F = \mathbb{Z}_2$ 위에서 벡터공간으로 K의 기저이다.

(d) F 위에서 각각 $1, \alpha, \alpha^2$의 최소다항식을 찾아라.

(e) m_{α^3}를 구하라.

04 부호 이론을 사용한 화성 탐사에 대해 조사하여라.

05 부호 이론의 역사에 대해 조사하여라.

⑤ **문서의 무결성(message integrity)**

서명된 문서의 내용이 변경되어서는 안 된다. 즉, 문서의 내용이 바뀌었는데도 그 전의 서명이 유효해서는 안 된다(손으로 하는 서명에서는 이런 일이 생길 수 있다).

손으로 하는 서명과 동일한 역할을 할 수 있도록 디지털 서명이 구성된다. 그러나 디지털 서명은 0과 1로 이루어진 비트열이므로 손으로 하는 서명 이외의 몇 가지 추가적인 특성을 갖는다. 즉, 자필 서명은 그 사용자에 따라 항상 일정하지만 디지털 서명은 서명하려는 메시지에 따라 생성되는 결과가 다르다. 이러한 특성을 **메시지 의존성**이라 부른다. 송수신 과정에서 메시지 내용이 변경되었다면 수신자가 그 내용이 변경되었음을 인지할 수 있게 된다.

2) 전자 서명(디지털 서명)

예전에는 도장을 찍었으나 요즈음은 자필 서명(signature)하는 경우가 많다. 전자 서명은 디지털 서명을 포함하는 넓은 범주의 개념이다. 일반적으로 말하는 전자 서명은 서명자의 지문이나 이미지 데이터를 만들어서 이것을 데이터에 저장한 후 필요에 따라 복사하는 방식이다. 만일 서명자 이외의 다른 사람이 저장되어 있는 데이터를 얻을 수 있다면, 마치 타인의 도장을 훔쳐서 마음대로 서명하는 것과 같은 결과를 초래할 수도 있다.

디지털 서명은 서명 과정과 서명 확인 과정에 참여하는 사람들이 누구인가에 따라서 크게 직접 서명과 간접 서명 방식으로 나누어진다.

① **직접 서명 방식**

메시지의 송신자가 서명을 하고 수신자가 서명을 직접 확인하는 방식이다.

② **간접 서명 방식**

메시지의 송신자가 서명을 하고 그 메시지와 서명을 확인자에게 보내면 확인자가 서명을 확인한 후 그 결과를 수신자에게 보낸다.

직접 서명 방식에서도 문제가 생기면 확인자를 필요로 하지만 메시지를 주고받을 때마다 확인자가 개입하는 간접 서명 방식에 비해 과정이 간단하고 통신량이 적다. 종이 서류가 아닌 디지털 파일인 경우에도 서명이 필요한데, 이 경우에 펜을 이용하지 않고 키보드 입력을 통해 필기 서명과 같은 효력을 갖는 디지털 서명 기법(digital signature scheme)이 있어야 한다.

16.2 필기 서명과 디지털 서명의 차이점

디지털 서명은 필기 서명이 갖는 성질을 만족해야 하지만, 차이점 또한 존재한다.

① 필기 서명은 서류의 본문과 별개의 일로, 서명을 위조하는 것과 문서에 쓰인 중요한 내용을 변조하는 것은 서로 다른 일이다. 그러므로 변조하는 부분이 많아질수록 발각될 확률이 점점 커진다. 반면에 디지털 서명은 서명되는 서류에 통합되어 하나의 전자 문서가 된다. 따라서 메시지의 내용과 서명을 동시에 변조하면 발각될 가능성이 오히려 줄어들 수 있다.

② 서명을 확인하는 인증 단계에서, 필기 서명은 미리 기록되어 있던 실제의 서명과 간단히 비교할 수 있지만 부정확할 수밖에 없다. 그러나 디지털 서명은 인증 알고리즘을 이용하게 되므로, 복잡한 만큼 정확하게 판단할 수 있다. 다시 말해 필기 서명은 보는 사람에 따라 주관성이 개입되므로 위조 여부를 판정하는 데 차이가 있을 수 있지만, 디지털 서명은 컴퓨터가 확인 인증 알고리즘을 수행하여 결과를 보여주므로 위조 여부의 식별이 아주 객관적이다.

③ 필기 서명은 개인마다 독특한 필체를 가지고 있어서 다른 사람이 복사나 위조하기가 힘들지만 디지털 서명에서 서명 코드는 언제나 똑같이 간단하게 복사될 수 있다. 따라서 위조방지 기법이나 재사용 방지 기술이 요구된다.

이와 같이 디지털 서명은 직접 만나서 거래를 해야 하는 불편한 점을 해소할 수 있지만 전송 과정에서의 에러 발생이나 위조를 막고 서명의 부정한 복사, 재사용, 서명부인 등의 문제점이 발생할 수 있다.

16.3 디지털 서명 알고리즘

디지털 서명 알고리즘은 **비밀키 암호기법** 방식과 **공개키 암호기법** 방식으로 나누어진다.

① 비밀키 암호기법 방식: 송신자의 서명과정과 수신자의 확인과정에서 동일한 비밀키를 이용한다. Diffie-Hellman 키교환 방식과 같은 방법을 이용하여 송신자와 수신자가 공유하는 비밀키를 생성하는 과정이 선행되어야 한다.

② 공개키 암호기법 방식: 송신자는 자신의 비밀키를 이용하여 서명을 하고 수신자는 송신자의 공개키를 이용하여 서명을 확인한다. 디지털 서명의 기본적인 알고리즘을 알아보자.

- 송신자는 메시지 M을 해쉬 함수 $H(X)$에 넣어서 일정한 길이의 출력을 얻는다.
- 송신자는 얻어진 출력을 자신의 비밀키 K_s를 이용하여 암호화한다.

$$M \rightarrow E_{K_s}[H(M)]$$

- 송신자는 원래의 메시지 M과 자신의 비밀키로 서명한 결과인 $S(M)$을 연결하여 붙인 후 이것을 압축하여 수신자에게 보낸다.
- 수신자는 수신된 데이터를 압축 해제하여 서명 부분 $S(M)$과 원래의 메시지 M으로 나눈다.
- 수신자는 M에 송신자가 서명을 할 때 사용하였던 해쉬 함수 $H(X)$를 적용하고 $S(M)$을 송신자의 공개키 K_p를 이용하여 복호화한 후 이 두 개의 값을 비교한다.

필기 서명이 갖추어야 할 다섯 가지 요건을 만족하도록 디지털 서명의 과정을 구상한다.

① 위조 불가성(unforgability): 공개키 암호기법의 키생성 과정에서 생성된 비밀키는 서명자 자신 외에는 아무도 알 수 없는 값이므로 이 조건은 만족된다.

② 인증성(authenticity): 이것은 서명 확인 과정의 '비교' 기능에서 만족된다.

③ 부인 봉쇄(non-repudiation): 수신자는 수신한 $S(M)$을 보관하고 있다가 후에 송신자가 자신이 직접 서명한 사실을 부인할 경우 증거물로 사용할 수 있다.

④ 재사용 불가성(non-reusability): $S(M)$은 M의 함수이므로 서로 다른 메시지에 대하여 다른 결과를 출력하므로 이것을 다른 메시지의 서명으로 사용할 수 없다.

⑤ 문서의 무결성(message integrity): 메시지의 내용이 서명이 끝난 후에 변경된다면 서명 확인 과정의 '비교' 결과가 같지 않게 된다.

디지털 서명을 위해서는 암호화 기법의 기술과 더불어 **메시지의 압축**에 관한 기술들이 필요하다. 이는 서명 기법 자체가 메시지를 암호화하는 과정이므로 메시지의 크기가 클 경우 서명하는 데 시간이 많이 걸리는 등 여러 면에서 비효율적이기 때문이다.

이제 서명하는 방법과 서명을 인증하는 방법에 관하여 알아보자.

1) RSA 서명 기법

RSA 암호는 메시지의 암호화를 위해 개발되었지만 서명에도 이용할 수 있다. RSA 시스템의 키생성과 암호화, 복호화 그리고 디지털 서명은 다음과 같다.

① 키생성

서명자는 다음과 같이 비밀키와 공개키를 생성한다.

p, q (비밀키) 서로 다른 두 소수

$n = pq$ (공개키)

e_A (공개키), $\gcd(e_A, \phi(n)) = 1$인 임의의 정수

d_A (비밀키), $e_A d_A \equiv 1 (\mathrm{mod}\ \phi(n))$

② 암호화

$$y = E_A(x) \equiv x^{e_A} \bmod n$$

③ 복호화

$$D_A(y) \equiv y^{d_A} \bmod n \equiv x$$

④ RSA 디지털 서명 과정

- 서명을 해야 하는 서명자 A는 자신의 비밀키 d_A를 이용하여, 메시지 M의

$$M^{d_A} \equiv y \bmod n$$

을 계산하여 순서쌍 (메시지, 서명)$=(M, y)$를 송신한다.

• 수신자 B는 A의 공개키 e_A를 이용하여

$$y^{e_A} \equiv x \bmod n$$

인지를 비교해보고 A의 서명을 확인한다.

⑤ **분석**

송신자 A 이외에는 어느 누구도 d_A를 알 수 없으므로 정말로 A가 보낸 것으로 인정할 수 있고 A도 나중에 자신의 서명이 아니라고 부정할 수 없게 된다.

2) 엘가말 서명 기법

이산대수 문제에 기반을 둔 엘가말 암호계를 사용한 엘가말 서명 기법이다. 이 기법은 RSA 암호계와 달리 서명만을 위하여 설계되었다. 엘가말 서명 기법은 약간 변형된 형태로 미국국립표준기술연구소(NIST)의 디지털 서명 표준(Digital Signature Standards, DSS)으로 채택되었다.

① **키생성**

서명자는 다음과 같이 키를 생성한다.

이산 로그값을 구하기 어려운 소수 p를 선택한다.

p의 원시근 g를 선택한다.

$\mathbb{Z}_p$에서 정수 Q를 선택하여 서명을 위한 비밀키로 한다.

서명 인증을 위한 공개키로 $y \equiv g^Q \pmod p$를 계산하여 (p, g, y)를 공개한다.

② **엘가말 디지털 서명 과정**

• 서명자는 중간 크기의 수 k를 선택하여

$$T \equiv g^k \pmod p$$

를 계산한다. 서명할 메시지 M에

$$S \equiv (M - QT)k^{-1} \pmod{p-1}$$

을 계산하여 (M, S, T)를 송신한다.

• 수신자는 메시지 M과 함께 수신된 S와 T가 적절한 서명인지를 검증하기 위해, 서명자의 공개키 y를 사용하여

$$y^T T^S \equiv g^M \pmod p$$

가 성립하는지 판단한다.

③ **분석**

서명 확인을 위한 수학적 계산은 다음과 같다.

$$y^T T^S \equiv (g^Q)^T (g^k)^S \equiv g^{QT+kS} \equiv g^{QT+k(M-QT)k^{-1}} \equiv g^M \pmod p$$

예제 16.1

$p=467$, $g=2$이며 $S=127$이라고 하자.
그러면 $y \equiv 2^{127} \equiv 132 \pmod{467}$이므로, 서명자의 공개키는 $(467, 2, 132)$이다.
A가 메시지 $M=100$에 서명하기 위하여 $k=213$을 선택한다. 유클리드 알고리즘을 사용하여 $k^{-1} \pmod{466}$을 계산할 수 있는데, 실제로 $k^{-1} \equiv 431 \pmod{466}$이다. 그러면

$$T = 2^{213} \equiv 29 \pmod{467}$$

이고, 또한

$$S \equiv (100 - 127 \times 29)431 \equiv 51 \pmod{466}$$

이므로 메시지 100에 대한 엘가말 서명은 $(100, 29, 51)$이다.
더욱이 $y^T T^S \equiv 132^{29} \cdot 29^{51} \equiv 189 \pmod{467}$이 된다. 물론 $2^{100} \equiv 189 \pmod{467}$이다.

3) 디지털 서명 표준

암호메시지는 한 번 암호화한 후 복호화하면 그것으로 암호의 역할이 종료된다. 그러나 서명메시지는 계약과 같은 법적 문서의 역할을 하기 때문에 메시지가 서명된 이후 오랫동안 서명을 증명해야 할 필요가 있다. 따라서 암호의 안전성과 비교하여 서명의 안전성은 더 중요하다고 볼 수 있다. 디지털 서명 표준(DSS)은 엘가말 서명을 개량한 방식으로, 1991년 8월에 제안되어 미국 디지털 서명 표준으로 1994년 1월에 채택되었다. DSS는 엘가말 디지털 서명 방식과 유사하지만 서명과 검증에 소요되는 계산량을 획기적으로 줄인 방식이다.

디지털 서명에는 $q \mid p-1$인 소수 q를 위수로 갖는 원소 g, 즉 $g^q \equiv 1 \pmod p$인 원소 g를 선택한다. 예를 들어 $\mathbb{Z}_7^*$에서 $2^3 \equiv 1$이므로 $g=2$이다. 디지털 서명 표준도 이산대수 문제를 기반으로 구성된다.

① **준비 과정**

- 서명자는 $\mathbb{Z}_p$에서 위수가 $q \mid p-1$인 원소 g를 찾는다.
- 비밀 서명키 Q를 선정하고 공개 검증키

$$y \equiv g^Q \bmod p$$

를 계산하여 (p,q,g,y)를 공개한다.

② **서명 과정**

- 서명자는 적당한 수 k $(0 < k < q)$를 선택하여

$$T \equiv (g^k \bmod p) \bmod q$$

를 계산한다.

- 서명자는 서명문 M의 해쉬 값 $H=h(M)$을 계산하고, 다시 서명

$$S \equiv (H+QT)k^{-1} \bmod q$$

를 계산하여 (M, S, T)를 검증자에게 전송한다.

③ **검증 과정**

- 검증자는 (M, S, T)를 받아서, 우선 $0 < T < q$, $0 < S < q$가 성립하는지를 검사하여 성립하지 않으면 서명으로 인정하지 않는다.
- 위 식이 성립하면 $S^{-1} \bmod q$를 계산한 다음, 서명자의 공개키 y로

$$T \equiv (y^{S^{-1}T} g^{S^{-1}H} \bmod q) \bmod p$$

을 계산하여 서명을 검증한다. 서명 확인에 쓰이는 수학적 계산은 다음과 같다.

$$S \equiv (H+QT)k^{-1} \bmod q \text{에서 } k \equiv S^{-1}H + S^{-1}QT \bmod q$$

이다. 따라서

$$g^k \equiv g^{S^{-1}H} g^{S^{-1}QT} \equiv g^{S^{-1}H}(g^Q)^{S^{-1}T} \equiv g^{S^{-1}H} y^{S^{-1}T} \bmod q$$

이고

$$T \equiv g^k \equiv g^{S^{-1}H} y^{S^{-1}T} (\bmod q) \bmod p$$

이다.

서명 과정에서 $T \equiv (g^k \bmod p) \bmod q$는 검증 과정에서 지수에 적용되므로 q를 법으로 연산을 한다. 서명 $S \equiv (H+QT)k^{-1} \bmod q$도 검증 과정의 지수에 적용되므로 q를 법으로 연산을 하게 된다. 따라서 T와 S의 크기는 모두 q보다 작으므로 엘가말 디지털 서명 방식보다 서명과 검증에 소요되는 연산량이 현저하게 줄어든다.

예제 16.2

$p=47$, $Q=8$, $g=14$ $q=23$으로 택하여 서명은 $M=17$의 디지털 서명 표준을 구성하여라. 단, 해쉬 함수는 항등 함수로 한다.

풀이 ① 서명자는 공개키 $y \equiv g^Q \bmod p$를 계산하여 공개한다.

$$y \equiv g^Q \bmod p \equiv 14^8 \equiv 7 \bmod 47$$

② 서명자는 $k=13$을 임의로 선택하여 $T \equiv (g^k \bmod p) \bmod q$를 계산한다.

$$T \equiv (g^k \bmod p) \bmod q \equiv 14^{13} \equiv (21 \bmod 47) \bmod 23$$

③ 서명자는 $k=13$의 역수인 $k^{-1} \equiv 16 \bmod q$를 계산하여, 서명값

$$S \equiv (H+QT)k^{-1} \bmod q \equiv (17+8 \cdot 21)16 (\bmod 23) \equiv 16 \bmod 23$$

을 만들어 문서와 함께 서명 $(M, S, T)=(17, 16, 21)$을 검증자에게 전송한다.

④ 수신자는 서명 $S=16$, 서명문 $M=17$ 그리고 $T=21$을 수신하여

$$T \equiv y^{S^{-1}T} g^{S^{-1}H} (\bmod p) \bmod q$$

의 성립 여부를 확인함으로써 서명을 검증한다.

$$R \equiv y^{S^{-1}T} g^{S^{-1}H} (\bmod p) \bmod q \equiv y^{S^{-1}T} g^{S^{-1}M} (\bmod p) \bmod q$$

$$\equiv 7^{13 \cdot 21} 14^{13 \cdot 17} \bmod 47 \bmod 23 \equiv 21 \bmod 47 \bmod 23$$

지수계산의 어려움을 이용한 RSA 서명(또는 암호)과 이산대수 계산의 어려움을 이용한 DSS 서명(또는 엘가말 암호)의 차이를 다시 한 번 생각해보자.

n과 a, b를 알더라도 $a^x \equiv b \bmod n$인 x나 $y^a \equiv b \bmod n$인 y를 알아내는 것은 거의 불가능하다. 앞의 경우 x를 지수라고 하며 RSA는 이 지수의 계산이 어렵다는 점을 이용한 서명(또는 암호)이다. 뒤의 경우 y를 이산대수 또는 이산로그라고 하며 DSS(엘가말)는 y 계산의 어려움을 이용한 서명(또는 암호)이다. 지수 또는 이산대수는 n의 소인수분해와 밀접한 관계가 있다. 보통의 경우 n은 적당한 소수 p와 q의 곱으로 된 수를 사용하는데, 지수계산이나 이산대수 계산은 n의 소인수분해와 어려운 정도가 같은 것으로 알려져 있다. 따라서 RSA 서명과 DSS의 안전성을 거의 비슷한 수준이다. 다만 서명과 검증 과정의 계산 용이성, 추후 검증 가능성 등은 서로 다른 장·단점을 가지고 있다.

17장 정보 보호

현대인들은 컴퓨터, 인터넷 그리고 이동통신이 발전된 지식 정보 사회에 살고 있으며, 전자상거래나 인터넷뱅킹 등도 일상적인 일이 되었다. 이러한 사회에서는 인터넷이나 무선네트워크와 같은 통신망을 통해 전달되는 개개인의 중요한 정보들이 안전하게 관리되어야 하는데, 바로 이것이 정보 보호이다. 정보 보호란 정보가 노출되거나 위조되는 것을 방지할 뿐만 아니라 통신환경에서 본인임을 인증하는 모든 과정을 총칭한다. 인터넷이 우리의 생활에 더욱 밀접해질수록 정보 보호의 문제는 현대 사회에서 가장 절실한 문제 중의 하나로서 매우 중요한 분야라고 할 수 있다.

17.1 정보 사회에서의 정보 보호

오늘날 우리사회에서 정보 통신에 대한 의존도는 지속적으로 증가되고 있다. 이미 정치, 경제, 사회, 문화 등 국민생활 전반에 신경계로서 자리 잡고 있다. 이런 현상은 국가발전을 촉진하는 새로운 원동력으로 자리매김하고 있다.

1) 정보 사회의 특징

정보 사회란 정보통신기술을 통해 인간의 보편적 생활의 기본 요소를 혁신적으로 변화시켜 정보의 처리, 축적, 활용을 통해 정보와 지식이 중요 가치로 인식되는 사회를 말한다.

정보 사회의 특징적 현상을 다음과 같이 설명할 수 있다.

- 전통 산업에 IT가 접목되어 생산성 향상, 고부가 가치산업 구조로 변환된다.
- 정보교환 및 의사소통이 활발하며, 인터넷의 정치적 영향력 증가된다.
- 수평적 의사소통의 활성화로 권위주의가 약화되고 다양성과 개방성이 증대된다.
- 온라인 쇼핑, 원격교육, 온라인 미디어 등의 급속한 확산으로 생활의 변화가 생긴다.

정보 사회에서 IT에 대한 의존도 더욱 증가되고 있다. 실제로 통신, 교통통제, 금융결재, 또한 방송시스템 등 다방면에서 IT가 사용된다. 유비쿼터스 기술에 의한 다양한 기반 및 접근 기술 증가된다.

그러나 그 폐해 또한 심각해서 인터넷의 확산에 따른 사이버 공간의 위협이 증가되고 있다. 인터넷의 익명성, 비대면성, 전파성, 시공간의 비 제약성으로 인해 현대인들은 사이버 공간에서의 활동을 더욱 확대하고 있다. 이러한 상황은 종종 우리에게 위협으로 돌아오기도 한다. 그러므로 사이버 윤리 및 법적 규제와 대응의 필요하다.

2) 정보 보호의 필요성

사회적 변화에서 정보 보호가 더욱 절실히 요구되고 있다.

① 유비쿼터스 시대에 개인 정보 노출된다.
- 가입 사이트별 개인 신상 및 사용 실적(쇼핑, 병원 등)이 기록으로 남는다.
- 개인 식별을 위한 주민등록번호 의존도 증가된다.

② 공격기술이 다양화 되며 점점 악성화 된다.
- 네트워크 마비, 서비스 방해, 크래킹, 바이러스, 웜, 스파이웨어 등이 있다.
- 악성루머 유포, 스팸메일 등의 폐해 또한 피싱 등 금융 관련 피해도 늘어난다.

③ 공격기술이 일반화 된다.
- 인터넷을 통한 빠른 공격과 그러한 기술이 전파된다.

④ 대책의 한계가 있다.
- 이러한 피해를 미리 예방하는 기술에는 분명히 한계가 있다.

⑤ 유비쿼터스 컴퓨팅 시대에 대비한 보안 대책 필요하다.
- 사생활 정보보호 필요성이 증대된다.

17.2 정보 사회에서의 정보 보호학

정보 보호학은 기초과학 지식을 기반으로 문제 분석 능력을 익히고 네트워크 보안, 시스템 보안, 암호 기술 및 보안 응용 분야 등에 대한 지식을 습득하는 영역이다.

1) 필요한 기초 지식

다음의 기초 지식을 필요로 한다.

① 컴퓨터 프로그래밍

컴퓨터 언어의 이해를 바탕으로 실용적인 프로그램을 작성할 수 있는 프로그래밍 기법이 필요하다. C 언어와 논리적인 문법을 배워서 여러 가지 실제 프로그램 응용에 적용하는 방법을 알며, 프로그램의 기본 소양이 요구된다.

② 인터넷 보안

인터넷 보안 프로토콜에 대한 지식이 필요하다. 네트워크와 인터넷의 접속을 제한하고 패킷을 filtering을 하는 firewall, 침입을 검출하는 침입탐지시스템의 기본 원리, 그리고 컴퓨터 바이러스의 분류와 치료의 원리를 안다.

③ **논리회로**

컴퓨터 시스템의 구성요소인 각 디지털 모듈의 동작 해석과 설계 방법을 안다.

④ **이산 수학**

수학 내용 중에서 이산 수학의 기본 개념을 컴퓨터와 연관 지어서 수학적인 내용과 프로그래밍 기법 등을 안다.

⑤ **컴퓨터 네트워크**

TCP/IP 프로토콜에 기반을 둔 컴퓨터 네트워크에 대한 기본 개념을 이해하고, FTP, HTTP 등의 각종 네트워크 관련 서비스의 동작 원리를 안다.

참고 정보 보호(information protection)와 정보 보안(information security)

두 용어 사이에 큰 차이가 있는 것은 아니지만 어느 정도 분별되는 점은 있다. 정보 보호는 개인이나 소규모 집단 등의 '사생활과 관련된 내용(비밀이어야 하는)' 등이 타인에게 알려져 개인의 명예나 금전적 손해가 발생하지 않도록 지킨다는 개념이다. 그러므로 개인정보 보호라는 용어가 일상적으로 사용된다. 한편 정보 보안은 개인보다는 기관이나 기업 등에서 '기밀을 요하는 내용'이 외부로 유출되는 것을 방지한다는 개념이다.

2) 정보 보호의 주요 내용

정보 보호의 주요 내용은 다음과 같다.

① 정보 보호 개요와 기술: 식별과 인증, 권한 부여, 접근 통제 기술, 부인 봉쇄 등

② 정보 보호 대책과 평가

- 관리적 대책: 정보 보호 정책, 위험 관리 및 분석, 위험 분석 방법론
- 운영적 대책: 물리적·환경적 보안, 정보 시스템 비상 계획, 인적 보안

③ 암호 이론: 암호의 필요성, 암호의 역사, 암호화의 개념, 암호화. 특히 치환 암호알고리즘, 대칭키와 공개키 암호 알고리즘

④ 키 분배와 해쉬 함수: 암호키 분배, 키 분배 및 관리, 해쉬 함수, 공개키 기반 구조

⑤ 해킹과 정보 보호: 해킹의 4단계, 해킹 수법, 해킹 현황 및 사례, 해킹 유형

UNIX 시스템에서의 버그, FTP 프로토콜 취약성에 의한 버그

⑥ 해킹 공격과 대응책: 유닉스 해킹, 윈도우즈 해킹, 네트워크 해킹
- 유닉스 해킹: SetUID 공격, 유닉스 백도어 공격
- 윈도우즈 해킹: 시스템 정보 수집 해킹 공격, 패스워드 공격
- 네트워크 해킹: 네트워크 통신 취약점 공격, 스캐닝 공격, 스니핑 공격

⑦ 시스템 보안: 유닉스 시스템 보안, 유닉스 프로세스 보안

⑧ 침입 탐지 시스템: 침입 탐지 시스템의 분류, 탐지 방법론, 침입 탐지 모델

⑨ 컴퓨터 바이러스: 바이러스의 개요 및 종류, 감염 증상, 바이러스의 주기와 역사, 전파 경로, 바이러스의 특징

⑩ 통신과 네트워크 보안: 통신과 네트워킹 보안 개요와 보안 문제, 개방형 시스템 상호 연결 모델, TCP/IP, 네트워크 장비, 인트라넷

⑪ 인터넷 보안: IPSec 프로토콜, SSL/TLS 프로토콜, WAP 프로토콜, WTLS 프로토콜

⑫ 네트워크 보안 시스템: 침입 차단 시스템의 개념, 주요 기능 및 구성요소
- 침입 차단 시스템 구현, 침입 차단 시스템 특징, 평가 기준, 특징과 향후 전망, 가상 사설망의 개요, 특징, 구성 요소, 기능 및 분류

⑬ 전자상거래와 전자 지불 및 전자 화폐 시스템:
- 전자상거래의 개요, 구성요소 및 보안 사항, 전자 지불 시스템, 전자 화폐 시스템
- 전자 지불 보안 기술

⑭ 웹과 전자 우편 보안:
- 웹 보안 개요, 웹 서버 보안 취약점, 웹 서버 설치 호스트 보안 및 관리
- 전자 우편 보안 개요, 전자 우편 취약점

17.3 정보 보안

보안(security)이란, 자산의 본 가치가 손상되지 않도록 위협으로부터 자산을 보호하는 방법을 총칭한다. 그중에서 **정보 보호**란 각종 정보데이터 및 전산망에서의 자원들을 불법적인 노출, 변조, 파괴, 서비스지체로부터 보호하는 것을 말한다. 그러므로 내부 또는 외부의 침입자에 의해 행해지는 각종 정보의 파괴, 변조 및 유출 등과 같은 정보

범죄로부터 중요한 정보를 보호하는 것을 기본 목표로 한다.

1) 정보 보안의 3대 요소

정보 보안의 3대 요소로 기밀성, 무결성, 가용성이 있다.

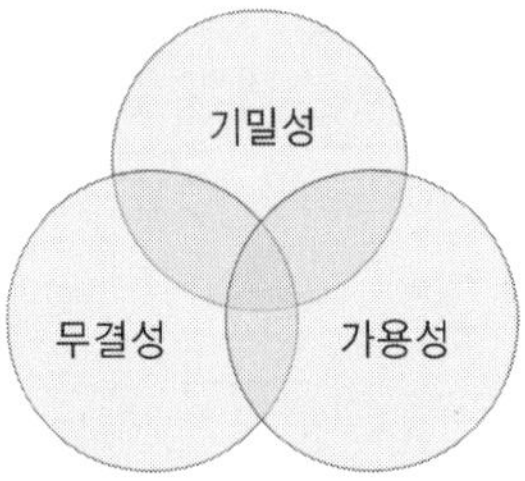

① **기밀성**(confidentiality)

- 권한이 허락된 사용자만이 정보에 접근할 수 있다는 것이다.
- 정보의 소유자가 원하는 대로 비밀이 유지되어야 한다.
- 제3자나 프로세스에게 정보가 노출되지 않아야 한다.
- 기밀성은 위조(forgery)와 가로채기(interception)와 같은 공격을 받는다.

그러므로 기밀성을 보장하기 위해, 접근통제나 암호화 등이 마련되어야 한다. 또한 방화벽, 암호, 패스워드 등을 사용한다.

② **무결성**(integrity)

권한을 허락받은 사용자만이 허락된 방법으로 정보를 변경할 수 있다는 것이다.

- 제3자에 의한 정보의 변경, 삭제, 생성이 방지되어야 한다.
- 이로써 정보의 정확성과 완전성 보장되어야 한다.
- 무결성은 변조(falsification)와 같은 공격을 받는다.

그러므로 무결성을 보장하기 위해 물리적 통제, 접근 통제 또는 인증 등이 필요하다.

③ **가용성**(availability)

권한을 부여받은 사용자가 항상 적합한 방법으로 사용할 수 있어야 한다.

- 정보시스템은 적절한 시간에 적합한 방법으로 작동되어야 한다.
- 정당한 방법으로 권한이 주어진 사용자에게 정보서비스를 거부해서는 안 된다.
- 가용성은 가로막기(interruption)와 같은 공격을 받는다.

그러므로 가용성을 보장하기 위해 데이터 백업, 중복 유지 또는 물리적 위협으로부터 보호 등이 요구된다.

2) 정보 보안의 공격

정보 보안의 **취약성**(vulnerability)이란 안전장치의 부재 또는 미비를 말한다. 여기에는 물리적(잠그지 않은 문, 고장 난 시스템), 하드웨어/소프트웨어(업데이트되지 않은 바이러스 백신 소프트웨어), 통신(암호화 되지 않은 프로토콜) 등이 있다.

정보 보안의 **위협**(threat)이란 시스템이나 통신망에 피해를 입힐 수 있는 활동을 말한다. 여기에는 자연적(화재, 홍수, 지진, 정전), 부주의(사전 지식이 없는 사용자에 의한 사고), 고의(공격자, 테러리스트, 산업스파이, 악성코드) 등이 있다.

정보 보호를 위협하는 몇 가지 요인으로 다음의 것들이 있다.

① 데이터 도청(interception): 가로채기

- 네트워크 장비 등을 이용하여 중간에 정보를 빼내어 비밀을 침해하는 수법이다.
- A와 B의 통신 과정에서 제3자가 도청하는 것을 말한다.
- 이와 같이 통신망에 흘러 다니는 정보를 엿듣는 행위를 스니핑(sniffing)이라고 한다. sniff는 '코를 킁킁거리다', '냄새를 맡다'라는 뜻인데, 몰래 숨어서 다른 사람의 대화를 듣는 간단한 방법으로부터 시작해서 첨단 장비를 사용하여 데이터를 가로채는 것까지 모두 sniffing에 속한다.
- 이러한 위협을 막기 위해 필요한 보안 요소가 **비밀성(암호화)**이다.

② 데이터 가로막기(interruption): 정보 차단

- 정보가 어떤 이유로 인해 분실되거나 목적지에 도착하지 못하는 경우이다.
- A가 B에게 정보를 전송할 때 제3자가 데이터 전송을 차단한 것이다.
- 이러한 위협을 막기 위해 필요한 보안 요소가 **가용성**이다.

③ 데이터 변조(modification)

- A가 B에게 전송할 정보를 제3자가 중간에서 가로채서 정보를 변조하여 원래의 것과는 다른 정보를 B에게 전송하는 경우이다.
- 정보의 일관성(integrity)을 침해할 수 있는 위협이 된다.

• 이러한 위협을 막기 위해 필요한 보안 요소가 **무결성**이다.

④ **데이터 위조(fabrication)**

• 제3자가 A가 보낸 것처럼 정보를 위조하여 B에게 전송하는 경우이다.

• 허가되지 않은 사용자가 허위 정보를 삽입하거나 시스템에 거짓 자료를 보내는 경우이다.

• 이와 같이 송신자 신분을 위조하는 공격을 스푸핑(spoofing)이라고 한다. spoofing은 '속여 넘기다', '눈속임을 하다'라는 뜻인데, IP 주소를 속여 실제 사용자인 것처럼 위장하여 패스워드 없이 데이터에 접근하는 것이다.

• 이러한 위협을 막기 위해 필요한 보안 요소가 **인증**으로서, 전송 주체가 되는 송·수신자 간에 상대방이 실제로 신고된 바로 그 대상인지를 판단하는 과정이다.

⑤ **불법 접근(illegal access)**

• 정상적으로 허락되지 않은 사용자가 접근하는 것을 말한다.

• 이러한 위협을 막기 위해 필요한 보안 요소가 **인가**로서, 컴퓨터 자원에 대해서 정당한 접근 권한을 부여하고 관리하는 절차가 있다.

⑥ **데이터 송·수신 부인(non-repudiation)**

• 데이터를 송·수신하였을 때, 송·수신한 사실 자체를 부인, 부정하는 행위이다.

• 이러한 위협을 막기 위해 필요한 보안 요소가 **부인방지**로서, 데이터의 송·수신자가 송·수신했다는 사실을 부인하지 못하게 하는 절차이다.

⑦ **서비스 방해**

• 의미 없는 서비스 요구를 필요 이상으로 빈번히 발생시켜 서버가 정상적인 서비스를 수행하지 못하도록 방해한다.

• 이러한 위협을 막기 위해 필요한 보안 요소가 **가용성**이다.

17.4 보안과 해킹

해킹(hacking)의 사전적 의미는 타인의 컴퓨터 시스템에 무단 침입하여 정보를 빼내거나 프로그램을 파괴하는 일을 말한다. 그러나 hack이라는 말은 1948년에 MIT의 모형 기차 제작 동아리인 TMRC(Tech Model Railroad Club)에서 전기 기차, 트랙, 스위치를 보다 빠르게 조작한다는 의미로 처음 사용되었다. 기차를 잘 움직이게 하고자 노력하던 중에 컴퓨터를 연구하게 되었고, 그러던 것이 오히려 컴퓨터를 개발하는 연구 방향으로 변경되었다. 오늘날 hack라는 용어는 컴퓨터와 관련된 것으로 사용되고 있다.

1) 해킹의 경향

오늘날 해킹의 경향은 다양성, 분산화 그리고 사회공학으로 설명할 수 있다.

① 다양성 경향

피해 분야가 PC나 서버 시스템, 네트워크 시스템, 휴대폰, 기타 전자기기 등 다양하다. 특정 호스트에서 네트워크나 도메인 전체 또는 불특정 다수를 대상으로 한다.

② 분산화 경향

여러 개의 PC를 이용해 분산 서비스 거부 공격(DDoS, Distributed Denial of Service)을 한다. 이것은 직접 공격이 아닌 우회 공격의 형태이다.

③ 사회공학적 경향

기술이 아닌 사람의 심리, 느낌, 감정 등 인간이 갖고 있는 취약점을 이용한 공격이다. 예를 들어 보이스 피싱(voice phishing) 공격이 이에 해당한다.

2) 보안 주요 문제들

① 키보드 보안

사용자의 키보드 입력 정보를 도청한다. 주로 주민등록번호, 계좌번호, ID, 비밀번호 등을 도청한다.

② 해킹

- 컴퓨터 통신망을 통하여 사용이 허락되지 않은 다른 컴퓨터에 불법으로 접속한다.
- 저장되어 있는 정보 또는 파일을 빼내거나 마음대로 바꾸어 놓기도 한다.
- 심지어 컴퓨터 운영체제나 정상적인 프로그램을 손상시키는 전반적인 행위를 말한다.

- 윈도우가 실행되지 않는 경우
- 이유 없이 프로그램 실행속도가 저하되고 시스템이 자주 멈출 경우
- PC 사용 중 비정상적인 그림, 메시지, 소리 등이 나타날 경우
- 사용자 의사와 관계없이 프로그램이 실행되거나 주변 장치가 스스로 움직일 경우
- 특정 폴더(특히 공유 폴더)에 알 수 없는 파일이 생길 경우

② 바이러스의 분류

- 감염 기종에 따라 분류: 애플(Apple) II 바이러스, IBM-PC 바이러스, 매킨토시(Macintosh) 바이러스
- 감염되는 부위에 따라 분류: 부트 바이러스(boot virus), 디스크의 가장 처음 부분인 부트 섹터(boot sector)에 감염
- 파일 바이러스(file virus): 일반 프로그램에 감염, 부트/파일 바이러스(boot/file virus), 부트 섹터와 프로그램 모두에 감염

③ 바이러스 예방과 제거

- 컴퓨터의 보안 업데이트가 자동으로 실행될 수 있도록 설정한다.
- 백신 프로그램 또는 개인 방화벽 등 보안 프로그램을 설치 운영한다.
- 불법 복사를 하지 않고 정품만을 사용한다.
- 중요한 프로그램이나 자료는 수시로 백업(backup)한다.
- 쉐어웨어나 새로운 프로그램을 사용할 때는 항상 복수의 최신 버전 백신 프로그램을 사용하여 검사하고, 정기적으로 모든 디스크를 검사한다.
- 눈에 뛰는 제목의 전자메일을 경계한다. 'The most important thing' 등의 제목이나 자극적인 설명이 붙은 파일은 바이러스가 감염되어 있을 가능성이 높다.

2) 악성 프로그램

일반적으로 **악성 코드**(malicious code)란 제작자가 의도적으로 사용자에게 피해를 주고자 만든 악의적 형태의 프로그램이다. 컴퓨터 시스템을 파괴하거나 작업을 지연 또는 방해하는 프로그램을 말한다.

① 웜

벌레라는 뜻의 웜(worm)은 컴퓨터에서 컴퓨터로 전해지는 벌레, 그리고 벌레의

증식과 같은 것을 의미한다.

- 실행코드 자체로 번식하는 유형을 말하며 주로 PC상에서 실행된다.
- 웜과 바이러스는 감염대상을 가지고 있는가와 자체 번식능력이 있는가에 따라 분류한다.

② **트로이목마**

- 해킹 기능을 가지고 있어 인터넷을 통해 감염된 컴퓨터의 정보를 외부로 유출하는 악성 프로그램이다.
- 트로이목마라는 이름은 그리스와 트로이의 전쟁 때 사용한 목마를 비유한 것이다. 그리스 군이 거대한 목마를 만들어 그것을 아테나 여신에게 바치는 선물이라고 속이자 트로이 군이 목마를 받아 성안으로 끌고 들어왔다. 그 안에 숨어있던 그리스 군이 일제히 공격하여 트로이를 멸망시켰는데, 이와 같이 악성 프로그램이 사용자 몰래 숨어든다는 의미를 갖고 있다.

③ **스파이웨어(spyware)**

- 스파이(spy)와 악성 프로그램인 소프트웨어(software)의 합성어이다.
- 컴퓨터 사용자 모르게 또는 동의 없이 컴퓨터에 설치되어, 사용자의 정보를 몰래 가로채가는 악성 프로그램이다. 심한 경우는 패스워드와 같은 중요 정보를 훔쳐가기도 한다.

3) 피싱, 파밍, 스미싱

인터넷 상의 신종 사기수법으로 잘 알려진 피싱, 파밍, 스미싱을 알아보자.

① **피싱(phishing)**

개인정보(privacy)와 낚시(fishing)의 합성어이다. 개인정보를 불법으로 사용하기 위한 악성 소프트웨어로서, 주로 이메일을 통해 이루어진다. 우선 은행 또는 전자상거래 업체의 홈페이지와 동일하게 보이는 위장 홈페이지를 만든다. 그 후 인터넷 이용자들에게 유명 회사를 사칭하는 전자메일을 보내, 위장 홈페이지에 접속하도록 유인하여 계좌번호, 주민등록번호 등의 개인정보를 입력하도록 유도한다. 이를 이용해 금융사기를 일으키는 신종 사기 수법이다.

② **파밍(pharming)**

합법적으로 소유하고 있던 사용자의 도메인을 탈취하거나, 악성코드를 통해 도메인의 이름을 변경시켜서 사용자가 진짜로 오인하도록 하여 개인 정보를 탈취하는 수법이다.

③ **스미싱(smishing)**

문자(SMS)와 피싱(phishing)의 합성어이다. 문자메시지로 대형 기업을 사칭해 접속을 유도한 뒤 개인 정보를 빼내는 수법이다. 스미싱으로 온 문자메시지에 링크된 사이트를 접속하도록 하여 소액 결재나 정보가 유출되도록 한다.

연습문제 정답 및 해설

2장 고전 암호

01

A	B	C	D	E	F	G	H	I	J	K	L	M	N	O	P	Q	R	S	T	U	V	W	X	Y	Z
X	Y	Z	A	B	C	D	E	F	G	H	I	J	K	L	M	N	O	P	Q	R	S	T	U	V	W

그러므로 암호문 QHYHUWUXVWEUXWXV의 원래 메시지는 NEVER TRUST BRUTUS이다. 암호를 먼저 확인했다면 부르트스의 음모를 피할 수 있지 않았을까.

03 스키데일 암호

스키테일: 오래전에 암호를 작성하는 데 사용되었던 도구이다.

05 A. 수학은 참 재미있어. B. 나도 그렇게 생각해. C. 암호에는 수학이 필요해.

06 키워드: 애니그마(enigma), 독일, 제2차 세계대전, 콜로서스(colossus), 알란 튜링, 에니악(eniac)

4장 암호를 위한 기초 현대대수

01 (a) $ab = ba$, 즉 곱셈에 관한 교환법칙

(b) 곱셈에 관한 항등원, 즉 임의의 원소 $a \in R$에 대해 $a \cdot 1 = a$가 되는 1

(c) 곱셈에 관한 역원을 갖는 원소, 즉 원소 $a \in R$에 대해 적당한 원소 $b \in R$이 존재하여 $a \cdot b = 1$가 되는 원소 a를 말한다.

(d) 0이 아닌 원소로서 0이 아닌 또 다른 원소와 곱하여 0이 되도록 만드는 원소이다. 다시 말해서 $0 \neq a, b \in R$일 때 $ab = 0$이 될 때 a를 영인자라고 부른다.

5장 공개키 암호시스템

01 $4757 = n = pq$라고 하면,

$$\phi(4757) = 4620 = (p-1)(q-1) = pq - (p+q) + 1 = 4757 - (p+q) + 1$$

이므로 $p+q = 138$이다. 따라서 p와 q는 이차방정식 $x^2 - 138x + 4757 = 0$의 근이다. 따라서 $p,q = 71, 67$가 된다.

02 $\sigma(n) = pq + p + q + 1 = n + p + q + 1$이므로 $p + q = \sigma(n) - n - 1 = 1060$이다.

그러므로 이차방정식 $(x-p)(x-q) = x^2 - (p+q)x + pq = x^2 - 1060x + 280171$의 근은

$p, q = 530 \pm \frac{1}{2}\sqrt{1060^2 - 4(280171)} = 530 \pm 27 = 503,\ 557$이다.

03 $\phi(n) = 16 \cdot 82 = 1312$이다. 유클리드 알고리즘에 의해 법 1312에 대한 e의 역원은

$d \equiv e^{-1} \equiv 835^{-1} \equiv 11 \pmod{1312}$이다.

그러므로 A의 핀 수는 $M \equiv C^d \equiv 2^{11} \equiv 2048 \equiv 637 \pmod{1411}$이다.

04 $\sigma(n) = \sigma(pq) = (p+1)(q+1) = pq + p + q + 1 = 51809 + p + q + 1 = 52416$이므로 $p + q = 606$이다. 그러므로 p와 q는 이차방정식

$(x-p)(x-q) = x^2 - (p+q)x + pq = x^2 - 606x + 51809 = 0$의 근이다.

따라서 $p,q = 606 \pm \frac{\sqrt{606^2 - 4(51809)}}{2} = 303 \pm 200 = 103,\ 503$이다.

7장 정수방정식 풀이

01 x, y, z의 계수와 항등식을 행렬로 표현한다.

$$\begin{bmatrix} 20 & 44 & 50 & 10 \\ 17 & 13 & 11 & 19 \\ 1 & 0 & 0 & \\ 0 & 1 & 0 & \\ 0 & 0 & 1 & \end{bmatrix}$$

3열에 −1을 곱하고 1열에 더하고, 또한 3열에 −1을 곱하여 2열에 더한다.

$$\begin{bmatrix} -30 & -6 & 50 & 10 \\ 6 & 2 & 11 & 19 \\ 1 & 0 & 0 & \\ 0 & 1 & 0 & \\ -1 & -1 & 1 & \end{bmatrix}$$

2열에 (-3)을 곱하고 1열과 더하고, 2열에 -5을 곱하고 3열과 더한다.

$$(18, -6, 0, -3, 3)\ \ (30, -10, 0, -5, 5) \qquad \begin{bmatrix} -12 & -6 & 80 & 10 \\ 0 & 2 & 1 & 19 \\ 1 & 0 & 0 & \\ -3 & 1 & -5 & \\ 2 & -1 & 6 & \end{bmatrix}$$

3열에 (-2)를 곱하여 2열에 더한다.

$$(-160, -2, 0, 10, -12) \qquad \begin{bmatrix} -12 & -166 & 80 & 10 \\ 0 & 0 & 1 & 19 \\ 1 & 0 & 0 & \\ -3 & 11 & -5 & \\ 2 & -13 & 6 & \end{bmatrix}$$

1열에 (-14)를 곱하여 2열에 더하고, 1열에 6을 곱하여 3열에 더한다.

$$(168, 0, -14, 42, -28)\ \ (-72, 0, 6, -18, 12) \qquad \begin{bmatrix} -12 & 2 & 8 & 10 \\ 0 & 0 & 1 & 19 \\ 1 & -14 & 6 & \\ -3 & 53 & -23 & \\ 2 & -41 & 18 & \end{bmatrix}$$

2열에 6을 곱하여 1열에 더하고, 2열에 (-4)를 곱하여 3열에 더한다.

$$(12, 0, -84, 318, -246)\ \ (-8, 0, 56, -212, 164) \begin{bmatrix} 0 & 2 & 0 & 10 \\ 0 & 0 & 1 & 19 \\ -83 & -14 & 62 & \\ 315 & 53 & -235 & \\ -244 & -41 & 182 & \end{bmatrix}$$

따라서

$$\begin{array}{c} \\ \\ \\ x \\ y \\ z \end{array}\begin{array}{c} \begin{array}{ccc} u & v & w \end{array} \\ \begin{bmatrix} 0 & 2 & 0 & 10 \\ 0 & 0 & 1 & 19 \\ -83 & -14 & 62 & \\ 315 & 53 & -235 & \\ -244 & -41 & 182 & \end{bmatrix} \end{array}$$

로부터 $2v=10$ (즉, $v=5$), $w=19$이며,

$$\begin{cases} x=-83u-14v+62w &= -83u-70+1178 &= -83u+1108 \\ y=315u+53v-235w &= 315u+265-4465 &= 315u-4200 \\ z=-244u-41v+182w &= -244u-205+3458 &= -244u+3253 \end{cases}$$

이 되어서, 연립방정식의 일반해는 $(x,y,z)=(-83u+1108,\ 315u-4200,\ -244u+3253)$ $(u,v,w\in\mathbb{Z})$이다. 이 값을 연립방정식에 대입하여 정확한 근이 됨을 확인할 수 있다.

$u=0$일 때, $(x,y,z)=(1108, -4200, 3253)$

$u=1$일 때, $(x,y,z)=(1025,-3885,3009)$

04 $(29/53)(53/29)=(-1)^{\frac{29-1}{2}\cdot\frac{53-1}{2}}=(-1)^{14\cdot\frac{53-1}{2}}=1$이므로,

$(29/53)=(53/29)=(24/29)=(2^3/29)(3/29)=(2/29)(3/29)=-1\cdot-1=1$이다. 따라서 근을 갖는다.

05 방정식 $x^2\equiv 2(\text{mod }15)$을 $x^2\equiv 2(\text{mod }3)$와 $x^2\equiv 2(\text{mod }5)$로 나누어 생각한다.

(a) $\left(\frac{-1}{45}\right)=\left(\frac{-1}{3}\right)\left(\frac{-1}{3}\right)\left(\frac{-1}{5}\right)=\left(\frac{-1}{5}\right)=(-1)^{\frac{5-1}{2}}=1$

(b) $\left(\frac{2}{15}\right)=\left(\frac{2}{3}\right)\left(\frac{2}{5}\right)=(-1)^{\frac{3^2-1}{8}}(-1)^{\frac{5^2-1}{8}}=1$

(c) $\left(\frac{2}{15}\right)=\left(\frac{2}{3}\right)\left(\frac{2}{5}\right)=(-1)(-1)^3=1$

이다. 그러나 $\left(\frac{2}{3}\right)=-1$, $\left(\frac{2}{5}\right)=(-1)^3=-1$이므로 두 이차합동식 $x^2\equiv 2(\text{mod }3)$와 $x^2\equiv 2(\text{mod }5)$는 모두 해를 가지지 않는다. 따라서 이차합동식 $x^2\equiv 2(\text{mod }15)$는 해를 가지지 않는다.

8장 라빈 암호와 루카스 암호

01 공개키는 77이고 비밀키는 $\{7,11\}$이다. 암호문은 $M^2=10^2\equiv 23(\text{mod }77)$이다. 복호화할 때는 비밀키 $p=7$, $q=11$를 사용하여 이차 연립합동식

$$\begin{cases} M^2\equiv 23\equiv 2\equiv 3^2(\text{mod }7) \\ M^2\equiv 23\equiv 1\equiv 1^2(\text{mod }11) \end{cases}$$

의 해를 구한다. 여기서 $p\equiv q\equiv 3(\text{mod }4)$이므로, 정리를 사용하여 해를 구하면

$$M\equiv\begin{cases} \pm 23^{\frac{7+1}{4}}\equiv\pm 2^2\equiv\pm 4(\text{mod }7) \\ \pm 23^{\frac{11+1}{4}}\equiv\pm 1^3\equiv\pm 1(\text{mod }11) \end{cases}$$

이다. (참고: $p\not\equiv 3$이거나 $q\not\equiv 3(\text{mod }4)$인 경우에는 일반적인 풀이 방법으로 한다.) 4개의 연립방정식을 구성할 수 있으며 중국인의 나머지 정리를 사용하면

$$M\equiv 67,\ 32,\ 45,\ 10\ (\text{mod }77)$$

이 된다. 그런데 실제로 $67\equiv-10(\text{mod }77)$이며 $45\equiv-32(\text{mod }77)$이므로 이차합동식 $M^2\equiv 23(\text{mod }77)$의 해는 다음의 4개이다.

$$M\equiv\pm 32,\ \pm 10(\text{mod }77)$$

이 중 메시지 $M=10$이 있음을 알 수 있다.

02 〈키생성〉 $p=97$, $q=113$이라고 하자. $(p^2-1)(q^2-1)=120121344$이므로

$$\gcd(e,(p^2-1)(q^2-1))=1$$

인 e를 37로 선택하자. 또한 $ed\equiv 1(\bmod (p^2-1)(q^2-1))$을 계산하자.

$$120121344=37(3246522)+30$$

$$37=30(1)+7$$

$$30=7(4)+2$$

$$7=2(3)+1$$

이므로

$$\begin{aligned}1&=7-(30-7\cdot 4)3=7(13)+30(-3)(37-30)(13)+30(-3)\\&=37(13)+30(-16)=37(13)+(120121344-37(3246522))(-16)\\&=37(13+51944352)+120121344(-16)\end{aligned}$$

이다. 따라서

$$37^{-1}\bmod(120121344)=51944365=d$$

이다. $n=97\cdot 113=10961$와 $e=37$는 공개키이며, $p=97$, $q=113$ 그리고 $d=51944365$는 비밀키이다.

메시지 $M=1871$를 암호화하면

$$\begin{aligned}M'&=V_e(M,1)\ (\bmod n)=V_{37}(1871,1)\\&=a^{37}+b^{37}(\bmod 10961)=1727(\bmod 10961)\end{aligned}$$

이다.

$$D=M^2-4=1871^2-4=3500637$$

이므로

$$(D/p)=(3500637/97)=1,\ (D/q)=(3500637/113)=-1$$

이다. 또한 $p-1=96$과 $q+1=114$로부터

$$d\equiv 13(\bmod 96),\ d=37\ (\bmod 114)$$

가 되어 복호화 $V_d(M',1)\bmod n=M$를 계산하면 된다. 다시 말해서

$$\begin{cases}V_{51944365}(1727,1)=V_{13}(1727,1)=28\ (\bmod p)\\V_{51944365}(1727,1)=V_{37}(1727,1)=47\ (\bmod q)\end{cases}$$

를 얻고, 여기에 중국인의 나머지 정리를 적용하면

$$M = V_{51944365}(1727,1)$$

$$= 28(113)(113^{-1}\text{mod } 97) + 47(97)(97^{-1}\text{mod } 113)$$

$$= 1871\text{mod}(97 \cdot 113)$$

참고 여기서는 $(D/p) = -1$이거나 $(D/q) = 1$를 해보았지만, 실제로 해독하기 전에는 M를 알지 못하므로 나머지 세 가지 경우를 다 계산해 보아야 한다.

11장 암호 공격

01 $$0+\cfrac{1}{\cfrac{8927}{2621}} = 0+\cfrac{1}{3+\cfrac{1}{\cfrac{2621}{1064}}} = 0+\cfrac{1}{3+\cfrac{1}{2+\cfrac{1}{\cfrac{1064}{493}}}} = 0+\cfrac{1}{3+\cfrac{1}{2+\cfrac{1}{2+\cfrac{1}{\cfrac{493}{78}}}}}$$

$$= 0+\cfrac{1}{3+\cfrac{1}{2+\cfrac{1}{2+\cfrac{1}{6+\cfrac{1}{\cfrac{78}{25}}}}}} = 0+\cfrac{1}{3+\cfrac{1}{2+\cfrac{1}{2+\cfrac{1}{6+\cfrac{1}{3+\cfrac{1}{\cfrac{25}{3}}}}}}}$$

$$= 0+\cfrac{1}{3+\cfrac{1}{2+\cfrac{1}{2+\cfrac{1}{6+\cfrac{1}{3+\cfrac{1}{8+\cfrac{1}{\cfrac{3}{1}}}}}}}}$$

02 $$C_3 = <1;2,3,1> = 1+\cfrac{1}{2+\cfrac{1}{3+\cfrac{1}{1}}} = \frac{13}{9}$$

$$C_4 = <1;2,3,1,5> = 1+\cfrac{1}{2+\cfrac{1}{3+\cfrac{1}{1+\cfrac{1}{5}}}} = \frac{75}{52}$$

03 생일 파라독스

상황: 갑돌이 반에는 모두 50명이 있다. 갑돌이는 자기의 생일이 같은 반 친구인 길동이의 생일과 하루 차이인 것을 알았다.

"야! 정말 신기하다. 어떻게 우리 생일이 하루 차이냐!"

"그럼 우리 반에 같은 생일을 가진 친구들이 있을까?"

이를 놓고 갑돌이와 길동이는 언쟁을 벌이다가 내기를 하기로 했다. 갑돌이는 생일이 일치할 확률이 거의 없다는 쪽으로 내기를 걸었다. 과연 그럴까?

갑돌이 생각: 1년은 365일이므로 365명 이상이면 생일이 일치할 사람이 생기겠지만, 50명 밖에 없으므로 확률은 365분의 50이 되어, 생일이 같은 사람이 있을 가능성이 반(50 %)도 안 된다고 생각하면서 "생일이 같은 사람이 있다는 쪽에 내기를 걸 사람은 없다"고 단언한 것이다.

문제의 해결: **생일 패러독스**(birthday paradox)라는 이름으로 잘 알려진 문제인데, 결과를 먼저 보면 생일이 같은 학생이 없을 확률은 겨우 3 %밖에 안 된다. 즉 생일이 같은 사람이 있을 확률이 무려 97 %나 된다.

50명 중 1번 학생이 365일 중 어느 한 날이 생일이다. 2번 학생이 1번 학생과 생일이 다르려면 그 날짜를 제외한 364일 중 하루를 선택해야 한다. 즉 확률은

$$\frac{365-1}{365}=1-\frac{1}{365}$$

이다. 3번 학생이 1, 2번 학생과 생일이 다르려면 역시 앞의 두 날짜를 제외한 363일 중 하루가 생일이어야 한다. 확률은

$$\frac{365-2}{365}=1-\frac{2}{365}$$

다. 서로 다른 날짜를 골라 50번째 학생이 앞의 49명과 다른 날짜를 고를 확률은

$$1-\frac{49}{365}$$

이다. 이렇게 50명 모두의 생일이 다를 확률, 즉 365일 중 서로 다른 날짜를 뽑을 확률은

$$(1-\frac{1}{365})(1-\frac{2}{365})(1-\frac{3}{365})\cdots(1-\frac{49}{365})=\frac{364}{365}\cdot\frac{363}{365}\cdots\frac{316}{365}\approx 0.029626$$

이다. 즉 확률은 2.9 %로서 50명 학생이 있을 때 생일이 같은 사람이 있을 확률은 1에서 이를 뺀 값이다. 즉, $1-2.9\approx 97.1$로서 무려 97 %가 넘는다.

실제로 학생 수가 단지 16명만 있어도 생일이 같은 학생이 있을 확률이 30 %나 된다. 또한 학생이 23명만 있어도 최소한 2명의 생일이 같을 확률이 50 %가 넘는다. 학생 수가 30명이라

면 생일이 같은 학생이 2명 이상 있을 확률은 약 70 %가 된다.
이 확률은 반 학생 수가 증가함에 따라 급속히 높아진다. 60명 이상이면 생일이 같아질 확률은 무려 99 %에 달하지만, 확률이 100 %가 되려면 367명 이상의 학생이 있어야만 한다. 23명이 있는 경우, 그들 중의 어느 누군가의 생일이 일치할 확률이 무려 50 %가 넘으며, 60명 이상이 있는 경우 생일이 일치하는 두 사람이 있을 확률이 무려 99 %에 달한다는 것은 언뜻 보면 납득하기 어려운 일로서, 패러독스의 한 예제이다.

수학 계산: $(1-\frac{1}{365})(1-\frac{2}{365})\cdots(1-\frac{49}{365})=\frac{364}{365}\cdot\frac{363}{365}\cdots\frac{316}{365}\approx 0.029626$은 어떻게 계산할 수 있을까? 예를 들어서 50명이 있으면

$$\frac{364\cdot 363\cdot \cdots \cdot(365-50)}{365^{50}}$$

을 계산해야 하는데, 365^{50}은 무려 129자리가 되는 무척 큰 수 있다. 365일 중에 날짜를 50개 순서대로 뽑을 때 서로 다른 50일이 순서대로 뽑힐 확률을 계산하는 것이다. 서로 다른 날자 50개가 뽑히는 가짓수는 순열 ${}_{365}P_{50}$이다. 따라서 확률은

$$\frac{{}_{365}P_{50}}{365^{50}}$$

이다. $\frac{{}_mP_n}{m^n}$의 근사식이 $\exp\left(\frac{-n^2}{2m}\right)$임을 사용하면

$$\frac{{}_{365}P_{50}}{365^{50}}=\exp\left(-\frac{50^2}{2\cdot 365}\right)=\exp\left(-\frac{50^2}{2\cdot 365}\right)=\exp(-3.42466)\approx 0.03$$

로서 앞서 계산한 0.029와 거의 근삿값으로 동일하다.

생일 공격: 이것은 논리적인 모순을 이끌어내는 것이 아니라 점에서 패러독스는 아니지만, 이것을 생일 패러독스라고 부르는 이유는 수학적 진리가 우리들의 순진한 직관에 모순이 되는 것처럼 보이기 때문이다. 대부분의 사람들은 50명 학생들 중의 생일이 겹쳐질 확률이 50 %도 안 된다고 생각한다. 이러한 계산 뒤에 있는 수학은 birthday attack이라고 불리는 잘 알려진 암호 공격을 구현하는 데 사용된다.

암호 프로토콜에서는 해쉬 함수라는 것이 많이 쓰인다. 이 함수는 임의의 비트 길이의 메시지를 160비트 정도로 줄여주는 함수이다. 이 함수에 대한 기본적인 공격으로 이 문제를 이용한 '생일 공격(birthday attack)'이란 것이 있다. 같은 함수 값을 갖는 두 메시지를 찾는 공격이다. 매우 단순하다. 위의 '생일 패러독스'를 여기에 적용시키면, 2^{80}개의 랜덤한 메시지를 갖고 있으면 그중에 함수 값이 같은 두 메시지가 있을 확률이 그렇지 않을 확률보다 더 높다. 따라서 160비트 해쉬 함수의 경우 최상의 security는 2^{80}이라고 할 수 있다.

04 과연 몇 명쯤 예상했는지? 1000명? 100명? 1000000000000000명? 하지만 정답은 23명이다. 어떻게 이런 일이 벌어진 것일까? 다시 말해서 축구장에서 경기하고 있는 23명(선수 22명, 심판 1명) 중에서 생일이 같은 두 사람이 있을 확률은 50 %가 조금 넘는다. 이것은 엄밀한 수학적 논리로 증명된 것이기에, 반박의 여지가 없다.

확률이 예상보다 이렇게 크게 나오는 이유는 '경우의 수'가 크기 때문이다. 이 문제를 해결할 때 우리는 개개인의 생일보다는 '한 쌍의 사람들'의 생일을 살펴보아야 한다. 따라서 이 정도의 사람이 모여 있을 때에는 당연히 '생일이 같은 사람이 있다'는 쪽에 거는 것이 유리하다.

12장 여러 암호들 I – 행렬 암호와 힐 암호

02 (a) 라 (b) 다 (c) fi

(d) '황'은 ㅎ + ㅏ + ㅗ + ㅇ의 네 성분으로 구성되므로, 순서쌍 (x, y, z, w)의 형태로 표현된다. 그러므로 $(x, y, z, w) \to (x', y', z', w')$과 같은 변환으로 암호를 만들어야 한다.

03 (a) $K=\begin{pmatrix} 2 & 5 \\ 1 & 3 \end{pmatrix}$

04 주어진 메시지를 숫자화하면

F	O	R	*	Y	O	U	R	*	E	Y	E	S	*	O	N	L	Y
6	15	18	27	25	15	21	18	27	5	25	5	19	27	15	14	12	25

이며 행렬로 다음과 같이 표현된다.

$$M=\begin{bmatrix} 6 & 15 & 18 & 27 & 25 & 15 & 21 & 18 & 27 \\ 5 & 25 & 5 & 19 & 27 & 15 & 14 & 12 & 25 \end{bmatrix}$$

이제 각자가 택한 행렬을 사용하여 암호문을 작성할 수 있다.

05 메시지 'MEET AT SEVEN'를 암호화하기 위해 먼저 실수 $\mathbb{R}$에 속하는 군을 생각한다. 알파벳 A~Z까지 26개이므로 $Z_{26}=\{A, B, C, D, E, \cdots, Z\}$를 생각한다. 그리고

$$A=0,\ B=1,\ C=2,\ D=3,\ \cdots,\ Z=25$$

라고 하자.

$A=\begin{bmatrix} 2 & 5 \\ 1 & 4 \end{bmatrix}$로부터 $\gcd(|A|, 26)=\gcd(3,26)=1$이므로 A의 역행렬도 존재한다.

이제 위의 문장을 숫자화하면

M	E	E	T	A	T	S	E	V	E	N
12	4	4	19	0	19	18	4	21	4	13

가 된다. 여기서 두 개씩 짝을 지어서

$$P_1, P_2, P_3, P_4, P_5, P_6$$

라고 하면 마지막 P_6에서 하나가 부족하게 되는데, 이때 임의의 한 숫자를 선택해서 빈자리를 채울 수 있다. 따라서

$$P_1 = (12,4),\ P_2 = (4,19),\ P_3 = (0,19),\ P_4 = (18,4),\ P_5 = (21,4),\ P_6 = (13,25)$$

마지막 알파벳을 25로 했기 때문에 빈자리를 채운 문자는 Y에 해당한다.

$$P_1A = (12,4)\begin{bmatrix}2 & 5\\1 & 4\end{bmatrix} = (28,76) = (2,24) \pmod{26}$$

$$P_2A = (4,19)\begin{bmatrix}2 & 5\\1 & 4\end{bmatrix} = (27,96) = (1,18) \pmod{26}$$

이와 유사하게 계산하면

$$P_3A = (19,24),\ P_4A = (14,2),\ P_5A = (20,17),\ P_6A = (25,9)$$

가 된다. 그러면 행렬 A로부터 만든 암호문 C Y B S T Y O C U R Z J가 생성된다.

06 암호시스템의 비밀키 $A = \begin{bmatrix}2 & 5\\1 & 4\end{bmatrix}$에 대해, $\gcd(|A|, 26) = 1$이므로 역행렬이 존재한다.

$$A^{-1} = \frac{1}{3}\begin{bmatrix}4 & -5\\-1 & 2\end{bmatrix} = 9\begin{bmatrix}4 & 21\\25 & 2\end{bmatrix} = \begin{bmatrix}36 & 189\\225 & 18\end{bmatrix} = \begin{bmatrix}10 & 7\\17 & 18\end{bmatrix}$$

이 된다. 그러면 암호문 "C Y B S T Y O C U R Z J"을 숫자화하면

C	Y	B	S	T	Y	O	C	U	R	Z	J
2	24	1	18	19	24	14	2	20	17	25	9

가 된다. 위의 두 개의 문자를 짝지어서 C_n이라고 하면

$$C_1 = (2,24),\ C_2 = (1,18),\ C_3 = (19,24),\ C_4 = (14,2),\ C_5 = (20,17),\ C_6 = (25,9)$$

(문자가 짝수 개이므로 문자를 추가할 필요가 없다.)

$$\begin{bmatrix}a & b\\c & d\end{bmatrix} = \begin{bmatrix}2 & 5\\1 & 4\end{bmatrix},\ \begin{bmatrix}21 & 4\\13 & 25\end{bmatrix}\ \begin{bmatrix}a & b\\c & d\end{bmatrix} = \begin{bmatrix}20 & 17\\25 & 9\end{bmatrix}$$

이며

$$\begin{vmatrix}21 & 4\\13 & 25\end{vmatrix} = 525 - 52 = 473$$

이다. 또한 $5^{-1} \equiv 21 \pmod{26}$이며 $3^{-1} \equiv 23 \pmod{26}$이다. 그러므로

$$C_1A^{-1} = (2,24)\begin{bmatrix}10 & 7\\17 & 18\end{bmatrix} = (428,446) = (12,4)$$

이다. 이와 유사하게 계산하면

$$C_2A^{-1}=(4,19),\ C_3A^{-1}=(0,19),\ C_4A^{-1}=(18,4),$$

$$C_5A^{-1}=(21,4),\ C_6A^{-1}=(13,25)$$

이다. 따라서

12	4	4	19	0	19	18	4	21	4	13	25
M	E	E	T	A	T	S	E	V	E	N	Y

다시 말해서, 'MEET AT SEVEN'를 복원했다.

13장 여러 암호들 II – 배낭 암호와 통계 암호

01 우선 2, 3, 7, 13, 27이 초증가 수열임을 확인할 수 있다. 그러면

- $2x_1+3x_2+7x_3+13x_4+27x_5=45$이고 $27<45$이므로 $x_5=1$이다.
- $2x_1+3x_2+7x_3+13x_4=45-27=18$이고 $13<18$이므로 $x_4=1$이다.
- $2x_1+3x_2+7x_3=5$이고 $7>5$이므로 $x_3=0$이다.
- $2x_1+3x_2=5$이고 $3<5$이므로 $x_2=1,\ x_1=1$을 얻는다.

따라서 $(1, 1, 0, 1, 1)$이 근이고, 실제로 $2+3+0+13+27=45$이다.

02 (a) $\gcd(w,m)=\gcd(12,65)=1$이므로 $w^{-1}\equiv 38 \pmod{65}$이다.

(b) 각 암호화된 블록의 수를 풀기 위한 배낭방정식을 만든다.

$$S=b_1x_1+b_2x_2+b_3x_3+b_4x_4$$

양변에 $w^{-1}\equiv 38 \pmod{65}$를 곱하면, 다음과 같은 형태의 방정식을 얻는다.

$$38S\equiv(38)7x_1+(38)31x_2+(38)50x_3+(38)47x_4\equiv 6x_1+8x_2+15x_3+31x_4$$

(1) $6x_1+8x_2+15x_3+31x_4=38\cdot 31=1178=8$

(2) $6x_1+8x_2+15x_3+31x_4=38\cdot 50=1900=15$

(3) $6x_1+8x_2+15x_3+31x_4=38\cdot 85=3230=45$

(4) $6x_1+8x_2+15x_3+31x_4=38\cdot 78=2964=39$

(5) $6x_1+8x_2+15x_3+31x_4=38\cdot 81=3078=23$

(6) $6x_1+8x_2+15x_3+31x_4=38\cdot 47=1786=31$

이 방정식들을 풀어보면, 다음과 같은 근을 얻게 된다.

$$(0, 1, 0, 0),\ (0, 0, 1, 0),\ (1, 1, 0, 1),\ (1, 0, 1, 0),\ (0, 1, 1, 0),\ (0, 0, 0, 1)$$

따라서

암호문	31	50	85	85	78	50	81	47	85	31
방정식근	0100	0010	1101	1101	0101	0010	0110	0001	1101	0100
5비트 수열	01000	01011	01110	10101	00100	11000	01110	10100		
문자대입	I	L	O	V	E	Y	O	U		

갑돌이가 보낸 메시지는 'I love you'임을 알 수 있다.

03 (a) 우선 암호문 IOL GYMMUAY XIYM HIN LYGUCH MYWLYN에서 각 문자가 몇 회 나타나는지 세어보면 다음과 같다.

문자	A	B	C	D	E	F	G	H	I	J	K	L	M	N	O	P	Q	R	S	T	U	V	W	X	Y	Z
빈도	1	0	1	0	0	0	2	2	3	0	0	3	4	2	1	0	0	0	0	0	2	0	1	1	6	0

가장 많이 나타난 문자는 Y이므로 Y는 평문의 e에 대응할 것이라고 가정한다. 이 추측이 옳다면 다음과 같은 대응이 된다.

문자	A	B	C	D	E	F	G	H	I	J	K	L	M	N	O	P	Q	R	S	T	U	V	W	X	Y	Z
빈도	1	0	1	0	0	0	2	2	3	0	0	3	4	2	1	0	0	0	0	0	2	0	1	1	6	0
	g	h	i	j	k	l	m	n	o	p	q	r	s	t	u	v	w	x	y	z	a	b	c	d	e	f

그렇다면 P, Q, R, S, T는 각각 v, w, x, y, z에 대응한다. 이 문자들은 확률적 빈도가 적은 것으로 알려져 있는 것처럼, P, Q, R, S, T가 전혀 나타나지 않으므로 추측의 신뢰성이 높아지고 있다. 또한 빈도가 높은 L, M, N은 r, s, t에 대응하는데, 이것 역시 확률적 빈도가 높은 문자들이므로 추측을 사실로 받아들일 수 있게 된다.

그러므로 암호문 IOL GYMMUAY XIYM HIN LYGUCH MYWLYN

our message does not remain secret

을 얻게 된다.

(b) 단순히 확률에 의존하므로 주의를 해야 한다. 짧은 암호문일 경우 높은 빈도에만 의존하는 단순한 방법은 오류를 범할 수도 있다. 그러나 통계적 분석에 의한 암호 공격은 시도해 볼만한 방법이다.

04 (a) 원래의 메시지 W E L O V E C H O I로부터 각각의 알파벳을 다음과 같이 숫자와 대응시킨다.

문자	A	B	C	D	E	F	G	H	I	J	K	L	M	N	O	P	Q	R	S	T	U	V	W	X	Y	Z
숫자	0	1	2	3	4	5	6	7	8	9	10	11	12	13	14	15	16	17	18	19	20	21	22	23	24	25

〈비제네르 암호화〉

키단어	V(21)	E(4)	N(13)	U(20)	S(18)	V(21)	E(4)	N(13)	U(20)	S(18)
메시지	W(22)	E(4)	L(11)	O(14)	V(21)	E(4)	C(2)	H(7)	O(14)	I(8)

그러므로 평문메시지 W E L O V E C H O I의 암호문 R I Y I N Z G U I A을 만들 수 있다.

키단어+메시지	43	8	24	34	29	25	6	20	34	26
mod(26)	17	8	24	8	13	25	6	20	8	0
암호문	R	I	Y	I	N	Z	G	U	I	A

(b) 비제네르 암호문 R I Y I N Z G U I A를 복호하기 위해 각각의 알파벳을 다음과 같이 숫자와 대응시킨다.

문자	A	B	C	D	E	F	G	H	I	J	K	L	M	N	O	P	Q	R	S	T	U	V	W	X	Y	Z
숫자	0	1	2	3	4	5	6	7	8	9	10	11	12	13	14	15	16	17	18	19	20	21	22	23	24	25

〈비제네르 복호화〉

암호문	R(17)	I(8)	Y(24)	I(8)	N(13)	Z(25)	G(6)	U(20)	I(8)	A(0)
키단어	V(21)	E(4)	N(13)	U(20)	S(18)	V(21)	E(4)	N(13)	U(20)	S(18)

암호문-키단어	−4	4	11	−12	−5	4	2	7	−12	−18
mod(26)	22	4	11	14	21	4	2	7	14	8
메시지	W(22)	E(4)	L(11)	O(14)	V(21)	E(4)	C(2)	H(7)	O(14)	I(8)

그러므로 원래의 평문 W E L O V E C H O I을 복원하게 된다.

05 PIZZABANARGDBACHICKENPIZZASTRAWBERRY

PIZZABANARGDBACHICKENPIZZASTRAWBERRY

여기서 PIZZA의 반복 거리가 18이므로 키워드의 길이는 18, 9, 6, 3, 2, 1일 가능성을 갖게 된다. BA의 반복 거리가 6이므로 키워드의 길이로 가능한 것은 6, 3, 2, 1이다. 따라서 공약수 6, 3, 2, 1이 키워드의 길이 후보가 될 수 있다.

14장 타원곡선과 타원곡선 암호 ECC

01 (a) $4a^3+27b^2=4(-7)^3-27(-6)^2=-400<0$이므로 군이 된다.

(b) $4(-17)^3+27(16)^2=-12740<0$, $4(-9)^3+27(-1)^2=-2889<0$

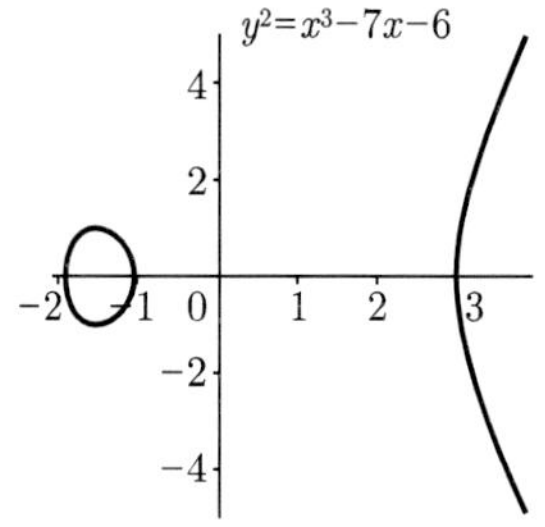

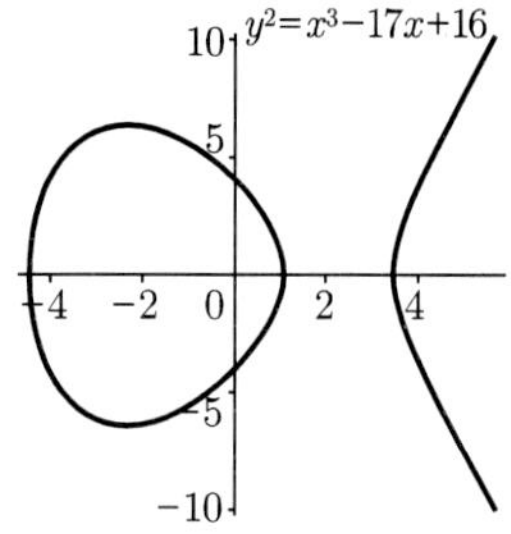

02 (a) $2P=P+P=(5,1)+(5,1)=(x_3,y_3)$이라 하자.

그러면 $s=\dfrac{3x_1^2+a}{2y_1}=2^{-1}(3(5)^2+2)=2^{-1}\cdot 9=9\cdot 9\equiv 13(\text{mod}17)$이므로

$x_3=s^2-x_1-x_2=13^2-5-5=159\equiv 6(\text{mod }17)$이며

$y_3=s(x_1-x_3)-y_1=13(5-6)-1=-14\equiv 3(\text{mod }17)$이므로 $2P=(6,3)$이다.

(b) 위와 마찬가지로 $3P$, $4P$, $5P$, ⋯ 를 차례로 계산하면 다음과 같이 된다.

$2P=(5,1)+(5,1)=(6,3)$	$3P=2P+P=(10,6)$	$4P=(3,1)$
$5P=(9,16)$	$6P=(16,13)$	$7P=(0,6)$
$8P=(13,7)$	$9P=(7,6)$	$10P=(7,11)$
$11P=(13,10)$	$12P=(0,11)$	$13P=(16,4)$
$14P=(9,1)$	$15P=(3,16)$	$16P=(10,11)$
$17P=(6,14)$	$18P=(5,16)$	$19P=0$

(c)

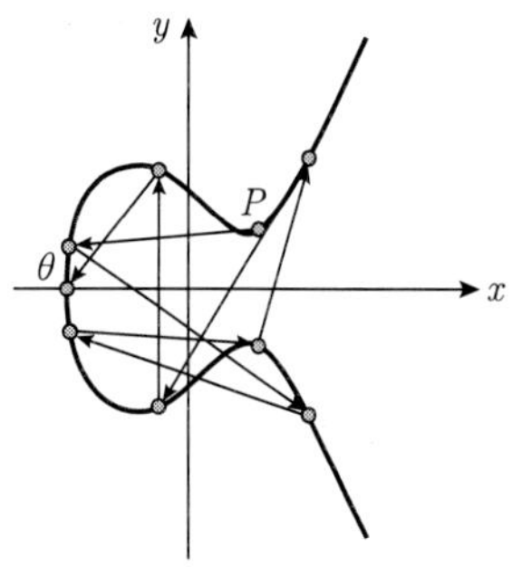

(d) 타원곡선 군은 모두 19개의 원소를 포함한다.

03 (a) 판별식 $4a^3+27b^2=4+27(6^2)=4+(5)(3)=8\neq 0\ (\text{mod}\,11)$이므로 타원곡선 군이 만들어진다.

(b) $E(\mathbb{Z}_{11})$

$= \{O\} \cup \{(2,4),(2,7),(3,5),(3,6),(5,2),(5,9),(7,2),(7,9),(8,3),(8,8),(10,2),(10,9)\}$

이다.

04 (a) F_p 상에서 타원곡선 $y^2 = x^3 + x + 6$이므로 다음의 점들을 계산할 수 있다.

$$(2,4)\ (2,7)\ \ (3,5)\ (3,6)\ \ (5,2)\ \ (5,9)\ \ (7,2)\ (7,9)\ (8,3)\ (8,8)\ (10,2)\ (10,9)$$

(b) B는 자신의 비밀키 $x' = 3$을 사용하여

$$\begin{cases} C_1 = 3(2,7) = (8,3) \\ C_2 = 3(7,2) + (10,9) = (10,2) \end{cases}$$

을 계산하여, $(8,3)$과 $(10,2)$를 A에게 전송한다.

(c) A는 지신의 비밀키 $x = 7$을 사용하여 다음과 같은 평문을 복원할 수 있다.

$$M = (10,2) - 7(8,3) = (10,2) - (3,5) = (10,2) + (3,6) = (10,9)$$

15장 부호 이론

01 두 개의 행이 일치하기 때문에 오류를 정정할 수 없다.

02 첫 번째와 네 번째를 제외한 모든 곳에서 가능성이 있다.

03 $P_2(\mathbb{Z}_3) = \{f \in \mathbb{Z}_3[X] \mid \deg f \le 2\}$

$$= \{0,\ 1,\ 2,\ x,\ x+1,\ x+2,\ 2x,\ 2x+1,\ 2x+2\} \cong \{(a_0,\ a_1) \mid a_i \in \mathbb{Z}_3\}$$

으로 $9 = 3^2$개의 원소를 갖는다.

04 (v) α^3를 기저 $\{1,\alpha,\alpha^2\}$의 1차 결합으로 나타내면 $\beta = \alpha^3 = 1 + 0\alpha + 1\alpha^2$이다.

이제 $m_\beta = c_0 + c_1X + c_2X^2 + c_3X^3$가 되는 $c_i \in F$를 찾는다.

그런데 $0 = m_\beta(\beta) = c_0 + c_1\beta + c_2\beta^2 + c_3\beta^3$이므로

$\beta^2 = (1+\alpha^2) = 1 + \alpha^4 = 1 + \alpha^2 + \alpha + 1 = \alpha^2 + \alpha$이고 또한

$\beta^3 = (\alpha^3)^3 = \alpha^9 = \alpha^2$이므로

$$0 = c_0 + c_1\beta + c_2\beta^2 + c_3\beta^3 = c_0 + c_1(1+\alpha^2) + c_2(\alpha^2+\alpha) + c_3\alpha^2$$

$$= (c_0 + c_1) + c_2\alpha + (c_1 + c_2 + c_3)\alpha^2$$

이다. $\{1,\alpha,\alpha^2\}$이 일차 독립이므로 선형 연립방정식

$$\begin{aligned} c_0 + c_1 &= 0 \\ c_2 &= 0 \\ c_1 + c_2 + c_3 &= 0 \end{aligned}$$

을 만든다. 이것을 풀기 위해 다음의 행렬방정식으로 변형하면

$$0=\begin{pmatrix}1&1&0&0\\0&0&1&0\\0&1&1&1\end{pmatrix}\begin{pmatrix}c_0\\c_1\\c_2\\c_4\end{pmatrix}=\begin{pmatrix}1&0&0&1\\0&1&0&1\\0&0&1&0\end{pmatrix}\begin{pmatrix}c_0\\c_1\\c_2\\c_4\end{pmatrix}$$

$c=(c_3,c_3,0,c_3)=c_3(1,1,0,1)$이다. 따라서 $m_{\alpha^3}=m_\beta=X^3+X+1$이다.

찾아보기

암 호 론

2015년 2월 20일 1판 1쇄 인쇄
2015년 2월 25일 1판 1쇄 발행

저 자 ◎ **최 은 미(한남대학교)**
발행자 ◎ **조 승 식**
발행처 ◎ (주) 도서출판 **북스힐**
서울시 강북구 한천로 153길 17
등 록 ◎ 제 22-457 호

TEL (02) 994-0071(代)
FAX (02) 994-0073
E-MAIL bookswin@unitel.co.kr
www.bookshill.com

값 22,000원

ISBN 978-89-5526-939-0